Günter Kirschling

Qualitätssicherung und Toleranzen

Toleranz- und Prozeßanalyse
für Entwicklungs- und Fertigungsingenieure

Mit 278 Abbildungen

Springer-Verlag
Berlin Heidelberg GmbH 1988

Professor Dr.-Ing. Günter Kirschling
Universität Kassel Gh

ISBN 978-3-540-18482-9   ISBN 978-3-662-12866-4 (eBook)
DOI 10.1007/978-3-662-12866-4

Vorwort

Die Möglichkeit, die Toleranzen von zu Maßketten gehörenden Einzelmaßen unter
statistischen Gesichtspunkten zu berechnen, ist seit Jahrzehnten bekannt. Dennoch
wird von dieser Möglichkeit in der betrieblichen Praxis nur selten Gebrauch gemacht.

Fast ausschließlich werden die Toleranzen von Maßen, die Glieder von Maßketten
sind, in herkömmlicher Weise arithmetisch berechnet. Der Grund dafür ist vor allem
die Tatsache, daß die statistischen Methoden der Toleranzberechnung kompliziert
und schwer durchschaubar sind.

Wenn dennoch mit diesem Buch eine umfassende Darstellung der Toleranzproblematik und ihrer Bewältigung durch statistische Toleranzrechnungen vorgelegt wird,
dann deswegen, weil es gelungen ist, alle rechnerischen Lösungen bildlich darzustellen
und dadurch transparent zu machen. Bei diesen Bildern handelt es sich um Maßpläne
mit zusätzlicher Darstellung der Toleranzfelder und Angabe der Annahmen über die
darin befindlichen Verteilungen nach Lage, Form und Breite mit zusätzlichen Angaben über die jeweiligen Fehleranteile.

Versuche mit Studenten und mit Ingenieuren aus der Industrie haben ergeben,
daß diese Bilder als Ergänzung der exakten, rechnerischen Lösung den Zugang zu dieser komplizierten Materie erheblich erleichtern.

Dieses Buch wendet sich vor allem an die Mitarbeiter in der Entwicklung und Konstruktion einerseits und der Fertigung und Qualitätssicherung andererseits, hauptsächlich im Bereich des Maschinenbaus und angrenzender Branchen. Leser, die aus dem
Bereich der Qualitätssicherung kommen und daher mit den Grundlagen der Statistik
für quantitative Merkmale vertraut sind, werden kaum Probleme haben, die Inhalte
dieses Buches zu verstehen. Für Leser, die über keine oder über nur unzureichende
Kenntnisse der Statistik verfügen, sind die Kapitel 2 bis 5 vorgesehen. Darin werden
die theoretischen Grundlagen der Statistik, soweit diese für das Verständnis der nachfolgenden Toleranzanalysen und Prozeßanalysen erforderlich sind, an praktischen Beispielen erläutert.

Zur Toleranzproblematik gehört nicht nur die sorgfältige Berechnung der Toleranzen in Hinblick auf die Sicherung der Funktion von Maßketten sondern auch deren
Realisierbarkeit in der Fertigung. Dieses Thema wird in den Kapiteln 13 bis 15 aus-
führlich behandelt und dürfte vor allem für die Mitarbeiter aus der Fertigung und der
Qualitätssicherung von Interesse sein.

Moderne Zerspanprozesse zeichnen sich durch eine hohe Zerspanleistung aus mit
der Folge, daß diese Prozesse infolge des Werkzeugverschleißes erhebliche Trends aufweisen. Aus diesem Grunde mußte das bekannte Fachwissen über die Prozeßsteuerung mittels Qualitätsregelkarten in vielen Punkten erweitert werden, Kapitel 15.

Dem Leser dieses Buches sei dringend geraten, beim Lesen stets einen wissenschaftlichen Taschenrechner mit $\bar{x}/s$-Automatik zur Hand zu haben, um jederzeit die in den Beispielen und Aufgaben vorgegebenen Lösungen rechnerisch nachvollziehen zu können. Aus diesem Grund wurden alle berechneten Parameter, Kennwerte und Schätzwerte auf bis zu sechs Stellen und mehr angegeben, eine „Genauigkeit", die weder theoretisch noch praktisch sinnvoll ist, die es aber dem Leser erheblich erleichtert, die Richtigkeit seiner Nachrechnungen zu überprüfen.

Da die Literatur insbesondere über die Themen „Prozeßfähigkeit, Prozeßsteuerung und Prozeßkorrektur" wenig bietet und das Wenige zudem teilweise widersprüchlich ist, mußten in vieler Hinsicht eigene Definitionen und Lösungen gefunden werden. Ich bin mir daher bewußt, daß manche Darstellungen und Beispiele Unklarheiten oder Unzulänglichkeiten enthalten können; für Hinweise darauf bin ich jederzeit dankbar.

Herrn Prof. Dr.-Ing. P. Th. Wilrich, Freie Universität Berlin, danke ich herzlich für seine kritische Durchsicht des Manuskripts und für seine Verbesserungsvorschläge.

Dem Springer-Verlag danke ich für sein Interesse an der Verwirklichung dieses Buches.

Melsungen, im Frühjahr 1988   Günter Kirschling

Inhaltsverzeichnis

Formelzeichen   X

1 Einleitung   1

2 Begriffe   3

3 Wahrscheinlichkeitsrechnung   7

  3.1 Definition der Wahrscheinlichkeit   7
  3.2 Additionssatz (ODER-Satz)   8
  3.3 Multiplikationssatz (UND-Satz)   8

4 Wahrscheinlichkeitsverteilungen quantitativer Merkmale   10

  4.1 Allgemeines   10
  4.2 Normalverteilung   11
  4.3 Nichtnormale Wahrscheinlichkeitsverteilungen   18
  4.4 Zufallsstreubereiche für Mittelwerte   24

5 Rechnerische und grafische Auswertung von Meßreihen   26

  5.1 Allgemeines   26
  5.2 Rechnerische Auswertung ohne Klassieren   27
  5.3 Grafische Auswertung ohne Klassieren   28
  5.4 Rechnerische Auswertung klassierter Meßreihen   29
  5.5 Grafische Auswertung klassierter Meßreihen   32
  5.6 Weitere statistische Kennwerte   33
  5.7 Die Bedeutung der statistischen Kennwerte   38

6 Mischverteilungen   41

  6.1 Arten von Mischverteilungen   41
  6.2 Mischverteilungen 1. Art   41
  6.3 Mischverteilungen 2. Art   46
  6.4 Der extreme Fall nach Tschebyscheff   65

7 Das Falten von Verteilungen   69

  7.1 Beschreibung der Faltoperation   69
  7.2 Beispiele für Faltoperationen   71

VIII   Inhaltsverzeichnis

8 Zusammenhang zwischen Toleranzen und Fertigungsverteilungen . . .   95

   8.1 Direkte und indirekte Funktionsmerkmale   95
   8.2 Festlegung und Einhaltung von Toleranzen   97
   8.3 Toleranzen und Kosten   99
   8.4 Fehler und Ausschuß   99
   8.5 Arithmetische Toleranzrechnung   100
   8.6 Beispiele für arithmetisch berechnete, lineare Maßketten   103
   8.7 Das Aussortieren von fehlerhaften Teilen   112

9 Quadratische Toleranzrechnung   129

10 Statistische Toleranzrechnung bei Einzelmaßen
mit Rechteckverteilungen   138

   10.1 Allgemeines   138
   10.2 Ableitung des Reduktionsfaktors und des Erweiterungsfaktors bei
      gleich großen Einzeltoleranzen   138
   10.3 Berechnung von Maßketten mit ungleich großen Einzeltoleranzen
      und rechteckigen Einzelverteilungen   144
   10.4 Vorteile der Annahme des Vorliegens von Rechteckverteilungen . .   147

11 Statistische Toleranzrechnung bei Einzelmaßen mit Trapezverteilung
oder mit Dreieckverteilung   152

   11.1 Durchführung der Berechnung   152
   11.2 Einfaches Schema zur Nachrechnung festgelegter, linearer Maßketten   167

12 Das Toleranzmodell   171

13 Beurteilung von Lieferlosen oder von Fertigungslosen   177

   13.1 Allgemeines   177
   13.2 Stichprobenprüfung bei Maßen   179
   13.3 Auswahl von AQL-Werten für die Stichprobenprüfung von Maßen
      (Variablenprüfung)   185
   13.4 Qualitätsregelkarten für Maße   208

14 Prozeßanalyse und Prozeßfähigkeit   223

   14.1 Prozeßanalyse   223
   14.2 Prozeßfähigkeit   244

15 Prozeßsteuerung   250

   15.1 Allgemeine Gesichtspunkte   250
   15.2 Prozeßsteuerung mittels Mittelwert-QRK   252
   15.3 Prozeßsteuerung mittels Urwert-QRK   272
   15.4 Prozeßkorrektur   284

16 Literatur 310

17 Anhang 312

    Tabellen 312

    Formblatt 321

    Sachverzeichnis 322

Formelzeichen

d_n	Erwartungswert von $\bar{R}/\sigma$
EG	Eingriffsgrenze
N	Umfang der Grundgesamtheit oder des Loses oder einer Wahrscheinlichkeitsverteilung bei deren Simulation durch eine diskrete Verteilung mit ganzzahligen x-Werten
	Nennmaß
N_j	Besetzungszahl der j-ten Klasse einer Wahrscheinlichkeitsverteilung
n	Stichprobenumfang
n_j	Besetzungszahl der j-ten Klasse in einer Stichprobe
p	Fehleranteil (grenzüberschreitender Anteil) in der Grundgesamtheit oder bei einer Wahrscheinlichkeitsverteilung
$\hat{p}$	Fehleranteil in der Stichprobe
$G(u)$	Flächenanteil (Wahrscheinlichkeitssumme) von $-\infty$ bis u
P_a	Annahmewahrscheinlichkeit
$Q(u)$	Flächenanteil von u bis $+\infty$
u	standardisierte, normalverteilte Zufallsgröße ($\mu = 0$; $\sigma = 1$)
x	Merkmal
x_i	i-ter betrachteter Wert x
x_j	Klassenmitte der j-ten Klasse
$g(x)$	Wahrscheinlichkeit für den Wert x
$G(x)$	Wahrscheinlichkeitssumme bis einschließlich x

Weitere Formelzeichen in Tabelle 2.1 und im Text

1 Einleitung

Den Mitarbeitern der Entwicklung und Konstruktion und den Mitarbeitern der Fertigung und Qualitätssicherung ist gemeinsam die ständige Konfrontation mit dem Phänomen, daß technische Erzeugnisse nicht genau auf Sollmaß gefertigt werden können. Vielmehr sind — je nach technischem Aufwand — mehr oder weniger große systematische und/oder zufallsbedingte Abweichungen vom Sollmaß unvermeidbar.

Dies gilt vor allem für technische Erzeugnisse, die in großen Serien oder in Massenproduktion hergestellt werden. Gleichzeitig müssen diese Erzeugnisse austauschbar sein, das heißt, sie müssen nach wahlloser Paarung und Montage zu Bausätzen die vorgegebene Funktion erfüllen.

Der Konstrukteur berücksichtigt die unvermeidbaren Abweichungen, indem er für alle Maße Grenzmaße — direkt oder indirekt — vorgibt, zwischen denen die Istmaße der Werkstücke liegen müssen, die Grenzmaße eingeschlossen. Anders formuliert:

Jedes Maß ist ein toleriertes Maß.

Die Auswahl der Toleranzen ist für den Konstrukteur problemlos, wenn es sich um Passungen, d. h. um zweigliederige Maßketten handelt. Dafür gibt es seit Jahrzehnten das ISO-Toleranzsystem für Paßmaße, das durch eine Vielzahl von DIN-Normen übernommen und ergänzt wurde. In diesem System sind viele Begriffe und deren Beziehungen zueinander genormt. Auch sind darin die Beträge für Toleranzen (Toleranzklassen) in Abhängigkeit von Nennmaßbereichen (Toleranzreihen) festgelegt. Ferner sind die Toleranzen nach Toleranzfeldlagen geordnet.

'Völlig problemlos ist die Auswahl der Toleranzen für den Konstrukteur auch dann, wenn die Maße nicht mit anderen Maßen in Interaktion treten (indirekte Funktionsmaße, genaue Definition später). Diese Maße werden mit Allgemeintoleranzen versehen, wofür es ebenfalls Normen gibt.

Problematisch wird die Auswahl der Toleranzen nach Betrag und Lage des Toleranzfelds, wenn es sich um drei- oder mehrgliederige Maßketten handelt. Für diesen Fall gibt es keine Normen und der Konstrukteur muß nach eigenem Ermessen entscheiden, oft ohne über die Entscheidungskriterien hinreichend informiert zu sein. Folglich halten sich viele Konstrukteure an den Grundsatz:

„Toleranzen so weit wie möglich und so eng wie nötig"

mit dem Nachsatz:

„im Zweifel besser zu eng"

und Fälle ohne Zweifel sind äußerst selten.

Die Fertigungs- und Qualitätsleute berücksichtigen die unvermeidbaren Abweichungen, indem sie ein Qualitätssicherungssystem unterhalten. In jedem Falle sorgen sie dafür, daß die Forderung erfüllt wird, daß die Istmaße in den jeweiligen Toleranzfeldern liegen müssen. Im Betriebsjargon: Sie sorgen dafür, daß die Toleranzen eingehalten werden, soweit dies wirtschaftlich möglich ist.

Nahezu alltäglich ist der Sonderfall, daß Fertigungslose fehlerhafte Teile (Teile mit Istmaßen außerhalb des Toleranzfelds) enthalten. Dann ist entweder
— die Entscheidung zu treffen, diese Lose dennoch für die Montage freizugeben, oder
— es muß entschieden werden, die Lose mit fehlerhaften Teilen einer Sortierprüfung zu unterziehen.

Die Kriterien für diese Entscheidungen sind den Fertigungs- und den Qualitätsleuten oft nicht hinreichend bekannt, häufig sogar unbekannt.

Ziel dieses Buches ist es, Kenntnisse zu vermitteln über die
— Auswirkungen des Abweichungsfortpflanzungsgesetzes auf die Abweichungen in den Schließmaßen linearer Maßketten,
— Abweichungen beliebiger Verteilungen gegenüber der Normalverteilung und deren Auswirkungen,
— Durchführung von statistischen Toleranzrechnungen,
— Besonderheiten, die bei der Eingangs- und Fertigungsprüfung von Maßen zu beachten sind, die zu einer statistisch berechneten, linearen Maßkette gehören,
— Durchführung von Prozeßanalysen und über die Beurteilung ihrer Ergebnisse,
— Prozeßsteuerung unter besonderer Berücksichtigung des Vorhandenseins von Trends.

Toleranzerweiterungen von Einzelmaßen durch statistische Toleranzrechnung können nur durch eine vertrauensvolle Zusammenarbeit zwischen Konstruktion und Fertigung erfolgreich durchgeführt werden.

Im nachfolgenden Text wird ausschließlich von Maßen (Längenmaßen) die Rede sein. Die für die Maße geltenden Gesetzmäßigkeiten lassen sich analog auch auf andere Qualitätsmerkmale übertragen. Ferner werden nur lineare Maßketten besprochen. Die dafür geltenden Zusammenhänge lassen sich auch auf nichtlineare Maßketten sowie auf Flächen und Volumina übertragen.

Ein direkter Bezug auf gültige Normen wird weitgehend vermieden, da Normen oft geändert werden. Zu beachten ist die Zusammenstellung der Normen in der Literatur, s. Kap. 16.

2 Begriffe

In Tabelle 2.1 sind die wichtigsten Begriffe der Qualitätssicherung und Statistik sowie die wichtigsten Begriffe in bezug auf Maße und Toleranzen zusammengestellt.

Tabelle 2.1. Begriffe zu Qualitätssicherung, Statistik, Maßen und Toleranzen

Benennung	Definitionen, Anmerkungen
Qualität	Gesamtheit von Eigenschaften und Merkmalen eines Produkts oder einer Tätigkeit, die sich auf die Eignung zur Erfüllung gegebener Erfordernisse beziehen. Anmerkung: Von der Verwendung der Benennung „Güte" synonym zu „Qualität" wird mit Rücksicht auf die internationale Normung abgeraten.
Qualitätskreis	Modell für das Ineinandergreifen aller qualitätswirksamen Maßnahmen und Ergebnisse in den Phasen der Entstehung und der Anwendung eines Produkts oder einer Tätigkeit.

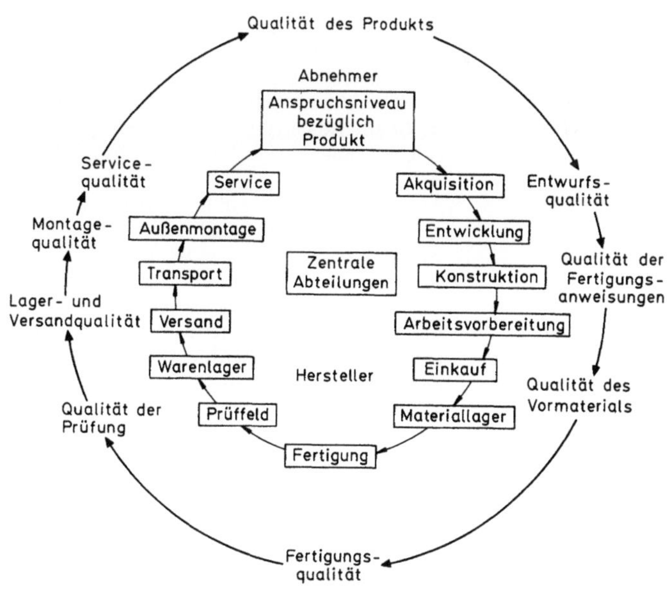

Beispiel eines Qualitätskreises (äußerer Kreis) ergänzt durch den Kreis der Auftragsabwicklung (innerer Kreis)

Tabelle 2.1. (Fortsetzung)

Benennung	Definitionen, Anmerkungen
Planungsqualität	Ausmaß der Anpassung der Ausführungsplanung an die vorgegebenen Forderungen und an die Ausführungsmöglichkeiten in einer oder mehreren Phasen des Qualitätskreises.
Ausführungsqualität	Ausmaß der Übereinstimmung zwischen Ausführungsplanung und tatsächlicher Ausführung in einer oder mehreren Phasen des Qualitätskreises.
Fehler	Nichterfüllung vorgegebener Forderungen durch einen Merkmalswert. Anmerkung: In der Technik ist z. B. eine vorgegebene Forderung für ein quantitatives Merkmal ein festgelegter Toleranzbereich, der von Grenzwerten (G_u, G_o) eingeschlossen wird. Liegt der Merkmalswert außerhalb des Toleranzbereichs, handelt es sich um einen Fehler. Dabei kann der Betrag des Grenzwertabstands ($x - G_o$ oder $G_u - x$) für die Entscheidung bedeutsam sein, was mit der fehlerhaften Einheit geschehen soll. Die Verwendbarkeit ist durch einen Fehler nicht notwendigerweise beeinträchtigt.
Prüfmerkmal	Merkmal, an Hand dessen die Qualitätsprüfung durchgeführt wird.
Qualitätssicherungssystem	Die festgelegte Aufbau- und Ablauforganisation zur Durchführung der Qualitätssicherung. Anmerkung: Die Planung des Qualitätssicherungssystems ist zu unterscheiden von der Qualitätsplanung.
Qualitätsaudit	Begutachtung der Wirksamkeit des Qualitätssicherungssystems oder seiner Teile.
Qualitätssicherung	Die Maßnahmen zur Erzielung der geforderten Qualität. Anmerkung: Bestandteile der Qualitätssicherung sind die Qualitätsplanung, die Qualitätslenkung und die Qualitätsprüfung.
Qualitätsplanung	Auswahl der Qualitätsmerkmale sowie Festlegungen ihrer geforderten und ihrer zulässigen Werte bei einem Produkt oder einer Tätigkeit im Hinblick auf die durch die Anwendung gegebenen Erfordernisse und deren Realisierbarkeit.
Qualitätslenkung	Planung, Überwachung und Korrektur der Ausführung eines Produkts oder einer Tätigkeit mit dem Ziel, im Anschluß an die Qualitätsplanung unter Verwendung der Ergebnisse der Qualitätsprüfung und/oder anderer Qualitätsdaten die vorgegebenen Qualitätsforderungen zu erfüllen.
Statistische Qualitätslenkung	Qualitätslenkung, bei der statistische Methoden eingesetzt werden.
Fertigungspräzision	Ausmaß der Übereinstimmung zwischen den Werten eines Fertigungsmerkmals, wie sie bei wiederholter Anwendung eines festgelegten Fertigungsverfahrens gewonnen werden. Anmerkung: Als Maß für die Fertigungspräzision wird im allgemeinen die Standardabweichung verwendet.
Qualitätsprüfung	Feststellen, inwieweit Produkte oder Tätigkeiten die an sie gestellten Qualitätsforderungen erfüllen. Anmerkung: Bei der Qualitätsprüfung wird die Qualität eines Produkts anhand der Prüfmerkmale festgestellt, indem deren Werte mit vorgegebenen Werten verglichen werden.
Statistische Qualitätsprüfung	Qualitätsprüfung, bei der statistische Methoden eingesetzt werden.
Prüfplanung	Planung der Qualitätsprüfung.
Prüfplan	Ergebnis der Prüfplanung
Prüfspezifikation	Festlegung der Prüfmerkmale und erforderlichenfalls der Prüfverfahren für eine Qualitätsprüfung
Prüfanweisung	Anweisung für die Durchführung einer Qualitätsprüfung.
Prüfablaufplan	Festlegung der Abfolge der Qualitätsprüfung.

Tabelle 2.1. (Fortsetzung)

Benennung	Definitionen, Anmerkungen
Eingangsprüfung	Qualitätsprüfung eines angelieferten Produkts.
Prozeßprüfung	Qualitätsprüfung eines Prozesses an Hand der Merkmale des Prozesses selbst oder seines Ergebnisses.
Fertigungsprüfung	Qualitätsprüfung bei Fertigungsprozessen.
Endprüfung	Letzte der Qualitätprüfungen vor Übergabe an den Abnehmer.
Qualitätstechnik	Anwendung wissenschaftlicher und technischer Kenntnisse sowie von Führungstechniken für die Qualitätssicherung.
Qualitätskosten	Kosten, die vorwiegend eine Folge vorgegebener Qualitätsanforderungen sind. Anmerkung: International übliche Unterteilung: Fehlerverhütungskosten, Prüfkosten und Fehlerkosten.
Maß	Größenwert der physikalischen Größe „Länge".
Nennmaß N	Maß zur Größenangabe und zur Gliederung des Anwendungsbereichs Anmerkung 1: Das Nennmaß wird oft unter Verwendung einer gerundeten Zahl ausgedrückt. Anmerkung 2: Wenn ein Nennmaß vorgegeben ist, werden Grenzabmaße darauf bezogen.
Sollmaß S	Maß, von dem die Istmaße so wenig wie möglich abweichen sollen. Anmerkung des Autors: Ist nichts anderes vorgegeben, ist das Mittenmaß das Sollmaß.
Einstellmaß	Unter Berücksichtigung einer Werkzeugabnutzung vorgegebenes Maß im Toleranzfeld, das sich vom Sollmaß unterscheidet. Anmerkung: Das Einstellmaß liegt über oder unter dem Sollmaß je nach Richtung des Trends der Istmaße infolge der Werkzeugabnutzung.
Grenzmaß G	Mindestmaß oder Höchstmaß.
Mindestmaß G_u	Kleinstes zugelassenes Maß. Anmerkung: Bisher „Kleinstmaß".
Höchstmaß G_o	Größtes zugelassenes Maß. Anmerkung: Bisher „Größtmaß".
Mittenmaß C	Arithmetischer Mittelwert aus Höchstmaß und Mindestmaß. Anmerkung: Die Lage des Toleranzfelds kann festgelegt sein durch Mittenmaß und Toleranz, z. B. bei der Toleranzrechnung nach statistischen Gesichtspunkten. In diesem Fall sind die Abstände vom Mittenmaß zu den Grenzmaßen als „Grenzabweichungen" zu bezeichnen.
Toleriertes Maß M	Nennmaß mit zugeordneten Grenzabmaßen, wobei die Grenzabmaße entweder einzeln am Nennmaß eingetragen sind oder mit Hilfe von Allgemeintoleranzen angegeben werden müssen.
Paßmaß M_P	Toleriertes Maß für eine Paßfläche bzw. zusammengehörige Paßflächen.
Innenpaßmaß	Maß der Innenpaßfläche(n).
Außenpaßmaß	Maß der Außenpaßfläche(n).
Istmaß I	Als Ergebnis von Messungen festgestelltes Maß. Anmerkung: Jedes Istmaß ist mit einer von Meßabweichungen herrührenden Meßunsicherheit behaftet.
Prüfmaß	Toleriertes Maß, das bei der Prüfplanung bezüglich des Prüfumfangs besonders beachtet wird. Anmerkung: Prüfmaße können durch einen abgerundeten Rahmen gekennzeichnet werden, z. B.: $\boxed{25}$ (Zeppelin-Maß)
Abmaß A	Maß minus Nennmaß.
Grenzabmaß	Unteres Grenzabmaß oder oberes Grenzabmaß.
Unteres Grenzabmaß A_u	Mindestmaß minus Nennmaß.
Oberes Grenzabmaß A_o	Höchstmaß minus Nennmaß.

Tabelle 2.1. (Fortsetzung)

Benennung	Definitionen, Anmerkungen
Istabmaß A_i	Istmaß minus Nennmaß.
Maßtoleranz T	Höchstmaß minus Mindestmaß und zugleich oberes Grenzabmaß minus unteres Grenzabmaß. Anmerkung 1: Kurz auch „Toleranz" genannt. Anmerkung 2: Beispiele für Maßtoleranzen sind die Toleranz eines tolerierten Maßes oder die Toleranz eines Paßmaßes.
Toleranzbereich	Wertebereich zwischen den Grenzwerten, diese eingeschlossen. Anmerkung: Der Toleranzbereich ist bestimmt durch die Toleranz und durch seine Lage zu einem Bezugswert für die Grenzabweichungen. Bezugswerte können sein das Nennmaß, das Sollmaß oder das Mittenmaß.
Toleranzfeld	Intervall zwischen Mindestmaß und Höchstmaß. Anmerkung: Der Name „Toleranzfeld" ist häufig mit der Vorstellung einer grafischen Darstellung verbunden.
Allgemeintoleranz	Toleranz gemäß einem Toleranzsystem, deren Anwendung auf das betrachtete Maß durch eine allgemeingültige Eintragung in eine Zeichnung festgelegt wird, gegebenenfalls unter Angabe der gewählten Toleranzklasse. Anmerkung: Früher „Freimaßtoleranz".
Paßteil	Teil mit einer oder mehreren Paßflächen.
Paarung	Fügen zusammengehöriger Paßteile.
Paßfläche	Jede der mit einem Paßmaß versehenen Flächen, mit denen sich Paßteile bei der Paarung berühren können.
Innenpaßfläche	Paßfläche an inneren Formelementen. Anmerkung: z. B.: Bohrung.
Außenpaßfläche	Paßfläche an äußeren Formelementen. Anmerkung: z. B.: Welle.
Passung P	Maß der Innenpaßfläche minus Maß der Außenpaßfläche vor der Paarung.
Spiel P_S	Positive Passung.
Übermaß $P_\mathrm{Ü}$	Negative Passung.
Grenzpassung	Mindestpassung oder Höchstpassung.
Mindestpassung P_u	Passung bei Mindestmaß der Innenpaßfläche und Höchstmaß der Außenpaßfläche.
Höchstpassung P_o	Passung bei Höchstmaß der Innenpaßfläche und Mindestmaß der Außenpaßfläche.
Istpassung P_i	Als Ergebnis von Messungen festgestellte Passung.
Paßtoleranz P_T	Höchstpassung minus Mindestpassung und zugleich Summe der Maßtoleranzen für die Maße von Innenpaßfläche und von Außenpaßfläche. Wichtige Anmerkung: Diese Definition basiert auf einer arithmetischen Berechnung.
Einzeltoleranz T_i	Toleranz des i-ten Maßes einer arithmetisch berechneten, linearen Maßkette, bestehend aus k Gliedern
Arithmetische Schließtoleranz T_a	Summe aller k Einzeltoleranzen T_i
Statistische Einzeltoleranz T_si	Toleranz des i-ten Maßes einer statistisch berechneten, linearen Maßkette, bestehend aus k Gliedern
Statistische Schließtoleranz T_s	Statistisch berechnete Schließtoleranz, berechnet unter der Annahme des Vorliegens bestimmter Verteilungen in den Einzelistmaßen
Quadratische Schließtoleranz T_q	Sonderfall von T_s, berechnet unter der Annahme, daß alle Einzelistmaße normalverteilt sind

$$T_\mathrm{q} = \sqrt{\sum T_\mathrm{si}^2}\,,$$

alle T_si gleich groß: $T_\mathrm{q} = \sqrt{k}\, T_\mathrm{si}$.

3 Wahrscheinlichkeitsrechnung

3.1 Definition der Wahrscheinlichkeit

Falls von der Grundgesamtheit die Zusammensetzung bekannt ist, kann die Wahrscheinlichkeit dafür, ein fehlerhaftes oder ein fehlerfreies Teil zu entnehmen, berechnet werden nach der Definition:

$$P(x) = \frac{\text{Zahl der günstigen Fälle}}{\text{Zahl der möglichen Fälle}} .$$

Dies wird „Wahrscheinlichkeit" genannt und ist anwendbar bei allen üblichen Glückspielgeräten wie Münze, Würfel, Spielkarten oder Roulette. Dabei ist

> fehlerhaftes Teil = Merkmalsträger
>
> fehlerfreies Teil = Nicht-Merkmalsträger

Diese Wahrscheinlichkeitsdefinition ist auch dann anwendbar, wenn eine Wahrscheinlichkeitsverteilung (RV, DV oder NV) dadurch bekannt ist, daß sie durch eine diskrete Verteilung mit endlichem Losumfang simuliert wird (Kap. 4).

Aufgabe 3.1

Gegeben: In einem Los sind von $N = 50$ Teilen $d = 3$ Teile fehlerhaft.
Gesucht: Wahrscheinlichkeit, bei der Entnahme eines Teils ein fehlerhaftes Teil zu ziehen.
Lösung: $P(x) = 3/50 = 0,06 = 6\,\%$.

Falls von einer Grundgesamtheit die Zusammensetzung unbekannt ist — und dies ist der Regelfall in der Betriebspraxis — muß die Wahrscheinlichkeit durch die mittels Stichproben ermittelte relative Häufigkeit geschätzt werden. Dies wird (empirische) Wahrscheinlichkeit genannt. Dabei ist die Schätzung umso genauer, je größer der Stichprobenumfang ist.

Das Gesetz der großen Zahl (Bernoulli) lautet

$$\lim_{n \to \infty} P\left(\left| \frac{x}{n} - P_\mathrm{A} \right| < \varepsilon \right) = 1,$$

mit

x Zahl der fehlerhaften Teile in der Stichprobe

n Stichprobenumfang

P_A Wahrscheinlichkeit d/N

ε beliebig kleine, aber von null verschiedene Zahl.

In Worten. Die Wahrscheinlichkeit dafür, daß die Differenz zwischen der beobachteten, relativen Häufigkeit x/n und der Wahrscheinlichkeit $P_\mathrm{A} = d/N$ dem Betrag nach kleiner wird als ε, strebt mit wachsendem n gegen 1 oder 100\,%.

Theoretisch muß n gegen unendlich gehen, was bei endlichem N nur denkbar ist, wenn die Stichproben „mit Zurücklegen" entnommen werden. Praktisch ist jedoch

$$\left.\begin{array}{lll} \text{— gelegentlich} & n = 100 \\ \text{— meistens} & n = 1\,000 \\ \text{— selten} & n \geq 10\,000 \end{array}\right\} \text{ in der Statistik als } \infty \text{ einzustufen.}$$

3.2 Additionssatz (ODER-Satz)

Unter der Voraussetzung, daß sich die Ereignisse A_i, für die die Einzelwahrscheinlichkeiten $P_i = P_i(A_i)$ bestehen, einander ausschließen, ist die Gesamtwahrscheinlichkeit dafür, daß die Ereignisse alternativ (ODER?) eintreten

$$P_{\text{ges}} = \sum P_i = P_1 + P_2 + \ldots + P_k.$$

Aufgabe 3.2

Gegeben: In einem Los sind von $N = 50$ Teilen $d = 3$ Teile fehlerhaft.
Gesucht: Wahrscheinlichkeit, bei der Entnahme eines Teils ein fehlerhaftes oder ein fehlerfreies Teil zu ziehen.
Lösung: $P_{\text{ges}} = 3/50 + 47/50 = 1 = 100\,\%.$

3.3 Multiplikationssatz (UND-Satz)

Unter der Voraussetzung, daß die Ereignisse A_i, für die die Einzelwahrscheinlichkeiten $P_i = P_i(A_i)$ bestehen, voneinander unabhängig sind, ist die Gesamtwahrscheinlichkeit dafür, daß die Ereignisse additiv (UND?) eintreten

$$P_{\text{ges}} = \prod P_i = P_1 P_2 \ldots P_k.$$

Anmerkung. Ereignisse sind stets dann voneinander unabhängig, wenn die Wahrscheinlichkeit des einen Ereignisses nicht davon abhängt, ob das jeweils andere Ereignis eingetreten ist oder nicht.

Aufgabe 3.3

Gegeben: In einem Los sind von $N = 50$ Teilen $d = 3$ Teile fehlerhaft.
Gesucht: Wahrscheinlichkeit, bei der Entnahme von 2 Teilen zuerst ein fehlerhaftes UND danach ein fehlerfreies Teil zu entnehmen.
Lösung: $P_{\text{ges}} = 3/50 \cdot 47/49 = 0,0576 = 5,76\,\%.$

Anmerkung. Wird die Fragestellung geändert in: Wahrscheinlichkeit, in der Stichprobe $n = 2$ ein fehlerhaftes und ein fehlerfreies Teil zu finden, muß berücksichtigt werden, daß die beiden Teile in

        dieser Reihenfolge ● ○

oder

        in jener Reihenfolge ○ ●

gezogen werden können. Dann ist

$$P_{\text{ges}} = 3/50 \cdot 47/49 + 47/50 \cdot 3/49 = 2 \cdot 0,0576 = 11,51\,\%.$$

Aufgabe 3.4

Gegeben: Es werde mit 2 Würfeln gewürfelt.
Gesucht: Wahrscheinlichkeit für die Augensumme 6.
Lösung: Zu beachten ist, daß die Augensumme 6 zustande kommen kann durch

$$
\begin{aligned}
&\quad\; 1 + 5 \\
\text{oder}\;\; &\quad\; 5 + 1 \\
\text{oder}\;\; &\quad\; 2 + 4 \\
\text{oder}\;\; &\quad\; 4 + 2 \\
\text{oder}\;\; &\quad\; 3 + 3
\end{aligned}
$$

$$P_{\text{ges}} = 5/36 = 0{,}013\overline{8} = 13{,}89\,\%.$$

Aufgabe 3.5

Gegeben: In einem Los sind von $N = 60$ Teilen $d = 9$ Teile fehlerhaft.
Gesucht: Wahrscheinlichkeit, bei der Entnahme (ohne Zurücklegen) von $n = 4$ Teilen $x = 2$ fehlerhafte Teile zu finden; die Lösung erfolge mit den Regeln der Wahrscheinlichkeitsrechnung.
Lösung: Die Wahrscheinlichkeit, zuerst zwei fehlerhafte und danach zwei fehlerfreie Teile zu entnehmen ist

$$P = \frac{9}{60} \cdot \frac{8}{59} \cdot \frac{51}{58} \cdot \frac{50}{57} = 0{,}015\,688.$$

Für beliebige Reihenfolge gibt es die 6 Möglichkeiten

$$
\begin{aligned}
&\quad\; \bullet\;\bullet\;\circ\;\circ \\
\text{oder}\;\; &\quad\; \bullet\;\circ\;\bullet\;\circ \\
\text{oder}\;\; &\quad\; \bullet\;\circ\;\circ\;\bullet \\
\text{oder}\;\; &\quad\; \circ\;\bullet\;\bullet\;\circ \\
\text{oder}\;\; &\quad\; \circ\;\bullet\;\circ\;\bullet \\
\text{oder}\;\; &\quad\; \circ\;\circ\;\bullet\;\bullet
\end{aligned}
$$

Damit ist

$$P(x = 2) = 6 \cdot 0{,}015\,688 = 0{,}094\,13 = 9{,}413\,\%.$$

4 Wahrscheinlichkeitsverteilungen quantitativer Merkmale

4.1 Allgemeines

Eine Grundgesamtheit ist die Menge aller in Betracht gezogenen Einheiten. Eine *wirkliche* Grundgesamtheit hat stets einen endlichen Umfang, beispielsweise ein Los mit dem Losumfang N. Eine *gedachte* Grundgesamtheit kann einen unendlichen oder einen endlichen Umfang aufweisen.

Durch gedachte Grundgesamtheiten endlichen Umfangs lassen sich wirkliche Grundgesamtheiten mit einer ganz bestimmten Wahrscheinlichkeitsverteilung simulieren (Modell-Verteilungen). Diese *Simulation ist nur* möglich, wenn die stets stetigen Verteilungen quantitativer Merkmale *diskretisiert* werden.

Unabhängig von der Verteilungsform sind die wichtigsten Parameter endlicher, diskreter Wahrscheinlichkeitsverteilungen:
— Umfang N, kein echter Parameter, wird jedoch wegen der besseren Übersichtlichkeit im nachfolgenden Text den Parametern zugeordnet,
— Mittelwert

$$\mu = \frac{\sum x}{N}, \tag{4.1}$$

— Varianz

$$\sigma_N^2 = \frac{1}{N} \sum (x - \mu)^2, \tag{4.2}$$

— Standardabweichung

$$\sigma_N = + \sqrt{\sigma^2}. \tag{4.3}$$

Die Gln. (4.1) bis (4.3) haben den Vorzug, angenähert übereinzustimmen mit den in Kap. 5 angegebenen Formeln für die statistischen Kennwerte bei der Auswertung von Stichproben. Allgemein sind die Formeln für die Parameter diskreter Wahrscheinlichkeitsverteilungen:
— Mittelwert

$$\mu = \sum x g(x), \tag{4.4}$$

— Standardabweichung

$$\sigma = + \sqrt{\sum (x - \mu)^2 g(x)}. \tag{4.5}$$

4.2 Normalverteilung

Die Normalverteilung ist die wichtigste Wahrscheinlichkeitsverteilung. Immer dann, wenn mehrere oder gar viele Einflußgrößen die zufallsbedingten Abweichungen verursachen, entsteht eine Normalverteilung.

Diese wird beschrieben durch ihre Wahrscheinlichkeitsdichtefunktion

$$g(x) = \frac{1}{\sqrt{2\pi}\,\sigma}\, e^{-\frac{1}{2}\cdot\frac{(x-\mu)^2}{\sigma^2}} \tag{4.6}$$

und durch ihre Verteilungsfunktion

$$G(x) = \int_{-\infty}^{x} g(x)\, dx. \tag{4.7}$$

Beide Funktionen sind in Bild 4.1 dargestellt.

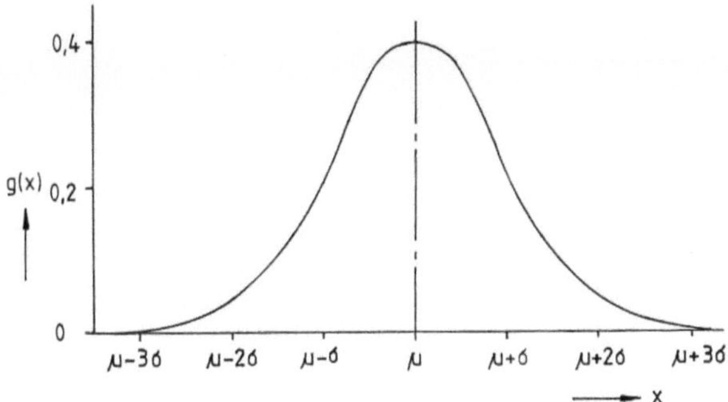

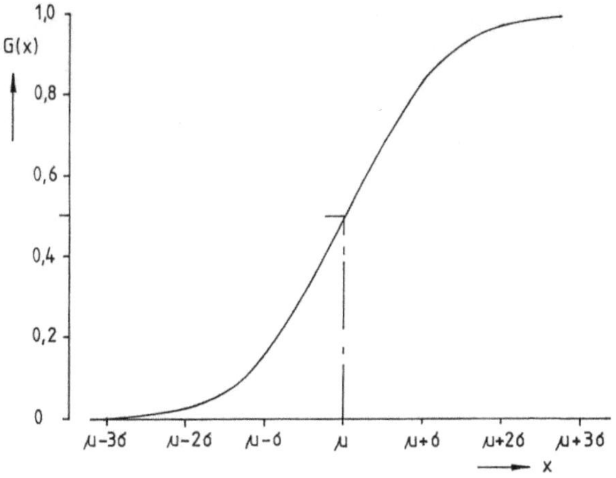

Bild 4.1. Wahrscheinlichkeitsdichtefunktion *g(x)* und Verteilungsfunktion *G(x)* der Normalverteilung

Da die Parameter μ und σ beliebige Werte annehmen können, gibt es beliebig viele Normalverteilungen. Durch die Transformation

$$u = \frac{x - \mu}{\sigma}$$

wird jede beliebige Normalverteilung hinsichtlich ihrer Lage in den Nullpunkt verschoben und hinsichtlich ihrer Breite derart gestreckt oder gestaucht, daß alle Normalverteilungen dieselbe, nämlich die *standardisierte Form* erhalten. Eine bildliche Erläuterung enthält Bild 4.2.

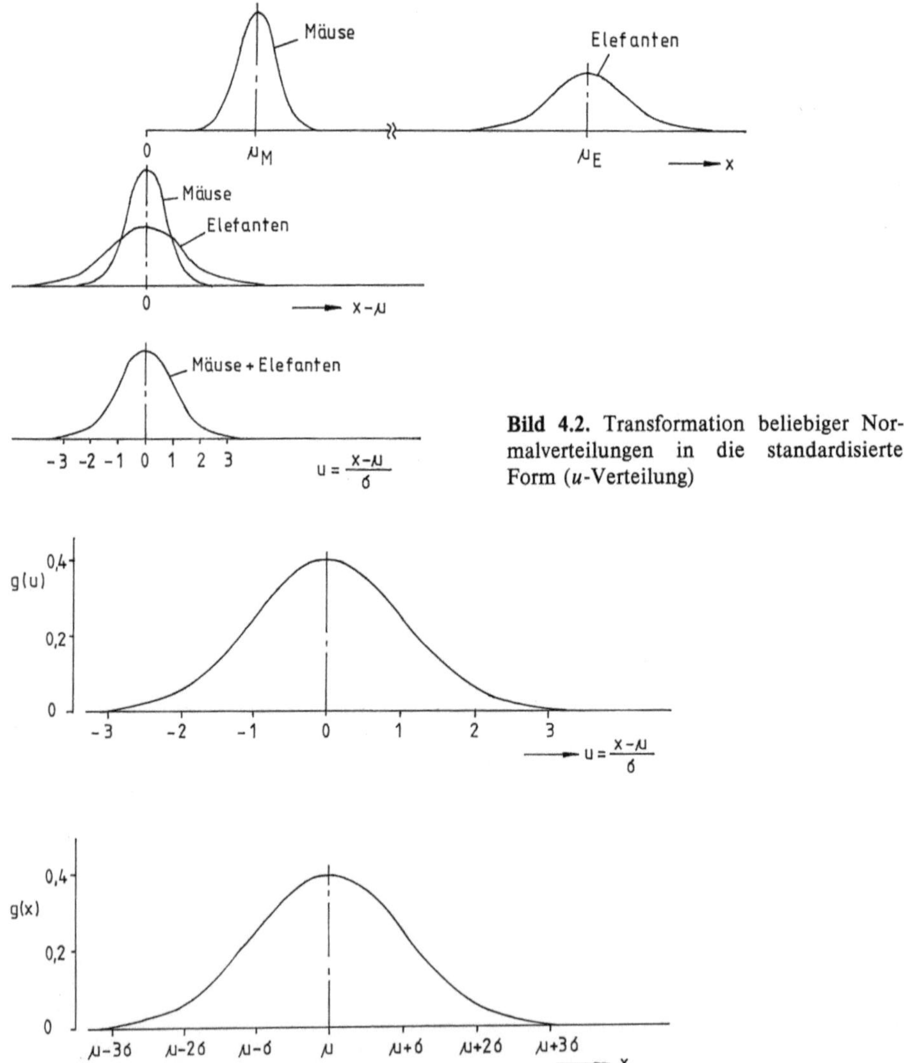

Bild 4.2. Transformation beliebiger Normalverteilungen in die standardisierte Form (u-Verteilung)

Bild 4.3. Übergang von $g(x; \mu, \sigma)$ in $g(u; 0, 1)$ durch Maßstabtransformation

Bild 4.3 zeigt ebenfalls den Übergang von einer beliebigen Normalverteilung in die standardisierte Form.

Die Parameter der standardisierten NV sind $\mu = 0$ und $\sigma = 1$.

Die Standardnormalverteilung läßt sich in einfacher Weise tabellieren (Tabelle 1 im Anhang).

Der NV-Tabelle A.1 (u-Tabelle) können folgende Größen entnommen werden:

für $u \geqq 0$:	$G(u)$	Anteil der Verteilung im Bereich von $-\infty$ bis u
	$Q(u)$	Anteil der Verteilung im Bereich von u bis $+\infty$
	$G(u) - Q(u)$	Anteil der Verteilung im Bereich von $-u$ bis $+u$
für $u < 0$:	$G(-u)$	Anteil der Verteilung im Bereich von $-\infty$ bis $-u$
		Hinweis: $G(-u) = Q(u)$.

Aufgabe 4.1

Gegeben: Auf einem Drehautomaten werden Wellen nach Zeichnung gefertigt auf das Maß $d = 20^{+0,05}_{-0,05}$.

Nach Abschluß der Fertigung wird festgestellt, daß das Los normalverteilt ist mit den Parametern $\mu = 20,01$ mm und $\sigma = 0,03$ mm

Gesucht: Anteil fehlerhafter Wellen (Anteil unterhalb $G_\mathrm{u} = 19,95$ mm und oberhalb $G_\mathrm{o} = 20,05$ mm)

Lösung: Mit Bild 4.4: Abstand zwischen μ und G_o in σ-Einheiten

$$u_\mathrm{o} = \frac{G_\mathrm{o} - \mu}{\sigma} = \frac{20,05 - 20,01}{0,03} = +1,33.$$

Abstand zwischen μ und G_u ist in σ-Einheiten

$$u_\mathrm{u} = \frac{G_\mathrm{u} - \mu}{\sigma} = \frac{19,95 - 20,01}{0,03} = -2.$$

Damit ist nach NV-Tabelle der Fehleranteil:

oberhalb G_o ist	p_o	$= 0,091\,76 = 9,2\,\%$
unterhalb G_u ist	p_u	$= 0,022\,75 = 2,3\,\%$

insgesamt ist	p	$= 11,5\,\%$

Anteil im Toleranzfeld $1 - p = 88,5\,\%$.

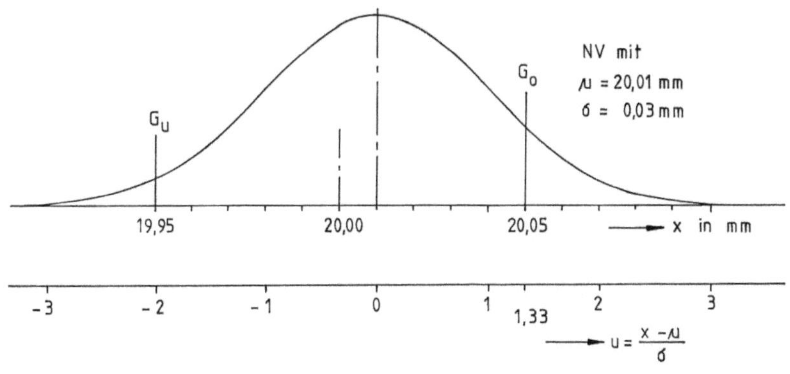

Bild 4.4. Normalverteilte Wellendurchmesser und Toleranzfeld

Das Wahrscheinlichkeitsnetz

Der Zusammenhang zwischen einer normalverteilten Variablen x und der Standard-
normalvariablen u ist gegeben durch

$$u = \frac{x - \mu}{\sigma}.$$

Dies ist eine Geradengleichung, die im Koordinatensystem $u(x)$ durch den
Punkt $u(x = \mu) = 0$ verläuft mit der Steigung $1/\sigma$. Diese Gerade ist in Bild 4.5 dargestellt.

Weitere Punkte der Geraden sind beispielsweise

$$u = -3 \quad \text{für} \quad x - \mu = -3\,\sigma$$

oder

$$u = 3 \quad \text{für} \quad x - \mu = 3\,\sigma.$$

Wird mit Hilfe der NV-Tabelle in dieses Koordinatensystem parallel zur u-Skala eine
Skala für die Wahrscheinlichkeitssumme $G(u)$ eingetragen, dann entsteht das *Wahrscheinlichkeitsnetz* (WN). In diesem WN wird die Verteilungsfunktion (Summenfunktion) jeder *beliebigen Normalverteilung linearisiert*.

Die Bedeutung des WN liegt nicht darin, daß in diesem normalverteilte Grundgesamtheiten dargestellt werden können; vielmehr darin, daß
— *nichtnormalverteilte Wahrscheinlichkeitsverteilungen* eingetragen werden und die Ab-

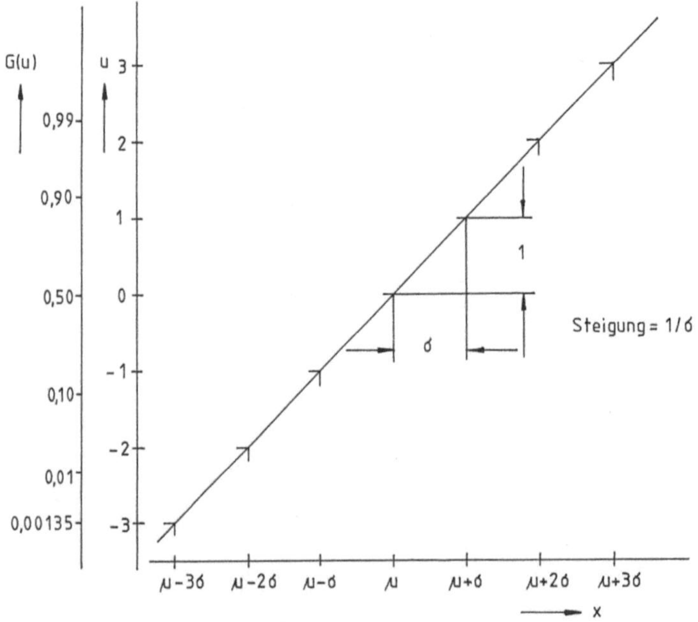

Bild 4.5. Darstellung der Geradengleichung $u = (x - \mu)/\sigma$; zusätzlich eingetragen ist eine
$G(u)$-Skala (Wahrscheinlichkeitsnetz)

weichungen gegenüber der NV mit gleichen Parametern nach Art (Form) und Ausmaß (Anteile außerhalb bestimmter Streugrenzen) abgeschätzt werden können,
— *Stichprobenergebnisse* (Häufigkeitssummen) in das WN eingetragen werden können, um die Kennwerte $\bar{x}$ und s grafisch abzuschätzen (Kap. 5). Auch kann das Maß der Übereinstimmung der Stichprobe mit der NV-Form subjektiv abgeschätzt werden.

NV und Zufallstreubereich

Ist eine Grundgesamtheit hinsichtlich ihrer Parameter und ihrer Verteilungsform bekannt, so können Zufallsstreubereiche (ZB) angegeben werden, in deren Grenzen bestimmte Anteile — beispielsweise 95 oder 99 % — liegen.

Im Falle der NV ist dies mit Hilfe der u-Tabelle oder mit Hilfe des WN möglich.

Aufgabe 4.2

Gegeben: Normalverteilte Wellen mit den Parametern $\mu = 20,01$ mm und $\sigma = 0,03$ mm.
Gesucht: 1. ZB, in dem 95 % der Wellen liegen, rechnerisch.
         2. ZB, in dem 95 % der Wellen liegen, grafisch.
         3. Mögliche Aussagen zum ZB.
Lösung: 1. Bei normalverteilter Grundgesamtheit ist der ZB

$$x = \mu \pm u\sigma$$

nach u-Tabelle ist für einen Anteil von 95 % bei beidseitiger Abgrenzung $u = 1,9600$; damit ist der ZB

$$x = 20,01 \pm 1,96 \cdot 0,03$$
$$19,9512 \text{ mm} \leqq x \leqq 20,0688 \text{ mm}$$

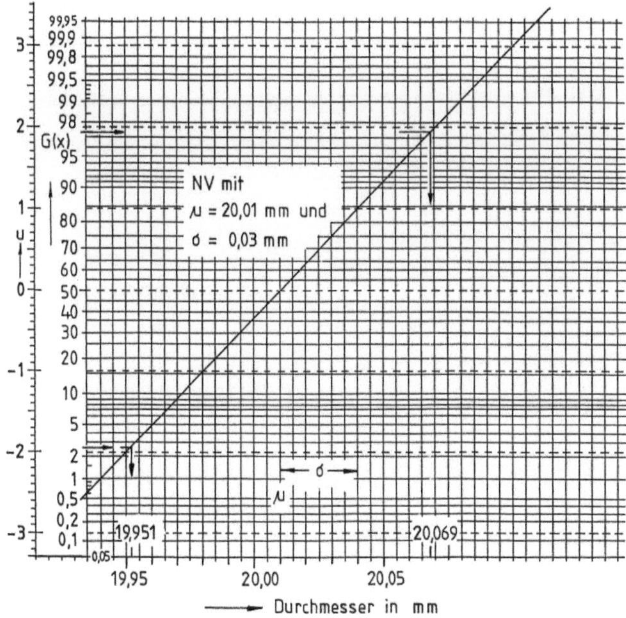

Bild 4.6. Grafische Lösung zu Aufgabe 4.2

2. Die grafische Lösung enthält Bild 4.6
3. Mögliche Aussagen:
 — in dem ZB liegen 95 % aller Werte; je 2,5 % liegen darunter bzw. darüber
 — wird der Grundgesamtheit *eine* Welle entnommen, so ist die Wahrscheinlichkeit
   für

darunter liegend:	2,5 %,
im ZB liegend:	95,0 %,
darüber liegend:	2,5 %.

Modelle für Normalverteilungen

Wirkliche Grundgesamtheiten mit einer ganz bestimmten Wahrscheinlichkeitsverteilung lassen sich durch gedachte Grundgesamtheiten simulieren. Dies ist jedoch auch bei stetigen Verteilungen — und alle Verteilungen quantitativer Merkmale sind stetig — nur dadurch möglich, daß die Verteilung diskretisiert wird, d. h. in Klassen unterteilt wird.

Um den glockenförmigen Verlauf der NV in sehr guter Näherung zu simulieren, sind dafür mindestens $N = 1\,000$ Werte erforderlich.

Bild 4.7 enthält das Modell einer NV, das in den nachfolgenden Abschnitten für Misch- und für Faltoperationen wiederholt verwendet werden wird.

Aufgabe 4.3

Gegeben: NV-Modell nach Bild 4.7
Gesucht: Nachvollzug der Ermittlung der Parameter μ und σ mit und ohne Hilfe des Statistikprogramms eines Taschenrechners
Lösung: — Mit Statistikprogramm: $\mu = 7{,}5$ und $\sigma = 2$.
 — Ohne Statistikprogramm: Wegen der Symmetrie der Verteilung fällt ins Auge

$$\mu = 7{,}5.$$

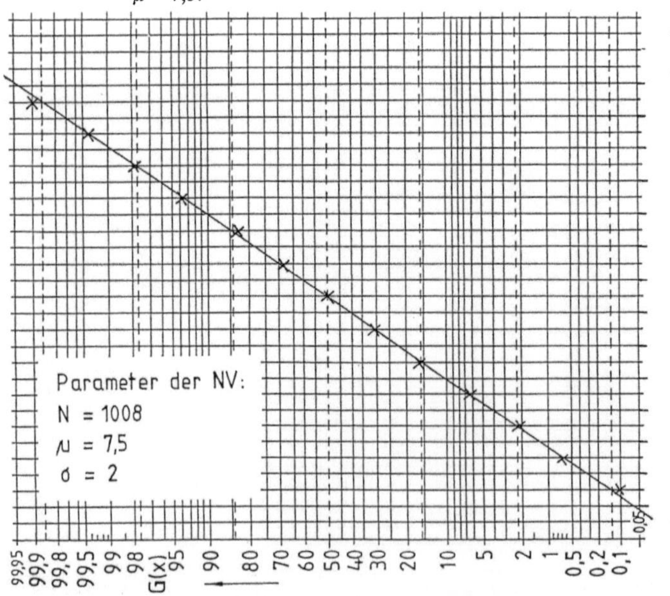

x_j	N_j	$\sum N_j$	G(x) in %
14	1	1008	100,0
13	5	1007	99,9
12	15	1002	99,4
11	40	987	97,9
10	103	947	93,9
9	150	844	83,7
8	190	694	68,8
7	190	504	50,0
6	150	314	31,2
5	103	164	16,3
4	40	61	6,1
3	15	21	2,1
2	5	6	0,7
1	1	1	0,1

Bild 4.7. Modell einer Normalverteilung mit 14 Klassen

Die Berechnung der Standardabweichung erfolge mit (4.5):

x	N_j	$g(x)$	$(x - \mu)$	$(x - \mu)^2\, g(x)$
1	1		6,5	0,041 914 682
2	5		5,5	0,150 049 603
3	15		4,5	0,301 339 285
4	40		3,5	0,486 111 111
5	103	$N_j/1\,008$	2,5	0,638 640 873
6	150		1,5	0,334 821 428
7	190		0,5	0,047 123 015
8	190		0,5	
9	150		1,5	
10	103		2,5	
11	40		3,5	spiegel-
12	15		4,5	bildlich
13	5		5,5	wie oben
14	1		6,5	

$$\sigma^2 = \sum (x - \mu)^2\, g(x) = 4$$
$$\sigma = 2$$

Ein weiteres Modell der Normalverteilung ist unter dem Namen Spielmarkenschachtel bekannt und in Bild 4.8 dargestellt. Auch dieses Modell wird in den nachfolgenden Abschnitten verwendet werden.

x	$g(x)$	x
19	1	81
20	1	80
21	1	79
22	1	78
23	1	77
24	1	76
25	1	75
26	2	74
27	3	73
28	4	72
29	4	71
30	5	70
31	7	69
32	8	68
33	9	67
34	11	66
35	13	65
36	15	64
37	17	63
38	20	62
39	22	61
40	24	60
41	27	59
42	29	58
43	31	57
44	33	56
45	35	55
46	37	54
47	38	53
48	39	52
49	40	51
50	40	

Parameter der NV:

$N = 1000$

$\mu = 50$

$\sigma_N = 9{,}9926 \approx 10$

Bild 4.8. Modell einer Normalverteilung mit 62 Klassen (Spielmarkenschachtel)

4.3 Nichtnormale Wahrscheinlichkeitsverteilungen

Die Normalverteilung ist in der Natur sehr häufig zu beobachten; in der Betriebspraxis (Fertigungstechnik) kommt sie nur vor, wenn der Prozeß bezüglich Mittelwert und Standardabweichung stabil ist. Ändert sich jedoch einer der Parameter mit der Zeit oder beide, so hat das gesamte Fertigungslos eine Mischverteilung. Mischverteilungen können beliebige Formen haben; sie werden in Kap. 6 näher besprochen.

Mischverteilungen 1. Art (MV infolge eines stetigen, angenähert linearen Trends) sind angenähert symmetrisch und schmaler als die entsprechende Normalverteilung (NV mit den gleichen Parametern). Derartige Mischverteilungen lassen sich je nach Breite (Dauer des gehabten Trends) angenähert durch die
— Dreieckverteilung (DV),
— die Trapezverteilung (TV) oder am einfachsten durch
— die Rechteckverteilung (RV)

beschreiben. In Bild 4.9 sind diese Verteilungen dargestellt mit Angaben über die Berechnung der Varianz (aus der Spannweite) und der Spannweite (aus der Varianz).

Ein Vergleich der Verteilungen (Spalte 4) läßt erkennen, daß die RV die schmalste und die NV die breiteste Verteilung ist. Es gibt auch Mischverteilungen, die breiter sind als die NV; diese kommen jedoch selten vor (Kap. 6).

Die in Bild 4.9, Spalte 2 angegebenen Formeln für die Varianz der Wahrscheinlichkeitsverteilungen gelten nur für stetige Verteilungen. Wenn diese durch *diskrete Verteilungen* simuliert werden, gelten die Formeln nach Spalte 5.

Während bei der NV zur Simulation der Glockenform große Losumfänge erforderlich sind, reichen bei den übrigen, *symmetrischen Wahrscheinlichkeitsverteilungen kleine Losumfänge* aus; dazu die folgenden Aufgaben:

Aufgabe 4.4

Gegeben: Einfachste Gleichverteilung mit 2 Klassen

$$N_1 = N_2 = 1.$$

1 2

Gesucht: Parameter dieser Wahrscheinlichkeitsverteilung mit und ohne Statistikprogramm eines Taschenrechners.

Lösung: — Mit Statistikprogramm: $N = 2$, $\mu = 1{,}5$, $\sigma_N = 0{,}5$, $\sigma_{N-1} = 0{,}7071$.
Hinweis: für $N_j \to \infty$ geht $\sigma_{N-1} \to \sigma_N$.
Beispiel: wenn $N_1 = N_2 = 1\,000$, dann sind die Parameter $N = 2\,000$, $\mu = 1{,}5$, $\sigma_N = 0{,}5$, $\sigma_{N-1} = 0{,}5001$.
— Ohne Statistikprogramm: $\mu = 1{,}5$ aus Symmetriegründen

$$\sigma^2 = (R^2 - 1)/12 \quad \text{mit} \quad R = 2{,}5 - 0{,}5 = 2$$

$$= \frac{4 - 1}{12} = 0{,}25$$

$$\sigma = 0{,}5$$

oder berechnet mit (4.5) $\sigma^2 = \sum (x - \mu)^2 \, g(x)$

$$= (1 - 1{,}5)^2 \cdot 0{,}5 + (2 - 1{,}5)^2 \cdot 0{,}5 = 0{,}25$$

$$\sigma = 0{,}5.$$

1 Verteilung	2 Varianz	3 Spannweite	4 Spannweiten- verhältnis R/R_{RV}	5 Varianz bei Simulation durch diskrete Verteilung mit ganzzahligen x-Werten		
RV	$\sigma^2 = \dfrac{R^2}{12}$	$R = 2\sqrt{3}\cdot\sigma$ $= 2\cdot 1{,}7321\cdot\sigma$	1	$\sigma^2 = \dfrac{R^2-1}{12}$		
TV_1	$\sigma^2 = \dfrac{10R^2}{192}$	$R = 2\sqrt{\dfrac{48}{10}}\cdot\sigma$ $= 2\cdot 2{,}1909\cdot\sigma$	1,2649	$\sigma^2 = \dfrac{10R^2-32}{192}$		
TV_2	$\sigma^2 = \dfrac{5R^2}{108}$	$R = 2\sqrt{\dfrac{27}{5}}\cdot\sigma$ $= 2\cdot 2{,}3238\cdot\sigma$	1,3416	$\sigma^2 = \dfrac{5R^2-18}{108}$		
TV_3	$\sigma^2 = \dfrac{13R^2}{300}$	$R = 2\sqrt{\dfrac{75}{13}}\cdot\sigma$ $= 2\cdot 2{,}4019\cdot\sigma$	1,3868	$\sigma^2 = \dfrac{13R^2-50}{300}$		
DV	$\sigma^2 = \dfrac{R^2}{24}$	$R = 2\sqrt{6}\cdot\sigma$ $= 2\cdot 2{,}4495\cdot\sigma$	1,4142	$\sigma^2 = \dfrac{R^2-4}{24}$		
NV	$\sigma^2 = \dfrac{R^2}{36}$	$R = 2\cdot 3\cdot\sigma$ bei einem Anteil von $p = 0{,}27\,\%$ außerhalb des R-Bereiches	1,7321	NV-Modell aus k gefalteten RV; $R = k\cdot R_{RV}$		
				$k:$ 4	8	16
				$\sigma^2 = \dfrac{R^2-16}{48}$	$\sigma^2 = \dfrac{R^2-64}{96}$	$\sigma^2 = \dfrac{R^2-256}{192}$

Bild 4.9. Angaben über verschiedene, symmetrische Wahrscheinlichkeitsverteilungen

Aufgabe 4.5

Gegeben: Gleichverteilung mit 7 Klassen.
Gesucht: Parameter.
Lösung: — Mit Statistikprogramm: $N = 7$, $\mu = 4$, $\sigma_N = 2$.
  — Ohne Statistikprogramm: $\mu = 4$ aus Symmetriegründen

$$\sigma^2 = \frac{49 - 1}{12} = 4$$

$$\sigma = 2.$$

Aufgabe 4.6

Gegeben: Trapezverteilung des Typs TV_2 nach Bild 4.9.

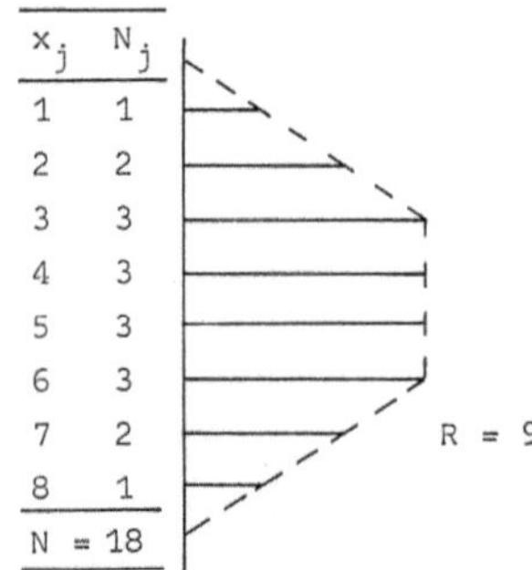

Gesucht: Parameter.
Lösung: — Mit Statistikprogramm: $N = 18$, $\mu = 4{,}5$, $\sigma = 1{,}893\,0$ $(1{,}892\,969\,449)$.
  — Ohne Statistikprogramm: $\mu = 4{,}5$ aus Symmetriegründen

$$\sigma^2 = \frac{5R^2 - 18}{108} = 3{,}583\,3$$

$$\sigma = 1{,}893\,0 \quad (1{,}892\,969\,449).$$

Aufgabe 4.7

Gegeben: Dreieckverteilung.

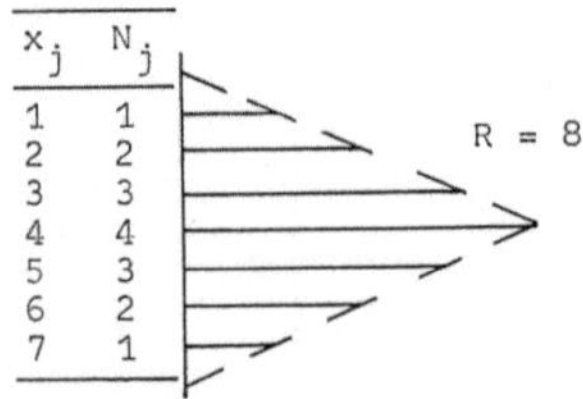

Gesucht: Parameter.
Lösung: — Mit Statistikprogramm: $N = 16$, $\mu = 4$, $\sigma = 1{,}581\,1$.

  — Ohne Statistikprogramm: $\sigma^2 = \dfrac{8^2 - 4}{24} = 2{,}5$

$$\sigma = 1{,}581\,1.$$

Aufgabe 4.8

Gegeben: Es werden $N = 1\,000$ Wellen mit Lagerzapfen gefertigt, für den nach Zeichnung der Durchmesser $d = 60\,f7$ $(-60;\ -30)$ vorgegeben ist. Nach der Fertigung werden alle Zapfen (automatisch) durchgemessen; die Meßwerte werden vom Rechner gespeichert und ausgewertet; die Häufigkeitssummenfunktion wird mittels Plotter aufgezeichnet. Es ergibt sich eine Normalverteilung mit $\mu = 59,960$ mm und $\sigma = 0,006$ mm.

Gesucht: Schätzung des Anteils fehlerhafter Wellen.

Lösung: Die Skizze zeigt, daß nur der obere Grenzwert (Nacharbeitungsseite) überschritten wird.

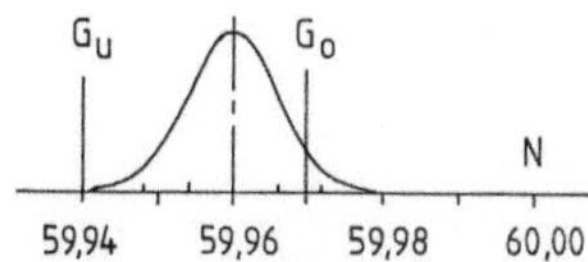

Der Abstand vom Mittelwert zum oberen Grenzwert in σ-Einheiten ist

$$u_{1-p} = \frac{G_o - \mu}{\sigma} = \frac{59,970 - 59,960}{0,006} = 1,\overline{6}\,.$$

Nach u-Tabelle ist damit der grenzüberschreitende Anteil $p = 4,812\,\%$. Hinweis: Dies ist nur ein Schätzwert, der aber wegen $n = N = 1\,000$ sehr genau ist.

Aufgabe 4.9

Gegeben: Trapez-Verteilung des Typs TV_1

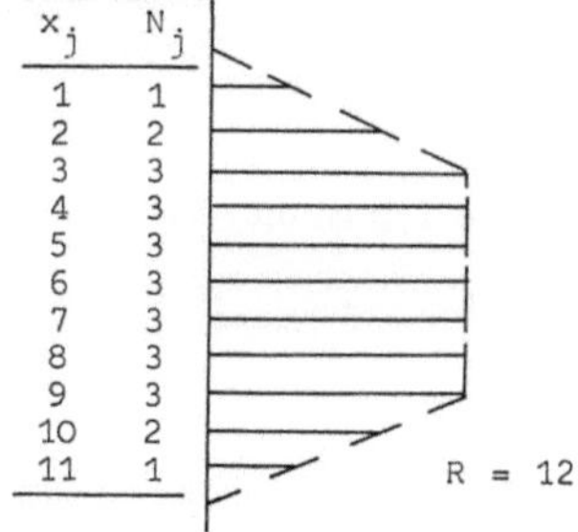

Gesucht: Parameter

Lösung: 1. $\mu = 6$ aus Symmetriegründen

$$\sigma^2 = \frac{10R^2 - 32}{192} \quad \text{nach Bild 4.9}$$

$$= \frac{10 \cdot 144 - 32}{192} = 7,\overline{3}$$

$$\sigma = 2,708\,0\,.$$

2. Mit Automatik des Taschenrechners

$N = 27$

$\mu = 6$

$\sigma_N = 2,708\,0\,.$

Aufgabe 4.10

Gegeben: Trapez-Verteilung des Typs TV_3 nach Bild 4.9

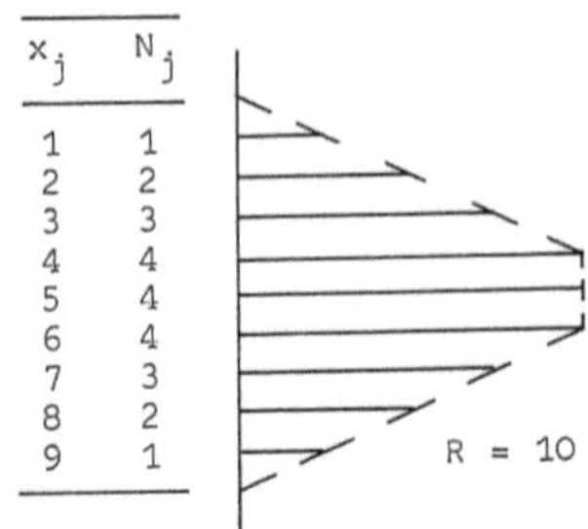

Gesucht: Parameter

Lösung: 1. $\mu = 5$ aus Symmetriegründen

$$\sigma^2 = \frac{13R^2 - 50}{300} \quad \text{nach Bild 4.9}$$

$$= \frac{1\,300 - 50}{300} = 4{,}167$$

$$\sigma = 2{,}0412\,.$$

2. Mit Automatik des Taschenrechners

$$N = 24$$
$$\mu = 5$$
$$\sigma_N = 2{,}0412\,.$$

Aufgabe 4.11

Gegeben: Schiefe Dreieck-Verteilung; für diesen Typ ist die Varianz:

— stetige Verteilung $\quad \sigma^2 = \dfrac{R^2}{18}\,,$

— diskrete Verteilung $\quad \sigma^2 = \dfrac{R^2 - 2{,}25}{18}\,.$

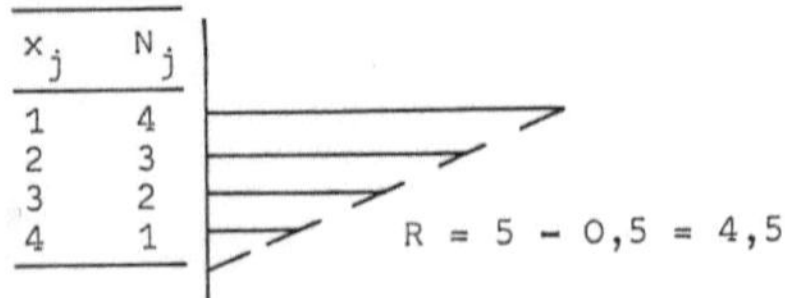

Gesucht: Parameter

Lösung: 1. Mit obiger Formel und dem Momentensatz

$$\mu = 2 \quad \text{weil } 4 \cdot 1 = 2 \cdot 1 + 1 \cdot 2$$

$$\sigma^2 = \frac{4{,}5^2 - 2{,}25}{18} = 1$$

$$\sigma = 1\,.$$

2. Mit Automatik des Taschenrechners

$N = 10$

$\mu = 2$

$\sigma_N = 1$.

Hinweis: Breite der stetigen Verteilung

$$R = \sqrt{18} \cdot \sigma = 2 \cdot 2{,}1213 \cdot \sigma.$$

Aufgabe 4.12

Gegeben: V-förmige Verteilung (VV); für diesen Typ ist die Varianz:

— stetige Verteilung $\qquad \sigma^2 = \dfrac{R^2}{8}$,

— diskrete Verteilung $\qquad \sigma^2 = \dfrac{R^2 - 1}{8}$.

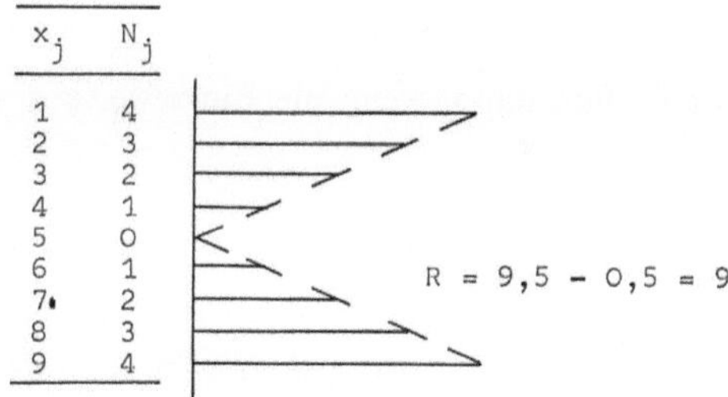

x_j	N_j
1	4
2	3
3	2
4	1
5	0
6	1
7	2
8	3
9	4

Gesucht: Parameter

Lösung: 1. $\mu = 5$ aus Symmetriegründen

$$\sigma^2 = \frac{9^2 - 1}{8} = 10$$

$$\sigma = 3{,}162\,277\,66.$$

2. Mit Automatik des Taschenrechners

$N = 20$

$\mu = 5$

$\sigma_N = 3{,}162\,277\,66$.

Hinweis: die V-Verteilung kommt in der Betriebspraxis äußerst selten vor; sie wird in
Aufgabe 7.4 herangezogen werden, um zu zeigen, daß auch nach vierfachem
Falten der VV eine NV entsteht.

Hinweis: Breite der stetigen Verteilung

$$R = \sqrt{8} \cdot \sigma = 2\sqrt{2} \cdot \sigma = 2 \cdot 1{,}4142 \cdot \sigma,$$

d. h. weniger als halb so breit als die NV mit den gleichen Parametern.

4.4 Zufallsstreubereiche für Mittelwerte

Der Zentrale Grenzwertsatz

Werden k Werte x_i aus *derselben Grundgesamtheit* oder aus *verschiedenen* Grundgesamtheiten addiert, so sind die Summen $\sum x_i$ normalverteilt auch dann, wenn die Grundgesamtheiten nicht normalverteilt sind; dies gilt ab $k = 5$.

Dieser Satz ist vor allem in zwei Fällen bedeutsam:
— Wenn lineare Maßketten gebildet werden, so tendiert die Verteilung der Schließmaße zu einer Normalverteilung, auch dann, wenn die einzelnen Glieder der Maßkette nicht normalverteilt sind.
— Wenn die Werte x_i aus derselben Grundgesamtheit kommen und deren Summen durch die Anzahl dividiert werden, dann ändert sich nichts an der NV-Form; das bedeutet, daß Mittelwerte

$$\bar{x} = \frac{\sum x_i}{n}$$

stets normalverteilt sind, auch dann, wenn die Einzelwerte x_i nicht normalverteilt sind.

Das Abweichungsfortpflanzungsgesetz

Werden k Werte x_i aus derselben Grundgesamtheit oder aus verschiedenen Grundgesamtheiten addiert, so ist die Varianz der Summe gleich der Summe der Einzelvarianzen

$$\sigma^2_{\text{ges}} = \sum \sigma^2_i .$$

Dieses Gesetz ist vor allem in zwei Fällen bedeutsam:
— Wenn lineare Maßketten gebildet werden, so ist die Varianz des Schließmaßes exakt gleich der Summe der Varianzen der k Glieder dieser Maßkette, und zwar unabhängig von deren jeweiligen Verteilungsformen.
— Wenn die $n = k$ Werte x_i aus derselben Grundgesamtheit kommen, dann ist die Varianz der Summe

$$\sigma^2 = n\sigma^2_x$$

und die Standardabweichung der Summe ist

$$\sigma = \sqrt{n}\,\sigma_x .$$

Werden die Summen durch n dividiert, dann ist die Standardabweichung der (normalverteilten) Mittelwerte

$$\sigma_{\bar{x}} = \frac{\sqrt{n}\,\sigma_x}{n}$$

$$= \frac{\sigma_x}{\sqrt{n}} .$$

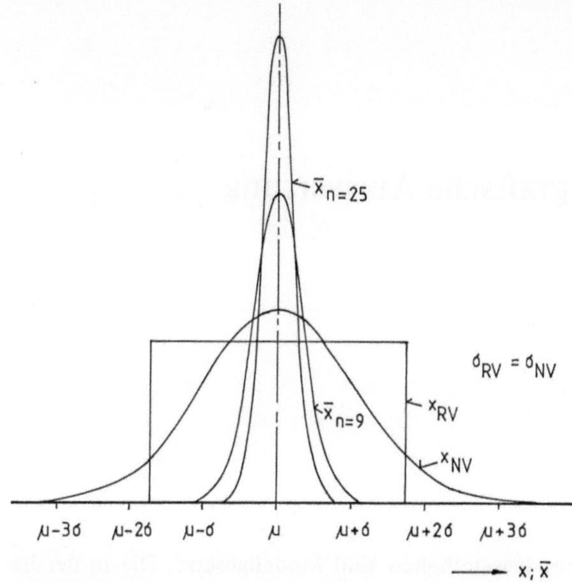

Bild 4.10. Normalverteilung und Rechteckverteilung mit den Parametern μ und σ und die Verteilungen für Mittelwerte von Stichproben des Umfangs $n = 9$ und $n = 25$ aus diesen Wahrscheinlichkeitsverteilungen

Während der in Abschn. 4.2 geschilderte Zufallsstreubereich für Einzelwerte

$$x = \mu \pm u\sigma$$

nur gültig ist, wenn eine Normalverteilung vorliegt, so ist der analoge Zufallsstreubereich für Mittelwerte

$$\bar{x} = \mu \pm u\frac{\sigma}{\sqrt{n}}$$

unabhängig davon, welche Verteilungsform die Einzelwerte aufweisen, vorausgesetzt $n \geq 5$. Eine Erläuterung enthält Bild 4.10

Aufgabe 4.13

Gegeben: Beliebige, nicht normalverteilte Grundgesamtheit mit den Parametern $\mu = 7,5$ und $\sigma = 2$.

Gesucht: Zufallsstreubereich, in dem 95 % der Mittelwerte aus Stichproben des Umfangs $n = 10$ zu erwarten sind.

Lösung:
$$\bar{x} = \mu \pm u\frac{\sigma}{\sqrt{n}}$$

$$= 7,5 \pm 1,96\,\frac{2}{\sqrt{10}}.$$

$$6,26 \leq \bar{x} \leq 8,74$$

5 Rechnerische und grafische Auswertung von Meßreihen

5.1 Allgemeines

Die in Kap. 4 besprochenen Grundgesamtheiten sind Modellgesetze. Die in der Betriebspraxis tatsächlich vorliegenden Grundgesamtheiten (Lieferlose, Fertigungslose) sind in der Regel nach Lage, Streuung und Verteilungsform unbekannt und müssen durch Stichproben abgeschätzt werden.

Da hier ausnahmslos von quantitativen (meßbaren) Merkmalen die Rede ist, fallen stets Meßreihen an. Dazu werden Stichproben des Umfangs n gezogen indem n Bauteile zufällig aus dem Los entnommen werden. Diese n Bauteile werden hinsichtlich eines interessierenden (relevanten) Maßes (oder mehrerer) geprüft. Das Ergebnis sind Meßreihen mit n Maßen.

Sowohl bei der rechnerischen als auch bei der grafischen Auswertung ist hinsichtlich der *Verfahrensweise zu unterscheiden* zwischen
— *kleinen Stichproben* ($n < 50$), diese werden ohne Klassieren ausgewertet, und
— *großen Stichproben* ($n \geqq 50$), diese werden in der Regel nach Klassieren ausgewertet.

Das Klassieren ist ein Zusammenfassen von zwei oder mehreren möglichen, nebeneinanderliegenden Werten zu insgesamt 10 bis 20 Klassen. Maßwerte fallen in der Regel an auf
— 0,1 mm   — Meßschieber,
— 0,01 mm   — Bügelmeßschraube oder
— 0,001 mm   — Millimeß.

Wegen der begrenzten Meßgenauigkeit fallen die Maßwerte bereits klassiert an, d. h. mehrere der n Meßergebnisse sind jeweils gleich groß. Daher ist das *Klassieren* in Wahrheit ein *Umklassieren* bereits klassiert vorliegender Maßwerte.

Das Ergebnis der statistischen Auswertung einer Meßreihe sind *statistische Kennwerte*. Die mit Abstand wichtigsten statistischen Kennwerte sind
— *der Mittelwert $\bar{x}$*, Schätzwert für den Parameter μ der Grundgesamtheit, aus der die Stichprobe entnommen wurde, und
— *die Standardabweichung s*, Schätzwert für den Parameter σ der Grundgesamtheit, aus der die Stichprobe entnommen wurde.

5.2 Rechnerische Auswertung ohne Klassieren

Werden alle Werte einer Meßreihe direkt in die Auswertung einbezogen (beispielsweise einzeln in den Rechner eingegeben), dann ist der Mittelwert

$$\bar{x} = \frac{\sum x}{n}$$

und die Standardabweichung

$$s = +\sqrt{\frac{1}{n-1} \sum (x - \bar{x})^2} \; .$$

Statt dieser Definitionsformel wird jedoch bevorzugt die Identitätsformel

$$s = +\sqrt{\frac{1}{n-1} \left[\sum x^2 - \frac{1}{n} \left(\sum x \right)^2 \right]}$$

benutzt.

Aufgabe 5.1

Gegeben: Meßreihe

i	x_i in mm
1	37,005
2	37,002
3	37,001
4	37,000
5	37,006
6	37,003
7	36,998

Gesucht: Kennwerte $\bar{x}$ und s.

Lösung: Mit dem Statistikprogramm des Taschenrechners sind $\bar{x} = 37,002\,14$ mm und $s = 0,002\,80$ mm.
Auch bei Benutzung eines Taschenrechners kann es zweckmäßig sein, die Transformation

$$z = \frac{x - A}{B}$$

vorzunehmen, die Kennwerte für z auszurechnen

$$\bar{z} = \frac{\sum z}{n}$$

und

$$s_z = +\sqrt{\frac{1}{n-1} \left[\sum z^2 - \frac{1}{n} \left(\sum z \right)^2 \right]}$$

und wieder auf x zurückzutransformieren

$$\bar{x} = B\bar{z} + A$$

und

$$s_x = B s_z \; .$$

Aufgabe 5.2

Gegeben: Meßreihe der Aufgabe 5.1.
Gesucht: Kennwerte $\bar{x}$ und s mittels geeigneter Transformation.
Lösung: Die Transformation

$$z = \frac{x_i - 37{,}000}{10^{-3}}$$

läuft hinaus auf ein Umdenken auf Abweichungen in 0,001 mm von $d = 37{,}000$ mm

x_i	z_i	z_i^2
37,005	5	25
37,002	2	4
37,001	1	1
37,000	0	0
37,006	6	36
37,003	3	9
36,998	−2	4
$\sum$	15	79

— Ohne Statistikprogramm

$$\bar{z} = \frac{15}{7} = 2{,}142\,9$$

$$\bar{x} = 37{,}002\,14 \text{ mm}$$

$$s_z = +\sqrt{\frac{1}{n-1}\left[79 - \frac{1}{7}\cdot 15^2\right]} = 2{,}794\,6$$

$$s_x = 0{,}002\,79 \text{ mm}.$$

— Mit Statistikprogramm
  $\bar{z} = 2{,}142\,9$
  $s_z = 2{,}794\,6$

Hinweis: $z_4 = 0$ muß in den Rechner eingegeben werden!

5.3 Grafische Auswertung ohne Klassieren

Die Werte der Meßreihe werden der Größe nach geordnet und bei den Wahrscheinlichkeitssummen der Erwartungswerte nach Tabelle A 3 in das Wahrscheinlichkeitsnetz eingetragen.

Die Ordnung der Werte kann auch dadurch geschehen, daß die Werte dicht über der x-Achse des WN als Punkt- (oder Strichdiagramm) eingetragen werden.

Nach Eintragen der Häufigkeitssummen ins WN wird durch diese Punkte eine Ausgleichsgerade gezogen.

Der Schnittpunkt der Geraden mit der 50 %-Linie ist auf der x-Achse der Mittelwert $\bar{x}$; die halbe Differenz der Schnittpunkte mit der 84 %-Linie bzw. der 16 %-Linie ist die Standardabweichung s.

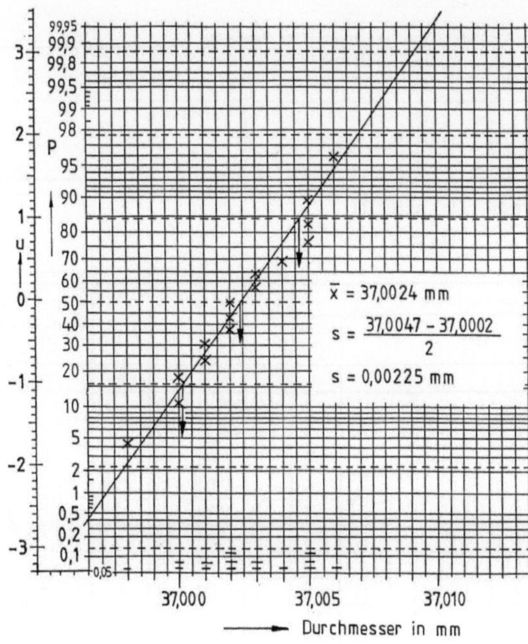

Bild 5.1. Grafische Auswertung der Meßreihe in Aufgabe 5.3

Aufgabe 5.3

Gegeben: Meßreihe mit $n = 15$ Werten

37,005	37,003	37,001
37,002	36,998	37,000
37,001	37,003	37,005
37,000	37,005	37,004
37,006	37,002	37,002

Gesucht: $\bar{x}$ und s grafisch.

Lösung: Bild 5.1

Rechnerische Kontrolle mit dem Statistikprogramm des Taschenrechners

$n = 15$

$\bar{x} = 37{,}002\,4\overline{6}$ mm

$s = 0{,}002\,263$ mm.

Anmerkung. Die statistischen Kennwerte und Parameter haben stets die gleiche Einheit wie die Einzelwerte (z. B. in mm).

5.4 Rechnerische Auswertung klassierter Meßreihen

Begriffe zum Klassieren (Umklassieren)

Klassierung. Aufteilung des Wertebereichs eines Merkmals in Teilbereiche (Klassen), die einander ausschließen und den Wertebereich ausfüllen.

⌀	AUSWERTEBLATT	zum rechnerischen und graphischen Auswerten (annäherd) normalverteilter Merkmalswerte	Auswerteblatt 02

Gegenstand (Benennung, Zchng.-Nr.):   Lieferant:

Merkmal: Durchmesser;   Aufgabe 5.4 und 5.5

Lieferumfang N =	Nennmaß $= 37\,mm$ $G_O = 37{,}011$	
Stichpr.-Umf. n =	Tol.-Mitte C = $G_U = 36{,}995$	

Klassengrenze untere	Klassengrenze obere	Klassenmitte x_j	Klassenbesetzung (Strichliste)	Anzahl n_j	z_j [1]	$z_j \cdot n_j$	$z_j^2 \cdot n_j$	$\sum n_j$	$\dfrac{\sum n_j - 0{,}5}{n} \cdot 100$
1		2	3	4	5	6	7	8	9
− 6,5	−5,5	− 6	II	2	−7	−14	98	2	1,5
		− 5	II	2	−6	−12	72	4	3,5
		− 4	III	3	−5	−15	75	7	6,5
		− 3	‖‖‖	5	−4	−20	80	12	11,5
		− 2	‖‖‖ II	7	−3	−21	63	19	18,5
		− 1	‖‖‖ IIII	9	−2	−18	36	28	27,5
		0	‖‖‖ III	8	−1	− 8	8	36	35,5
		1	‖‖‖ III	8	0	0	0	44	43,5
		2	‖‖‖ ‖‖‖ I	11	1	11	11	55	54,5
		3	‖‖‖ ‖‖‖ I	11	2	22	44	66	65,5
		4	‖‖‖ ‖‖‖ I	11	3	33	99	77	76,5
		5	‖‖‖ III	8	4	32	128	85	84,5
		6	‖‖‖	5	5	25	125	90	89,5
		7	IIII	4	6	24	144	94	93,5
		8	III	3	7	21	147	97	96,5
		9	II	2	8	16	128	99	98,5
9,5	10,5	10	I	1	9	9	81	100	99,5

(rechter Randtext, senkrecht: auf der oberen Klassengrenze beim entspr. P-Wert einzeichnen)

Klassenbreite $w = 1\,\mu m$	Hilfswert (aus Sp.2) $a = 1\,\mu m$	Summe	$100 = n$	$85 = \Sigma 1$	$1339 = \Sigma 2$	[1] $z_j = \dfrac{x_j - a}{w}$

Berechnen des Mittelwertes $\bar{x}$:

$$+ w \cdot \frac{\Sigma 1}{n} = + \; 1 \cdot \frac{85}{100} = 0{,}85 \qquad (a = 1)$$

$$= 1{,}85\,\mu m$$

$$\bar{x} = \boxed{37{,}00185\,mm}$$

Berechnen der Standardabweichung s:

$$-\frac{\Sigma 1^2}{n} = -\frac{85^2}{100} = -72{,}25 \qquad \Sigma 2 = 1339$$

$$\text{Diff} = 1266{,}75$$

$$\frac{w^2 \cdot \text{Diff}}{n-1} = \frac{1^2 \cdot 1266{,}75}{99} = 12{,}7955 = s^2$$

$$s = +\sqrt{} = 3{,}5771\,\mu m = \boxed{0{,}0036\,mm}$$

Bild 5.2. Rechnerische Auswertung und Vorbereitung der grafischen Auswertung der Meßreihe in Aufgabe 5.4 ($n = 100$ Lagerzapfen von E-Motor-Wellen). Übernahme des Formblatts mit freundlicher Genehmigung der Deutschen Gesellschaft für Qualität e. V., Frankfurt

Klasse. Ein bei einer Klassierung entstehender Teilbereich.

Klassengrenze. Wert der oberen oder der unteren Grenze einer Klasse.

Nominelle Klassengrenze. Angegebene Klassengrenze. Anmerkung: Verwendung nicht zu empfehlen.

Echte Klassengrenze. Grenze zwischen Aufrunden und Abrunden der Istwerte zur Klassenmitte.

Klassenmitte x_j. Arithmetischer Mittelwert der echten Klassengrenzen.

Klassenweite w. Echte obere minus echte untere Klassengrenze; auch Klassenbreite.

Besetzungszahl n_j. Anzahl der Einzelwerte in einer Klasse.

Aufsummierte Besetzungszahl $\sum n_j$. Anzahl der Einzelwerte, die einen Merkmalswert (Klasse) nicht überschreiten.

Häufigkeitssumme $G_j = \sum n_j / n$. Aufsummierte Besetzungszahl dividiert durch die Gesamtzahl der Einzelwerte (oft mit Korrektur).

Gesichtspunkte für das Klassieren

— Gleichgroße Klassenweiten vorsehen; unterschiedliche Klassenweiten stören nicht bei der grafischen Auswertung, komplizieren aber die rechnerische Auswertung.
— Klassengrenzen so wählen, daß jeder Wert eindeutig in Klasse fällt; dies ist der Fall, wenn Klassengrenze = Rundungsgrenze.
— Klassenzahl und Klassenweite so aufeinander abstimmen, daß 10 bis 20 Klassen entstehen.

Nach dem Klassieren wird eine Strichliste angefertigt, indem jeder Wert der Klasse zugeordnet wird, in die er gehört (Spalte 3 im Auswerteblatt, Bild 5.2).

Nach Anfertigen der Strichliste werden die *Besetzungszahlen* n_j ausgezählt (Bild 5.2, Spalte 4).

Danach wird der Hilfswert a gewählt; er muß eine *Klassenmitte* einer mittleren Klasse sein.

Des weiteren erfolgt die Transformation

$$z_j = \frac{x_j - a}{w}.$$

Dies läuft auf folgendes Rezept hinaus: In Spalte 5 erhält die Klasse mit $x_j = a$ den Wert $z_j = 0$; davon ausgehend werden die *niedrigeren Klassen negativ*, die *höheren Klassen positiv durchnummeriert*. Die weitere rechnerische Auswertung erfolgt nach Schema des Auswerteblatts.

Aufgabe 5.4

Gegeben: $n = 100$ Durchmesserwerte der Lagerzapfen von E-Motor-Wellen. Das Nennmaß ist $37\,j6$ oder $37\,^{+11}_{5}$.

Folgende Werte wurden mit einem Feinzeiger, dessen Nullpunkt — mit Hilfe eines Meisterstücks — auf Nennmaß eingestellt war, ermittelt:

5	1	−2	4	−3	2	0	4	5	3
2	0	10	−5	1	8	7	−2	3	−1
1	5	−2	3	−1	6	−3	2	4	4
0	4	8	−2	3	−1	6	2	−4	5
6	2	−1	4	−4	9	−3	1	3	0
3	−6	0	9	−2	2	4	3	−1	6
−2	6	2	−1	3	−3	8	4	3	1
3	−1	7	0	4	1	−2	2	5	−6
5	4	−3	3	−1	7	2	0	7	1
2	−1	5	1	0	4	−5	5	2	−4

Gesucht: Rechnerische Auswertung nach $\bar{x}$ und s
Lösung: Bild 5.2

> *Anmerkungen.*
> — Dieses Beispiel steht dafür, daß ein Umklassieren nicht erforderlich ist; die Meßwerte fallen optimal klassiert an.
> — Dieses Beispiel zeigt den Sonderfall einer zweifachen Transformation; die erste erfolgt beim Erfassen der Meßwerte (Abweichungen in µm von 37,000 mm), die zweite erfolgt bei der Auswertung.
> — Taschenrechner mit Statistikprogramm haben oft die Möglichkeit $x_j n_j$ einzugeben; Rechenkontrolle:
>
> $$n = 100, \quad \bar{x} = 1,85\,\mu\text{m}, \quad s = 3,5771\,\mu\text{m}.$$

5.5 Grafische Auswertung klassierter Meßreihen

Bis zur Ermittlung der n_j-Werte wird wie bei der rechnerischen Auswertung vorgegangen. Danach werden die aufsummierten Besetzungszahlen $\sum n_j$ gebildet (Bild 5.2, Spalte 8).

Daraus ergeben sich die Häufigkeitssummen $G_j = \sum n_j/n$; bei Stichprobenumfängen bis $n = 100$ ist die Berechnung der Häufigkeitssummen mit Korrektur etwas genauer

$$G_j = \frac{n_j - 0,5}{n}.$$

Beim *Eintragen der G_j-Werte in das WN* ist darauf zu achten, daß diese *über den oberen, echten Klassengrenzen* eingetragen werden müssen.

Beim Einlegen der Ausgleichsgeraden werden die G_j-Werte bis 5 % und über 95 % nicht berücksichtigt.

Die *weitere Auswertung* erfolgt wie bei *Meßreihen ohne Klassieren*.

Aufgabe 5.5

Gegeben: Meßreihe der Aufgabe 5.4.
Gesucht: Grafische Auswertung nach $\bar{x}$ und s.
Lösung: Bild 5.2 und Bild 5.3.

Zur Eintragung der Häufigkeitssummen in WN ist zu ergänzen, daß — auch bei normalverteilten Grundgesamtheiten — die zufallsbedingten Abweichungen von einer Geraden umso größer sind, je geringer der Stichprobenumfang ist. Dazu die nächste Aufgabe.

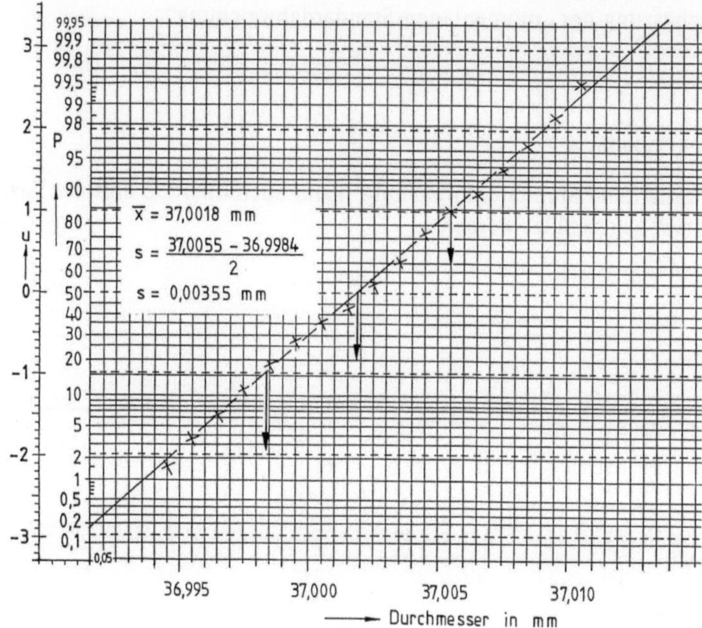

Bild 5.3. Grafische Auswertung der Meßreihe in Aufgabe 5.4 ($n = 100$ Lagerzapfen)

Aufgabe 5.6

Gegeben: Modell einer Normalverteilung mit 62 Klassen, Bild 4.8. Daraus wurden $m = 40$ Stichproben des Umfangs $n = 5$ gezogen, Bild 5.4.

Gesucht: Darstellung der Häufigkeitssummen im WN für die ersten $n = 10$, $n = 20$, $n = 50$, $n = 100$ und für alle $n = 200$ Werte.

Lösung: Bild 5.5.

5.6 Weitere statistische Kennwerte

Bisher wurden nur die *wichtigsten statistischen Kennwerte Mittelwert $\bar{x}$ und *Standardabweichung s* besprochen.

Daneben gibt es für die Lage der Verteilung den *Zentralwert (Median) $\tilde{x}$*, das ist der mittlere der der Größe nach geordneten Werte x_i und für die Breite der Verteilung die *Spannweite $R = x_{\max} - x_{\min}$*.

Die Spannweite R wird oft dazu benutzt, um bei einer Fertigung mit Trend die trendbereinigte, *momentane Standardabweichung* abzuschätzen. Dazu werden in regelmäßigen Abständen (beispielsweise stündlich) insgesamt m Stichproben des gleichen Umfangs n (bevorzugt $n = 5$) entnommen. Es wird angenommen, daß der Trend innerhalb der hintereinander gefertigten n Teile vernachlässigbar ist. Für alle m Stichproben wird R berechnet; die mittlere Spannweite

$$\bar{R} = \frac{\sum R}{m}$$

ermöglicht die Abschätzung der „momentanen Standardabweichung"

$$\hat{\sigma} = \frac{\overline{R}}{d_n}$$

mit d_n nach Tabelle A 2.

Anmerkung. Die „momentane Standardabweichung" kann auch über die mittlere Varianz der m Stichproben abgeschätzt werden

$$\hat{\sigma} = \sqrt{\overline{s^2}} \ .$$

Probe-Nr.	Einzel-Beobachtungen x	$\overline{x}$	$\widetilde{x}$	s^2	s	R	x_{min}	x_{max}
1	32 70 40 39 51	46,4	40	220	14,8	38	32	70
2	41 44 43 51 47	45,2	44	15	3,9	10	41	51
3	55 57 44 22 45	44,6	45	193	13,9	35	22	57
4	54 40 55 42 54	49,0	54	54	7,4	15	40	55
5	41 63 48 53 64	53,8	53	97	9,8	23	41	64
6	57 48 54 55 67	56,2	55	48	6,9	19	48	67
7	59 43 43 53 52	50,0	52	48	6,9	16	43	59
8	48 56 43 69 50	53,2	50	100	10,0	26	43	69
9	56 36 51 55 67	53,0	55	126	11,2	31	36	67
10	47 54 46 34 51	46,4	47	58	7,6	20	34	54
11	53 42 36 45 42	43,6	42	38	6,2	17	36	53
12	37 80 59 69 45	58,0	59	304	17,4	43	37	80
13	48 53 56 45 59	52,2	53	33	5,7	14	45	59
14	61 63 41 30 42	47,4	42	200	14,2	33	30	63
15	56 39 68 55 47	53,0	55	118	10,8	29	39	68
16	55 43 44 50 40	46,4	44	36	6,0	15	40	55
17	71 45 57 34 43	50,0	45	205	14,3	37	34	71
18	48 41 54 58 47	49,6	48	43	6,6	17	41	58
19	38 43 57 48 41	45,4	43	55	7,4	19	38	57
20	43 55 33 52 51	46,8	51	79	8,9	22	33	55
21	67 56 37 57 45	52,4	56	135	11,6	30	37	67
22	34 56 57 51 47	49,0	51	87	9,3	23	34	57
23	52 51 64 43 65	55,0	52	88	9,4	22	43	65
24	54 59 52 45 46	51,2	52	34	5,8	14	45	59
25	60 43 41 46 53	48,6	46	61	7,8	19	41	60
26	47 46 51 46 59	49,8	47	31	5,5	13	46	59
27	47 45 60 55 41	49,6	47	60	7,7	19	41	60
28	33 44 53 41 61	46,4	44	118	10,9	28	33	61
29	47 41 52 57 47	48,8	47	36	6,0	16	41	57
30	52 60 39 39 63	50,6	52	128	11,3	24	39	63
31	53 42 62 41 41	47,8	42	89	9,4	21	41	62
32	37 57 40 53 60	49,4	53	106	10,3	23	37	60
33	40 52 35 47 35	41,8	40	57	7,5	17	35	52
34	56 73 55 43 51	55,6	55	121	11,0	30	43	73
35	50 77 42 36 49	50,8	49	247	15,7	41	36	77
36	42 52 59 51 48	50,4	51	38	6,2	17	42	59
37	44 64 41 54 42	49,0	44	97	9,9	23	41	64
38	54 73 64 31 59	56,2	59	248	15,7	42	31	73
39	50 48 61 33 49	48,2	49	100	10,0	28	33	61
40	44 45 69 60 44	52,4	45	132	11,5	25	44	69
Σ	9966	1993,2	1958	4083	382,4	954	1536	2490
Mittelwerte:		49,83	48,95	102,1	9,56	23,9	38,4	62,3

Bild 5.4. $m = 40$ Stichproben des Umfangs $n = 5$ aus der Spielmarkenschachtel (NV-Modell mit 62 Klassen und den Parametern $\mu = 50$ und $\sigma = 10$). U. Stange, Angewandte Statistik 1, Springer 1970

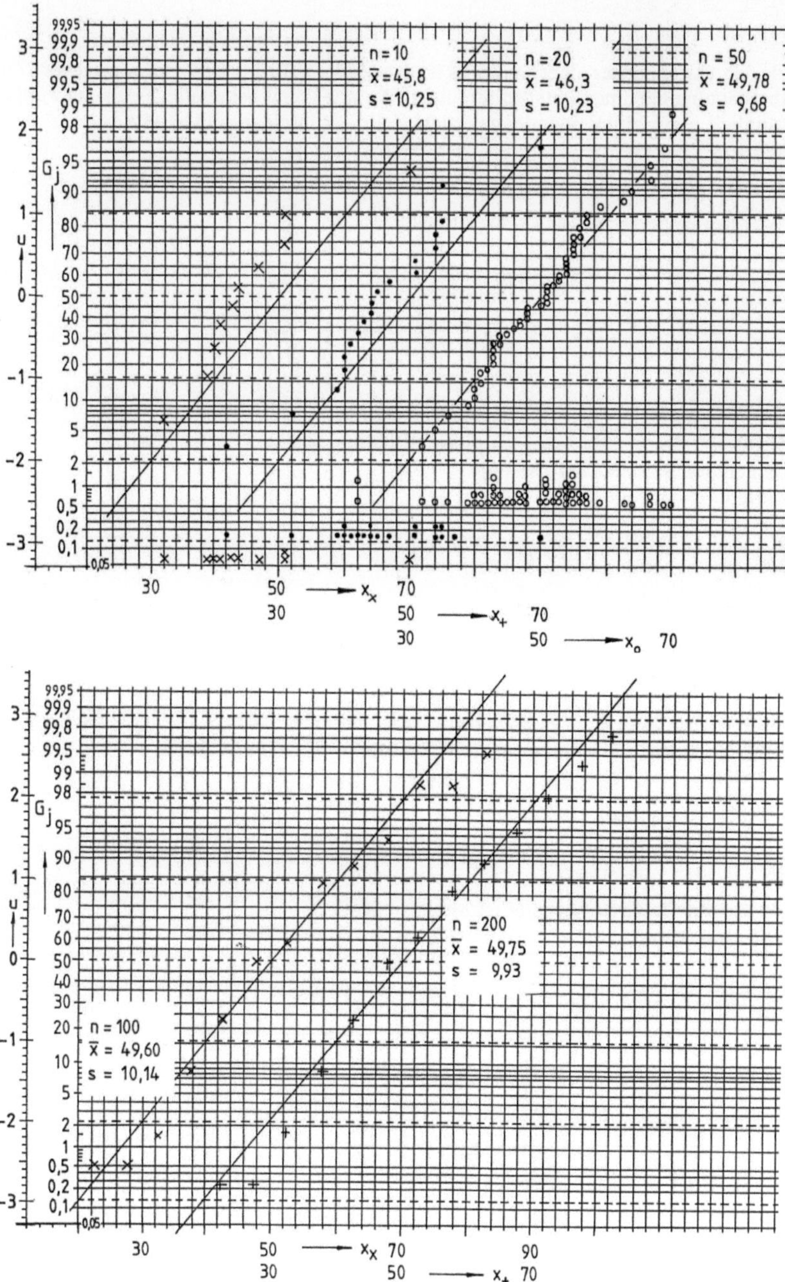

Bild 5.5. Häufigkeitssummen im WN von Stichproben des Umfangs $n = 10$ bis $n = 200$ aus der Spielmarkenschachtel; die eingezeichneten Geraden sind die Wahrscheinlichkeitssummen der Grundgesamtheit mit $\mu = 50$ und $\sigma = 10$

Aufgabe 5.7

Gegeben: Für den Durchmesser eines Drehteils ist das Maß $d = 10{,}2 \pm 0{,}06$ mm vorgegeben. Zur Abschätzung der „momentanen Streuung" der mit Trend behafteten Fertigung wurden stündlich $n = 5$ hintereinander gefertigte Teile entnommen und geprüft.

	10,173	10,161	10,175	10,198	10,200
	10,162	10,184	10,187	10,215	10,227
	10,182	10,167	10,170	10,197	10,192
	10,161	10,180	10,182	10,185	10,186
	10,161	10,197	10,170	10,193	10,199
R =	0,021	0,036	0,017	0,030	0,041
	10,200	10,209	10,227	10,230	10,232
	10,210	10,229	10,246	10,228	10,233
	10,217	10,206	10,237	10,241	10,257
	10,209	10,219	10,204	10,213	10,248
	10,206	10,207	10,232	10,229	10,232
R =	0,017	0,023	0,042	0,028	0,025

Gesucht: Momentane Standardabweichung.

Lösung: Mittlere Spannweite

$$\bar{R} = \frac{\sum R}{m} = \frac{0{,}280}{10} = 0{,}028 \text{ mm}.$$

Momentane Standardabweichung

$$\hat{\sigma} = \frac{\bar{R}}{d_n} = \frac{0{,}028}{2{,}326} = 0{,}012 \text{ mm}.$$

Hinweis: Werden alle $n \cdot m = 50$ Werte ausgewertet, so ist $s = 0{,}026$ mm; die Gesamtstreuung ist mehr als doppelt so groß wie die momentane Streuung.

Hinweis: Über die mittlere Varianz ergibt sich

$$\hat{\sigma} = \sqrt{\overline{s^2}} = 0{,}011\,54 \text{ mm}.$$

Aufgabe 5.8

Gegeben: 120 Bolzen-Durchmesserwerte unterteilt in Fünfergruppen.

x	$\bar{x}$ R s^2	x	$\bar{x}$ R s^2	x	$\bar{x}$ R s^2	x	$\bar{x}$ R s^2	x	$\bar{x}$ R s^2	x	$\bar{x}$ R s^2
6,54 6,44 6,53 6,46 6,45	6,484 0,10 0,00223	6,48 6,51 6,48 6,54 6,51	6,504 0,06 0,00063	6,44 6,48 6,39 6,55 6,48	6,468 0,16 0,00347	6,58 6,52 6,47 6,59 6,51	6,534 0,12 0,00253	6,53 6,51 6,59 6,47 6,52	6,524 0,12 0,00188	6,49 6,56 6,51 6,38 6,50	6,488 0,18 0,00437
6,54 6,52 6,54 6,51 6,49	6,520 0,05 0,00045	6,46 6,56 6,49 6,53 6,62	6,532 0,16 0,00387	6,48 6,51 6,47 6,58 6,63	6,534 0,16 0,00473	6,50 6,49 6,50 6,48 6,48	6,490 0,02 0,00010	6,48 6,49 6,49 6,44 6,47	6,474 0,05 0,00043	6,58 6,55 6,62 6,43 6,41	6,518 0,19 0,00867
6,59 6,52 6,53 6,49 6,47	6,520 0,12 0,00210	6,51 6,55 6,56 6,44 6,59	6,530 0,15 0,00335	6,59 6,54 6,54 6,48 6,43	6,516 0,16 0,00383	6,44 6,44 6,53 6,45 6,44	6,460 0,09 0,00155	6,48 6,60 6,48 6,62 6,52	6,540 0,14 0,00440	6,42 6,49 6,43 6,46 6,49	6,458 0,07 0,00107
6,44 6,50 6,45 6,50 6,50	6,478 0,06 0,00092	6,46 6,52 6,48 6,52 6,47	6,490 0,06 0,00080	6,45 6,56 6,52 6,50 6,52	6,510 0,11 0,00160	6,49 6,42 6,50 6,54 6,48	6,486 0,12 0,00188	6,51 6,44 6,49 6,57 6,49	6,500 0,13 0,00220	6,48 6,44 6,51 6,50 6,52	6,490 0,08 0,00100

Gesucht: Auswerten ohne und mit Klassieren (Umklassieren).
Lösung: Zunächst werden alle Werte in den Taschenrechner mit $\bar{x}$-s-Automatik eingegeben:

$n \quad = 120$

$\bar{x} \quad = 6{,}502 \text{ mm}$

$s_{n-1} = 0{,}050\,503\,3 \text{ mm}.$

Der Gesamtmittelwert ist *exakt* auch

$$\bar{\bar{x}} = \frac{\sum \bar{x}}{m} = \frac{156{,}048}{24} = 6{,}502 \text{ mm}.$$

Die Standardabweichung ist auch *angenähert*

$$\hat{\sigma} = \frac{\bar{R}}{d_n} = \frac{0{,}110\,833}{2{,}326} = 0{,}047\,65 \text{ mm}$$

oder

$$\hat{\sigma} = \sqrt{\overline{s^2}} = 0{,}049\,185 \text{ mm}.$$

Auswertung mit Umklassieren:

Klassengrenzen	Klassen-Mitte	Strichliste	n_j	z_j	$z_j n_j$	$z_j^2 n_j$
6,375/6,395	6,385	||	2	−5	−10	50
6,396/6,415	6,405	|	1	−4	− 4	16
6,415/6,435	6,425	⊬⊬	5	−3	−15	45
6,435/6,455	6,445	⊬⊬ ⊬⊬ ||||	14	−2	−28	56
6,455/6,475	6,465	⊬⊬ ⊬⊬	10	−1	−10	10
6,475/6,495	6,485	⊬⊬ ⊬⊬ ⊬⊬ ⊬⊬ ⊬⊬ |	26	0	0	0
6,495/6,515	6,505	⊬⊬ ⊬⊬ ⊬⊬ ||||	19	1	19	19
6,515/6,535	6,525	⊬⊬ ⊬⊬ ⊬⊬	15	2	30	60
6,535/6,555	6,545	⊬⊬ ⊬⊬	10	3	30	90
6,555/6,575	6,565	⊬⊬	5	4	20	80
6,575/6,595	6,585	⊬⊬ |||	8	5	40	200
6,595/6,615	6,605	|	1	6	6	36
6,615/6,635	6,625	||||	4	7	28	196
$w = 0{,}02$ $\quad a = 6{,}485$			120		106 $= \sum_1$	858 $= \sum_2$

Berechnung des Mittelwerts $\bar{x}$

$$\bar{x} = a + w \frac{\sum_1}{n} = 6{,}485 + 0{,}02 \cdot \frac{106}{120} = 6{,}502\,\overline{6} = 6{,}502\,7 \text{ mm}.$$

Berechnung der Standardabweichung s; zunächst ist die Summe der quadratischen Abweichungen

$$SQ = \sum_2 - \frac{\sum_1^2}{n} = 858 - \frac{106^2}{120} = 764{,}3\overline{6}$$

$$s^2 = \frac{w^2 \cdot SQ}{n-1} = \frac{4 \cdot 10^{-4} \cdot 764{,}3\overline{6}}{119} = 25{,}693\,0 \cdot 10^{-4}$$

$s \quad = 0{,}050\,69 \text{ mm}.$

Anmerkung zur Aufgabe 5.8

Diese Aufgabe hat vor allem den Zweck, die *Rechentechnik* bei der Auswertung von Meßreihen zu *üben.*

In der Praxis müßten für die Bolzendurchmesser das Nennmaß und die Abmaße dazu vorgegeben sein.

Falls die Zeichnungsanweisung lautet

$$d = 6{,}5\,{}^{+0{,}1}_{-0{,}1}$$

kann der Fehleranteil berechnet werden.

$$u_{1-\hat{p}} = \frac{G_\mathrm{o} - \bar{x}}{s} = \frac{6{,}6 - 6{,}502}{0{,}050\,5} = 1{,}941$$

und folglich $\hat{p}_\mathrm{o} = 2{,}61\,\%$.

$$u_{1-\hat{p}} = \frac{G_\mathrm{u} - \bar{x}}{s} = \frac{6{,}4 - 6{,}502}{0{,}050\,5} = -2{,}02$$

und folglich $\hat{p}_\mathrm{u} = 2{,}17\,\%$.

Fehleranteil gesamt: $\hat{p}_\mathrm{o} + \hat{p}_\mathrm{u} = \hat{p} = 4{,}78\,\%$.

5.7 Die Bedeutung der statistischen Kennwerte

Wenn ein *Einzelstück* hinsichtlich eines relevanten Merkmals geprüft wird, so erhält das Prüfergebnis erst dann eine „Wertigkeit", wenn *ein Vergleich des Prüfergebnisses mit einem Vergleichswert* erfolgt ist.

Dieser Vergleichswert kann ein

— Normalwert,
— Idealwert,
— Sollwert,
— Grenzwert

oder ein entsprechender, beispielsweise ein von den genannten Werten *abgeleiteter Wert* sein.

Aufgabe 5.9

Gegeben: Ein $l = 1{,}80\,\mathrm{m}$ großer Mann steigt morgens auf die Waage und ermittelt sein Körpergewicht $m = 90\,\mathrm{kg}$.

Gesucht: Beurteilung.

Lösung: Das Idealgewicht ist bekanntlich der Zahlenwert der Körperlänge in cm minus 100 cm in kg, abzüglich 10 %. Bei 180 cm Körpergröße ist

$$m_\mathrm{ideal} = 80 \cdot (1 - 0{,}1) = 72\,\mathrm{kg}.$$

Das tatsächliche Gewicht liegt somit 18 kg über dem Idealgewicht.

Nach Einführung einer Diätkost und regelmäßiger Gewichtsbestimmung ist der Vergleichswert das jeweils zuvor gehabte Gewicht; weniger das Übergewicht als die Gewichtsabnahme infolge der Diät ist von Interesse.

Aufgabe 5.10

Gegeben: Ein Fremder erzählt, daß er eine Schwester habe, die $m = 60$ kg wiegt.
Gesucht: Beurteilung.
Lösung: Der Zuhörer nimmt an, daß die Schwester mittelgroß sei und schließt daraus, daß ihr
Gewicht „normal" sei. Diese Annahme ist deswegen naheliegend, weil die meisten
Frauen „mittelgroß" sind.
Diese Beurteilung muß erheblich korrigiert werden, falls der Fremde hinzufügt, daß
seine Schwester 135 cm (195 cm) groß sei.

Wenn das Merkmal ein *toleriertes Maß* ist, dann sind die *Grenzmaße die Vergleichswerte*,
durch die die Beurteilung der Istmaße beispielsweise bei der Sortierprüfung erfolgt.
Istmaße, die im Toleranzfeld liegen — die Grenzmaße eingeschlossen — sind gut; Istmaße außerhalb dieses Bereichs sind fehlerhaft.

Die Beurteilung eines Einzelstücks ist in analoger Weise auf die Beurteilung einer
Vielzahl von Einzelstücken, von Losen, zu übertragen.

Aus einem Los wird eine Stichprobe entnommen und nach $\bar{x}$ und s ausgewertet.
Für die Erläuterung der Beurteilung dieser Kennwerte sei vereinfachend angenommen, daß die Standardabweichung s nicht benötigt wird, weil die *Standardabwei-*

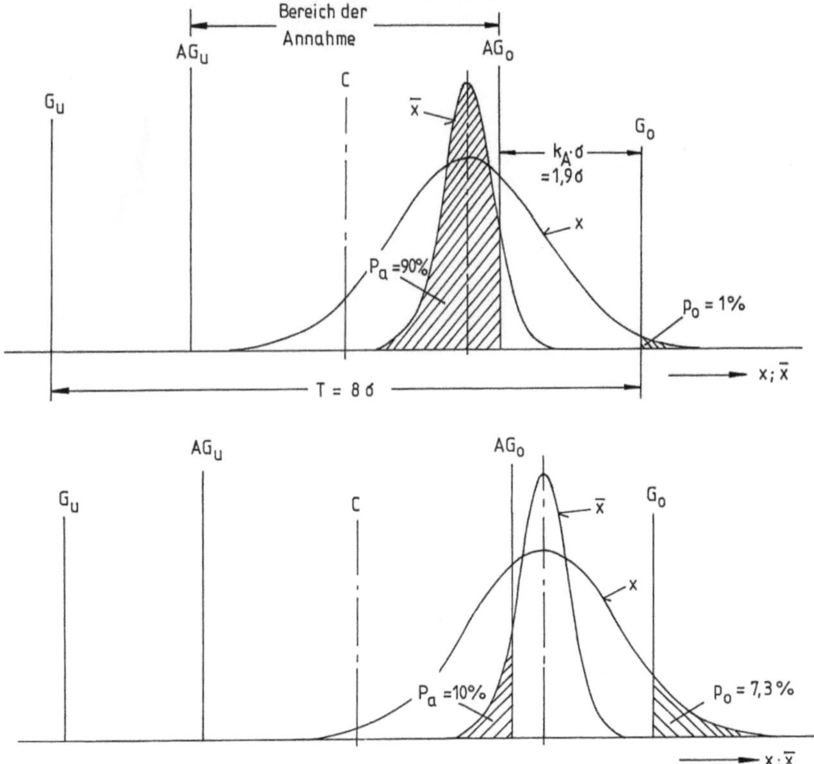

Bild 5.6. Beurteilung eines Loses aufgrund des Mittelwerts $\bar{x}$; Standardabweichung σ der Grundgesamtheit bekannt; Stichprobenumfang $n = 9$; die Annahmegrenzen (AG) liegen so, daß das Los
bei einem Fehleranteil von $p = 1\%$ mit $P_a = 90\%$ angenommen wird; ist der Fehleranteil
$p = 7,3\%$, dann ist $P_a = 10\%$

chung σ der Grundgesamtheit, des Loses, bekannt sei. Dieser Fall kommt zwar — insbesondere bei Fremdlosen — selten vor, vereinfacht jedoch die Erklärung und das Verständnis der Philosophie zur Beurteilung von Losen.

Falls die Standardabweichung σ der Grundgesamtheit bekannt ist, gibt es zwei Methoden zur Beurteilung des Mittelwerts $\bar{x}$:

— Aus Mittelwert $\bar{x}$ und der bekannten Standardabweichung σ wird ein Vertrauensbereich für den Mittelwert μ der Grundgesamtheit berechnet

$$\mu = \bar{x} \pm u \frac{\sigma}{\sqrt{n}}.$$

Liegt der Sollwert in diesen Grenzen wird unterstellt, daß der Mittelwert $\bar{x}$ mit dem Sollwert übereinstimmt oder nur zufällig von diesem abweicht.

Diese Methode ist bedeutungslos bei der Beurteilung von tolerierten Maßen; daher wird auf den Vertrauensbereich hier nicht näher eingegangen.

— Wenn Grenzmaße vorgegeben sind, werden Annahmegrenzen (Eingriffsgrenzen) festgelegt oder vereinbart, die derart innerhalb des Toleranzfelds liegen, daß bei einem bestimmten, kleinen Fehleranteil p_u oder p_o in den (normalverteilten) Einzelwerten eine hohe Annahmewahrscheinlichkeit P_a besteht.

Beispielsweise liegen die Annahmegrenzen so, daß bei einem tatsächlichen Fehleranteil oberhalb des oberen Grenzwerts von $p_o = 1\,\%$ die Annahmewahrscheinlichkeit $P_a = 90\,\%$ ist, Bild 5.6. Ist dagegen der tatsächliche Fehleranteil $p_o = 7{,}3\,\%$, dann ist die Annahmewahrscheinlichkeit nur noch $P_a = 10\,\%$, Bild 5.6 unten.

Diese Philosophie zur Beurteilung des Mittelwerts $\bar{x}$ findet Anwendung sowohl in der
— *Eingangsprüfung* (Annahmeprüfung) als auch in der
— *Fertigungsprüfung* (Qualitätsregelkartentechnik).

Maßgebend für die Wirksamkeit dieser Beurteilungsmethode sind die vier Kenndaten
— Stichprobenumfang n,
— Annahmefaktor k_A,
— ein Punkt der Operationscharakteristik OC, $P_a(p)$
— ein weiterer Punkt der OC.

Durch jeweils zwei dieser Kenndaten sind auch die weiteren zwei eindeutig festgelegt. Weitere Erläuterungen in Kap. 13.

6 Mischverteilungen

6.1 Arten von Mischverteilungen

Mit Fertigungsprozessen, bei denen die Parameter μ und σ konstant bleiben, werden in der Regel wegen der vielen Einflußgrößen normalverteilte Fertigungslose erzeugt.

Wenn sich im Verlauf des Prozesses einer der Parameter μ oder σ oder beide Parameter μ und σ ändern, entstehen Mischverteilungen. Dabei werde unterschieden zwischen

— *Mischverteilungen 1. Art*, diese entstehen durch eine *stetige Änderung*, einen Trend, wobei dieser linear, progressiv, degressiv oder gemischt verlaufen kann, und
— *Mischverteilungen 2. Art*, diese entstehen durch eine plötzliche, *sprunghafte Änderung* eines der beiden oder beider Parameter. Zu diesen Mischverteilungen gehört auch der Fall, daß zwei oder mehrere aus *verschiedenen Prozessen* stammende *Lose gemischt* werden. Dieser Fall *sollte* jedoch *nicht eintreten*, wenn dies vermeidbar ist und die Anweisung erteilt und befolgt wird, daß Lose von verschiedenen Prozessen nicht oder erst dann gemischt werden dürfen, wenn diese je für sich geprüft und freigegeben wurden.

6.2 Mischverteilungen 1. Art

Sofern der Trend linear verläuft, entsteht eine Mischverteilung, die symmetrisch ist und schmaler ist als die Normalverteilung mit den gleichen Parametern, Bild 6.1.

Ist der lineare Trend steiler oder — was auf dasselbe hinausläuft — länger ohne Eingriff verlaufend, dann entsteht eine nahezu trapezförmige Verteilung, Bild 6.2.

In Bild 6.3 und in Bild 6.4 ist jeweils eine zunächst stabile Fertigung mit einem nachfolgend linearen Trend simuliert, der schließlich progressiv wird; in Bild 6.4 etwas ausgeprägter als in Bild 6.3. Es entstehen schiefe Verteilungen, die auffallend schmaler sind als die entsprechende Normalverteilung.

Eine stetige *Veränderung der Standardabweichung* ist nur mit großem Aufwand zu simulieren; daher wird hier auf diese Simulation verzichtet. Es sei jedoch vermerkt, daß eine stetige Veränderung der Standardabweichung sich nicht so ausgeprägt auswirkt wie eine sprunghafte Veränderung, die in Abschnitt 6.3 beschrieben werden wird.

$\rightarrow t$

x_j	1	2	3	4	5	6	7	8	9	10	11	12	13	14	15	N_j	$\sum N_j$	$G(x)$ in %
1	1															1	1	0,0066
2	5	1														6	7	0,0463
3	15	5	1													21	28	0,1852
4	40	15	5	1												61	89	0,5886
5	103	40	15	5	1											164	253	1,67
6	150	103	40	15	5	1										314	567	3,75
7	190	150	103	40	15	5	1									504	1071	7,08
8	190	190	150	103	40	15	5	1								694	1765	11,7
9	150	190	190	150	103	40	15	5	1							844	2609	17,3
10	103	150	190	190	150	103	40	15	5	1						947	3556	23,5
11	40	103	150	190	190	150	103	40	15	5	1					987	4543	30,0
12	15	40	103	150	190	190	150	103	40	15	5	1				1002	5545	36,7
13	5	15	40	103	150	190	190	150	103	40	15	5	1			1007	6552	43,3
14	1	5	15	40	103	150	190	190	150	103	40	15	5	1		1008	7560	50,0
15		1	5	15	40	103	150	190	190	150	103	40	15	5	1	1008	8568	56,7
16			1	5	15	40	103	150	190	190	150	103	40	15	5	1007	9575	63,3
17				1	5	15	40	103	150	190	190	150	103	40	15	1002	10577	70,0
18					1	5	15	40	103	150	190	190	150	103	40	987	11564	76,5
19						1	5	15	40	103	150	190	190	150	103	947	12511	82,7
20							1	5	15	40	103	150	190	190	150	844	13355	88,3
21								1	5	15	40	103	150	190	190	694	14049	92,92
22									1	5	15	40	103	150	190	504	14553	96,25
23										1	5	15	40	103	150	314	14867	98,33
24											1	5	15	40	103	164	15031	99,1414
25												1	5	15	40	61	15092	99,8148
26													1	5	15	21	15113	99,9537
27														1	5	6	15119	99,9934
28															1	1	15120	100,0000

Parameter der momentanen NV:

$N = 1008$

$\delta = 2$

a

Parameter der Mischverteilung:

$N = 15120$

$\mu = 14,5$

$\delta = 4,7610;\quad 6 \cdot \delta$-Bereich von $0,22$ bis $28,78$

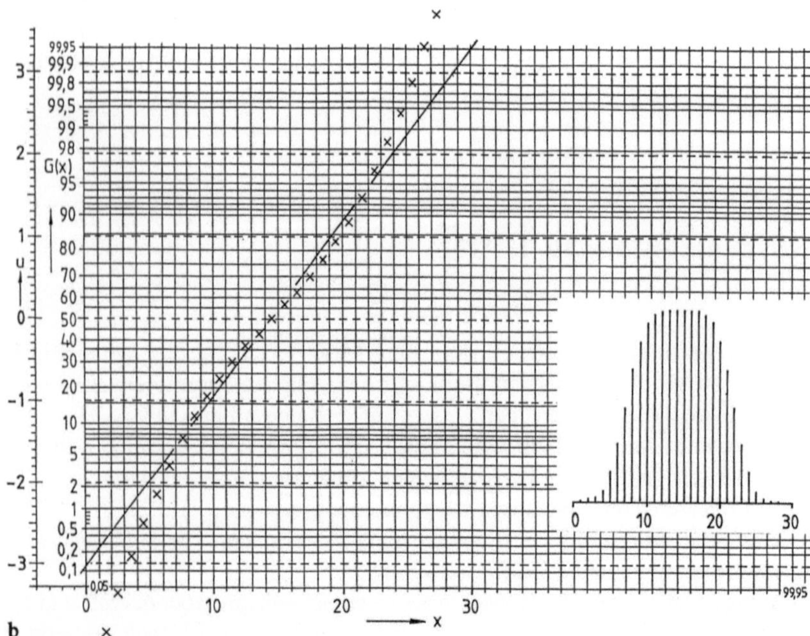

b

Bild 6.1. Bildung (a) und Darstellung (b) einer Mischverteilung durch Simulation eines linearen Trends, $\Delta\mu = 0,5\,\sigma$ zwischen zwei Zeitpunkten.

x_j	1	2	3	4	5	6	7	8	9	10	11	12	13	14	15	N_j	$\sum N_j$	G(x) in %
1	1															1	1	0,0066
2	5															5	6	0,0397
3	15	1														16	22	0,1455
4	40	5														45	67	0,4431
5	103	15	1													119	186	1,23
6	150	40	5													195	381	2,52
7	190	103	15	1												309	690	4,56
8	190	150	40	5												385	1075	7,11
9	150	190	103	15	1											459	1534	10,1
10	103	190	150	40	5											488	2022	13,4
11	40	150	190	103	15	1										499	2521	16,7
12	15	103	190	150	40	5										503	3024	20,0
13	5	40	150	190	103	15	1									504	3528	23,3
14	1	15	103	190	150	40	5									504	4032	26,7
15		5	40	150	190	103	15	1								504	4536	30,0
16		1	15	103	190	150	40	5								504	5040	33,3
17			5	40	150	190	103	15	1							504	5544	36,7
18			1	15	103	190	150	40	5							504	6048	40,0
19				5	40	150	190	103	15	1						504	6552	43,3
20				1	15	103	190	150	40	5						504	7056	46,7
21					5	40	150	190	103	15	1					504	7560	50,0
22					1	15	103	190	150	40	5					504	8064	53,3
23						5	40	150	190	103	15	1				504	8568	56,7
24						1	15	103	190	150	40	5				504	9072	60,0
25							5	40	150	190	103	15	1			504	9576	63,3
26							1	15	103	190	150	40	5			504	10080	66,7
27							5	40	150	190	103	15	1			504	10584	70,0
28							1	15	103	190	150	40	5			504	11088	73,3
29								5	40	150	190	103	15	1		504	11592	76,7
30								1	15	103	190	150	40	5		504	12096	80,0
31									5	40	150	190	103	15		503	12599	83,3
32									1	15	103	190	150	40		499	13098	86,6
33										5	40	150	190	103		488	13586	89,9
34										1	15	103	190	150		459	14045	92,99
35											5	40	150	190		385	14430	95,44
36											1	15	103	190		309	14739	97,48
37												5	40	150		195	14934	98,77
38												1	15	103		119	15053	99,5569
39													5	40		45	15098	99,8545
40													1	15		16	15114	99,9603
41														5		5	15119	99,9934
42														1		1	15120	100,0000

Parameter der momentanen NV:

N = 1008

$\sigma = 2$

Parameter der Mischverteilung:

N = 15120

 $\mu = 21,5$

$\sigma = 8,8694$

6σ - Bereich: von -5,11 bis 48,11

a

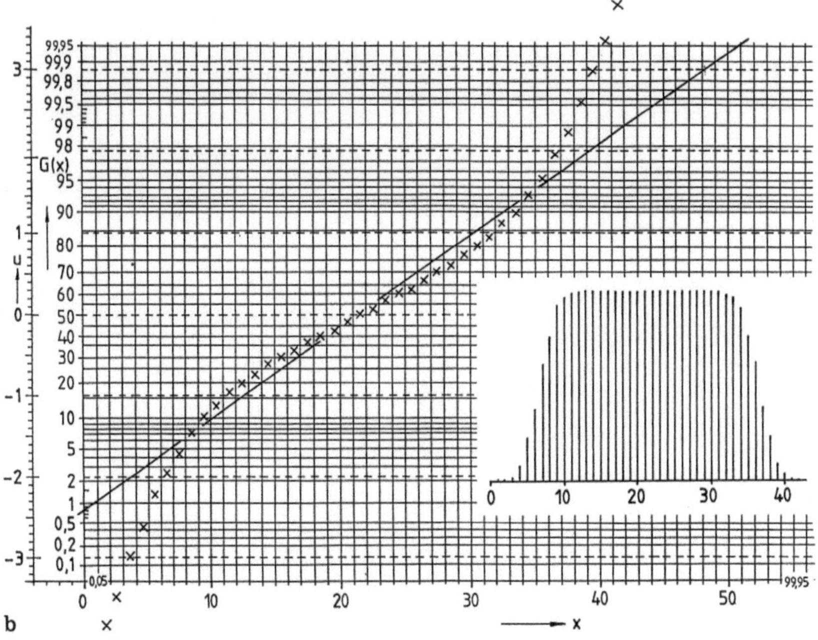

b

Bild 6.2. Bildung (a) und Darstellung (b) einer Mischverteilung 1. Art durch Simulation eines linearen Trends mit $\Delta\mu = \sigma$ zwischen zwei Zeitpunkten

x_j	1	2	3	4	5	6	7	8	9	10	N_j	$\sum N_j$	G(x) in %
1	1	1									2	2	0,0198
2	5	5	1								11	13	0,1290
3	15	15	5		Parameter der momentanen NV:						35	48	0,4762
4	40	40	15	1	N = 1008; σ = 2						96	144	1,43
5	103	103	40	5							251	395	3,92
6	150	150	103	15	1						419	814	8,07
7	190	190	150	40	5						575	1389	13,8
8	190	190	190	103	15	1					689	2078	20,6
9	150	150	190	150	40	5					685	2763	27,4
10	103	103	150	190	103	15	1				665	3428	34,0
11	40	40	103	190	150	40	5				568	3996	39,6
12	15	15	4o	150	190	103	15	1			529	4525	44,9
13	5	5	15	103	190	150	40	5			513	5038	50,0
14	1	1	5	40	150	190	103	15			505	5543	55,0
15			1	15	103	190	150	40			499	6042	60,0
16				5	40	150	190	103	1		489	6531	64,8
17				1	15	103	190	150	5		464	6995	69,4
18					5	40	150	190	15		400	7395	73,4
19					1	15	103	190	40		349	7744	76,8
20						5	40	150	103	1	299	8043	79,8
21						1	15	103	150	5	274	8317	82,5
22							5	40	190	15	250	8567	85,0
23	Parameter der Mischverteilung:						1	15	190	40	246	8813	87,4
24								5	150	103	258	9071	89,99
25	N = 10080							1	103	150	254	9325	92,51
26									40	190	230	9555	94,79
27	μ = 14,5								15	190	205	9760	96,83
28									5	150	155	9915	98,36
29	σ = 6,4962								1	103	104	10019	99,3948
30										40	40	10059	99,7917
31	6·σ - Bereich: von -4,99 bis 33,99									15	15	10074	99,9405
32										5	5	10079	99,9901
33										1	1	10080	100,0000

a

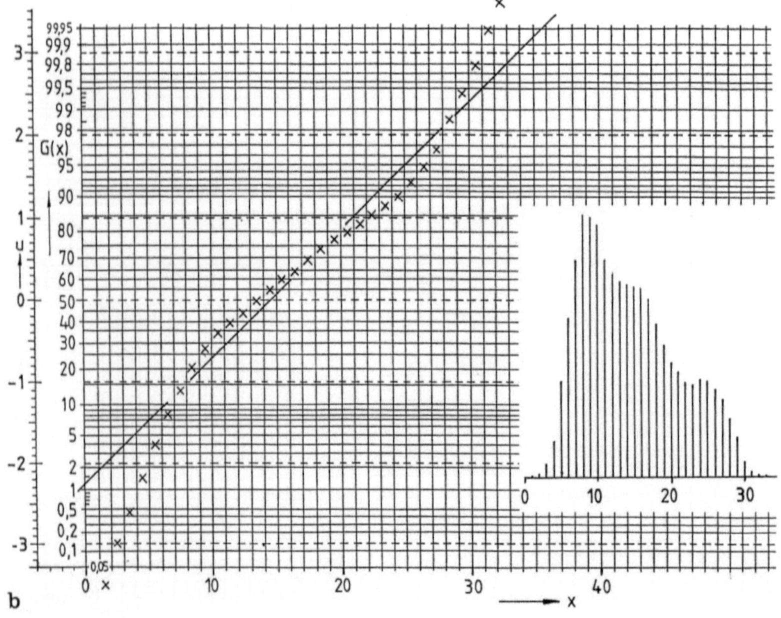

b

Bild 6.3. Bildung (a) und Darstellung (b) einer Mischverteilung 1. Art durch Simulation eines nur teilweise linearen Trends

x_j	1	2	3	4	5	6	7	8	9	10	11	12	13	14	15	N_j	$\sum N_j$	G(x) in %
1	1	1	1	1	1											5	5	0,0331
2	5	5	5	5	5	1	1									27	32	0,2116
3	15	15	15	15	15	5	5	1	1							87	119	0,7870
4	40	40	40	40	40	15	15	5	5	1	1					242	361	2,39
5	103	103	103	103	103	40	40	15	15	5	5	1	1			637	998	6,60
6	150	150	150	150	150	103	103	40	40	15	15	5	5			1076	2074	13,7
7	190	190	190	190	190	150	150	103	103	40	40	15	15			1566	3640	24,1
8	190	190	190	190	190	190	190	150	150	103	103	40	4o			1916	5556	36,7
9	150	150	150	150	150	190	190	190	190	150	150	103	103			2016	7572	50,1
10	103	103	103	103	103	150	150	190	190	190	190	150	150			1875	9447	62,5
11	40	40	40	40	40	103	103	150	150	190	190	190	190	1		1467	10914	72,2
12	15	15	15	15	15	40	40	103	103	150	150	190	190	5		1046	11960	79,1
13	5	5	5	5	5	15	15	40	40	103	103	150	150	15		656	12616	83,4
14	1	1	1	1	1	5	5	15	15	40	40	103	103	40		371	12987	85,9
15						1	1	5	5	15	15	40	40	103		225	13212	87,4
16								1	1	5	5	15	15	150		192	13404	88,7
17										1	1	5	5	190	1	203	13607	89,99
18												1	1	190	5	197	13804	91,30
19														150	15	165	13969	92,39
20														103	40	143	14112	93,33
21														40	103	143	14255	94,28
22														15	150	165	14420	95,37
23														5	190	195	14615	96,66
24														1	190	191	14806	97,92
25															150	150	14956	98,92
26															103	103	15059	99,5966
27															40	40	15099	99,8611
28															15	15	15114	99,9603
29															5	5	15119	99,9934
30															1	1	15120	100,0000

Parameter der Mischverteilung

N = 15120

μ = 10,5667

δ = 4,7253

6·δ – Bereich: von –3,61 bis 24,74

a

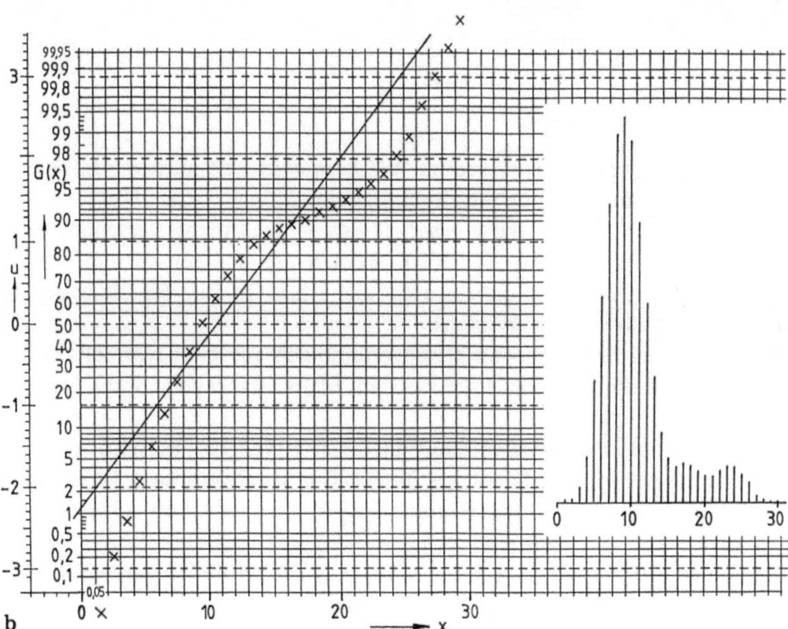

b

Bild 6.4. Bildung (**a**) und Darstellung (**b**) einer Mischverteilung 1. Art durch Simulation einer zunächst stabilen Fertigung mit späterem Trend

Zusammenfassung

Die durch einen Trend mit konstanter Streuung entstehenden Mischverteilungen sind schmaler als die Normalverteilungen mit den gleichen Parametern. Dies sollte jedoch *nicht als günstige Abweichung* von der Form der Normalverteilung bezeichnet werden, *da in einer Maßkette sich jede beliebige Verteilung so auswirkt, als wenn sie normal wäre*, Kap. 7.

6.3 Mischverteilung 2. Art

Für eine sprunghafte Veränderung der Prozeßparameter sei zunächst angenommen, daß sich nur die Einstellung ändert, Änderung der Lage, während die *Standardabweichung konstant* bleibt. Ferner sei zunächst angenommen, daß nur *eine Änderung* eintritt; es werden nur zwei Lose gemischt.

In Bild 6.5 werden zwei Normalverteilungen *gleichen Umfangs* gemischt. Es entstehen zweigipfelige Verteilungen, die sämtlichst schmaler sind als die entsprechende NV, was darin zum Ausdruck kommt, daß die *Punktfolge* für die *Wahrscheinlichkeitssummen* im WN

— *anfangs steiler*

— *in der Mitte flacher*

— *und am Ende wieder steiler* verläuft

als die eingezeichnete Gerade für die Normalverteilung.

In den Fällen

$$N_2 = 0{,}5N_1 \quad - \quad \text{Bild 6.6}$$
$$N_2 = 0{,}2N_1 \quad - \quad \text{Bild 6.7}$$
$$N_2 = 0{,}1N_1 \quad - \quad \text{Bild 6.8} \quad \text{oder}$$
$$N_2 = 0{,}05N_1 \quad - \quad \text{Bild 6.9}$$

rückt die *Summenwahrscheinlichkeitskurve* im WN *nach oben* und nach *rechts*, wodurch die zunehmende Unsymmetrie zum Ausdruck kommt.

In allen Fällen liegen *fast alle Werte innerhalb* des — nach rechts verschobenen — *6 σBereichs*. Lediglich dann, wenn $N_2 < 0{,}1N_1$ werden die wenigen extremen Werte auch nach Verschiebung des $6\ \sigma$-Bereichs nicht alle erfaßt. In Bild 6.9 bleibt ein Anteil von ca. 3 % außerhalb des $6\ \sigma$-Bereichs.

Bei den nachfolgend besprochenen Mischverteilungen aus zwei Normalverteilungen sei unterstellt, daß die Fertigungslage konstant bleibt, während sich die Streuung sprunghaft ändert.

In Bild 6.10 werden zwei Fertigungslose gleichen Umfangs gemischt, wobei die Standardabweichung des zweiten Loses $\sigma_2 = 3\sigma_1$ ist. Die Mischverteilung ist breiter als die entsprechende Normalverteilung (Gerade im WN); der Anteil außerhalb des $6\ \sigma$-Bereichs ist $p \approx 2\,\%$.

Untersuchungen mit $\sigma_2 = 2\sigma_1$ und mit $\sigma_2 = 4\sigma_1$ (hier nicht bildlich dargestellt) ergaben einen geringeren Anteil außerhalb des $6\ \sigma$-Bereichs.

Ähnliche Eigenschaften haben Mischverteilungen mit unterschiedlichen Losumfängen, Bilder 6.11 und 6.12 (ohne WN-Darstellung).

x_j	N_{j1}	N_{j2}	N_{j3}	N_{j4}
1	1			
2	5			
3	15			
4	40			
5	103	1		
6	150	5		
7	190	15		
8	190	40		
9	150	103	1	
10	103	150	5	
11	40	190	15	
12	15	190	40	
13	5	150	103	1
14	1	103	150	5
15		40	190	15
16		15	190	40
17		5	150	103
18		1	103	150
19			40	190
20			15	190
21			5	150
22			1	103
23				40
24				15
25				5
26				1

Parameter und Zufallsstreubereiche der Mischverteilungen:

	NV_1+NV_2	NV_1+NV_3	NV_1+NV_4
Umfang N	2016	2016	2016
Mittelwert μ	9,5	11,5	13,5
Standardabweichung σ	2,8284	4,4721	6,3246
$6 \cdot \sigma$ -Bereich von bis	1,01....17,98	−1,92....24,92	−5,47....32,47
Anteil außerhalb	0,10 %	0,00 %	0,00 %

a

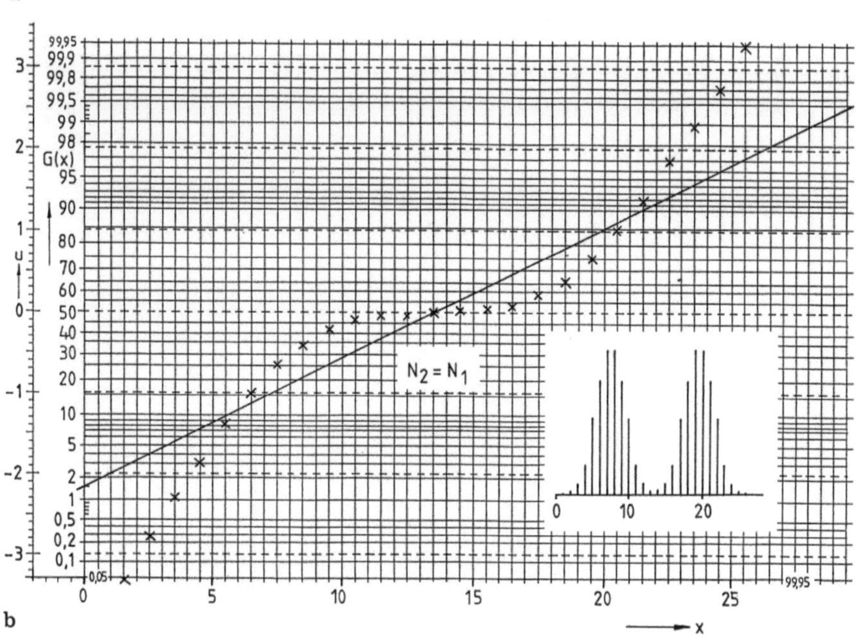

b

Bild 6.5a. Bildung von Mischverteilungen. Eine Normalverteilung NV_1 mit den Parametern $N = 1\,008$, $\mu_1 = 7,5$ und $\sigma_1 = 2$ werde gemischt mit Normalverteilungen gleichen Umfangs, gleicher Standardabweichung jedoch unterschiedlichen Mittelwerten, b Darstellung der Mischverteilung, entstanden aus $NV_1 + NV_4$. Diese MV hat den Mittelwert $\mu = 13,5$

x_j	N_{j1}	N_{j2}	N_{j3}	N_{j4}
1	1			
2	5			
3	15			
4	40			
5	103	0,5		
6	150	2,5		
7	190	7,5		
8	190	20		
9	150	51,5	0,5	
10	103	75	2,5	
11	40	95	7,5	
12	15	95	20	
13	5	75	51,5	0,5
14	1	51,5	75	2,5
15		20	95	7,5
16		7,5	95	20
17		2,5	75	51,5
18		0,5	51,5	75
19			20	95
20			7,5	95
21			2,5	75
22			0,5	51,5
23				20
24				7,5
25				2,5
26				0,5

Parameter und Zufallsstreubereiche der Mischverteilungen:

	$NV_1 + NV_2$	$NV_1 + NV_3$	$NV_1 + NV_4$
Umfang N	1512	1512	1512
Mittelwert μ	8,8333	10,1667	11,5000
Standardabweichung σ	2,7487	4,2687	6,0000
$6 \cdot \sigma$ –Bereich von bis	0,59....17,08	−2,64....22,97	−6,5....29,5
Anteil außerhalb	0,03%	0,00 %	0,00 %

a

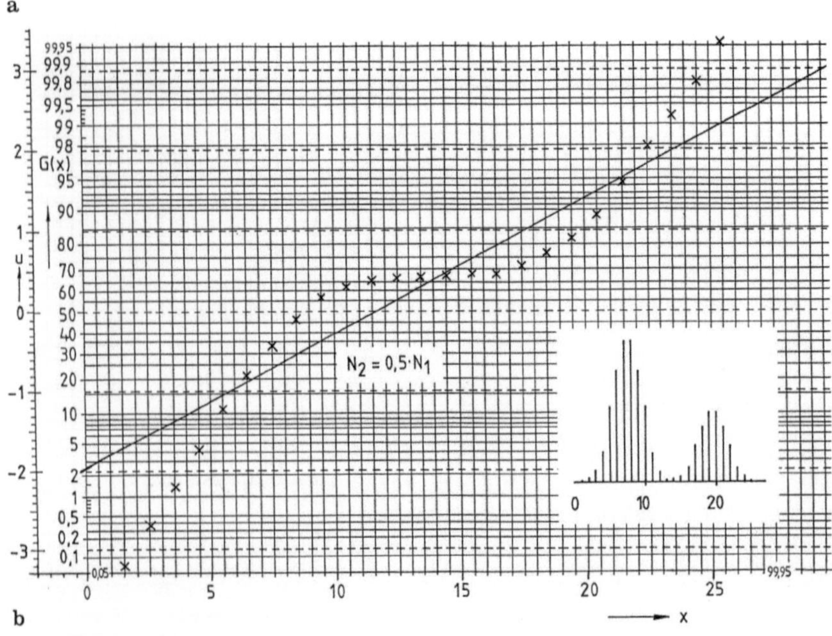

b

Bild 6.6a. Bildung von Mischverteilungen. Eine Normalverteilung NV_1 mit den Parametern $N_1 = 1\,008$, $\mu_1 = 7,5$ und $\sigma = 2$ werde gemischt mit Normalverteilungen mit gleicher Standardabweichung, halben Umfangs und unterschiedlichen Mittelwerten, **b** Darstellung der MV mit $\mu = 11.5$. entstanden aus $NV_1 + NV_4$: $N_2 = 0.5\,N_1$: $\sigma_2 = \sigma_1$: $\Delta\mu = 6\,\sigma$

x_j	N_{j1}	N_{j2}	N_{j3}	N_{j4}
1	1			
2	5			
3	15			
4	40			
5	103	0,2		
6	150	1		
7	190	3		
8	190	8		
9	150	20,6	0,2	
10	103	30	1	
11	40	38	3	
12	15	38	8	
13	5	30	20,6	0,2
14	1	20,6	30	1
15		8	38	3
16		3	38	8
17		1	30	20,6
18		0,2	20,6	30
19			8	38
20			3	38
21			1	30
22			0,2	20,6
23				8
24				3
25				1
26				0,2

Parameter und Zufallsstreubereiche der Mischverteilungen:

	$NV_1 + NV_2$	$NV_1 + NV_3$	$NV_1 + NV_4$
Umfang N	1209,6	1209,6	1209,6
Mittelwert μ	8,1667	8,8333	9,5000
Standardabweichung σ	2,4944	3,5901	4,8990
6σ –Bereich von bis	0,68....15,65	−1,94....19,60	−5,20....24,20
Anteil außerhalb	0,35%	0,35%	0,10 %

a

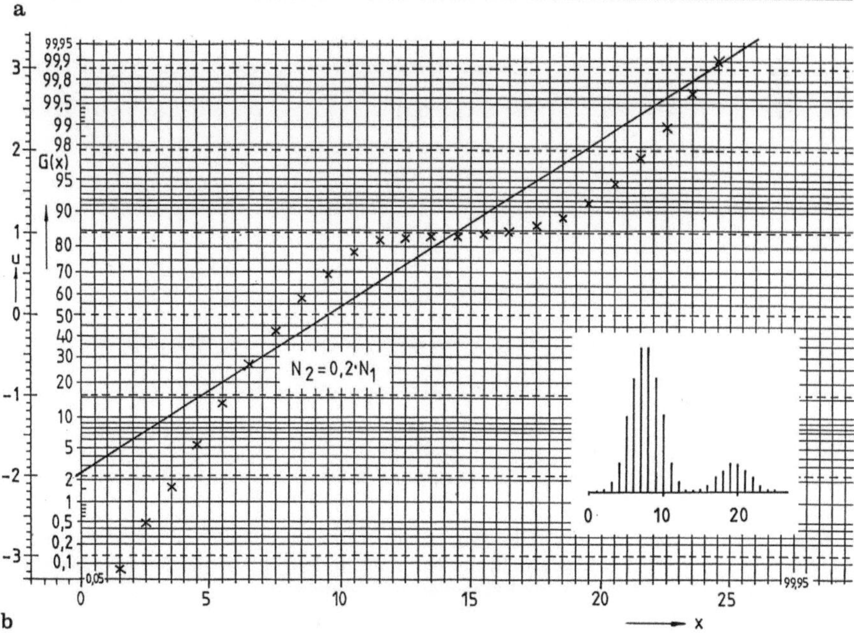

b

Bild 6.7a. Bildung von Mischverteilungen. Eine Normalverteilung NV_1 mit den Parametern $N_1 = 1\,008$, $\mu_1 = 7{,}5$ und $\sigma_1 = 2$ werde gemischt mit Normalverteilungen mit gleicher Standardabweichung, mit dem Umfang $N = 0{,}2\,N_1$ und verschiedenen Mittelwerten, b Darstellung der MV mit $\mu = 9{,}5$, entstanden aus $NV_1 + NV_4$

x_j	N_{j1}	N_{j2}	N_{j3}	N_{j4}	Mittelwerte	Abstand zu μ_1
1	1					
2	5					
3	15					
4	40					
5	103					
6	150					
7	190	0,1				
8	190	0,5			$\mu_1 = 7,5$	
9	150	1,5				
10	103	4				
11	40	10,3				
12	15	15				
13	5	19	0,1			
14	1	19	0,5		$\mu_2 = 13,5$	3·6
15		15	1,5			
16		10,3	4			
17		4	10,3			
18		1,5	15			
19		0,5	19			
20		0,1	19		$\mu_3 = 19,5$	6·6
21			15			
22			10,3			
23			4			
24			1,5			
25			0,5			
26			0,1			
27						
28						
29						
30						
31				0,1		
32				0,5		
33				1,5		
34				4		
35				10,3		
36				15		
37				19		
38				19	$\mu_4 = 37,5$	15·6
39				15		
40				10,3		
41				4		
42				1,5		
43				0,5		
44				0,1		

Parameter der MV:

	NV_1+NV_2	NV_1+NV_3	NV_1+NV_4
Umfang N	1108,8	1108,8	1108,8
Mittelwert μ	8,0455	8,5909	10,2273
Standardabweichung σ	2,6411	3,9876	8,8533
6·σ – Bereich von bis	0,12...15,96	−3,37...20,55	−16,33...36,79
Anteil außerhalb 6·σ symmetrisch zu μ	1,57 %	2,83 %	6,26 %
Anteil außerhalb 6·σ bei $x_{un} = 1,5$	0,32 %	0,10 %	0,0 %

a

Bild 6.8a. Bildung von Mischverteilungen. Eine Normalverteilung mit den Parametern $N_1 = 1\,008$, $\mu_1 = 7,5$, $\sigma_1 = 2$ werde gemischt mit Normalverteilungen mit gleicher Standardabweichung, mit dem Umfang $N = 0,1\ N_1$ und verschiedenen Mittelwerten

x_j	N_{j1}	N_{j2}	N_{j3}	N_{j4}	N_{j5}	N_{j6}	N_{j7}
1	2						
2	10						
3	30						
4	80						
5	206	0,1					
6	300	0,5					
7	380	1,5					
8	380	4					
9	300	10,3	0,1				
10	206	15	0,5				
11	80	19	1,5				
12	30	19	4				
13	10	15	10,3	0,1			
14	2	10,3	15	0,5			
15		4	19	1,5			
16		1,5	19	4			
17		0,5	15	10,3	0,1		
18		0,1	10,3	15	0,5		
19			4	19	1,5		
20			1,5	19	4		
21			0,5	15	10,3	0,1	
22			0,1	10,3	15	0,5	
23				4	19	1,5	
24				1,5	19	4	
25				0,5	15	10,3	0,1
26				0,1	10,3	15	0,5
27					4	19	1,5
28					1,5	19	4
29					0,5	15	10,3
30					0,1	10,3	15
31						4	19
32						1,5	19
33						0,5	15
34						0,1	10,3
35							4
36							1,5
37							0,5
38							0,1

Parameter und Zufallsstreubereiche der Mischverteilungen:

	NV_1+NV_2	NV_1+NV_3	NV_1+NV_4	NV_1+NV_5	NV_1+NV_6	NV_1+NV_7
Umfang N	2116,8	2116,8	2116,8	2116,8	2116,8	2116,8
Mittelwert μ	7,6905	7,8810	8,0714	8,2619	8,4534	8,6429
Standardabweichung σ	2,1738	2,6273	3,2451	3,9509	4,7054	5,4884
$6 \cdot \sigma$ –Bereich von	1,17	0,00	−1.66	−3,69	−5,66	−7,82
bis	...14,21	...15,76	...17,80	...20,11	...22,57	...25,11
Anteil außerhalb des Bereiches von $\mu \pm 3 \cdot \sigma$	0,38 %	2,38 %	3,99 %	4,47 %	4,73 %	4,76 %

a

Bild 6.9a. Bildung von Mischverteilungen. Eine Normalverteilung mit den Parametern $N_1 = 1\,008$, $\mu_1 = 7,5$ und $\sigma_1 = 2$ werde gemischt mit Normalverteilungen mit gleicher Standardabweichung, mit dem Umfang $N = 0,05\,N_1$ und verschiedenen Mittelwerten

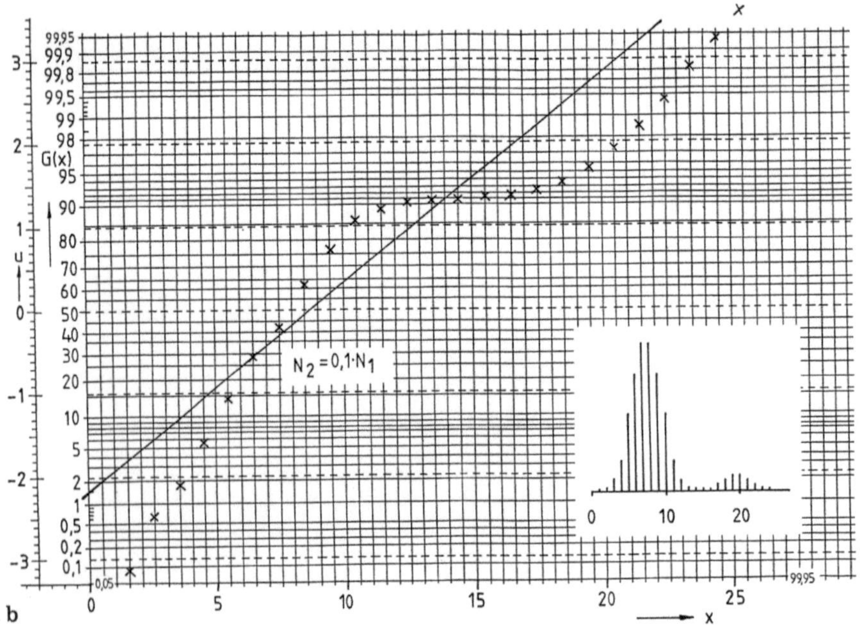

Bild 6.8b. Darstellung der MV mit $\mu = 8{,}59$, entstanden aus $NV_1 + NV_3$; weitere Angaben in Bild 6.8a

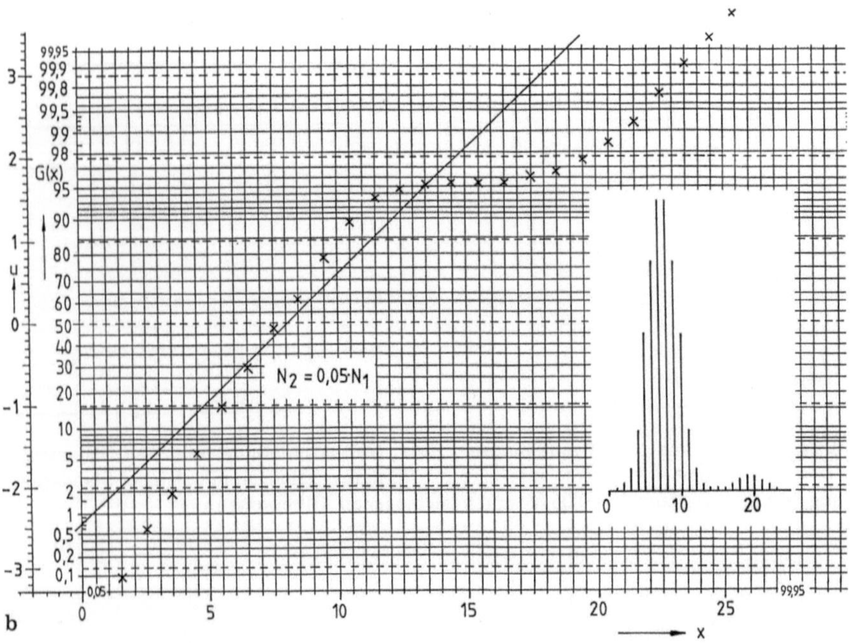

Bild 6.9b. Darstellung der MV mit $\mu = 8{,}07$, entstanden aus $NV_1 + NV_4$; weitere Angaben in Bild 6.9a

NV$_1$	NV$_2$	MV
$\mu_1 = 25{,}5$	$\mu_2 = 25{,}5$	$\mu = 25{,}5$
$\sigma_1 = 2$	$\sigma_2 = 6$	$\sigma = \sqrt{\dfrac{\sigma_1^2 + \sigma_2^2}{2}} = \sqrt{20} = 4{,}4721$

x_j	N_j	N_j	N_j	N_j	G(x) in %
6			1	1	0,0496
9			5	6	0,2976
12			15	21	1,0417
15			40	61	3,0258
18			103	164	8,1349
19	1			165	8,1845
20	5			170	8,4325
21	15	150	165	335	16,6171
22	40		40	375	18,6012
23	103		103	478	23,7103
24	150	190	340	818	40,5754
25	190		190	1008	50,0000
26	190		190	1198	59,4246
27	150	190	340	1538	76,2897
28	103		103	1641	81,3988
29	40		40	1681	83,3829
30	15	150	165	1846	91,5675
31	5		5	1851	91,8155
32	1		1	1852	91,8651
33		103	103	1955	96,9742
36		40	40	1995	98,9583
39		15	15	2010	99,7024
42		5	5	2015	99,9504
45		1	1	2016	100,0000

mit Rechner ermittelte
Parameter der MV

$N = 2016$

$\mu = 25{,}5$

$\sigma = 4{,}4721$

$3 \cdot \sigma$-Bereich: 12,08....38,92

Anteil draußen: $p = 2{,}0834\,\%$

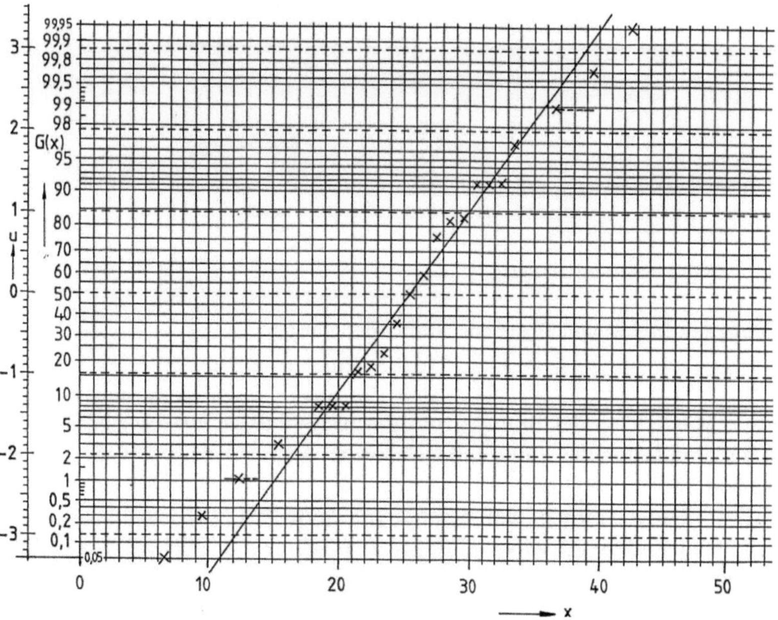

Bild 6.10. Mischen zweier Normalverteilungen

$$N_1 = 1008 \qquad N_2 = 504 \qquad N_3 = 504 \qquad N_4 = 1008$$
$$\mu_1 = 25,5 \qquad \mu_2 = 25,5 \qquad \mu_3 = 25,5 \qquad \mu_4 = 25,5$$
$$\delta_1 = 2 \qquad \delta_2 = 6 \qquad \delta_3 = 2 \qquad \delta_4 = 6$$

x_j	N_{j1}	N_{j2}	N_{j3}	N_{j4}
6		0,5		1
9		2,5		5
12		7,5		15
15		20		40
18		51,5		103
19	1		0,5	
20	5		2,5	
21	15	75	7,5	150
22	40		20	
23	103		51,5	
24	150	95	75	190
25	190		95	
26	190		95	
27	150	95	75	190
28	103		51,5	
29	40		20	
30	15	75	7,5	150
31	5		2,5	
32	1		0,5	
33		51,5		103
36		20		40
39		7,5		15
42		2,5		5
45		0,5		1

Parameter und Zufallsstreubereiche der Mischverteilungen

	$NV_1 + NV_2$	$NV_3 + NV_4$
Umfang N	1512	1512
Mittelwert μ	25,5	25,5
Standardabweichung δ	$3,829708$ $= \sqrt{\dfrac{2 \cdot 2^2 + 6^2}{3}}$	$5,033223$ $= \sqrt{\dfrac{2^2 + 2 \cdot 6^2}{3}}$
	(gewogenes Mittel der Varianzen)	
$6 \cdot \delta$ -Bereich von bis	14,01....36,99	10,10....40,50
Anteil außerhalb	21/1512 = 1,39 %	12/1512 = 0,79 %

Bild 6.11. Bildung von Mischverteilungen aus Normalverteilungen

Eine weitere Möglichkeit der Bildung von Mischverteilungen aus zwei Normalverteilungen ist die Simulation des Falls, daß sich sowohl die Lage als auch die Streuung des Prozesses ändern.

In Bild 6.13 wird angenommen, daß beide normalverteilten Lose den gleichen Losumfang haben; dann sind die Mischverteilungen stets schmaler als die entsprechenden Normalverteilungen.

In Bild 6.14 werden zwei Lose gemischt, bei denen $N_2 = 0,1 N_1$ ist. Bei der $MV = NV_1 + NV_5$ liegen zwar 4,55 % oberhalb des symmetrisch zum Mittelwert gelegten

	NV_1	NV_2	NV_3	NV_4
	$N_1 = 1008$	$N_2 = 100,8$	$N_3 = 100,8$	$N_4 = 1008$
	$\mu_1 = 25,5$	$\mu_2 = 25,5$	$\mu_3 = 25,5$	$\mu_4 = 25,5$
	$\sigma_1 = 2$	$\sigma_2 = 6$	$\sigma_3 = 2$	$\sigma_4 = 6$
x_j	N_{j1}	N_{j2}	N_{j3}	N_{j4}
6		0,1		1
9		0,5		5
12		1,5		15
15		4		40
18		10,3		103
19	1		0,1	
20	5		0,5	
21	15	15	1,5	150
22	40		4	
23	103		10,3	
24	150	19	15	190
25	190		19	
26	190		19	
27	150	19	15	190
28	103		10,3	
29	40		4	
30	15	15	1,5	150
31	5		0,5	
32	1		0,1	
33		10,3		103
36		4		40
39		1,5		15
42		0,5		5
45		0,1		1

Parameter und Zufallsstreubereiche der Mischverteilungen:

	$NV_1 + NV_2$	$NV_3 + NV_4$
Umfang N	1108,8	1108,8
Mittelwert μ	25,5	25,5
Standardabweichung σ	2,6285	5,7525
	$= \sqrt{\dfrac{10 \cdot 2^2 + 6^2}{11}}$	$= \sqrt{\dfrac{2^2 + 10 \cdot 6^2}{11}}$
$6 \cdot \sigma$ –Bereich von bis	17,61....33,39	8,24....42,75
Anteil außerhalb	1,10 %	0,18 %

Bild 6.12. Bildung von Mischverteilungen aus Normalverteilungen

6 σ-Bereichs; wird dieser jedoch zu höheren Werten verschoben, dann ist der Anteil außerhalb dieses Bereichs null, Bild 6.14b.

Werden Mischverteilungen aus drei Normalverteilungen gebildet, dann wird damit der Fall simuliert, daß sich ein Prozeß zweimal sprunghaft verschiebt. In Bild 6.15 wird angenommen, daß die (symmetrisch) angeordneten Außenverteilungen gleich groß sind und zusammen den gleichen Umfang haben wie die Mittenverteilung. Unabhängig von der Entfernung der Außenverteilungen sind die Mischverteilungen schmaler als die entsprechenden Normalverteilungen.

x_j	N_{j1}	N_{j2}	N_{j3}	N_{j4}
1	1	1		
2	5			
3	15	5		
4	40			
5	103	15	1	
6	150			
7	190	40	5	
8	190			
9	150	103	15	1
10	103			
11	40	150	40	5
12	15			
13	5	190	103	15
14	1			
15		190	150	40
16				
17		150	190	103
18				
19		103	190	150
20				
21		40	150	190
22				
23		15	103	190
24				
25		5	40	150
26				
27		1	15	103
28				
29			5	40
30				
31			1	15
32				
33				5
34				
35				1

Parameter und Zufallsstreubereiche der Mischverteilungen

	$NV_1 + NV_2$	$NV_1 + NV_3$	$NV_1 + NV_4$
Umfang N	2016	2016	2016
Mittelwert μ	10,75	12,75	14,75
Standardabweichung σ	4,5346	6,1288	7,9096
$6 \cdot \sigma$-Bereich von bis	$-2,85...24,35$	$-5,64...31,14$	$-8,98...38,48$
Anteil außerhalb	0,30 %	0,00 %	0,00 %

Bild 6.13. Bildung von Mischverteilungen. Eine Normalverteilung NV_1 mit den Parametern $N_1 = 1\,008$, $\mu_1 = 7,5$ und $\sigma_1 = 2$ werde gemischt mit Normalverteilungen gleichen Umfangs, mit doppelter Standardabweichung und mit verschiedenen Mittelwerten

Ähnliche Eigenschaften haben Mischverteilungen, bei denen der Umfang der Außenverteilungen zusammen 20 % des Umfangs der Mittenverteilung beträgt, Bild 6.16.

Beträgt dagegen der *Umfang der Außenverteilungen* zusammen nur 10 % des Umfangs der Mittenverteilung, dann kann der *Anteil außerhalb des 6 σ-Bereichs einige %
ausmachen*, allerdings nur dann, wenn die Außenverteilungen um mehr als 2σ von der Mittenverteilung entfernt sind, was für die Praxis äußerst unwahrscheinlich ist, Bild 6.17.

x_j	N_{j1}	N_{j2}	N_{j3}	N_{j4}	N_{j5}
1	1	0,1			
2	5				
3	15	0,5			
4	40				
5	103	1,5	0,1		
6	150				
7	190	4	0,5		
8	190				
9	150	10,3	1,5	0,1	
10	103				
11	40	15	4	0,5	
12	15				
13	5	19	10,3	1,5	0,1
14	1				
15		19	15	4	0,5
16					
17		15	19	10,3	1,5
18					
19		10,3	19	15	4
20					
21		4	15	19	10,3
22					
23		1,5	10,3	19	15
24					
25		0,5	4	15	19
26					
27		0,1	1,5	10,3	19
28					
29			0,5	4	15
30					
31			0,1	1,5	10,3
32					
33				0,5	4
34					
35				0,1	1,5
36					
37					0,5
38					
39					0,1

Parameter und Zufallsstreubereiche der Mischverteilungen:

	$NV_1 + NV_2$	$NV_1 + NV_3$	$NV_1 + NV_4$	$NV_1 + NV_5$
Umfang N	1108,8	1108,8	1108,8	1108,8
Mittelwert μ	8,0909	8,4545	8,81818	9,1818
Standardabweichung σ	2,9296	3,7686	4,7399	5,7772
$6 \cdot \sigma$ -Bereich von bis	$-0,70\ldots16,88$	$-2,85\ldots19,76$	$-5,40\ldots23,04$	$-8,15\ldots26,51$
Anteil außerhalb	2,83 %	2,83 %	2,83 %	4,55 %

a

Bild 6.14a. Bildung von Mischverteilungen. Eine Normalverteilung NV_1 mit den Parametern $N_1 = 1\,008$, $\mu_1 = 7,5$ und $\sigma_1 = 2$ werde gemischt mit Normalverteilungen mit dem Umfang $0,1\,N_1$, mit doppelter Standardabweichung und mit verschiedenen Mittelwerten

x_j	N_{j1}	N_{j2}	N_{j3}	N_{j4}	N_{j5}	N_{j6}	N_{j7}	Mittelwerte
6						0,5		
7						2,5		
8						7,5		
9						20		
10						51,5		
11						75		
12				0,5		95		$\mu_6 = 12,5$
13				2,5		95		
14				7,5		75		
15				20		51,5		
16				51,5		20		
17				75		7,5		
18		0,5		95		2,5		$\mu_4 = 18,5$
19		2,5		95		0,5		
20		7,5		75				
21		20		51,5				
22		51,5		20				
23		75		7,5				
24	1	95		2,5				$\mu_2 = 24,5$
25	5	95		0,5				
26	15	75						
27	40	51,5						
28	103	20						
29	150	7,5						
30	190	2,5	0,5					$\mu_1 = 30,5$
31	190	0,5	2,5					
32	150		7,5					
33	103		20					
34	40		51,5					
35	15		75					
36	5		95		0,5			$\mu_3 = 36,5$
37	1		95		2,5			
38			75		7,5			
39			51,5		20			
40			20		51,5			
41			7,5		75			
42			2,5		95		0,5	$\mu_5 = 42,5$
43			0,5		95		2,5	
44					75		7,5	
45					51,5		20	
46					20		51,5	
47					7,5		75	
48					2,5		95	$\mu_7 = 48,5$
49					0,5		95	
50							75	
51							51,5	
52							20	
53							7,5	
54							2,5	
55							0,5	

Parameter und Zufallsstreubereiche der Mischverteilungen:

	$NV_1 + NV_2 + NV_3$	$NV_1 + NV_4 + NV_5$	$NV_1 + NV_6 + NV_7$
Umfang N	2016	2016	2016
Mittelwert μ	30,5	30,5	30,5
Standardabweichung σ	4,6904	8,7178	12,8841
6σ-Bereich von bis	16,43...44,57	4,35...56,65	-8,15...69,15
Anteil außerhalb	0,00 %	0,00 %	0,00 %

a

Bild 6.15a. Bildung von Mischverteilungen. Eine Normalverteilung NV_1 mit den Parametern $N_1 = 1\,008$, $\mu_1 = 30,5$ und $\sigma_1 = 2$ werde gemischt mit zwei Normalverteilungen mit den Parametern $N = 504$, $\sigma = 2$ und Mittelwerten, die zu μ_1 jeweils symmetrisch liegen

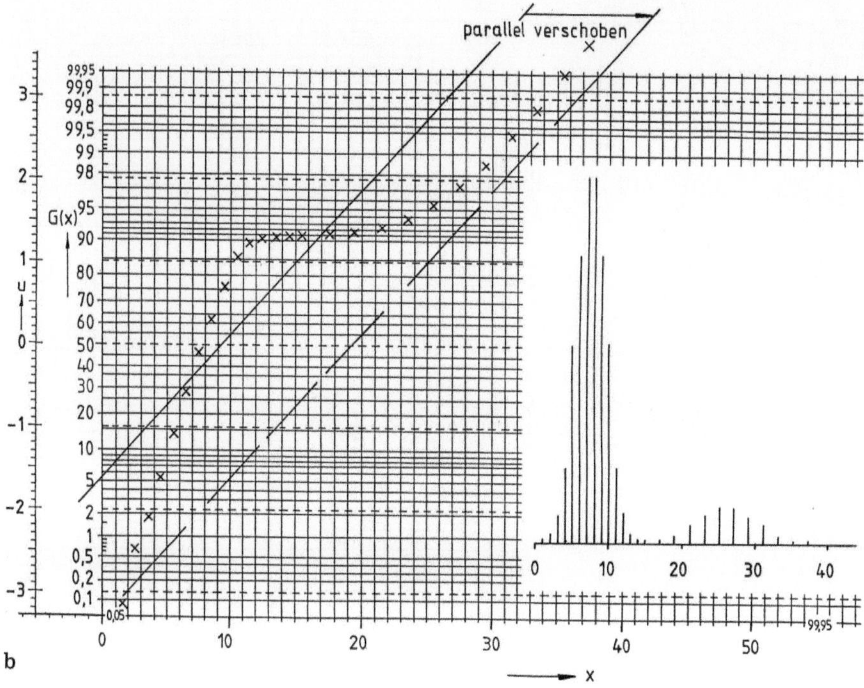

Bild 6.14b. Darstellung der MV = $NV_1 + NV_5$ mit $\mu = 9{,}18$; weitere Angaben in Bild 6.14a

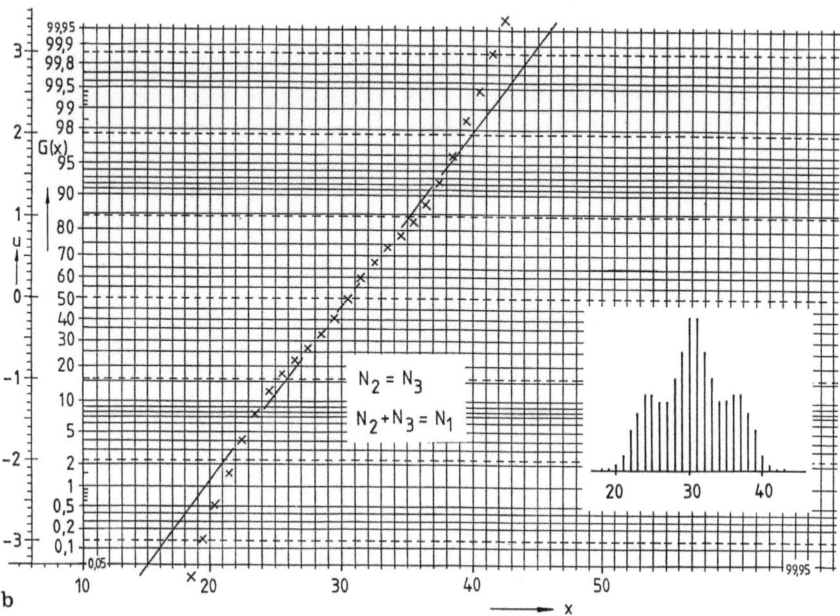

Bild 6.15b. Darstellung der MV = $NV_1 + NV_2 + N_3$; weitere Angaben in Bild 6.15a

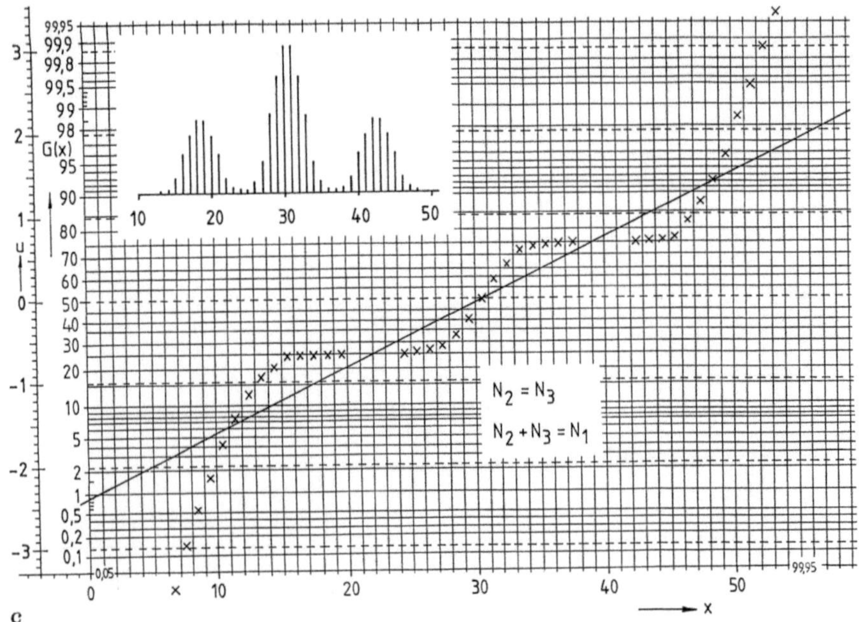

c

Bild 6.15c. Darstellung der MV = $NV_1 + NV_4 + N_5$; weitere Angaben in Bild 6.15a

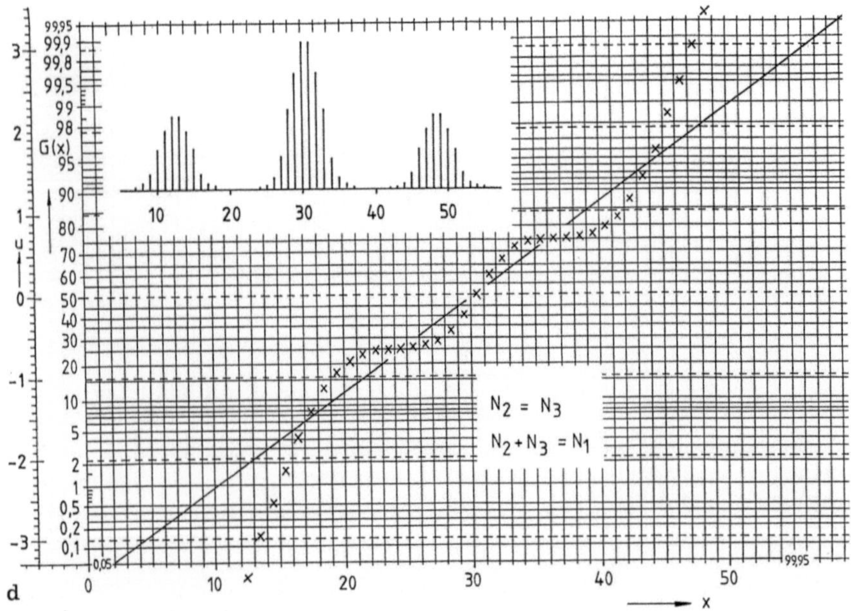

d

Bild 6.15d. Darstellung der MV = $NV_1 + NV_6 + N_7$; weitere Angaben in Bild 6.15a

x_j	N_{j1}	N_{j2}	N_{j3}	N_{j4}	N_{j5}	N_{j6}	N_{j7}	Mittelwerte
6						0,1		
7						0,5		
8						1,5		
9						4		
10						10,3		
11						15		
12				0,1		19		
13				0,5		19		$\mu_6 = 12,5$
14				1,5		15		
15				4		10,3		
16				10,3		4		
17				15		1,5		
18		0,1		19		0,5		
19		0,5		19		0,1		$\mu_4 = 18,5$
20		1,5		15				
21		4		10,3				
22		10,3		4				
23		15		1,5				
24	1	19		0,5				
25	5	19		0,1				$\mu_2 = 24,5$
26	15	15						
27	40	10,3						
28	103	4						
29	150	1,5						
30	190	0,5	0,1					
31	190	0,1	0,5					$\mu_1 = 30,5$
32	150		1,5					
33	103		4					
34	40		10,3					
35	15		15					
36	5		19		0,1			
37	1		19		0,5			$\mu_3 = 36,5$
38			15		1,5			
39			10,3		4			
40			4		10,3			
41			1,5		15			
42			0,5		19		0,1	
43			0,1		19		0,5	$\mu_5 = 42,5$
44					15		1,5	
45					10,3		4	
46					4		10,3	
47					1,5		15	
48					0,5		19	
49					0,1		19	$\mu_7 = 48,5$
50							15	
51							10,3	
52							4	
53							1,5	
54							0,5	
55							0,1	

Parameter und Zufallsstreubereiche der Mischverteilungen:

	$NV_1 + NV_2 + NV_3$	$NV_1 + NV_4 + NV_5$	$NV_1 + NV_6 + NV_7$
Umfang N	1209,6	1209,6	1209,6
Mittelwert μ	30,5	30,5	30,5
Standardabweichung σ	3,1623	5,2915	7,6158
$6 \cdot \sigma$-Bereich von bis	21,01...39,99	14,63...46,37	7,65...53,35
Anteil außerhalb	$\dfrac{12,2}{1209,6} = 1,01\,\%$	$\dfrac{4,2}{1209,6} = 0,35\,\%$	$\dfrac{1,2}{1209,6} = 0,1\,\%$

a

Bild 6.16a. Bildung von Mischverteilungen. Eine Normalverteilung NV_1 mit den Parametern $N_1 = 1\,008$, $\mu_1 = 30,5$ und $\sigma_1 = 2$ werde gemischt mit jeweils zwei Normalverteilungen mit den Parametern $N = 100,8$, $\sigma = 2$ und Mittelwerten, die zu μ_1 jeweils symmetrisch liegen

x_j	N_{j1}	N_{j2}	N_{j3}	N_{j4}	N_{j5}	N_{j6}	N_{j7}	Mittelwerte
6						0,1		
7						0,5		
8						1,5		
9						4		
10						10,3		
11						15		
12				0,1		19		$\mu_6 = 12,5$
13				0,5		19		
14				1,5		15		
15				4		10,3		
16				10,3		4		
17				15		1,5		
18		0,1		19		0,5		$\mu_4 = 18,5$
19		0,5		19		0,1		
20		1,5		15				
21		4		10,3				
22		10,3		4				
23		15		1,5				
24	2	19		0,5				$\mu_2 = 24,5$
25	10	19		0,1				
26	30	15						
27	80	10,3						
28	206	4						
29	300	1,5						
30	380	0,5	0,1					$\mu_1 = 30,5$
31	380	0,1	0,5					
32	300		1,5					
33	206		4					
34	80		10,3					
35	30		15					
36	10		19		0,1			$\mu_3 = 36,5$
37	2		19		0,5			
38			15		1,5			
39			10,3		4			
40			4		10,3			
41			1,5		15			
42			0,5		19		0,1	$\mu_5 = 42,5$
43			0,1		19		0,5	
44					15		1,5	
45					10,3		4	
46					4		10,3	
47					1,5		15	
48					0,5		19	$\mu_7 = 48,6$
49					0,1		19	
50							15	
51							10,3	
52							4	
53							1,5	
54							0,5	
55							0,1	

Parameter und Zufallsstreubereiche der Mischverteilungen:

	$NV_1 + NV_2 + NV_3$	$NV_1 + NV_4 + NV_5$	$NV_1 + NV_6 + NV_7$
Umfang N	2217,6	2217,6	2217,6
Mittelwert μ	30,5	30,5	30,5
Standardabweichung σ	2,6968	4,1341	5,7840
$6 \cdot \sigma$ –Bereich von bis	22,41...38,59	18,10...42,90	13,15...47,85
Anteil außerhalb	$\frac{32,8}{2217,6} = 1,48\,\%$	$\frac{100,8}{2217,6} = 4,55\,\%$	$\frac{138,8}{2217,6} = 6,26\,\%$

a

Bild 6.17a. Bildung von Mischverteilungen. Eine Normalverteilung NV_1 mit den Parametern $N_1 = 2\,016$, $\mu_1 = 30,5$ und $\sigma = 2$ werde gemischt mit jeweils zwei Normalverteilungen mit den Parametern $N = 100,8$, $\sigma = 2$ und Mittelwerten, die zu μ_1 jeweils symmetrisch liegen

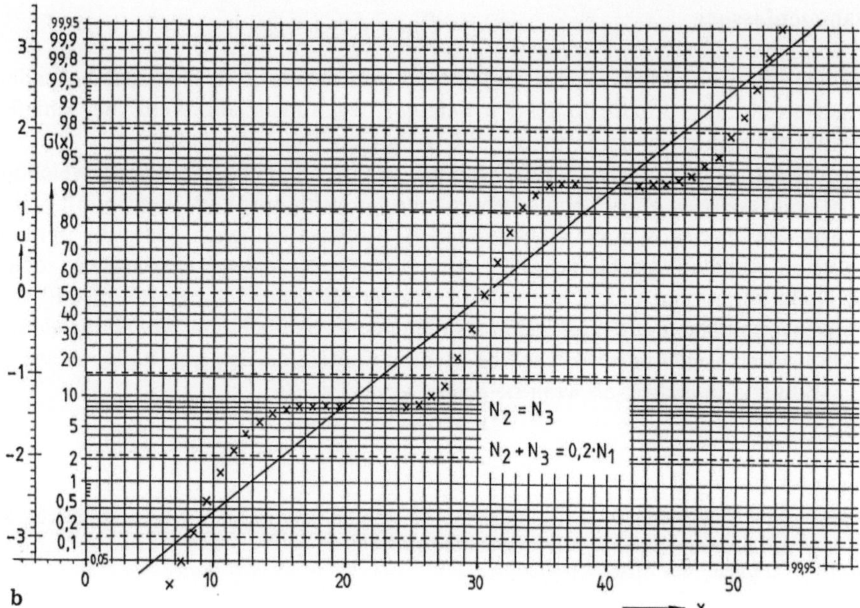

Bild 6.16b. Darstellung der MV = $NV_1 + NV_6 + NV_7$; weitere Angaben in Bild 6.16a

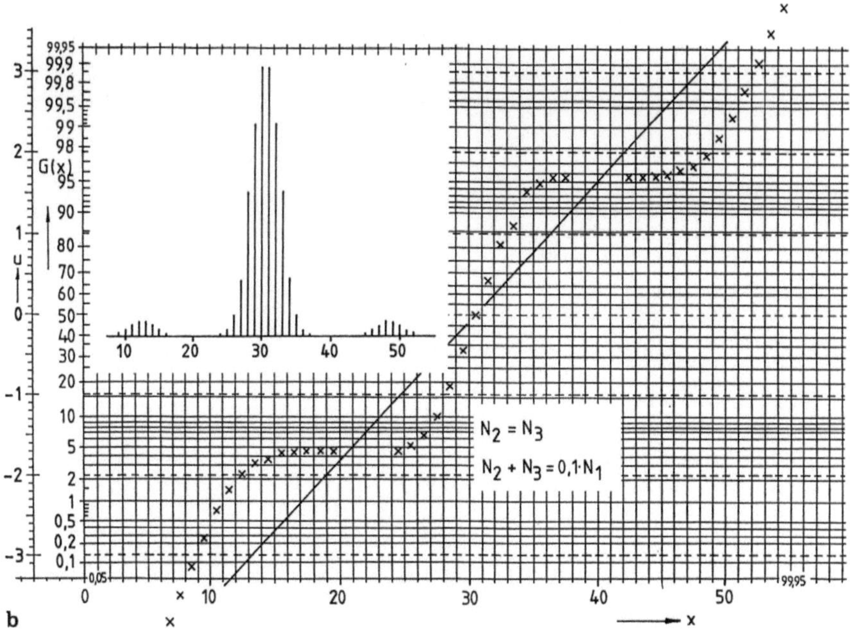

Bild 6.17b. Darstellung der MV = $NV_1 + NV_6 + NV_7$; weitere Angaben in Bild 6.17a

Zusammenfassung

Auch die Mischverteilungen 2. Art sind überwiegend schmaler als ihre entsprechenden Normalverteilungen. Innerhalb des 6 σ-Bereichs liegen meist alle Werte, bei schiefen Verteilungen zumindest dann, wenn der 6 σ-Bereich verschoben wird.

Nur dann, wenn zwei gleichgroße Lose mit unterschiedlichen Standardabweichungen, beispielsweise $\sigma_2 = 3\sigma_1$, gemischt werden oder wenn drei Verteilungen mit geringen Anteilen in den symmetrisch gelegenen Außenverteilungen gemischt werden, kann es zu Anteilen von bis zu ca. 2 % außerhalb des 6 σ-Bereichs kommen, sofern diese Außenverteilungen nicht mehr als 2σ von der Mittenverteilung entfernt sind.

Mischverteilungen, die breiter sind als die entsprechende Normalverteilung sollten jedoch *nicht* als *ungünstig abweichend* bezeichnet werden, da sich *jede Maßverteilung* in einer Maßkette *so verhält, als wenn sie normal wäre*, Kap. 7.

Aufgabe 6.1

Gegeben: Zwei V-Verteilungen nach Aufgabe 4.13 werden nebeneinanderliegend gemischt, so daß eine dreigipfelige Mischverteilung entsteht.
Gesucht: Parameter der Mischverteilung.
Lösung:

x_j	N_{j1}	N_{j2}	N_j
1	4		4
2	3		3
3	2		2
4	1		1
5	0		0
6	1		1
7	2		2
8	3		3
9	4		4
10		4	4
11		3	3
12		2	2
13		1	1
14		0	0
15		1	1
16		2	2
17		3	3
18		4	4

$N = 40$,
$\mu = 9{,}5$,
$\sigma_N = 5{,}5$

6 σ-Bereich: $-7\ldots26$
Anteil außerhalb: 0 %
4 σ-Bereich: $-1{,}5\ldots20{,}5$
Anteil außerhalb: 0 %
Hinweis: Die Spannweite dieses MV ist $R = 18{,}5 - 0{,}5 = 18$ oder $R = 2 \cdot 1{,}636\,4\sigma$; damit ist diese Verteilung wenig mehr als halb so breit wie die NV mit den gleichen Parametern.

6.4 Der extreme Fall nach Tschebyscheff

In fast jedem Lehrbuch der Technischen Statistik wird die Ungleichung nach Tschebyscheff erwähnt. Danach ist bei einer beliebigen Verteilung mit dem Mittelwert μ und der Standardabweichung σ im Bereich von $\mu - u\sigma$ bis $\mu + u\sigma$ ein Werteanteil von mindestens

$$P \geqq 1 - \frac{1}{u^2}$$

enthalten. Für $u = 3$ ist dieser Mindestanteil

$$P = 1 - \frac{1}{9} = 0,8\overline{8} = 88,9\,\%\,.$$

Mithin ist der Anteil außerhalb dieses Bereichs

$$Q = \frac{1}{9} = 0,1\overline{1} = 11,1\,\%\,.$$

Die formale Ableitung dieser Ungleichung kann in [10] nachgelesen werden.

Der höchste Anteil außerhalb des 6 σ-Bereichs, der beim Mischen von Normalverteilungen gefunden worden war, war $p = 6,26\,\%$ bei der $MV = NV_1 + NV_6 + NV_7$ in Bild 6.17. Bei diesem Fall liegen die Außenverteilungen um 9σ von der Mittenverteilung entfernt.

Wenn diese Außenverteilungen noch weiter von der Mitte entfernt angeordnet werden, läßt sich der Anteil außerhalb des 6 σ-Bereichs noch erhöhen, Bild 6.18.

Daraus kann vermutet werden, daß Mischverteilungen nur dann den *Grenzfall nach Tschebyscheff* erfüllen, wenn die *Streuung* nicht durch die Einzelwerte sondern *nur durch die Mittelwerte* verursacht wird.

Diesen Sonderfall erfüllt die MV_1 in Bild 6.19. Wenn von $N = 10\,000$ Werten 8 890 bei 10 liegen und die restlichen je zur Hälfte streuungslos symmetrisch dazu, beispielsweise bei 9 und 11 (geht auch mit 9,9 und 10,1), dann werden die Außenwerte vom 6 σ-Bereich nicht erfaßt und liegen knapp draußen.

Sobald aber die Außenwerte nicht streuungslos an derselben Stelle liegen sondern sich auf fünf Klassen gleichmäßig verteilen, MV_2 in Bild 6.19, dann liegen nur noch 4,44 % draußen.

Und wenn zusätzlich die Mittenwerte nicht streuungslos sind sondern sich auf sieben Klassen gleichmäßig verteilen, dann liegen nur noch ca. 2 % außerhalb des 6 σ-Bereichs, MV_3 in Bild 6.19.

| | MV_1 | MV_2 | MV_3 | |
N_{j2}	x_j	x_j	x_j	
0,1	24	18	6	
0,5	25	19	7	
1,5	26	20	8	
4	27	21	9	
10,3	28	22	10	
15	29	23	11	
19	30	24	12	
19	31	25	13	μ_2
15	32	26	14	
10,3	33	27	15	
4	34	28	16	
1,5	35	29	17	
0,5	36	30	18	
0,1	37	31	19	
N_{j1}				
2	54			
10	55			
30	56			
80	57			
206	58			
300	59			
380	60			
380	61			μ_1
300	62			
206	63			
80	64			
30	65			
10	66			
2	67			
N_{j3}				
0,1	84	90	102	
0,5	85	91	103	
1,5	86	92	104	
4	87	93	105	
10,3	88	94	106	
15	89	95	107	
19	90	96	108	
19	91	97	109	μ_3
15	92	98	110	
10,3	93	99	111	
4	94	100	112	
1,5	95	101	113	
0,5	96	102	114	
0,1	97	103	115	

Parameter und Zufallsstreubereiche der Mischverteilungen:

	MV_1	MV_2	MV_3
Umfang N	2217,6	2217,6	2217,6
Mittelwert μ	60,5	60,5	60,5
Standardabweichung σ	9,2638	11,0371	14,6101
$6 \cdot \sigma$ -Bereich von bis	32,17....88,29	27,39....93,61	16,67....104,33
Anteil außerhalb	$\dfrac{168,8}{2217,6} = 7,61\,\%$	$\dfrac{189,4}{2217,6} = 8,54\,\%$	$\dfrac{197,4}{2217,6} = 8,90\,\%$

Bild 6.18. Bildung von Mischverteilungen. Eine Normalverteilung NV_1 mit den Parametern $N_1 = 2\,016$, $\mu_1 = 60,5$ und $\sigma_1 = 2$ werde gemischt mit jeweils zwei Normalverteilungen mit den Parametern $N = 100,8$ und $\sigma = 2$ und Mittelwerten, die zu μ_1 jeweils symmetrisch liegen

x_j	MV_1 N_{j1}	MV_2 N_{j2}	MV_3 N_{j3}
8,8		111	111
8,9		111	111
9,0	555	111	111
9,1		111	111
9,2		111	111
9,7			1270
9,8			1270
9,9			1270
10,0	8890	8890	1270
10,1			1270
10,2			1270
10,3			1270
10,8		111	111
10,9		111	111
11,0	555	111	111
11,1		111	111
11,2		111	111
N	10000	10000	10000
μ	10	10	10
σ_N	0,333167	0,336482	0,385720
$6 \cdot \sigma$ –Bereich von	9,0005	8,991	8,84
bis	10,9995	11,009	11,16
Anteil außerhalb	11,1%	4,44%	2,22%

Bild 6.19. Extreme Mischverteilungen

Zusammenfassung

Der Grenzfall nach Tschebyscheff ist ein theoretischer Sonderfall und kommt praktisch nicht vor. Bei realen Mischverteilungen liegen äußerstenfalls bis zu ca. 2 % der Werte außerhalb des 6 σ-Bereichs.

Aufgabe 6.2

Gegeben: $N = 10\,000$ Werte sind als Mischverteilung MV_1 so angeordnet, daß der extreme Fall nach Tschebyscheff gegeben ist.

Gesucht: Parameter dieser Verteilung MV_1 und der Verteilung MV_2 bis MV_4, bei denen die Verteilungskomponenten gestreut angeordnet sind.

Lösung:

	MV_1	MV_2	MV_3	MV_4
x_j	N_{j1}	N_{j2}	N_{j3}	N_{j4}
9,3		111	111	111
9,4		111	111	111
9,5	555	111	111	111
9,6		111	111	111
9,7		111	111	111 1270
9,8			1778	1270
9,9			1778	1270
10,0	8890	8890	1778	1270
10,1			1778	1270
10,2			1778	1270
10,3		111	111	111 1270
10,4		111	111	111
10,5	555	111	111	111
10,6		111	111	111
10,7		111	111	111
N	10000	10000	10000	10000
μ	10	10	10	10
σ	0,166583	0,173118	0,218518	0,255988
$6\,\sigma$-Bereich				
von	9,5003	9,4806	9,3444	9,2320
bis	10,4997	10,5194	10,6555	10,7680
Anteil außerhalb	11,1 %	4,44 %	2,22%	0 %

Anmerkung. Wenn sich die Verteilungskomponenten wie bei der MV_4 überlappen, werden die extremen Werte vom $6\,\sigma$-Bereich „eingefangen".

7 Das Falten von Verteilungen

7.1 Beschreibung der Faltoperation

Beim Mischen von Verteilungen in Kap. 6 wurden (gedanklich) beispielsweise zwei Lose mit den Umfängen N_1 und N_2 zu einem Los mit dem Losumfang $N = N_1 + N_2$ vereinigt.

Beim Falten wird ein ganz anderer Vorgang simuliert, nämlich die Addition (der Zusammenbau) zweier oder mehrerer voneinander unabhängiger Merkmale (Lose) mit je einer ganz bestimmten Wahrscheinlichkeitsverteilung und gesucht wird die Wahrscheinlichkeitsverteilung (Dichtefunktion oder Summenfunktion oder beide) des Schließmaßes, des Faltprodukts.

Die Faltung ist eine mathematische Operation; für den Fall stetiger Verteilungen ist die Herleitung des Faltintegrals in [10] nachzulesen.

Für den Fall, daß zwei Wahrscheinlichkeitsverteilungen voneinander unabhängig und diskret sind oder zwei stetige Verteilungen durch diskrete Verteilungen simuliert werden, ist die Wahrscheinlichkeit für das Schließmaß x

$$P(x) = \sum_{i=-\infty}^{i=\infty} P1(i)\, P2(x - i)\,. \tag{7.1}$$

Die Erläuterung dieser Formel erfolge am Beispiel „Augensumme zweier Würfel", die physikalisch symmetrisch (nicht gezinkt) sind. Dann sind die Würfel auch statistisch symmetrisch und weisen somit eine Gleichverteilung auf; die Wahrscheinlichkeit für jede Augenzahl eines Würfels ist mit $P = 1/6$ gleich groß.

Dann ist die Wahrscheinlichkeit dafür, mit zwei Würfeln die Augensumme $x = 5$ zu würfeln:

$$
\begin{aligned}
P(x = 5) = P1(1)\,P2(4) \quad &= 1/6 \cdot 1/6 \\
+ P1(2)\,P2(3) \quad &+ 1/6 \cdot 1/6 \\
+ P1(3)\,P2(2) \quad &+ 1/6 \cdot 1/6 \\
+ P1(4)\,P2(1) \quad &+ 1/6 \cdot 1/6 \\
\hline
\Sigma &= 4/36\,.
\end{aligned}
$$

In Bild 7.1 ist die vollständige Faltungsmatrix für die Faltung zweier Gleichverteilungen mit den Klassen 1 bis 6 (Würfel) dargestellt. Das Faltprodukt zweier Gleichverteilungen ist eine Dreieckverteilung mit den Klassen (Augenzahlen) 2 bis 12.

Die Spannweite des Faltprodukts ist gleich der Summe der Spannweiten beider gefalteter Verteilungen; im Beispiel des Bilds 7.1 ist $R_{\mathrm{DV}} = 2R_{\mathrm{RV}} = 12 = 13 - 1$.

Parameter der RV: N = 6; $\mu = 3{,}5$; $\sigma = 1{,}707825 = \sqrt{\frac{6^2 - 1}{12}}$

x	g(x)	1	2	3	4	5	6
		1	1	1	1	1	1·1/6
6	1	7	8	9	10	11	12
		1	1	1	1	1	1·1/36
5	1	6	7	8	9	10	11
		1	1	1	1	1	1
4	1	5	6	7	8	9	10
		1	1	1	1	1	1
3	1	4	5	6	7	8	9
		1	1	1	1	1	1
2	1	3	4	5	6	7	8
		1	1	1	1	1	1
1	1	2	3	4	5	6	7
	·1/6	1	1	1	1	1	1

P(x=5) = 4/36

Parameter des Faltproduktes:

N = 36

$\mu = 7$

$\sigma = 2{,}415229 = \sqrt{2}\cdot 1{,}707825 = \sqrt{\frac{12^2 - 4}{24}}$

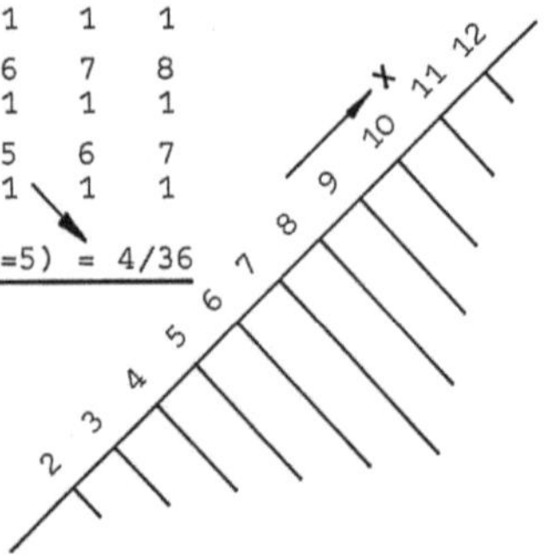

Bild 7.1. Faltungsmatrix für die Faltung zweier Gleichverteilungen mit den Klassen 1 bis 6 (Würfel)

Das Falten von Maßverteilungen bedeutet vereinfacht formuliert:

- Bildung aller möglichen Maßkombinationen und Berechnung ihrer Wahrscheinlichkeiten mit dem *Multiplikationssatz*,
- Summieren der Wahrscheinlichkeiten aller gleichgroßen Maßkombinationen nach dem *Additionssatz.*

Wenn symmetrische Verteilungen gefaltet werden, dann ist die Faltungsmatrix doppelt-symmetrisch, so daß nur 1/4 der Matrix berechnet zu werden braucht; bei genügender Übung reicht oft die Berechnung von 1/8 der Matrix aus (Beispiele in Abschn. 7.2).

Faltoperationen haben vor allem den *Sinn und Zweck* mittels verschiedener Wahrscheinlichkeitsverteilungen die Auswirkungen der statischen Grundgesetze gründlich kennen und verstehen zu lernen.

Gesetz	*Auswirkungen*
Zentraler Grenzwertsatz	Tendenz zur Normalverteilung
Abweichungsfortpflanzungsgesetz	die *Varianzen* und nicht die Standardabweichungen *addieren* sich

Grundsätzlich ist es auch möglich, mit (tatsächlich vorhandenen) Häufigkeitsverteilungen Faltoperationen durchzuführen.

Ausgehend von (7.1) können auch Rechnerprogramme erstellt und angewendet werden [6]; darauf wird jedoch in diesem Buch nicht näher eingegangen, da es auch mit einem Taschenrechner schnell und sicher möglich ist, eine statistisch tolerierte Maßkette nachzurechnen, s. Abschn. 11.2.

7.2 Beispiele für Faltoperationen

In Bild 7.2a wurden zwei einfache Rechteckverteilungen miteinander gefaltet.

Anmerkung. Die Bezeichnung Rechteckverteilung ist nicht ganz richtig, da es sich um diskrete Verteilungen handelt; die Bezeichnung „Gleichverteilung" wäre korrekter. Dennoch wird die Bezeichnung „Rechteckverteilung" beibehalten, weil eine (stetige) Rechteckverteilung simuliert werden soll.

In Bild 7.2a wird die Faltoperation insgesamt viermal durchgeführt, so daß insgesamt 16 Rechteckverteilungen gefaltet wurden.

Das Faltprodukt der 16 Rechteckverteilungen ist in Bild 7.2b dargestellt. Es fällt auf, daß an den Enden der Wahrscheinlichkeitssummenfunktion im WN Abweichungen von der NV-Geraden vorliegen.

Dies ist *nicht* - wie zu vermuten wäre - ein *Erbe der nichtnormalen Herkunft*, sondern ist auf die Tatsache zurückzuführen, daß hier mit diskreten und nicht mit stetigen Verteilungen operiert wird.

Wenn 16 stetige Rechteckverteilungen mit der Spannweite $R = 2{,}5 - 0{,}5 = 2$ gefaltet werden würden, lägen alle Werte des (angenähert) normalverteilten Faltprodukts im Wertebereich von $16 \cdot 0{,}5 = 8$ bis $16 \cdot 2{,}5 = 40$, bzw. die Spannweite wäre $R = 40 - 8 = 32 = 16 \cdot 2$.

Wird dagegen die stetige Rechteckverteilung durch eine diskrete RV simuliert, dann ist zwar nominell die Spannweite $R = 2$ (Differenz der äußersten Klassengrenzen), tatsächlich liegen dann aber alle Werte des (angenähert) normalverteilten Faltprodukts von 16 RV im Wertebereich von $16 \cdot 1 = 16$ bis $16 \cdot 2 = 32$. Dies erklärt die Abweichungen an den Enden der Wahrscheinlichkeitssummenfunktion.

Nicht anders ist dies, wenn *zwei Normalverteilungen* gefaltet werden. Das *Faltprodukt muß* eine *Normalverteilung* sein. Werden jedoch zwei diskretisierte und somit endlich begrenzte Normalverteilungen gefaltet, ergeben sich Abweichungen an den Enden der Wahrscheinlichkeitssummenfunktion gegenüber der NV-Geraden, Bild 7.3.

Dies ist selbst dann erkennbar, wenn zwei NV aus der „Spielmarkenschachtel" im Ansatz gefaltet werden, Bild 7.4. Obgleich dieses Modell mit 62 Klassen die Form der NV besser simuliert als das in Bild 7.3 benutzte NV-Modell, hat das *Faltprodukt* die durch die Diskretisierung bedingten *Abweichungen von der NV-Geraden*.

In den Bildern 7.5 bis 7.7 wurden drei Wahrscheinlichkeitsverteilungen gefaltet, die im Bild 4.9 beschrieben sind.

Durch *Faltoperationen wird erwiesen*:
— *Faltprodukte* streben der Form nach *gegen* eine *Normalverteilung*, auch dann, wenn die Ausgangsverteilungen von einer Normalverteilung abweichen, oder
— durch das Falten werden *Abweichungen von der NV-Form ausgebügelt*, oder
— *jede beliebige* auch von der NV-Form stark abweichende *Maßverteilung* verhält sich in der *Maßkette* so, als wenn sie *normal wäre*.

In Bild 7.8 werden zwei Mischverteilungen des Typs MV_1 nach Bild 6.19 (Sonderfall nach Tschebyscheff mit einem Anteil von 11,1 % außerhalb des 6 σ-Bereichs) gefaltet. Nach Reduktion der Besetzungszahlen (oben rechts) werden zwei Faltprodukte nochmals gefaltet.

1. Falten (2 RV gefaltet)

x	1	2	
g(x)	1	1	1/2
1 1	2	3	
	1	1	
2 1	3	4	
·1/2	1	1	1/4

Parameter der Faltprodukte

N	μ	σ_N
4	3	$\sqrt{2}\cdot 0{,}5 = 0{,}7071$

2. Falten (4 RV gefaltet)

x	2	3	4	
g(x)	1	2	1	· 1/4
2 1	4	5	6	
	1	2	1	
3 2	5	6	7	
	2	4	2	· 1/16
4 1	6	7	8	
·1/4	1	2	1	

N	μ	σ_N
16	6	$\sqrt{4}\cdot 0{,}5 = 1$

3. Falten (8 RV gefaltet)

x	4	5	6	7	8	
g(x)	1	4	6	4	1	· 1/16
4 1	8	9	10	11	12	
	1	4	6	4	1	
5 4	9	10	11	12	13	
	4	16	24	16	4	·1/256
6 6	10	11	12	13	14	
	6	24	36	24	6	
7 4	11	12	13	14	15	
	4	16	24	16	4	
8 1	12	13	14	15	16	
·1/16	1	4	6	4	1	

N	μ	σ_N
256	12	$\sqrt{8}\cdot 0{,}5 = 1{,}4142$

4. Falten (16 RV gefaltet)

x	8	9	10	11	12
g(x)	1	8	28	56	70 · 1/256
8 1	16				
	1				
9 8	17	18			
	8	64			
10 28	18	19	20		
	28	224	784		
11 56	19	20	21	22	
	56	448	1568	3136	1/65536
12 70	20	21	22	23	24
·1/256	70	560	1960	3920	4900

Fortsetzung spiegel-
bildlich (nach Zeile 9 und 10)

N	μ	σ_N
65536	24	$\sqrt{16}\cdot 0{,}5 = 2$

oder nach Bild 4/9:

$$\sigma^2 = \frac{R^2 - 256}{192} = \frac{32^2 - 256}{192} = 4$$

$$\sigma = 2$$

Fortsetzung spiegel-
bildlich

Faltprodukt der 16 gefalteten RV

x	N_j	N_j	G(x) in %	x	N_j	G(x) in %
16	1	1	0,00153	32	65536	100,0000
17	16	17	0,0259	31	65535	99,9985
18	120	137	0,2090	30	65519	99,9741
19	560	697	1,0635	29	65399	99,7909
20	1820	2517	3,8406	28	64839	98,9365
21	4368	6885	10,5057	27	63019	96,1594
22	8008	14893	22,7249	26	58651	89,4943
23	11440	26333	40,1810	25	50643	77,2751
24	12870	39203	59,8190			

a

Bild 7.2a. Falten zweier Rechteckverteilungen mit den Parametern $N = 2$, $\mu = 1{,}5$ und $\sigma = 0{,}5$ mit Fortsetzung des Faltens

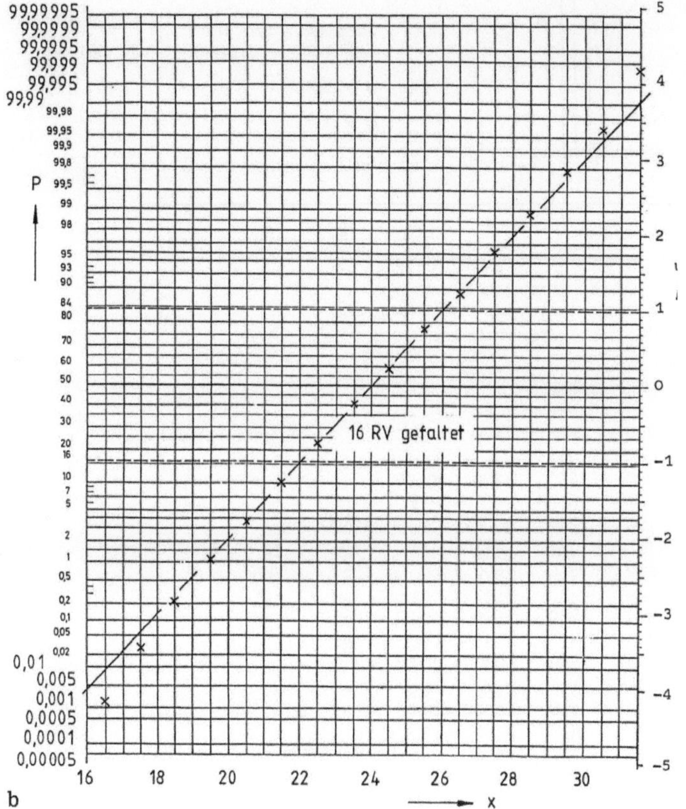

Bild 7.2b. Wahrscheinlichkeitssummenfunktion des Faltproduktes aus 16 Rechteckverteilungen

Das Faltprodukt der Faltprodukte, Bild 7.8b, ist fast eine Normalverteilung. Außerhalb des 6,1 σ-Bereichs liegen 0,126 % der Werte; bei einer exakten Normalverteilung wären es nach u-Tabelle 0,114 %.

Bisher sind nur Wahrscheinlichkeitsverteilungen mit dem gleichen Losumfang N gefaltet worden und der „Losumfang der Faltprodukte" war jeweils N^2.

Während der *Losumfang beim Mischen* von Wahrscheinlichkeitsverteilungen, Kap. 6, *erheblichen Einfluß* hat auf die Lage und die Form der Mischverteilung, so ist der *Losumfang* bei *Faltoperationen* völlig *ohne Einfluß*.

Beim Falten werden Wahrscheinlichkeiten N_j/N multipliziert und deren Produkte addiert. Werden dabei die Losumfänge im Nenner fortgelassen, dann sind die Summen $\sum N1_j N2_j$ die „Besetzungszahlen" in den einzelnen Klassen des Faltprodukts. Diese sind fiktiv und dazu geeignet, die Parameter des Faltprodukts mit dem Taschenrechner auszurechnen. Die „Besetzungszahlen" des Faltprodukts dividiert durch das Produkt der Losumfänge der Komponenten ergeben die Wahrscheinlichkeiten für die jeweiligen Klassen.

Beispiel. Wenn N Wellen mit N Laufbuchsen montiert werden, so ergeben sich stets genau N Bausätze!

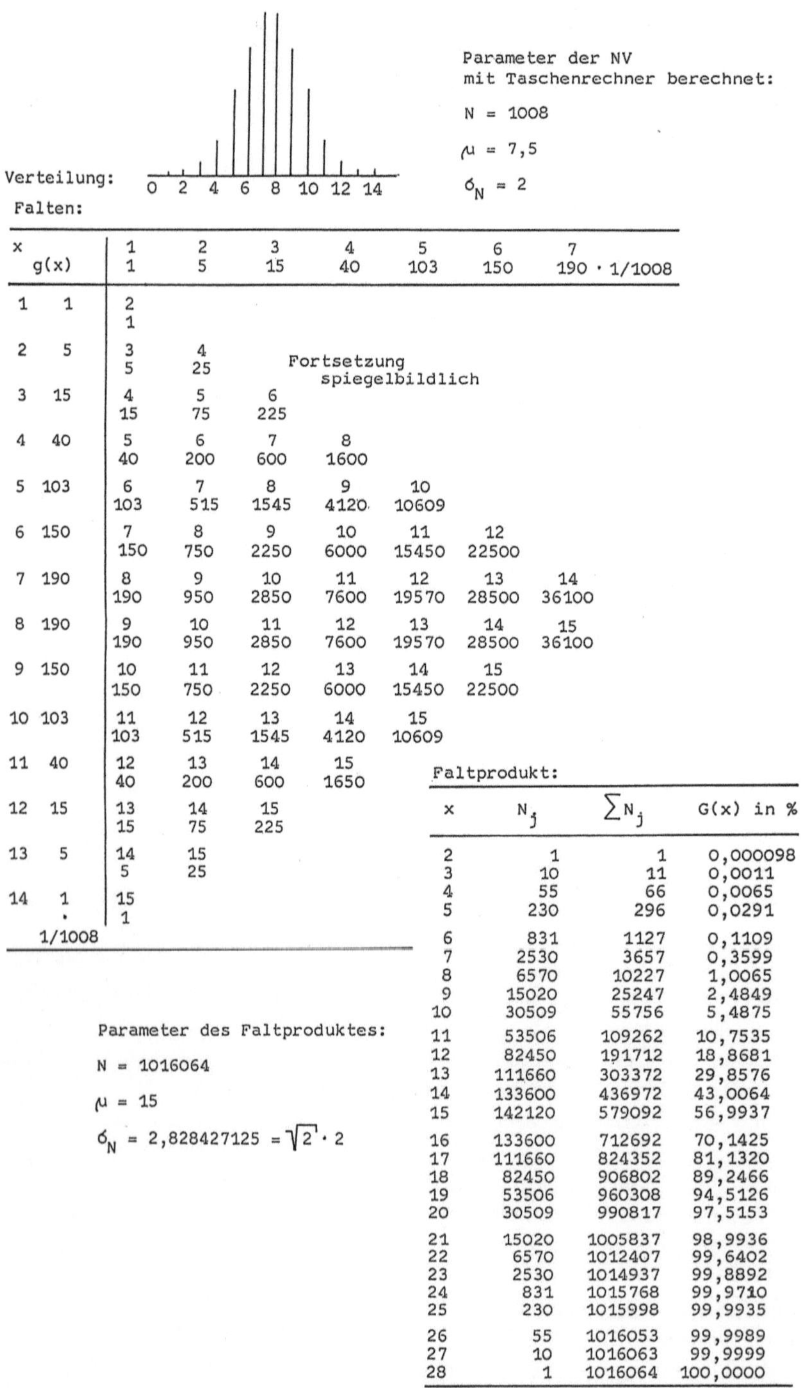

Parameter der NV
mit Taschenrechner berechnet:

N = 1008

μ = 7,5

σ_N = 2

x	1	2	3	4	5	6	7
g(x)	1	5	15	40	103	150	190 · 1/1008

x	g(x)							
1	1	2						
		1						
2	5	3	4					
		5	25					
3	15	4	5	6				
		15	75	225				
4	40	5	6	7	8			
		40	200	600	1600			
5	103	6	7	8	9	10		
		103	515	1545	4120	10609		
6	150	7	8	9	10	11	12	
		150	750	2250	6000	15450	22500	
7	190	8	9	10	11	12	13	14
		190	950	2850	7600	19570	28500	36100
8	190	9	10	11	12	13	14	15
		190	950	2850	7600	19570	28500	36100
9	150	10	11	12	13	14	15	
		150	750	2250	6000	15450	22500	
10	103	11	12	13	14	15		
		103	515	1545	4120	10609		
11	40	12	13	14	15			
		40	200	600	1650			
12	15	13	14	15				
		15	75	225				
13	5	14	15					
		5	25					
14	1	15						
		1						
	1/1008							

Fortsetzung spiegelbildlich

Parameter des Faltproduktes:

N = 1016064

μ = 15

σ_N = 2,828427125 = $\sqrt{2} \cdot 2$

Faltprodukt:

x	N_j	$\sum N_j$	G(x) in %
2	1	1	0,000098
3	10	11	0,0011
4	55	66	0,0065
5	230	296	0,0291
6	831	1127	0,1109
7	2530	3657	0,3599
8	6570	10227	1,0065
9	15020	25247	2,4849
10	30509	55756	5,4875
11	53506	109262	10,7535
12	82450	191712	18,8681
13	111660	303372	29,8576
14	133600	436972	43,0064
15	142120	579092	56,9937
16	133600	712692	70,1425
17	111660	824352	81,1320
18	82450	906802	89,2466
19	53506	960308	94,5126
20	30509	990817	97,5153
21	15020	1005837	98,9936
22	6570	1012407	99,6402
23	2530	1014937	99,8892
24	831	1015768	99,9710
25	230	1015998	99,9935
26	55	1016053	99,9989
27	10	1016063	99,9999
28	1	1016064	100,0000

a

Bild 7.3a. Falten zweier Modell-Normalverteilungen

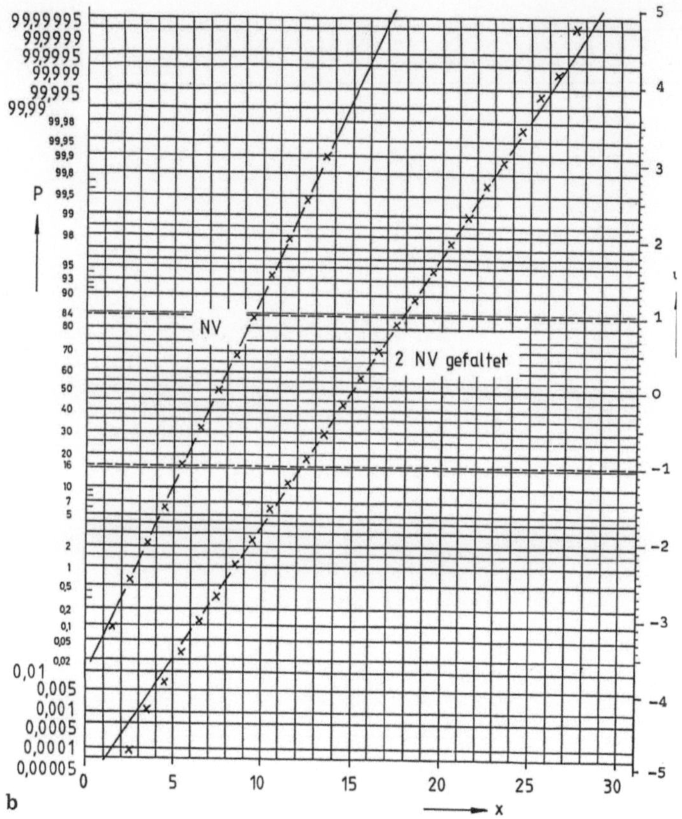

Bild 7.3b. Wahrscheinlichkeitssummenfunktion einer Modell-NV und des Faltprodukts aus zwei dieser NV

In Bild 7.9a oben ist eine Normalverteilung mit einer Rechteckverteilung gefaltet. Die Wahrscheinlichkeitssummenfunktion ist in Bild 7.9b dargestellt. Dasselbe Faltprodukt ergibt sich, wenn dieselbe Normalverteilung mit einer Rechteckverteilung gefaltet wird, die einen Losumfang von „nur" $N_{RV} = 7$ hat, Bild 7.9a unten.

In Bild 7.10a werden zwei Normalverteilungen mit unterschiedlicher Standardabweichung gefaltet; das Ergebnis ist wieder eine Normalverteilung, abgesehen von den durch die Diskretisierung bedingten Abweichungen in den Enden der Summenfunktion, Bild 7.10b.

Falten (im Ansatz)

x	g(x)	19	20	21	22	23	24	25	26	27	28	29	30	31
		1	1	1	1	1	1	1	2	3	4	4	5	7 · 1/1000
19	1	38 1												
20	1	39 1	40 1											
21	1	40 1	41 1	42 1										
22	1	41 1	42 1	43 1	44 1									
23	1	42 1	43 1	44 1	45 1	46 1								
24	1	43 1	44 1	45 1	46 1	47 1	48 1							
25	1	44 1	45 1	46 1	47 1	48 1	49 1	50 1						
26	2	45 2	46 2	47 2	48 2	49 2	50 2	51 2	52 4					
27	3	46 3	47 3	48 3	49 3	50 3	51 3	52 3	53 6	54 9				
28	4	47 4	48 4	49 4	50 4	51 4	52 4	53 4	54 8	55 12	56 16			
29	4	48 4	49 4	50 4	51 4	52 4	53 4	54 4	55 8	56 12	57 16	58 16		
30	5	49 5	50 5	51 5	52 5	53 5	54 5	55 5	56 10	57 15	58 20	59 20	60 25	
31 1/1000	7	50 7	51 7	52 7	53 7	54 7	55 7	56 7	57 14	58 21	59 28	60 28	61 35	62 49

(Bei Zeile 23: Fortsetzung spiegelbildlich. Bei Zeile 26, Spalte 52: 4 · 1/1000000.)

Spielmarkenschachtel

x	g(x) ·1000	x
19	1	81
20	1	80
21	1	79
22	1	78
23	1	77
24	1	76
25	1	75
26	2	74
27	3	73
28	4	72
29	4	71
30	5	70
31	7	69
32	8	68
33	9	67
34	11	66
35	13	65
36	15	64
37	17	63
38	20	62
39	22	61
40	24	60
41	27	59
42	29	58
43	31	57
44	33	56
45	35	55
46	37	54
47	38	53
48	39	52
49	40	51
50	40	

Faltprodukt (im Ansatz)

x	N_j	$\sum N_j$	G(x) in %	x	$\sum N_j$	G(x) in %
38	1	1	0,0001	162	1000000	100,0000
39	2	3	0,0003	161	999999	99,9999
40	3	6	0,0006	160	999997	99,9997
41	4	10	0,0010	159	999994	99,9994
42	5	15	0,0015	158	999990	99,9990
43	6	21	0,0021	157	999985	99,9985
44	7	28	0,0028	156	999979	99,9979
45	10	38	0,0038	155	999972	99,9972
46	15	53	0,0053	154	999962	99,9962
47	22	75	0,0075	153	999947	99,9947
48	29	104	0,0104	152	999925	99,9925
49	38	142	0,0142	151	999896	99,9896
50	51	193	0,0193	150	999858	99,9858
51		etc.				

Parameter
des Faltproduktes:

$$N = 1000000$$

$$\mu = 100$$

$$\sigma_N = 14{,}1317$$

a

Bild 7.4a. Ansatz für das Falten des NV-Modells „Spielmarkenschachtel" mit 62 Klassen und den Parametern $N = 1\,000$, $\mu = 50$ und $\sigma = 9{,}992\,6 \approx 10$

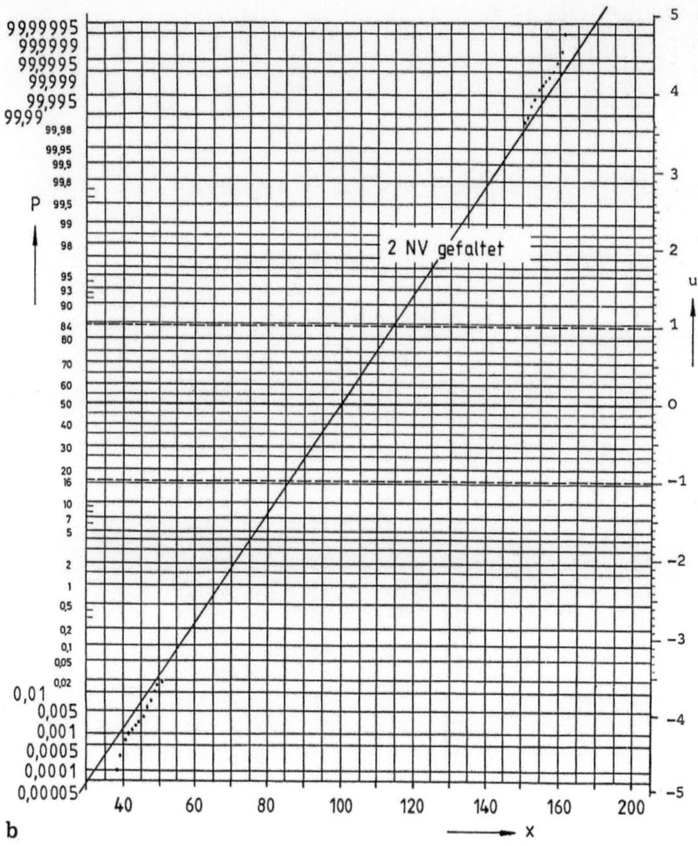

Bild 7.4b. Wahrscheinlichkeitssummenfunktion des Faltprodukts von 2 NV aus der „Spielmarkenschachtel"

Falten zweier Rechteckverteilungen RV

Verteilung:

$$\sigma = \sqrt{\frac{R^2 - 1}{12}} = \sqrt{\frac{121 - 1}{12}} = \sqrt{10} = 3{,}16227766$$

Parameter mit Taschen-
rechner berechnet: $N = 11$; $\mu = 6$; $\sigma_N = 3{,}16227766$

Falten:

x	g(x)	1 2 3 4 5 6	
		1 1 1 1 1 1 · 1/11	
1	1	2	
		1	
2	1	3 4	Fortsetzung
		1 1	spiegelbild-
3	1	4 5 6	lich
		1 1 1	
4	1	5 6 7 8	
		1 1 1 1	
5	1	6 7 8 9 10	
		1 1 1 1 1	
6	1	7 8 9 10 11 12	
	·	1 1 1 1 1 1	
	1/11	Fortsetzung spiegel-	
		bildlich	

Faltprodukt:

x	N_j	$\sum N_j$	G(x) in %
2	1	1	0,8264
3	2	3	2,4793
4	3	6	4,9587
5	4	10	8,2645
6	5	15	12,3967
7	6	21	17,3554
8	7	28	23,1405
9	8	36	29,7521
10	9	45	37,1901
11	10	55	45,4545
12	11	66	54,5454
13	10	76	62,8099
14	9	85	70,2479
15	8	93	76,8595
16	7	100	82,6446
17	6	106	87,6033
18	5	111	91,7355
19	4	115	95,0413
20	3	118	97,5207
21	2	120	99,1735
22	1	121	100,0000

Parameter des Faltproduktes:

$N = 121$

$\mu = 12$

$\sigma_N = 4{,}472135955 = \sqrt{2} \cdot 3{,}16227766$

a

Bild 7.5 a. Falten zweier Rechteckverteilungen

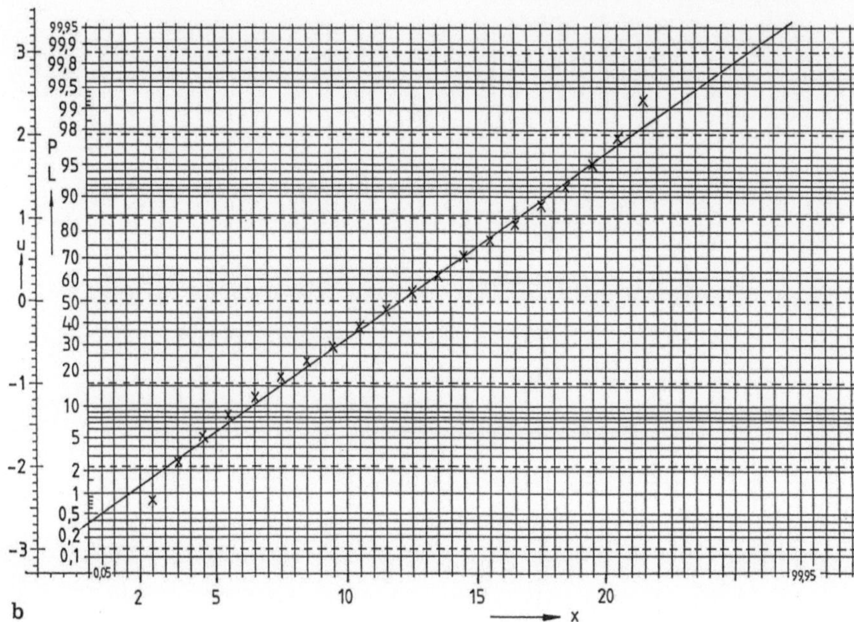

Bild 7.5 b. Wahrscheinlichkeitssummenfunktion des Faltprodukts zweier Rechteckverteilungen

Verteilung:

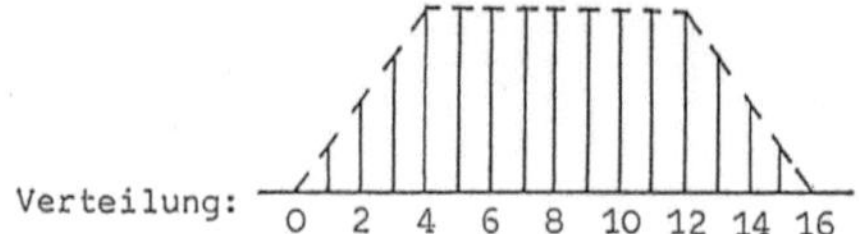

Standardabweichung: $\sigma = \sqrt{\dfrac{10R^2 - 32}{192}} = \sqrt{\dfrac{10 \cdot 16^2 - 32}{192}}$

$= 3,628590176$

Parameter mit Taschen-
rechner berechnet: $N = 48; \quad \mu = 8; \quad \sigma_N = 3,628590176$

Falten:

x	g(x)	1	2	3	4	5	6	7	8
		1	2	3	4	4	4	4	4·1/48
1	1	2							
		1							
2	2	3	4						
		2	4						
3	3	4	5	6					
		3	6	9					
4	4	5	6	7	8				
		4	8	12	16				
5	4	6	7	8	9	10			
		4	8	12	16	16			
6	4	7	8	9	10	11	12		
		4	8	12	16	16	16		
7	4	8	9	10	11	12	13	14	
		4	8	12	16	16	16	16	
8	4	9	10	11	12	13	14	15	16
	.	4	8	12	16	16	16	16	16

Fortsetzung spiegelbildlich

1/48   Fortsetzung spiegelbildlich

Parameter des Faltproduktes:

$N = 2304$

$\mu = 16$

$\sigma_N = 5,131601439$

$= \sqrt{2} \cdot 3,628590176$

Faltprodukt:

x	N_j	$\sum N_j$	G(x) in %
2	1	1	0,0434
3	4	5	0,2170
4	10	15	0,6510
5	20	35	1,6121
6	33	68	2,9514
7	48	116	5,0347
8	64	180	7,8125
9	80	260	11,2947
10	96	356	15,4514
11	112	468	20,3125
12	128	596	25,8681
13	144	740	32,1181
14	158	898	38,9757
15	168	1066	46,0069
16	172	1238	53,7326
17	168	1406	61,0243
18	158	1564	67,8819
19	144	1708	74,1319
20	128	1836	79,6875
21	112	1948	84,5486
22	96	2044	88,7153
23	80	2124	92,1875
24	64	2188	94,9653
25	48	2236	97,0486
26	33	2269	98,4809
27	20	2289	99,3490
28	10	2299	99,7830
29	4	2303	99,9566
30	1	2304	100,0000

a

Bild 7.6a. Falten zweier Trapezverteilungen des Typs TV_1

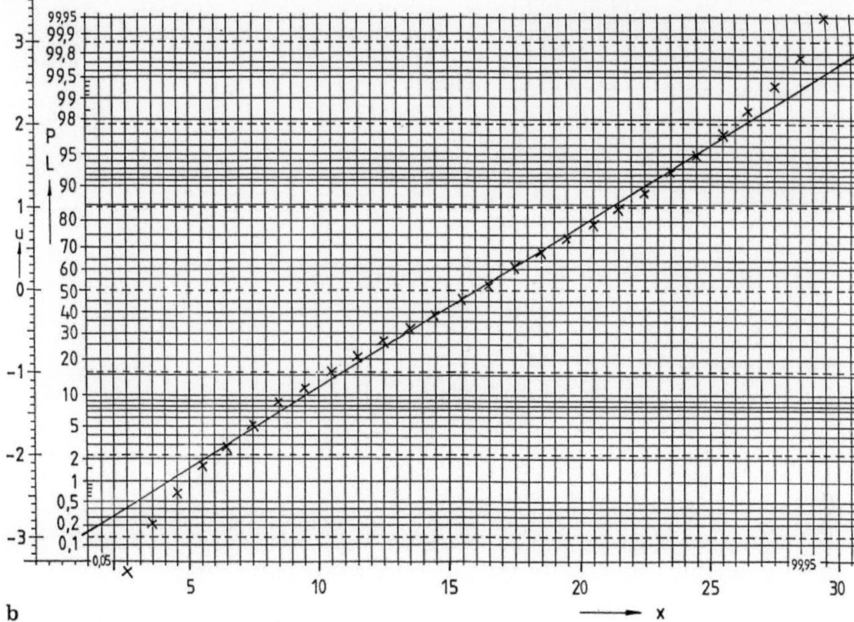

Bild 7.6b. Wahrscheinlichkeitssummenfunktion des Faltprodukts zweier TV_1

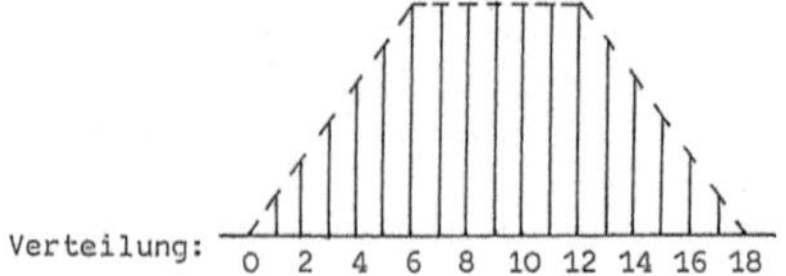

Standardabweichung: $\delta = \sqrt{\dfrac{5R^2 - 18}{108}} = \sqrt{\dfrac{5\cdot 18^2 - 18}{108}}$

$= 3{,}851406669$

Parameter mit Taschen-
rechner berechnet: $N = 72;\quad \mu = 9;$

$\delta_N = 3{,}851406669$

Parameter mit Taschen-
rechner berechnet: $N = 72;\quad \mu = 9;$

$\delta_N = 3{,}851406669$

Falten:

x	g(x)	1 1	2 2	3 3	4 4	5 5	6 6	7 6	8 6	9 6 · 1/72
1	1	2 / 1								
2	2	3 / 2	4 / 4							
3	3	4 / 3	5 / 6	6 / 9		Fortsetzung spiegel- bildlich				
4	4	5 / 4	6 / 8	7 / 12	8 / 16					
5	5	6 / 5	7 / 10	8 / 15	9 / 20	10 / 25				
6	6	7 / 6	8 / 12	9 / 18	10 / 24	11 / 3o	12 / 36			
7	6	8 / 6	9 / 12	10 / 18	11 / 24	12 / 30	13 / 36	14 / 36		
8	6	9 / 6	10 / 12	11 / 18	12 / 24	13 / 30	14 / 36	15 / 36	16 / 36	
9	6	10 / 6	11 / 12	12 / 18	13 / 24	14 / 30	15 / 36	16 / 36	17 / 36	18 / 36
	1/72	Fortsetzung spiegelbildlich								

Parameter des Faltproduktes:

$N = 5184$

$\mu = 18$

$\delta_N = 5{,}446711546$

$ = \sqrt{2}\cdot 3{,}851406669$

Faltprodukt:

x	N_j	$\sum N_j$	G(x) in %
2	1	1	0,0193
3	4	5	0,0965
4	10	15	0,2894
5	20	35	0,6752
6	35	70	1,3503
7	56	126	2,4306
8	82	208	4,0123
9	112	320	6,1728
10	145	465	8,9699
11	180	645	12,4421
12	216	861	16,6088
13	252	1113	21,4699
14	286	1399	26,9869
15	316	1715	33,0826
16	340	2055	39,6412
17	356	2411	46,5085
18	362	2773	53,4915
19	356	3129	60,3588
20	340	3469	66,9174
21	316	3785	73,0131
22	286	4071	78,0131
23	252	4323	83,8912
24	216	4539	87,5579
25	180	4719	91,0301
26	145	4864	93,8272
27	112	4976	95,9876
28	82	5058	97,5694
29	56	5114	98,6497
30	35	5149	99,3248
31	20	5169	99,7106
32	10	5179	99,9035
33	4	5183	99,9807
34	1	5184	100,0000

a

Bild 7.7 a. Falten zweier Trapezverteilungen des Typs TV_2

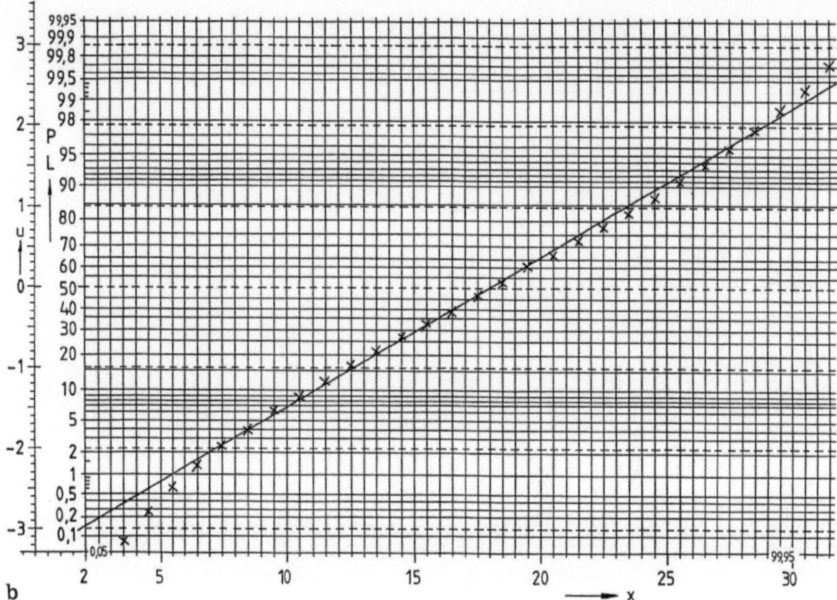

Bild 7.7b. Wahrscheinlichkeitssummenfunktion des Faltprodukts zweier TV_2

Falten zweier MV

x g(x)	9 555	10 8890	11 555·1/10000
9 555	18 308025		
		Fortsetzung spiegel- bildlich	
10 8890	19 4933950	20 79032100	
11 555 ·1/10000	20 308025	21 4933950	22 308025

Faltprodukt:

x_j	N_j	$\sum N_j$	G(x) in %	$N_{j,red.}$
18	308025	308025	0,3080	31
19	9867900	10175925	10,1759	987
20	79648150	89824075	89,8241	7964
21	9867900	99691975	99,6919	987
22	308025	100000000	100,0000	31

Parameter des Faltproduktes:

N = 100000000

μ = 20

σ_N = 0,471169 $\sigma_{N,red.}$ = 0,471381

Falten zweier Faltprodukte:

x g(x)	18 31	19 987	20 7964	21 987	22 31·1/10000
18 31	36 961				
19 987	37 30597	38 974169			
			Fortsetzung spiegel- bildlich		
20 7964	38 246884	39 7860468	40 63425296		
21 987	39 30597	40 974169	41 7860468	42 974169	
22 31 ·1/10000	40 961	41 30597	42 246884	43 30597	44 961

Bild 7.8a. Falten zweier extremer Mischverteilungen mit einem Anteil von 11,1 % außerhalb des 6σ-Bereichs

```
Faltprodukt der Faltprodukte:

x       N            ∑N       G(x) in %
 j       j            j
───────────────────────────────────────
36         961           961     0,000961
37       61194         62155     0,0621
38     1467937       1530092     1,53
39    15782130      17312222    17,31
40    65375556      82687778    82,69
41    15782130      98469908    98,47
42     1467937      99937845    99,9378
43       61194      99999039    99,9990
44         961     100000000   100,0000
───────────────────────────────────────

Parameter:

N = 100000000

μ = 40

δ = 0,666633


6·δ-Bereich: von 38,0001 bis 41,9999
Anteil außerhalb: 3,06 %

6,1·δ-Bereich: von 37,97 bis 42,03
Anteil außerhalb: 0,12 %
```

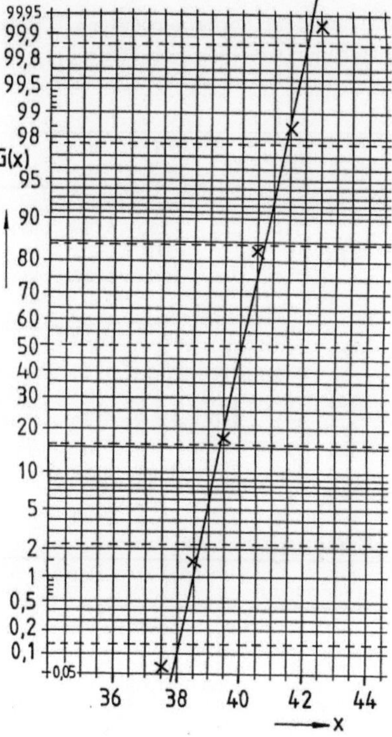

Bild 7.8b. Wahrscheinlichkeitssummenfunktion des Faltproduktes von vier extremen Mischverteilungen mit einem Anteil von 11,1 % außerhalb des 6σ-Bereiches

Falten einer Normalverteilung $\quad$ NV: $\quad N = 1008;$ $\quad \mu = 7,5;$ $\quad \delta_N = 2$

mit einer Rechteckverteilung $\quad$ RV: $\quad N = 1008;$ $\quad \mu = 4;$ $\quad \delta_N = 2$

Falten:

x		1	2	3	4	5	6	7	8	9	10
	$g(x)$	1	5	15	40	103	150	190	190	150	$103 \cdot 1/1008$
1	144	2	3	4	5	6	7	8	9	10	11
		144	720	2160	5760	14832	21600	27360	27360	21600	14832
2	144	3	4	5	6	7	8	9	10	11	
		144	720	2160	5760	14832	21600	27360	27360	21600	
3	144	4	5	6	7	8	9	10	11		
		144	720	2160	5760	14832	21600	27360	27360		
4	144	5	6	7	8	9	10	11			
		144	720	2160	5760	14832	21600	27360			
5	144	6	7	8	9	10	11				
		144	720	2160	5760	14832	21600				
6	144	7	8	9	10	11					
		144	720	2160	5760	14832					
7	144	8	9	10	11						
		144	720	2160	5760						
	$1/1008$										

Fortsetzung spiegelbildlich

Faltprodukt:

x	N_j	$\sum N_j$	$G(x)$ in %		x	$\sum N_j$	$G(x)$ in %
2	144	144	0,0142		21	1016064	100,0000
3	864	1008	0,0992		20	1015920	99,9858
4	3024	4032	0,3968		19	1015056	99,9008
5	8784	12816	1,2613		18	1012032	99,6032
6	23616	36432	3,5856		17	1003248	98,7387
7	45216	81648	8,0357		16	979632	96,4144
8	72576	154224	15,1786		15	934416	91,9643
9	99792	254016	25,0000		14	861840	84,8214
10	120672	374688	36,8764		13	762048	75,0000
11	133344	508032	50,0000		12	641376	63,1236

Parameter des Faltproduktes:

$N = 1016064$

$\mu = 11,5;$ $\qquad \delta_N = 2,828427125 = \sqrt{2^2 + 2^2}$

Falten einer Normalverteilung $\quad$ NV: $\quad N = 1008;$ $\quad \mu = 7,5;$ $\quad \delta_N = 2$

mit einer Rechteckverteilung $\quad$ RV: $\quad N = 7;$ $\quad \mu = 4;$ $\quad \delta_N = 2$

Ansatz für das Falten:

x		1	2	3	4
	$g(x)$	1	5	15	$40 \cdot 1/1008$
1	1	2	3	4	5
		1	5	15	40
2	1	3	4	5	
		1	5	15	
3	1	4	5		
		1	5		
4	1	5			
	$\cdot$	1			
	$1/7$				

Faltprodukt:

x	N_j	$\sum N_j$	$G(x)$ in %
2	1	1	0,0142
3	6	7	0,0992
4	21	28	0,3968
5	61	89	1,2613

weiter wie oben!

Parameter des Faltproduktes:

$N = 7056$

$\mu = 11,5$

$\delta = 2,8284$

a

Bild 7.9 a. Falten einer Normalverteilung mit einer Rechteckverteilung

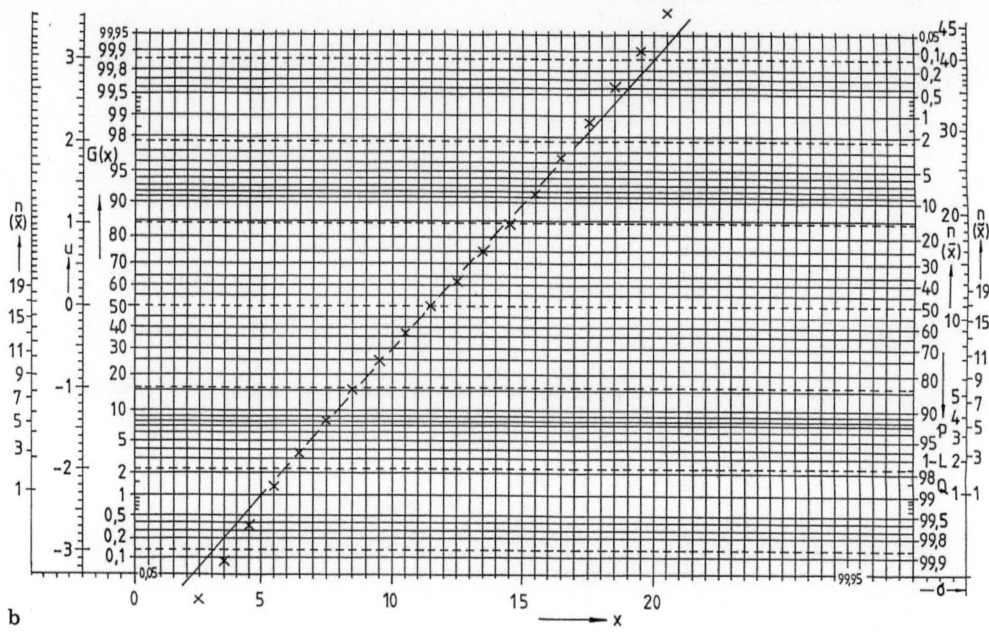

b

Bild 7.9b. Summenfunktion des Faltprodukts aus einer Normalverteilung und einer Rechteckverteilung (beide $\sigma = 2$)

Falten zweier Normalverteilungen NV_1: $N_1 = 1008$; $\mu_1 = 7,5$; $\delta_{N_1} = 2$

NV_2: $N_2 = 1008$; $\mu_2 = 27$; $\delta_{N_2} = 8$

Falten:

x g(x)	1 1	2 5	3 15	4 40	5 103	6 150	7 190	8 190	9 150	10 103	11 40	12 15	13 5	14 1 · 1/1008
1 1	2 1	3 5	4 15	5 40	6 103	7 150	8 190	9 190	10 150	11 103	12 40	13 15	14 5	15 1
5 5	6 5	7 25	8 75	9 200	10 515	11 750	12 950	13 950	14 750	15 515	16 200	17 75	18 25	19 5
9 15	10 15	11 75	12 225	13 600	14 1545	15 2250	16 2850	17 2850	18 225o	19 1545	20 600	21 225	22 75	23 15
13 40	14 40	15 200	16 600	17 1600	18 4120	19 6000	20 7600	21 7600	22 6000	23 4120	24 1600	25 600	26 200	27 40
17 103	18 103	19 515	20 1545	21 4120	22 10609	23 15450	24 19570	25 19570	26 15450	27 10609	28 4120	29 1545	30 515	31 103
21 150	22 150	23 750	24 2250	25 6000	26 15450	27 22500	28 28500	29 28500	30 22500	31 15450	32 6000	33 2250	34 750	
25 190	26 190	27 950	28 2850	29 7600	30 19570	31 28500	32 36100	33 36100	34 28500					
29 190	30 190	31 950	32 2850	33 7600	34 19570									
33 150	34 150													
37 103														
41 40														
45 15														
49 5														
53 1														
· 1/1008														

Fortsetzung spiegelbildlich

Faltprodukt:

x	N_j	$\sum N_j$	G(x) in %		x	$\sum N_j$	G(x) in %
2	1	1	0,000098		67	1016064	100,0000
3	5	6	0,000590		66	1016063	99,9999
4	15	21	0,0021		65	1016058	99,9994
5	40	61	0,0060		64	1016043	99,9979
6	108	169	0,0166		63	1016003	99,9940
7	175	344	0,0339		62	1015895	99,9834
8	265	609	0,0599		61	1015720	99,9661
9	390	999	0,0983		60	1015455	99,9401
10	680	1679	0,1652		59	1015065	99,9017
11	928	2607	0,2566		58	1014385	99,8348
12	1215	3822	0,3762		57	1013457	99,7434
13	1565	5387	0,5302		56	1012242	99,6238
14	2340	7727	0,7605		55	1010677	99,4698
15	2966	10693	1,0524		54	1008337	99,2395
16	3650	14343	1,4116		53	1005371	98,9476
17	4525	18868	1,8570		52	1001721	98,5884
18	6498	25366	2,4965		51	997196	98,1430
19	8065	33431	3,2902		50	990698	97,5035
20	9745	43176	4,2493		49	982633	96,7098
21	11945	55121	5,4249		48	972888	95,7507
22	16834	71955	7,0817		47	960943	94,5750
23	20335	92290	9,0831		46	944109	92,9183
24	23420	115710	11,3881		45	923774	90,9169
25	26170	141880	13,9637		44	900354	88,6119
26	31290	173170	17,0432		43	874184	86,0363
27	34099	207269	20,3992		42	842894	82,9568
28	35470	242739	23,8901		41	808795	79,6008
29	37645	280384	27,5951		40	773325	76,1099
30	42775	323159	31,8050		39	735680	72,4049
31	45003	368162	36,2341		38	692905	68,1950
32	44950	413112	40,6580		37	637902	63,7659
33	45950	459062	45,1804		36	602952	59,3419
34	48970	508032	50,0000		35	557002	54,8196

Parameter des Faltproduktes:

$N = 1016064$

$\mu = 34,5$

$\delta_N = 8,246211251 = \sqrt{2^2 + 8^2}$

a

Bild 7.10a. Falten zweier Normalverteilungen mit unterschiedlicher Standardabweichung

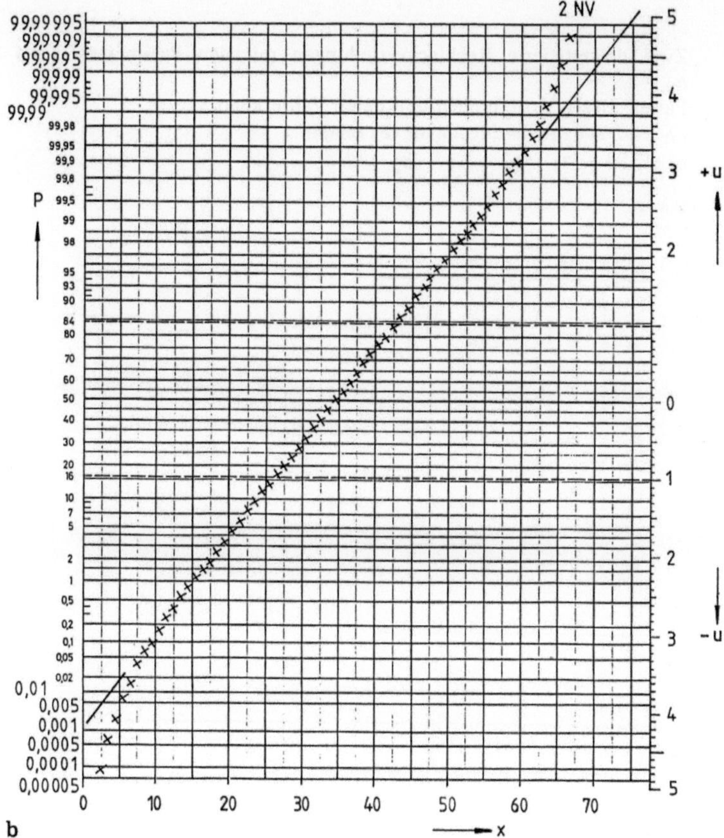

Bild 7.10b. Summenfunktion des Faltprodukts aus zwei Normalverteilungen mit $\sigma_{N_1} = 2$ und $\sigma_{N_2} = 8$

Aufgabe 7.1

Gegeben: Zwei diskretisierte Rechteckverteilungen mit den Parametern $\mu = 4$ und $\sigma_N = 2$.

Gesucht: Falten dieser Verteilungen und deren Faltprodukt.

Lösung:

```
Falten zweier Rechteckverteilungen

  mit   N = 7;   µ = 4;   ᵟN = 2
```

```
Falten:
```

x_i		1	2	3	4	5	6	7	
$g(x)$		1	1	1	1	1	1	1 · 1/7	
1	1	2	3	4	5	6	7	8	
		1	1	1	1	1	1	1	
2	1	3	4	5	6	7	8		
		1	1	1	1	1	1		
3	1	4	5	6	7	8			
		1	1	1	1	1			
4	1	5	6	7	8				
		1	1	1	1				
5	1	6	7	8					
		1	1	1					
6	1	7	8						
		1	1						
7	1	8							
	1/7	1							

```
Faltprodukt:
```

x	N_j	$\sum N_j$	$G(x)$ in %	x	N_j	$\sum N_j$	$G(x)$ in %
2	1	1	2,0408	14	1	49	100,0000
3	2	3	6,1224	13	2	48	97,9592
4	3	6	12,2449	12	3	46	93,8776
5	4	10	20,4082	11	4	43	87,7551
6	5	15	30,6122	10	5	39	79,5918
7	6	21	42,8571	9	6	34	69,3878
8	7	28	57,1429				

```
Parameter des Faltproduktes:

N = 49

µ = 8

ᵟN = 2,828427125 = √8‾
```

Aufgabe 7.2

Gegeben: Schiefe Dreieckverteilung mit den Parametern $\mu = 2$ und $\sigma = 1$.
Gesucht: Faltprodukt von vier dieser Verteilungen mit gleichgerichteter Schiefe.
Lösung:

x		1	2	3	4	
g(x)		4	3	2	1	· 1/10
1	4	2	3	4	5	
		16	12	8	4	· 1/100
2	3	3	4	5	6	
		12	9	6	3	
3	2	4	5	6	7	
		8	6	4	2	
4	1	5	6	7	8	
		4	3	2	1	

Faltprodukt von zwei DV

x_j	N_j	$\sum N_j$	G(x) in %
2	16	16	16
3	24	40	40
4	25	65	65
5	20	85	85
6	10	95	95
7	4	99	99
8	1	100	100

Falten des Faltproduktes:

x		2	3	4	5	6	7	8
g(x)		16	24	25	20	10	4	1
2	16	4	5	6	7	8	9	10
		256						
3	24	5	6	7	8	9	10	11
		384	576					
4	25	6	7	8	9	10	11	12
		400	600	625				
5	20	7	8	9	10	11	12	13
		320	480	500	400			
6	10	8	9	10	11	12	13	14
		160	240	250	200	100		
7	4	9	10	11	12	13	14	15
		64	96	100	80	40	16	
8	1	10	11	12	13	14	15	16
		16	24	25	20	10	4	1

Parameter:

2 DV: $N = 100$

     $\mu = 5$

     $\sigma_N = 1{,}4142 = \sqrt{2} \cdot 1$

4 DV: $N = 10000$

     $\mu = 8$

     $\sigma_N = 2 = \sqrt{4} \cdot 1$

G(x) ist in Bild 7/11 dargestellt

Faltprodukt aus 4 Dreieckverteilungen:

x_j	N_j	$\sum N_j$	G(x) in %	x_j	N_j	$\sum N_j$	G(x) in %
4	256	256	2,56	10	1124	8877	88,77
5	768	1024	10,24	11	648	9525	95,25
6	1376	2400	24,00	12	310	9835	98,35
7	1840	4240	42,40	13	120	9955	99,55
8	1905	6145	61,45	14	36	9991	99,91
9	1608	7753	77,53	15	8	9999	99,99
				16	1	10000	100,00

Aufgabe 7.3

Gegeben: Schiefe DV mit den Parametern $\mu = 2$ (3) und $\sigma = 1$.

Gesucht: Faltprodukt von vier dieser Verteilungen, zwei davon mit entgegengerichteter Schiefe.

Lösung:

```
x       1    2    3    4
  g(x)  4    3    2    1·1/10

1   1   2    3    4    5
        4    3    2    1    1/100

2   2   3    4    5    6
        8    6    4    2

3   3   4    5    6    7
        12   9    6    3

4   4   5    6    7    8
        16   12   8    4
```

Faltprodukt von 2 DV

x_j	N_j	$\sum N_j$	$G(x)$ in %
2	4	4	4
3	11	15	15
4	20	35	35
5	30	65	65
6	20	85	85
7	11	96	96
8	4	100	100

Falten des Faltproduktes:

```
x       2    3    4    5    6    7    8
  g(x)  4    11   20   30   20   11   4

2   4   4
        16

3   11  5    6
        44   121·1/10000

4   20  6    7    8
        80   220  400

5   30  7    8    9    10
        120  330  600  900

6   20  8    9    10   11   12
        80   220  400  600  400

7   11  9    10   11   12   13   14
        44   121  220  330  220  121

8   4   10   11   12   13   14   15   16
        16   44   80   120  80   44   16
```

Parameter:

2 DV: $N = 100$

$\mu = 5$

$\sigma_N = 1{,}4142 = \sqrt{2} \cdot 1$

4 DV: $N = 10000$

$\mu = 10$

$\sigma_N = 2 = \sqrt{4} \cdot 1$

Faltprodukt aus 4 Dreieckverteilungen:

x_j	N_j	$\sum N_j$	$G(x)$ in %	x_j	N_j	$\sum N_j$	$G(x)$ in %
4	16	16	0,16	11	1728	7715	77,15
5	88	104	1,04	12	1220	8935	89,35
6	281	385	3,85	13	680	9615	96,15
7	680	1065	10,65	14	281	9896	98,96
8	1220	2285	22,85	15	88	9984	99,84
9	1728	4013	40,13	16	16	10000	100,00
10	1974	5987	59.87				

G(x) ist in Bild 7/11 dargestellt

Aufgabe 7.4

Gegeben: V-Verteilung mit den Parametern $\mu = 3$ und $\sigma = \sqrt{3}$.
Gesucht: Faltprodukt von vier dieser Verteilungen.
Lösung:

x		1	2	3	4	5
g(x)		2	1	0	1	2
1	2	2	3	4	5	6
		4	2	0	2	4
2	1	3	4	5	6	7
		2	1	0	1	2
3	0	4	5	6	7	8
		0	0	0	0	0
4	1	5	6	7	8	9
		2	1	0	1	2
5	2	6	7	8	9	10
		4	2	0	2	4

Falten des Faltproduktes:

x		2	3	4	5	6	7	8	9	10
g(x)		4	4	1	4	10	4	1	4	4
2	4	4								
		16								
3	4	5	6							
		16	16							
4	1	6	7	8						
		4	4	1						
5	4	7	8	9	10					
		16	16	4	16					
6	10	8	9	10	11	12				
		40	40	10	40	100				
7	4	9	10	11	12	13	14			
		16	16	4	16	40	16			
8	1	10	11	12	13	14	15	16		
		4	4	1	4	10	4	1		
9	4	11	12	13	14	15	16	17	18	
		16	16	4	16	40	16	4	16	
10	4	12	13	14	15	16	17	18	19	20
		16	16	4	16	40	16	4	16	16

Faltprodukt von zwei VV

x_j	N_j	N_j	G(x) in %
2	4	4	11,11
3	4	4	22,22
4	1	9	25
5	4	13	36,11
6	10	23	63,89
7	4	27	75
8	1	28	77,78
9	4	32	88,89
10	4	36	100,00

$$\mu = 6 \quad \text{und} \quad \sigma_N = 2{,}44949 = \sqrt{6}$$

Faltprodukt aus vier V-Verteilungen:

x_j	N_j	N_j	G(x) in %
4	16	16	1,235
5	32	48	3,704
6	24	72	5,555
7	40	112	8,642
8	113	225	17,361
9	120	345	26,620
10	76	421	32,485
11	128	549	42,361
12	198	747	57,639
13	128	875	67,515
14	76	951	73,380
15	120	1071	82,639
16	113	1184	91,358
17	40	1224	94,444
18	24	1248	96,296
19	32	1280	98,843
20	16	1296	100,000

Parameter:

$N = 1296$

$\mu = 12$

$$\sigma_N = \sqrt{4} \cdot \sqrt{3} = 3{,}4641 = \sqrt{12}$$

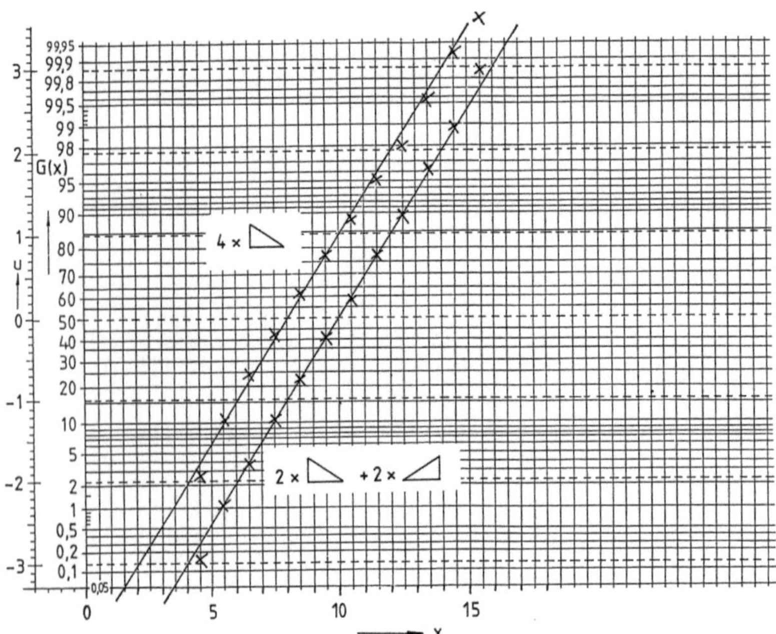

Bild 7.11. Wahrscheinlichkeitssummenfunktionen der Faltprodukte von jeweils vier schiefen Dreieckverteilungen mit den Parametern $\mu = 2\ (3)$ und $\sigma = 1$

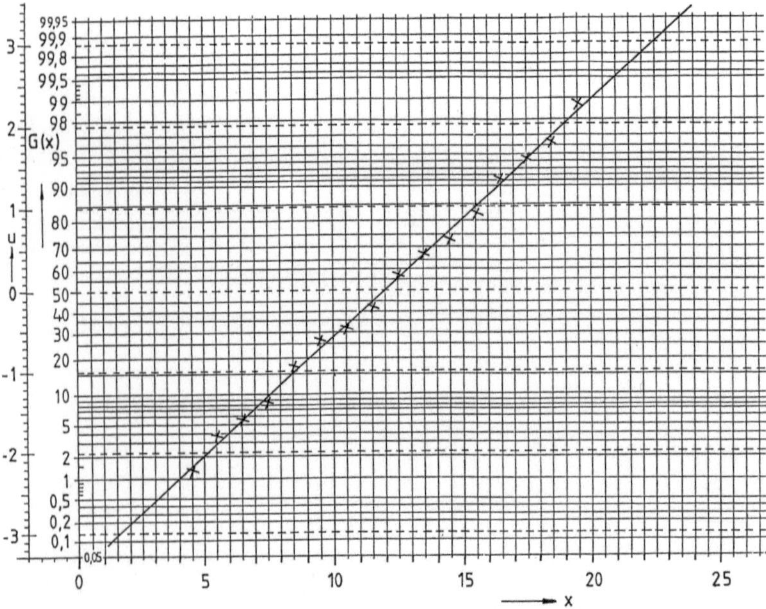

Bild 7.12. Wahrscheinlichkeitssummenfunktion des Faltprodukts aus vier V-Verteilungen mit den Parametern $\mu = 3$ und $\sigma_N = \sqrt{3}$; Parameter des Faltprodukts: $\mu = 12$ und $\sigma_N = \sqrt{4} \cdot \sqrt{3} = 3{,}464\,1$. Das Faltprodukt ist in hervorragender Näherung eine Normalverteilung

8 Zusammenhang zwischen Toleranzen und Fertigungsverteilungen

8.1 Direkte und indirekte Funktionsmerkmale

Der bisher behandelte Lehrstoff
— Grundlagen der Statistik für quantitative Merkmale,
— Mischverteilungen,
— Faltoperationen

soll in diesem und in den folgenden Kapiteln angewendet werden in bezug auf Toleranzen, Passungen (zweigliederige Maßketten) und mehrgliederige Maßketten.

Alle in Fertigungsanweisungen (Zeichnungen) vorgegebenen Merkmale wie Maße oder Werkstoffeigenschaften müssen in aller Regel eine bestimmte Funktion, für die sie ausgelegt sind, erfüllen.
— *Alle Merkmale sind Funktionsmerkmale* und somit bedeutsam für die Qualität und Zuverlässigkeit technischer Erzeugnisse.

Es werde jedoch unterschieden zwischen
— *direkten Funktionsmaßen* (-merkmalen) und
— *indirekten Funktionsmaßen* (-merkmalen).

Dies sei erläutert am Beispiel einer Getriebewelle, die beidseitig gelagert wird, Bild 8.1. Zur Mitte neben den Lagerzapfen, 1 und 5, befinden sich beidseitig die Wellenabsätze für die Zahnräder, 2 und 4; der Wellenabschnitt mit dem größten Durchmesser befindet sich in der Mitte, 3.

Direkte Funktionsmaße sind in Bild 8.1 die Durchmesser 1 und 5 bzw. 2 und 4. Sie treten in direkte Funktion (in Interaktion) mit den Innendurchmessern der Lager bzw. der Zahnräder.

Diese *direkten Funktionsmaße* sind daher besonders wichtig. Für sie gelten folgende Gesichtspunkte:
— Sie müssen *enge Toleranzen* haben und daher
— mit *hoher Fertigungspräzision* gefertigt werden,
— dabei muß eine sorgfältige *Qualitätslenkung* geplant und durchgeführt werden, so daß
— ein *beherrschter Prozeß* sichergestellt ist.
— Nur *kleine Anteile* grenzüberschreitender Maße *(Fehler)* können *akzeptiert* werden.
— Direkte Funktionsmaße *sind Prüfmaße* in dem Sinne, daß sie bei der Prüfplanung bezüglich des Prüfumfangs besonders zu beachten sind.

Prüfmaße können in der Zeichnung besonders gekennzeichnet werden:

1. Beispiel: $\left(25\,^{+0,03}_{-0,03} \right)$ Zeppelinmaß; Prüfmaß

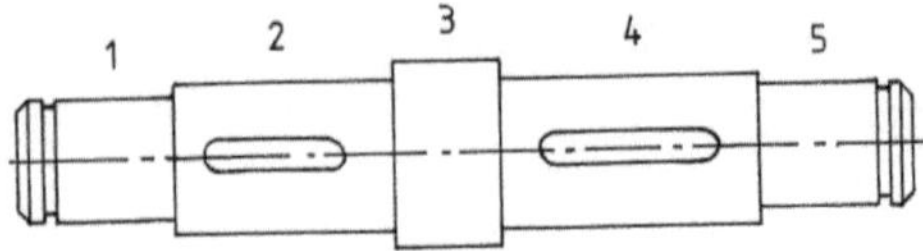

Bild 8.1. Getriebewelle mit den Abschnitten 1 bis 5

2. Beispiel: $25\,^{+0,05}_{-0,05}$ Balkenmaß;   Prüfmaß, bei dem zusätzlich die werksinterne Anweisung über die Istmaßverteilung im Toleranzfeld zu beachten ist.

— Weitere Beispiele für direkte Funktionsmaße sind
   — Flankendurchmesser einer Spindel,
   — Teilkreisdurchmesser eines Zahnrads,
   — Kolbendurchmesser und Zylinderdurchmesser eines Motors.

Zu den *indirekten Funktionsmerkmalen* gehört in Bild 8.1 der Durchmesser des Wellenabschnitts 3 in der Mitte der Welle. Dieser Durchmesser tritt mit keinem anderen Maß in direkte Funktion. Er erfüllt seine Funktion indirekt, indem er dazu beiträgt, daß der Grenzwert der Durchbiegung der Welle oder der Grenzwert der Biegerandspannung (zulässige Spannung) nicht überschritten werden.

Indirekte Funktionsmaße sind nicht besonders wichtig. Für diese gelten folgende Gesichtspunkte:
— Sie können *weite Toleranzen* haben und daher
— mit mittlerer oder *geringer Fertigungspräzision* gefertigt werden und
— bedürfen *oft keiner Qualitätslenkung* oder Qualitätsprüfung.
— *Gewisse Anteile* grenzüberschreitender Maße *(Fehler)* können akzeptiert werden, falls diese trotz der weiten Toleranzen vorkommen. Fehler dürfen nur beanstandet werden, wenn dadurch die Verwendbarkeit des Teiles mehr als unerheblich beeinträchtigt wird.

Anmerkung. Falls der Durchmesser in der Mitte der Welle in Bild 8.1 beispielsweise mit 60 ±0,15 (Allgemeinmaß mit Toleranzklasse „fein") vermaßt ist, dann ist nicht damit zu rechnen, daß Wellen mit dem Istmaß $d = 59{,}80$ die Funktion (Nichtüberschreiten der Grenzdurchbiegung) beeinträchtigen.
— Indirekte Funktionsmaße sind *keine Prüfmaße*; sie brauchen bei der Prüfplanung bezüglich des Prüfumfangs nicht besonders beachtet zu werden. Beispielsweise wird aus einem Los nur ein einziges Teil geprüft, die übrigen mit „Augenmaß".
— Indirekte Funktionsmaße sind in der Regel Allgemeinmaße und werden mit Allgemeintoleranzen versehen.

Anmerkung. Die frühere Bezeichnung „Freimaß" war insofern deutlicher, weil dadurch zum Ausdruck kam, daß dieses Maß „frei" ist und durch andere Maße nicht eingeschränkt wird.
— *Weitere Beispiele* für indirekte Funktionsmerkmale sind:
   — Länge einer Schraube,
   — Breite eines Zahnrads,

— Gußgehäusewandstärke,
— sämtliche Werkstoffeigenschaften.

Anmerkung. Die hier vorgenommene Unterteilung in direkte Funktionsmaße und indirekte Funktionsmaße ist *sehr grob* und uneingeschränkt zutreffend auf die besprochenen Beispiele (Lagerzapfen und Durchmesser in der Mitte). Dazwischen gibt es auch *gleitende Übergänge*. In diesen Fällen ist die vorgenommene Unterteilung nur mit Einschränkungen anwendbar.

8.2 Festlegung und Einhaltung von Toleranzen

Die Darlegungen in der Einleitung seien wiederholt und wie folgt zusammengefaßt:

Mögliches Maß	Festlegung der Toleranzen
Allgemeinmaß	dafür gibt es Normen; die Entscheidung des Konstrukteurs beschränkt sich auf die Auswahl der geeigneten Toleranzklasse
Paßmaß	dafür gibt es Normen; die Entscheidung des Konstrukteurs beschränkt sich auf die Auswahl der Toleranzklasse und der Toleranzfeldlage
Maße, die zu mehrgliederigen Maßketten gehören	dafür gibt es keine Normen; der Konstrukteur berechnet die Nennmaße und die erforderlichen Toleranzen

Falls Normen vorliegen, sollte die Auswahl der geeigneten Toleranzklasse erfolgen unter Berücksichtigung
— der *Ansprüche bezüglich Funktionserfüllung* und
— der *Fertigungsmöglichkeiten.*

Der *Idealfall* für die Sicherung der Funktionserfüllung ist aus der Sicht des Konstrukteurs, daß alle Teile streuungslos auf Sollmaß liegen oder von diesem nur so weit abweichen, wie dies im Lehrenbau üblich ist, bis IT 4. Dann besteht ein hohes Maß an Gleichmäßigkeit innerhalb des Loses und die Eigenschaften von beispielsweise Gleitlagern sind hinsichtlich Schmierung, Erwärmung, Geräuschentwicklung oder Lebensdauer *einheitlich optimal.*

Dieser Idealfall ist nicht realisierbar. Der Konstrukteur muß Toleranzen vorgeben, die mit wirtschaftlichen Methoden eingehalten werden können.

Der *optimale Fall* wäre der, daß — bei gleichzeitiger Erfüllung der Ansprüche an die Funktion — die Toleranzen in jedem Einzelfall auf die fertigungstechnischen Möglichkeiten abgestimmt werden.

Dies setzt voraus, daß die fertigungstechnischen Möglichkeiten dem Konstrukteur bekannt sind. Dem steht entgegen:

— es ist vorher nicht bekannt, welche Maschinen zum Einsatz kommen,
— die Arbeitsgenauigkeit der Maschinen — zu ermitteln nach [41] — sind den Fertigungsleuten oft selbst nicht bekannt,
— der Kontakt zwischen Konstruktion und Fertigung ist oft erschwert, wenn die Konstrukteure zentral arbeiten und die Fertigungsbetriebe in entferntgelegenen Orten angesiedelt sind.

Der Realfall ist daher, daß die Toleranzen selten mit den fertigungstechnischen Möglichkeiten in Einklang stehen sondern entweder *zu weit oder zu eng* sind, letzteres häufiger.

Falls keine Normen vorliegen und die Konstrukteure nach eigenem Ermessen berechnen und entscheiden über die Festlegung der Toleranzen, dann geschieht dies meistens unter der Annahme des worst case mittels arithmetischer Toleranzrechnung, Abschnitt 8.5.

In diesen Fällen tritt obiger Realfall oft verschärft auf: *Toleranzen selten zu weit, meistens zu eng.*

Hinzu kommen folgende *historisch-psychologische Gesichtspunkte*:
— Die Fertigung meint, daß sie die Toleranzen „ausnutzen" darf. Dieser Anspruch ist zurückzuführen auf jahrzehntelang gültige Normen, wonach die Istmaße *beliebig* im Toleranzfeld liegen durften.
— Die Konstrukteure wissen das und legen Toleranzen im Zweifel lieber zu eng fest (Angsttoleranzen). Schließlich sind sie für die Funktion verantwortlich. Wenn die Funktion nicht erfüllt ist, werden sie zur Rechenschaft gezogen. Dagegen werden Konstrukteure nie zur Verantwortung gezogen, wenn die Toleranzen zu eng sind. Deswegen sind sie zu Toleranzerweiterungen ungern bereit, auch in der Befürchtung, daß dann diese erweiterten Toleranzen „ausgenutzt" werden würden in Richtung einer geringeren Gleichmäßigkeit der Istmaße.

Im Sinne einer *zeitgemäßen, gesamtunternehmerischen Verantwortung* für die Qualität, der alle beteiligten Stellen gleichermaßen verpflichtet sind, sollte es *genau umgekehrt sein.*
— Seitens der Konstruktion sollten die Toleranzen — bei mehrgliederigen Meßketten auch unter Berücksichtigung statistischer Gesichtspunkte — möglichst groß festgelegt werden.
— Seitens der Fertigung dürfen Toleranzen nicht „ausgenützt" werden; auch bei ausreichend großen Toleranzen muß auf möglichst hohe Gleichmäßigkeit gefertigt werden. Istmaße sollen *so wenig wie möglich* von den Sollmaßen abweichen. Grenzmaße gehören zwar zum Bereich der zulässigen Maße; dies gilt aber nur für einzelne, wenige Maße und nur dann, wenn dies zwingend notwendig ist. Die *Mitte der Istmaßverteilung* ist stets auf *Sollmaß* zu steuern.
— Die Sicherstellung der Funktionserfüllung ist nicht alleinige Aufgabe der Konstruktion sondern Aufgabe der Konstruktion *und* der Fertigung.

Dazu ist bei allen beteiligten Stellen ein erhebliches Umdenken erforderlich. Es ist Aufgabe der Unternehmensleitung, aus der häufig unzureichenden Kooperation zwischen der Konstruktion und der Fertigung eine vertrauensvolle Zusammenarbeit werden zu lassen. Auf diesem Gebiet lassen sich Qualität und Wirtschaftlichkeit noch wesentlich verbessern.

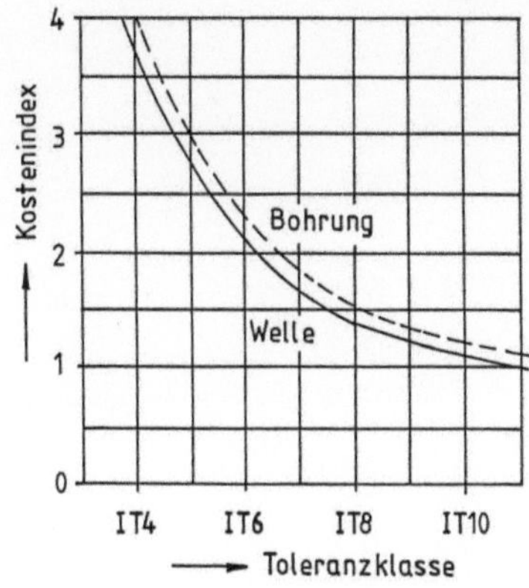

Bild 8.2. Kostenindex für das Bearbeiten von Wellen und Bohrungen (nach Zollikofer)

8.3 Toleranzen und Kosten

Die Fertigungskosten hängen von verschiedenen Einflußgrößen ab. Dazu gehören
— das Fertigungsverfahren,
— die Stückzahl,
— der Werkstoff,
— der Nennmaßbereich,
— die Toleranz.

Eingehende Untersuchungen an verschiedenen Werkstoffen und bei unterschiedlichen Fertigungsverfahren (Drehen, Bohren, Fräsen, Schleifen) führten alle zu einem der Tendenz nach gleichen Ergebnis.

Als Faustregel kann angegeben werden, daß im Bereich kleiner Toleranzen ($T < 0,01$ mm) eine Halbierung der Toleranz die vierfachen Fertigungskosten zur Folge hat. Dabei liegen die Kosten für die Herstellung von Innenpaßflächen stets über den Kosten für Außenpaßflächen.

In Bild 8.2 ist als Beispiel der Kostenindex in Abhängigkeit von der Toleranzklasse für die Bearbeitung von Wellen und Bohrungen angegeben.

8.4 Fehler und Ausschuß

Liegen Istmaße nicht genau beim Sollwert aber im Toleranzfeld, dann handelt es sich um *zulässige Abweichungen*.

Liegen Istmaße außerhalb des Toleranzfelds, dann sind dies *unzulässige Abweichungen* oder *Fehler*. Ein Fehler besagt nichts über die Brauchbarkeit des Bauteils, das einen (oder mehrere) Fehler aufweist.

Geringe Fehleranteile sind in der Regel akzeptabel. Wegen des bei einer Normalverteilung stetigen Abfalls der Wahrscheinlichkeitsdichtefunktion an den Enden der Verteilung liegen die Fehler gehäuft in der Nähe des Grenzwerts und werden mit größerem Abstand zum Grenzwert immer seltener, Bild 8.3. Dies gilt im Prinzip auch bei realen, nichtnormalen Verteilungen.

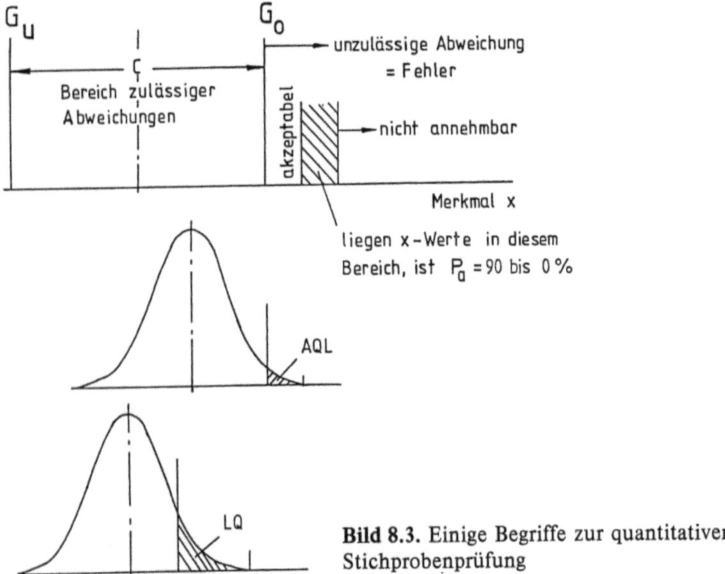

Bild 8.3. Einige Begriffe zur quantitativen Stichprobenprüfung

Bei der Stichprobenprüfung sind die Prüfpläne so aufgebaut, daß geringen Fehleranteilen eine hohe Annahmewahrscheinlichkeit ($P_a \gtrsim 90\%$) zugeordnet ist. Dieser Fehleranteil wird AQL (acceptable quality level) genannt. Bei hohen Fehleranteilen mit zum Teil auch Istmaßen in großer Entfernung vom Grenzwert besteht dann eine geringe Annahmewahrscheinlichkeit ($P_a \lesssim 10\%$); dieser Fehleranteil wird LQ (limiting quality) genannt. Zusammengefaßt:
— jede unzulässige Abweichung ist ein Fehler,
— bei Losen mit geringen Fehleranteilen sind (meistens) alle Teile brauchbar,
— bei Losen mit hohen Fehleranteilen sind (häufig) die Teile mit Istmaßen außerhalb des Toleranzfelds — zum Teil oder alle — unbrauchbar. Nur *unbrauchbare Teile* sollten als *Ausschuß* bezeichnet werden.

8.5 Arithmetische Toleranzrechnung

In der Konstruktionspraxis wird (bisher) bevorzugt die arithmetische Toleranzrechnung angewendet. Danach ist bei k Gliedern einer Meßkette die arithmetische Schließtoleranz — die Toleranz des Schließmaßes —

$$T_a = \sum_{i=1}^{i=k} T_i.$$

Grundgedanke dieser Toleranzrechnung ist die Annahme, daß die Istmaße in den zur Maßkette gehörenden Losen *beliebig* im Toleranzfeld liegen dürfen, also auch gehäuft in der Nähe der Grenzmaße. Falls dies in den Losen aller Maßglieder einer Maßkette der Fall ist, dann ist es mit hoher Wahrscheinlichkeit möglich, daß Istmaße zu Schließmaßen zusammengefügt werden, die in Nähe oder dicht bei den arithmetisch berechneten Grenzmaßen für das Schließmaß liegen. Dieser Fall ist der ungünstigste Fall, der „worst case".

Die Berechnung des Schließmaßes und seiner Grenzmaße (Mindestschließmaß und Höchstschließmaß) kann nach
— der Abmaßrechnung oder nach
— der Grenzmaßrechnung
erfolgen. Da die Abmaßrechnung vorteilhafter ist, wird sie hier ausschließlich angewendet.

Die Durchführung der Abmaßrechnung erfolgt in folgenden Schritten:
1. Bereitstellen der Einzelteilzeichnungen und der Zusammenstellungszeichnung.
2. Erfassen der zu der Maßkette gehörenden Einzelmaße mit ihren Nennmaßen und Abmaßen.
3. Skizzieren eines Maßplans; dabei werden die Einzelmaße der
   — positiven Zählrichtung oder der
   — negativen Zählrichtung
   zugeordnet. Es ist darauf zu achten, daß alle
   — Maße, die mit ihrem oberen Abmaß das Schließmaß vergrößern, positiv sind, und alle
   — Maße, die mit ihren oberen Abmaßen das Schließmaß verkleinern, negativ zu zählen sind.

   Der Maßplan braucht nur schematisch (nicht maßstäblich) gezeichnet zu werden. Es sollte daraus hervorgehen, ob das Schließmaß M_0 ein Spiel ist oder ein Übermaß. Dies ergibt sich zwar erst nach der Toleranzrechnung, ist aber vorher aus der Zielsetzung der Konstruktion bekannt. Beispielsweise wäre ein Gleitlager mit Übermaß absurd.
4. Berechnen des Schließmaßes mit Hilfe des Formblatts zur Berechnung von Toleranzen.

Aufgabe 8.1

Gegeben: Zeichnung mit linearer Maßkette (Ausschnitt von einem Getriebe) mit Angabe der Maße M_1 bis M_5 nach Bild 8.4.

Gesucht: Arithmetisch berechnetes Schließmaß.

Lösung: Aus der Zeichnung und der Zusammenstellung der Maße ergibt sich folgender Maßplan:

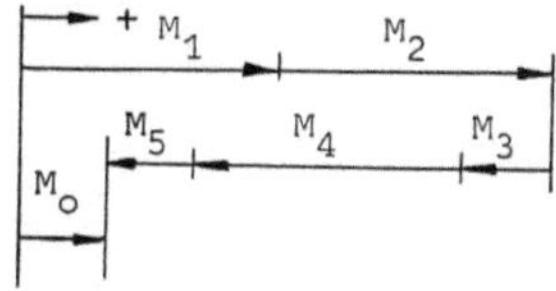

Nach Eintragen aller Nennmaße und aller Abmaße in das Formblatt, Bild 8.5, werden deren Summen gebildet, Zeile 14.

Von den Summen in der Spalte „positive Zählrichtung" werden die Summen in der Spalte „negative Zählrichtung" subtrahiert. Da die unteren Abmaße der negativen Maße das Schließmaß vergrößern, werden sie den oberen Abmaßen der positiven Maße zugeschlagen und umgekehrt. Im Formblatt ist durch die eingekreisten Zahlen darauf hingewiesen.

Die Summen in Zeile 16, Spalten 2, 3 und 4 sind das Nennschließmaß und seine Abmaße.

Aus Zeile 16 kann das Mittenschließmaß mit seinen dann dem Betrag nach gleichgroßen Abständen zu den Grenzschließmaßen berechnet werden, Zeile 17.

In Spalte 8 sind alle Toleranzen der Einzelmaße

$$T_\mathrm{i} = A_\mathrm{oi} - A_\mathrm{ui}$$

berechnet. Die Summe in Zeile 14 muß mit der Toleranz in Zeile 16 oder 17 übereinstimmen.

Sofern alle Eintragungen in das Formblatt mit Bleistift erfolgt waren, können — mit Radiergummi und Bleistift — beliebige und wiederholte Konstruktionsänderungen vorgenommen werden.

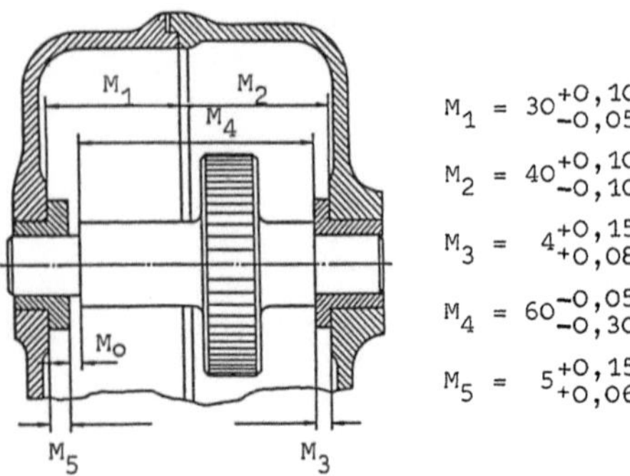

$$M_1 = 30^{+0,10}_{-0,05}$$
$$M_2 = 40^{+0,10}_{-0,10}$$
$$M_3 = 4^{+0,15}_{+0,08}$$
$$M_4 = 60^{-0,05}_{-0,30}$$
$$M_5 = 5^{+0,15}_{+0,06}$$

Bild 8.4. Ausschnitt aus einem Getriebe mit linearer Maßkette, nach Smirnow

Vorgang:	Maßkette in Bild 8/4						
Datum:	positive Zählrichtung			negative Zählrichtung			arithmet. Rec
Spalte	1	2	3	4	5	6	7	8
Zeile	Maß-Nr.	Nennmaß N_i	ob.Abmaß A_o	unt.Abmaß A_u	Nennmaß N_i	ob.Abmaß A_o	unt.Abmaß A_u	Toleranz T_i
1	1	30	+0,10	−0,05				0,15
2	2	40	+0,10	−0,10				0,20
3	3				4	+0,15	+0,08	0,07
4	4				60	−0,05	−0,30	0,25
5	5				5	+0,15	+0,06	0,09
6								
7								
8								
9								
10								
11								
12								
13								
14	$\sum =$	70	+0,20	−0,15	① 69	② +0,25	③ −0,16	0,76
15		− ① 69	− ③ +0,16	− ② −0,25				
16	$N_\mathrm{S} =$	1	+0,36	−0,40				
17	$c_\mathrm{S} =$	0,98	+0,38	−0,38				

←— Rechenkontrolle —

Bild 8.5. Formblatt zur Toleranzrechnung mit Lösung der Aufgabe 8.1

Vorteile der arithmetischen Tolerierung.
— Sie kann immer durchgeführt werden, schließt den „worst case" mit ein und enthält daher ein hohes Maß an Sicherheit bezüglich der Funktionserfüllung.
— Sie ist der ideale Ausgangspunkt und daher notwendige Voraussetzung für eine statistische Toleranzrechnung, falls diese erforderlich ist.

Nachteile der arithmetischen Tolerierung. Je *größer die Zahl der Glieder* einer Maßkette ist, desto
— *größer* wird die *Toleranz des Schließmaßes*, ausgehend von fertigungstechnisch notwendig erachteten und entsprechend festgelegten Einzeltoleranzen;
— *kleiner* werden die *Einzeltoleranzen*, wenn die funktionsbedingte Toleranz des Schließmaßes gleichmäßig oder ungleichmäßig auf die Einzelmaße arithmetisch aufgeteilt wird. Die Einzeltoleranzen können dann mit wirtschaftlichen Methoden nicht mehr gefertigt werden.

8.6 Beispiele für arithmetisch berechnete, lineare Maßketten

In diesem Abschnitt werden Beispiele für arithmetisch berechnete, lineare Maßketten mit verschiedenen Annahmen für die Lage, Streuung und Form der Einzelmaßverteilungen und deren Auswirkungen auf die Schließmaßverteilungen besprochen. Es wird empfohlen, die Beispiele nachzurechnen und zu modifizieren.

In Bild 8.6 ist oben der Maßplan für die Lagerstelle $d = 60\,H\,7/f\,7$ dargestellt, zusätzlich mit Angabe der Toleranzfelder. Die Toleranzen $T_B = 30\,\mu m$ und $T_W = 30\,\mu m$ ergeben die Paßtoleranz $T_P = 60\,\mu m$. Die Grenzpassungen sind Mindestpassung $P_u = 30\,\mu m$ und Höchstpassung $P_o = 90\,\mu m$. Dieser Maßplan hat keinen direkten Bezug zur Fertigung, außer daß der Erfahrung nach die Fertigung in der Lage ist, die Toleranzen für die Bohrungen und für die Wellen (halbwegs) einzuhalten.

In Bild 8.6 unten ist unterstellt, daß die Lose für die Bohrungen und für die Wellen auf Mittenmaß liegen und normalverteilt sind mit der Standardabweichung $\sigma = 5\,\mu m$. Dann sind auch die Spiele auf Mittenspiel P_C liegend normalverteilt mit der Standardabweichung $\sigma = 7{,}071\,\mu m$. Diese Verteilung füllt das arithmetisch berechnete Spieltoleranzfeld nicht aus.

In Bild 8.7 sind ebenfalls alle Verteilungen auf Toleranzfeldmitte liegend. Wenn das Spieltoleranzfeld vom 6 σ-Bereich ausgefüllt ist, dann darf die Standardabweichung bei Bohrung und Welle jeweils $\sigma = 7{,}071\,\mu m$ betragen, so daß $p = 3{,}4\,\%$ der Istmaße fehlerhaft sein dürfen, die Hälfte davon jeweils auf beiden Seiten. Werden höhere Anteile in den Istspielen akzeptiert, beispielsweise 1% (2,275 %), dann darf der Fehleranteil in den Bauteillosen beiderseits 5 % (8 %) betragen, Bild 8.7 unten.

Bild 8.8 oben ist ein Wiederholbeispiel. In Bild 8.8 unten ist der Fall dargestellt, daß die Verteilungen für die Wellen und für die Bohrungen die Toleranzfelder nicht ausfüllen ($\sigma = 4\,\mu m$), dafür aber in gleicher Wirkrichtung um $T/4$ verschoben sind; der Fehleranteil in den Spielen beträgt $p = 0{,}233\,\%$.

In Bild 8.9 sind die Verteilungen in Richtung einer Verkleinerung des Spiels verschoben mit den dafür berechneten und angegebenen Auswirkungen.

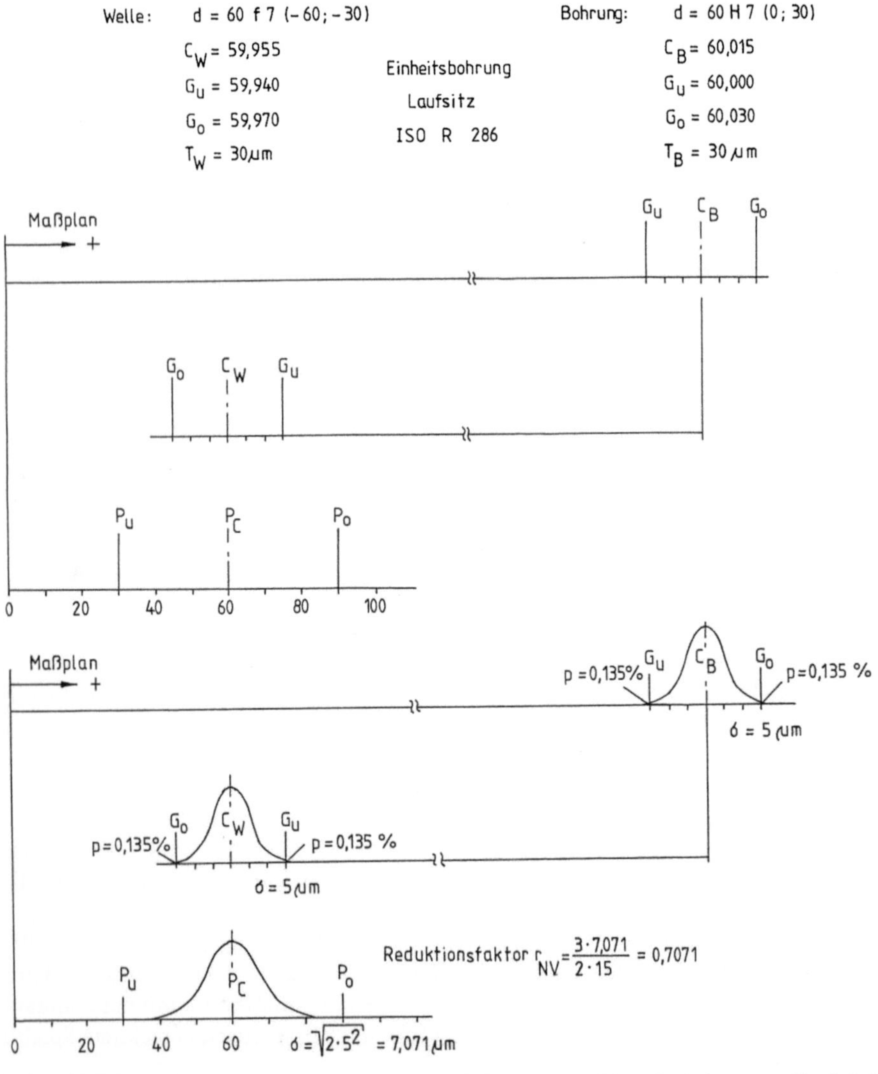

Bild 8.6. Maßplan für die Lagerstelle $d = 60\,H7/f7$. Im unteren Bildteil wird unterstellt, daß die Lose für die Bohrungen und für die Wellen normalverteilt sind und die Toleranzfelder jeweils ausfüllen. Dann füllen die normalverteilten Spiele das Paßtoleranzfeld nicht aus

Bei der statistischen Toleranzrechnung spielt die Annahme des Vorliegens von *Rechteckverteilungen*, die das *Toleranzfeld jeweils ausfüllen*, eine große Rolle. Damit wird die Mischverteilung angenähert, die durch einen Trend entsteht (Bild 6.2).

In Bild 8.10 wird die RV für die Bauteile der Lagerstelle $d = 60\,H7/f7$ unterstellt, mit den daraus resultierenden Auswirkungen. Wenn unterstellt wird, daß ein beidseitiger Fehleranteil von 2,78 % in den Spielen keine Beeinträchtigung der Funktion aller Lagerstellen bedeutet, dann darf der Fehleranteil in den Bauteilen ca. 16 (sechzehn!) % betragen.

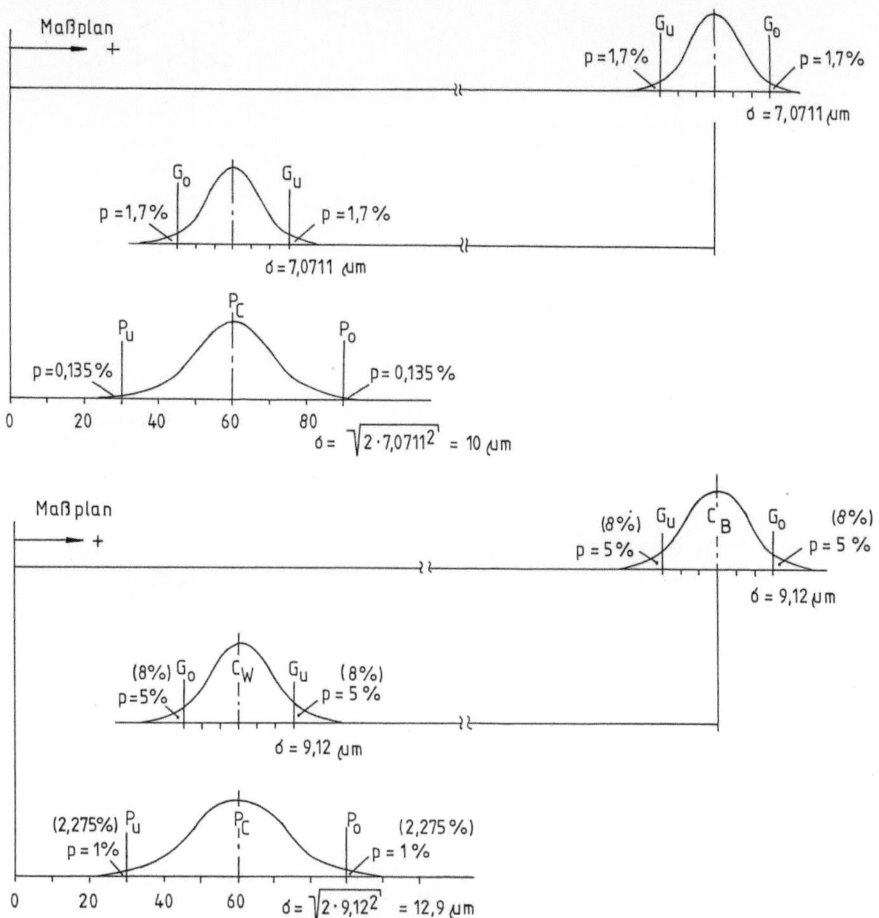

Bild 8.7. Maßplan für die Lagerstelle $d = 60\ H7/f7$ mit verschiedenen Annahmen über die Streuung der normalverteilten Lose für die Bohrungen und für die Wellen

Bei viergliederigen, arithmetisch berechneten Maßketten, Bilder 8.11 bis 8.14, können — ohne daß die Grenzspiele nennenswert überschritten werden — erhebliche Fehleranteile in den Bauteilen akzeptiert werden. AQL-Werte von 10 % beidseitig vorzugeben, gefährdet die Qualitätsmoral. Bereits bei $k = 4$ Gliedern einer Maßkette ist zu erwägen, die Einzeltoleranzen zu erweitern und dafür kleinere AQL-Werte zuzugestehen.

Besonders interessant ist das Bild 8.12 unten. Bei drei von vier Maßgliedern wird die Toleranz satt ausgefüllt, so daß beidseits der Fehleranteil $p = 1\%$ beträgt mit der Folge, daß beim 4. Glied entweder
— beidseitig 18 % oder sogar
— einseitig 50 %
akzeptiert werden können, ohne daß die Grenzspiele über-(unter-)schritten werden.

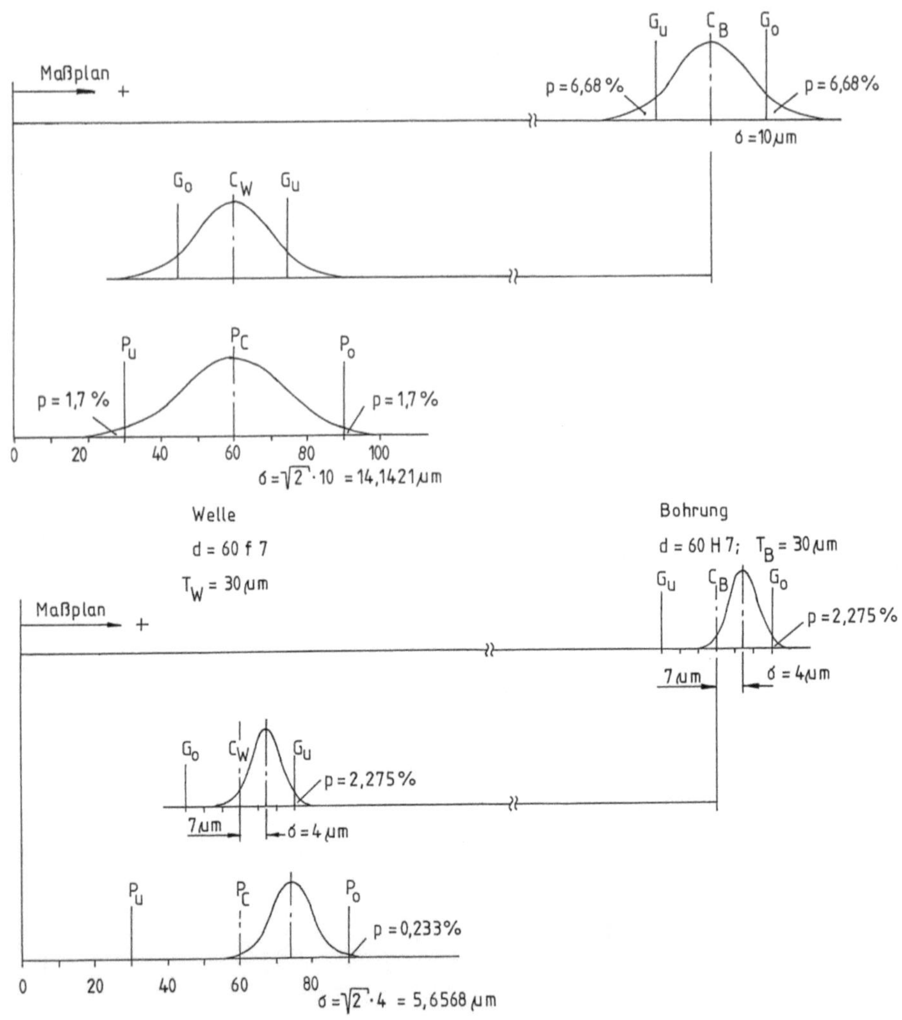

Bild 8.8. Maßplan für die Lagerstelle $d = 60\,H7/f7$ mit verschiedenen Annahmen über die Lage und die Streuung der normalverteilten Bohrungen und Wellen

Gegen die Akzeptanz von Fehleranteilen von 36 bis 50 % könnten erhebliche Bedenken erhoben werden.
— Falls es sich um einen Bausatz handelt, der nie repariert wird (Haushaltsmaschinenmotoren, Hydrauliksysteme für Fahrzeugbremsen), dann sind diese Bedenken unberechtigt.
— Falls Austauschbarkeit unbedingt gewährleistet sein muß, gibt es die Möglichkeit statt
    — beidseitig jeweils 18 % oder einseitig 50 % herauszusortieren und zu verschrotten

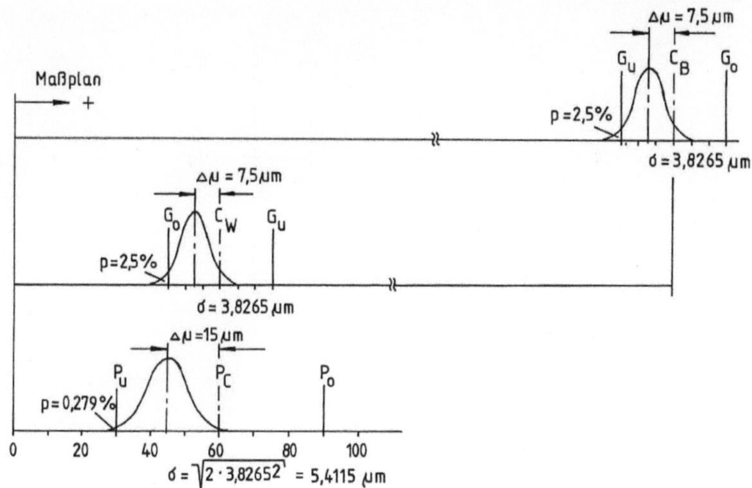

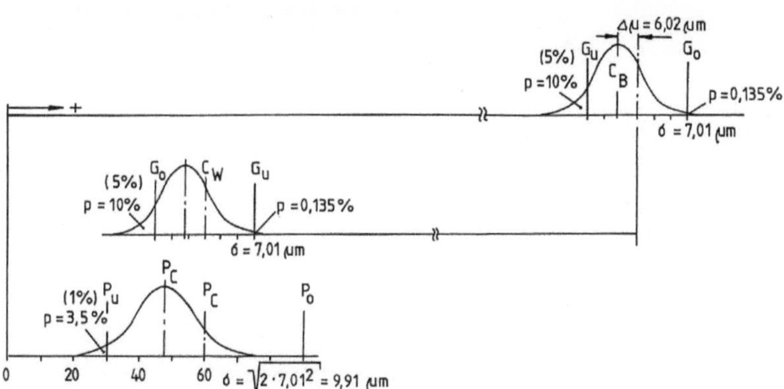

Bild 8.9. Maßplan für die Lagerstelle $d = 60\ H7/f7$ mit verschiedenen Annahmen über die Lage und die Streuung der normalverteilten Lose der Bohrungen und Wellen

— die für den Reparaturdienst erforderlichen 2 bis 5 % aus der Nähe des Mittenmaßes herauszusortieren und dem Ersatzteillager zuzuführen.

In den Bildern 8.15 und 8.16 sind Fälle für sechsgliederige, arithmetisch berechnete Maßketten konstruiert. Die Bilder sprechen für sich und für die Notwendigkeit, entweder

— die Gesamttoleranz einzuengen oder
— die Einzeltoleranzen zu erweitern oder
— beides — aufeinander abgestimmt — gleichzeitig zu tun.

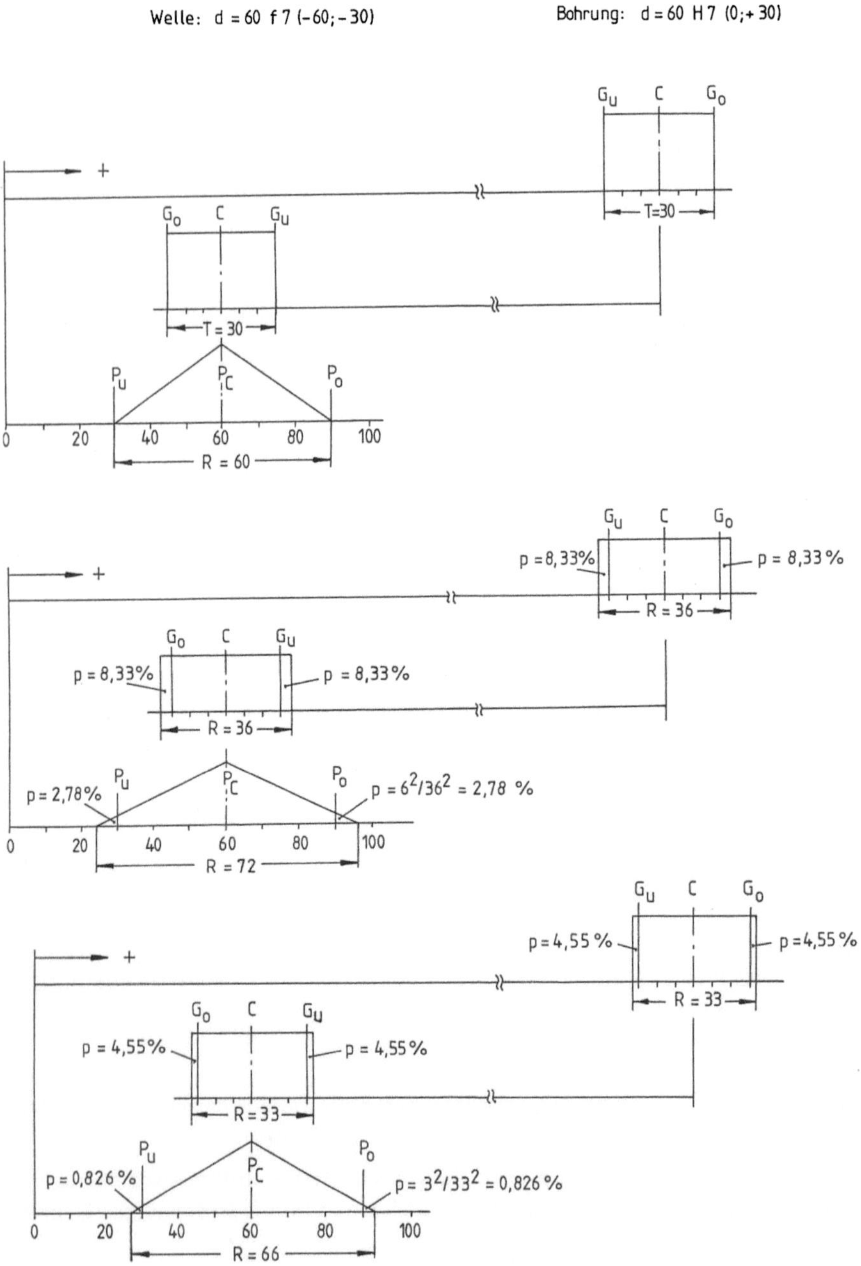

Bild 8.10. Maßplan für die Lagerstelle $d = 60\ H7/f7$ und der Annahme, daß die Lose der Wellen und der Bohrungen gleichverteilt (rechteckverteilt) sind mit verschiedenen Spannweiten R

Außenpaßmaße

$C_1 = 14,983$ $C_2 = 19,983$ $C_3 = 24,983$

Innenpaßmaß

$C_4 = 60,009$

$G_{u1} = 14,974$ $G_{u2} = 19,974$ $G_{u3} = 24,974$

$G_{u4} = 60,000$

$G_{o1} = 14,992$ $G_{o2} = 19,992$ $G_{o3} = 24,992$

$G_{o4} = 60,018$

$T_1 = 18 \mu m$ $T_2 = 18 \mu m$ $T_3 = 18 \mu m$

$T_4 = 18 \mu m$

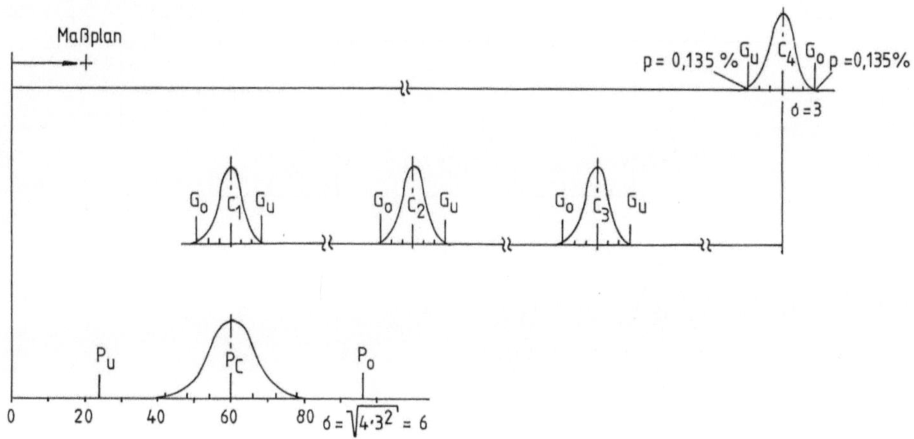

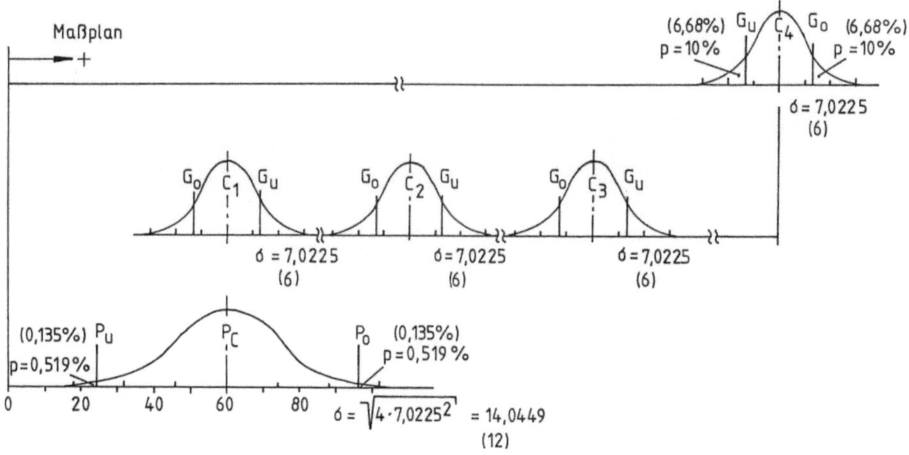

Bild 8.11. Maßplan für eine viergliederige Maßkette mit unterschiedlichen Annahmen über die Streuungen in den normalverteilten Einzellosen

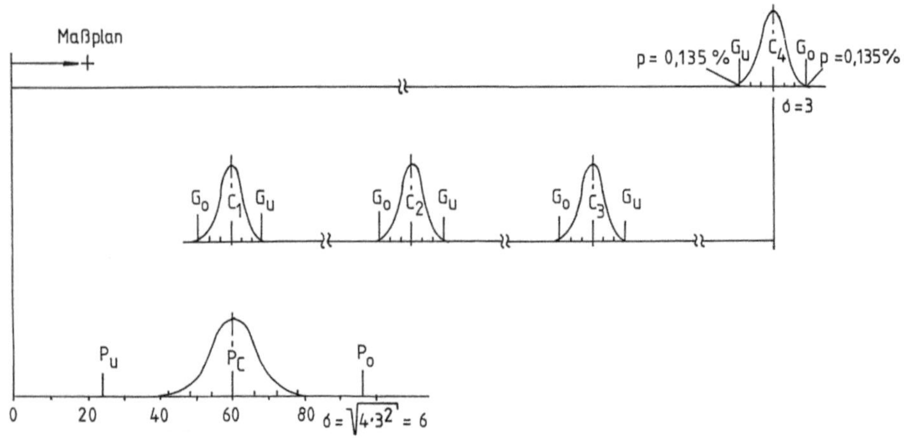

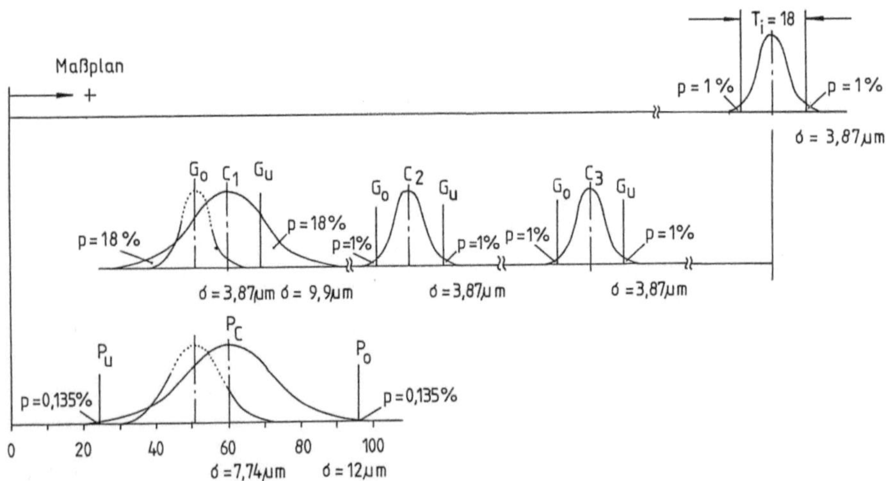

Bild 8.12. Maßplan für eine viergliederige Maßkette mit unterschiedlichen Annahmen über die gleichgroßen oder ungleichgroßen Streuungen in den normalverteilten Einzellosen

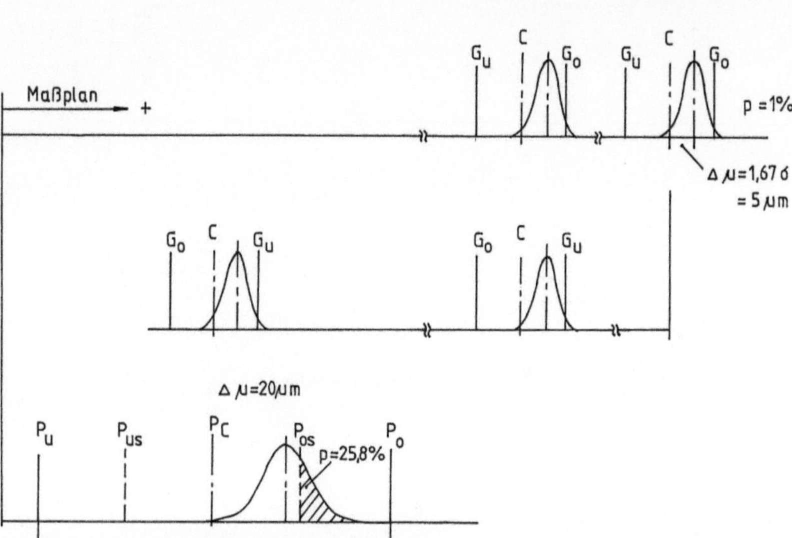

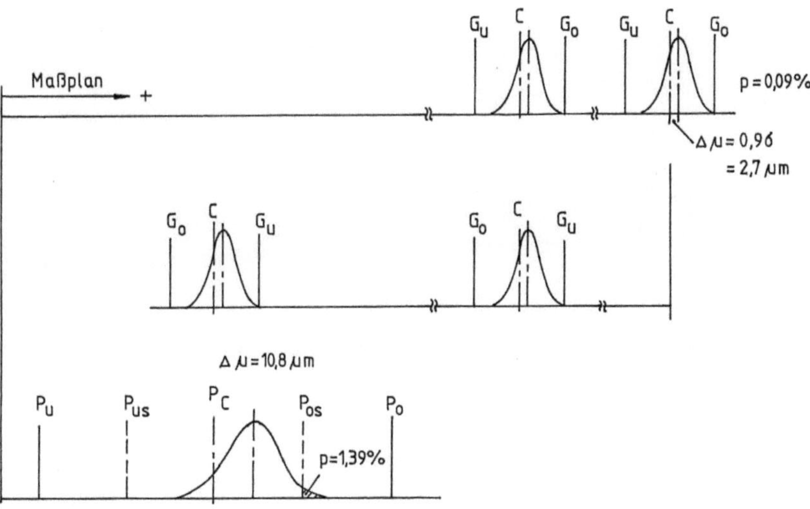

Bild 8.13. Maßplan für eine viergliederige Maßkette und Annahmen darüber, daß alle Losverteilungen in gleicher Wirkrichtung von den Mitten ihrer Toleranzfelder abweichen

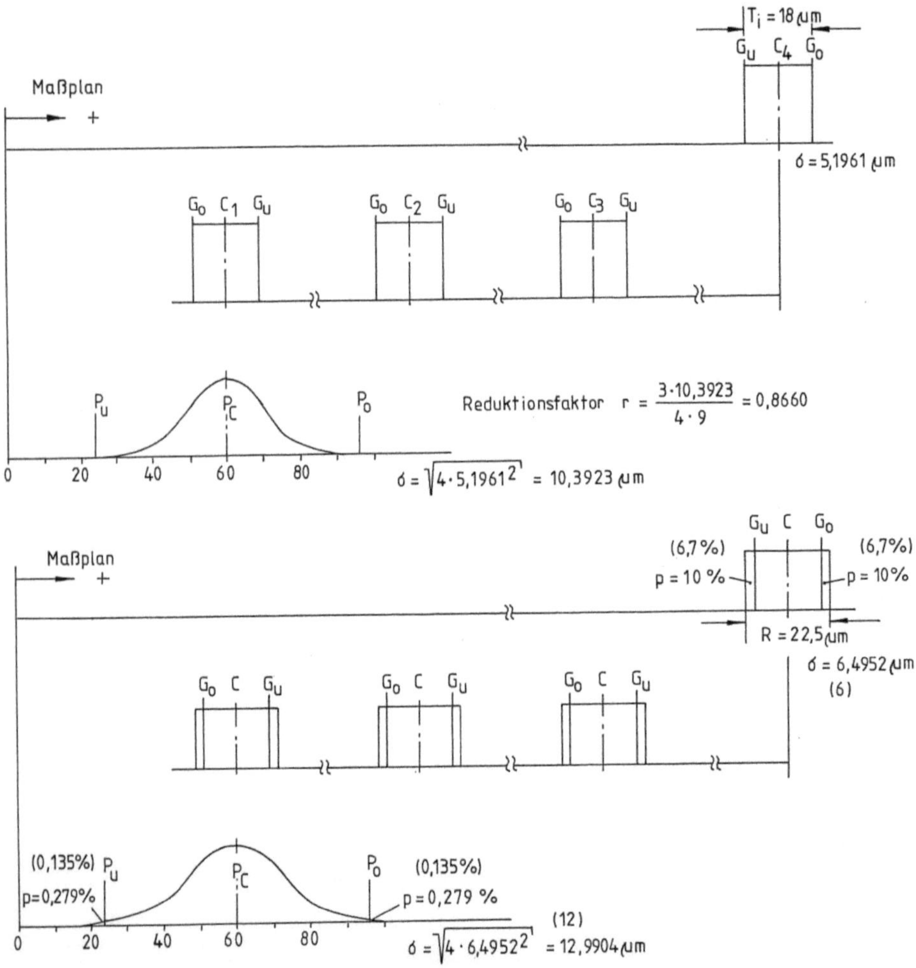

Bild 8.14. Maßplan für eine viergliederige, lineare Maßkette mit verschiedenen Annahmen über die Spannweite der rechteckverteilten Einzelmaßlose

8.7 Das Aussortieren von fehlerhaften Teilen

Im vorhergehenden Abschnitt war gezeigt worden, daß selbst bei Passungen ohne Gefährdung der Funktionserfüllung fehlerhafte Lose (Lose mit fehlerhaften Teilen) akzeptiert werden können, erst recht bei mehrgliederigen Maßketten.

Fehlerhafte Lose treten immer wieder auf. Dann muß darüber entschieden werden, ob diese Lose für die

— Montage freigegeben werden oder einer
— Sortierprüfung unterzogen werden müssen.

In vielen Betrieben werden dafür regelmäßige Besprechungen angesetzt, im Betriebsjargon oft

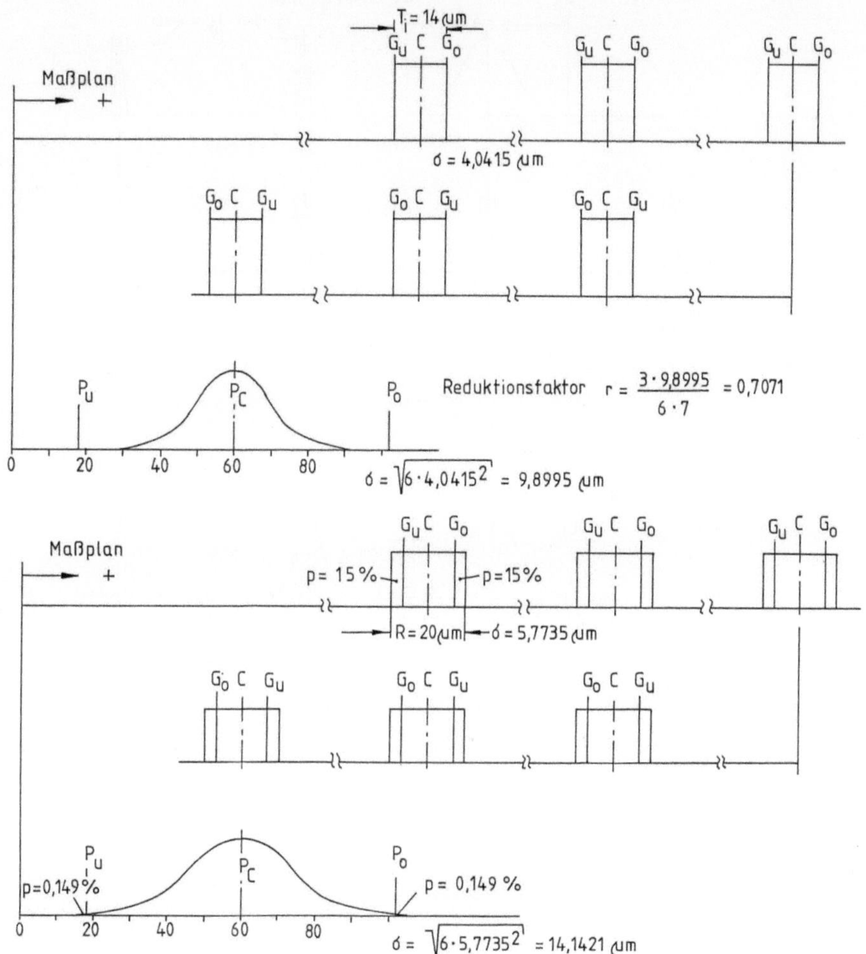

Bild 8.15. Maßplan für eine sechsgliederige, lineare Maßkette mit verschiedenen Annahmen über die Spannweite der rechteckverteilten Einzelmaßlose

— Ausschußsitzung oder
— Gebetstunde

genannt, letzteres weil fehlerhafte Lose „gesundgebetet" werden sollen. Dabei spielt die wiederholt gemachte Erfahrung eine wesentliche Rolle, daß sich bei der Montage „die Fehler ausgleichen".

Um sicherzugehen wird oft eine Probemontage beschlossen und durchgeführt, bei der zunächst beispielsweise 20 % der Lose — auf gut Glück! — in die Montage gehen. Nach der Montage wird sofort an jedem Bausatz die Funktion geprüft:

— „Spiel vorhanden" oder
— bei Übermaß und einem Federelement in der Maßkette: „Feder gespannt" einerseits oder „Federweg ausreichend" andererseits.

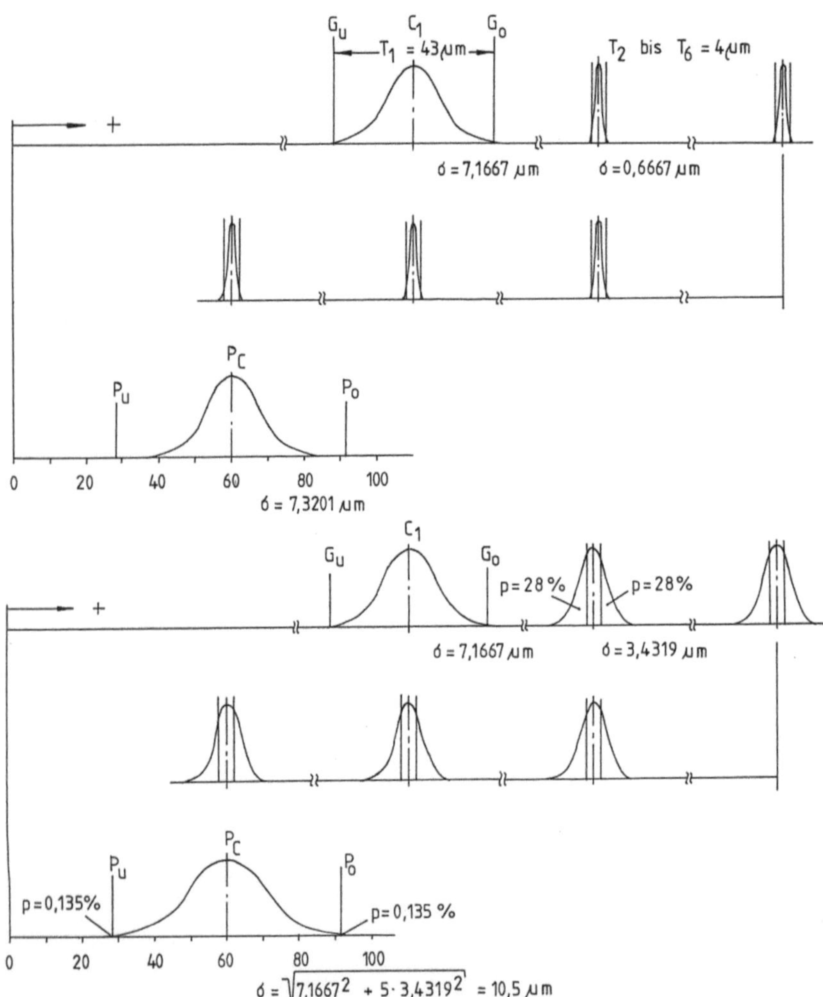

Bild 8.16. Maßplan für eine sechsgliederige, lineare Maßkette mit Darstellung der Auswirkungen der Tatsache, daß ein Toleranzfeld sehr groß ist gegenüber den gleichgroßen anderen Toleranzfeldern

Erst wenn die Probemontage keine Fehlprodukte erbracht hat, werden die Restanteile der Lose zur Montage freigegeben.

Dabei ist die Beurteilung von fehlerhaften Losen keine Angelegenheit des Glaubens oder des Glückspielens sondern eine Angelegenheit des sachlichen Prüfens und Berechnens. Die in vielen Betrieben geübte Praxis, daß jeder Fehler = Ausschuß ist und daher Fehler grundsätzlich nicht akzeptiert werden ist nicht mehr zeitgemäß und außerdem kostspielig.

Es wird empfohlen, die nachfolgenden Beispiele nachzurechnen. Dazu ist Bild 8.23 heranzuziehen, sofern nichtnormale Verteilungen unterstellt werden und dafür Fehleranteile zu berechnen sind.

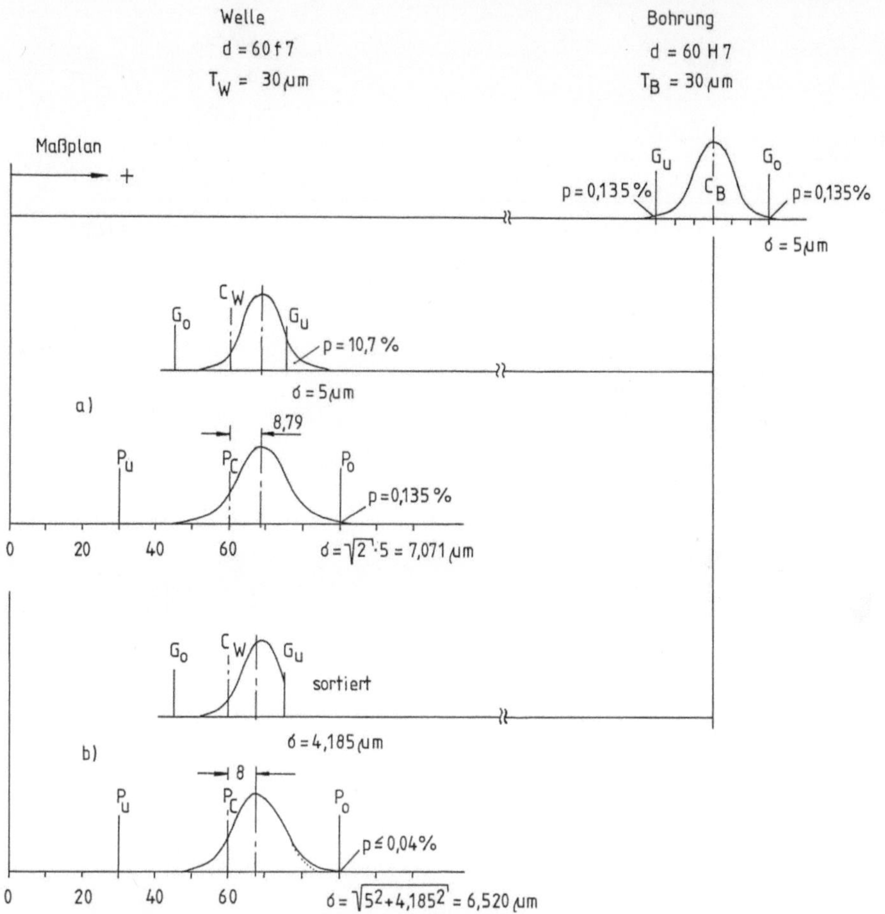

Bild 8.17. Maßplan für eine zweigliederige Maßkette. Die Montage erfolgt **a** ohne Sortieren der fehlerhaften Wellen; **b** nach Sortieren der fehlerhaften Wellen

In Bild 8.17 wird unterstellt, daß die Bohrbuchsen in Ordnung sind, daß aber in den Wellen ein Fehleranteil von ca. 11 % enthalten ist. Nach Montage der Teile würden dennoch alle Istspiele im Spieltoleranzfeld liegen. Würden — bei konsequenter Angst vor Fehlern — die $p = 10,7$ % der Wellen aussortiert und verschrottet oder — falls die Wellen spiegelbildlich zur Mitte auf der Nacharbeitungsseite lägen — nachgearbeitet werden, dann würde sich so gut wie nichts an der Verteilung der Passungen (Spiele) ändern, Bild 8.17 unten.

Das Bild 8.18 ist ein ähnliches Beispiel mit sogar 16 % Fehleranteil in den Bohrungen bei sonst etwas anderen Annahmen.

Bei kleinen und mittleren Serien, gelegentlich — bei teuren Teilen — auch bei Großserien wird gern auf der *Nacharbeitungsseite gearbeitet*. In Bild 8.19 oben liegen Rechteckverteilungen mit $R = T/2$ auf der Nacharbeitungsseite um $T/4$ vom Mittenmaß entfernt; alle Spiele sind im Spieltoleranzfeld. Im Bild 8.19 unten wird eine Vergrößerung der Spannweite auf $R = 20$ μm bei sonst gleichen Bedingungen unterstellt.

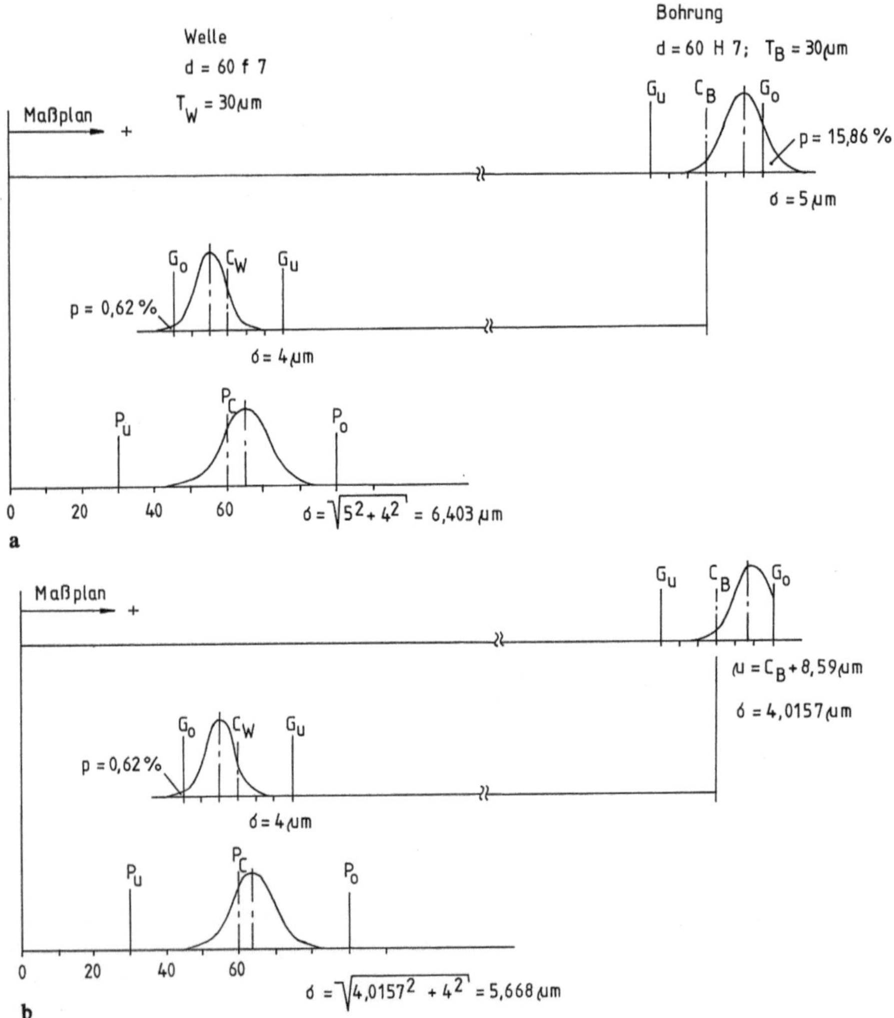

Bild 8.18. Maßplan für eine Lagerstelle. Die Montage erfolgt **a** ohne Aussortieren der fehlerhaften Bohrungen; **b** nach Aussortieren der fehlerhaften Bohrungen

Der Fehleranteil in den Bauteilen beträgt 12,5 %; in den Bausätzen jedoch nur 3,13 %.

In Bild 8.20 hat sich gegenüber Bild 8.19 der Abstand zur Mitte vergrößert, so daß die Bauteillose je 27,5 % Fehler enthalten. Jeder Praktiker (und auch Theoretiker) würde dies als Katastrophe bezeichnen und das Sortieren der Lose und das Nacharbeiten der fehlerhaften Bauteile für notwendig erachten.

Die Berechnung ergibt, daß 15,13 % der Spiele unterhalb des Mindestspiels P_u lägen, wenn die Lose unsortiert montiert werden würden. Das Kleinstspiel (kleinstes tatsächlich vorhandenes Spiel) wäre dann ca. 20 µm.

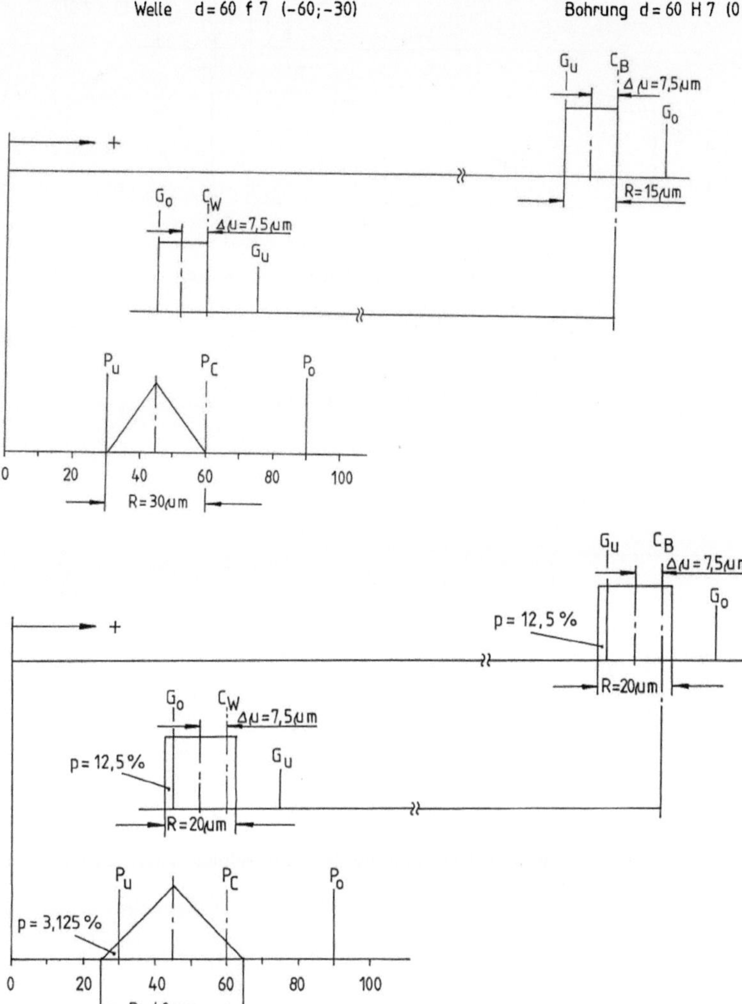

Bild 8.19. Maßplan für eine Lagerstelle mit verschiedenen Annahmen über die Lage und die Spannweite der rechteckverteilten Lose der Bohrungen und Wellen

Nach Einsicht der Norm stellt sich heraus, daß die Konstruktion zwar $d = 60\,H7/f7$ (Laufsitz) vorgesehen hat, tatsächlich hat die Fertigung „bessere Qualität" erbracht und $d = 60\,H7/g6$ (enger Laufsitz) gefertigt.

Es ist denkbar, daß die Konstruktion bestätigt, daß der enge Laufsitz besser ist; nur aus Kostengründen war er nicht vorgesehen worden. Ein Aussortieren der fehlerhaften Teile wäre daher völlig unsinnig.

Aus den bisherigen Beispielen darf nicht gefolgert werden, daß es immer überflüssig oder unzweckmäßig sei, fehlerhafte Lose zu sortieren. „Grundsätzlich nicht sortieren" wäre genauso falsch wie „grundsätzlich sortieren".

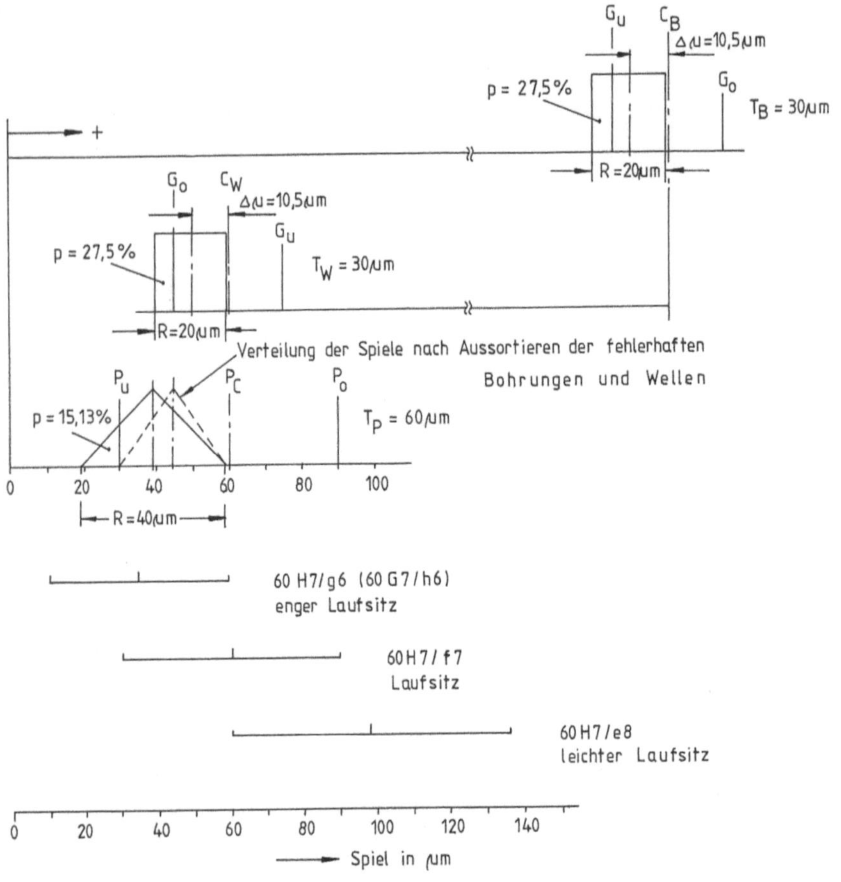

Bild 8.20. Maßplan für eine Lagerstelle mit Darstellung der Unterschiede zwischen unsortierter und sortierter Montage

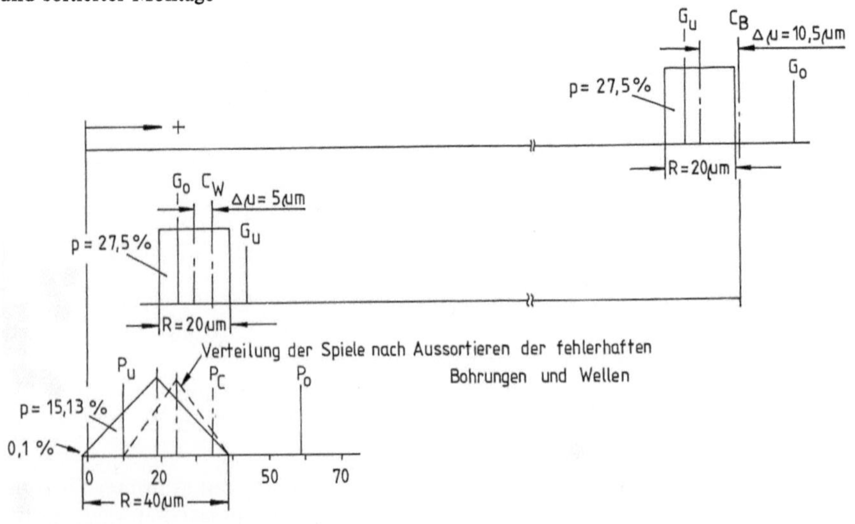

Bild 8.21. Maßplan für eine Lagerstelle mit Darstellung der Paßmaßverteilungen nach der Montage der unsortierten und der sortierten Lose

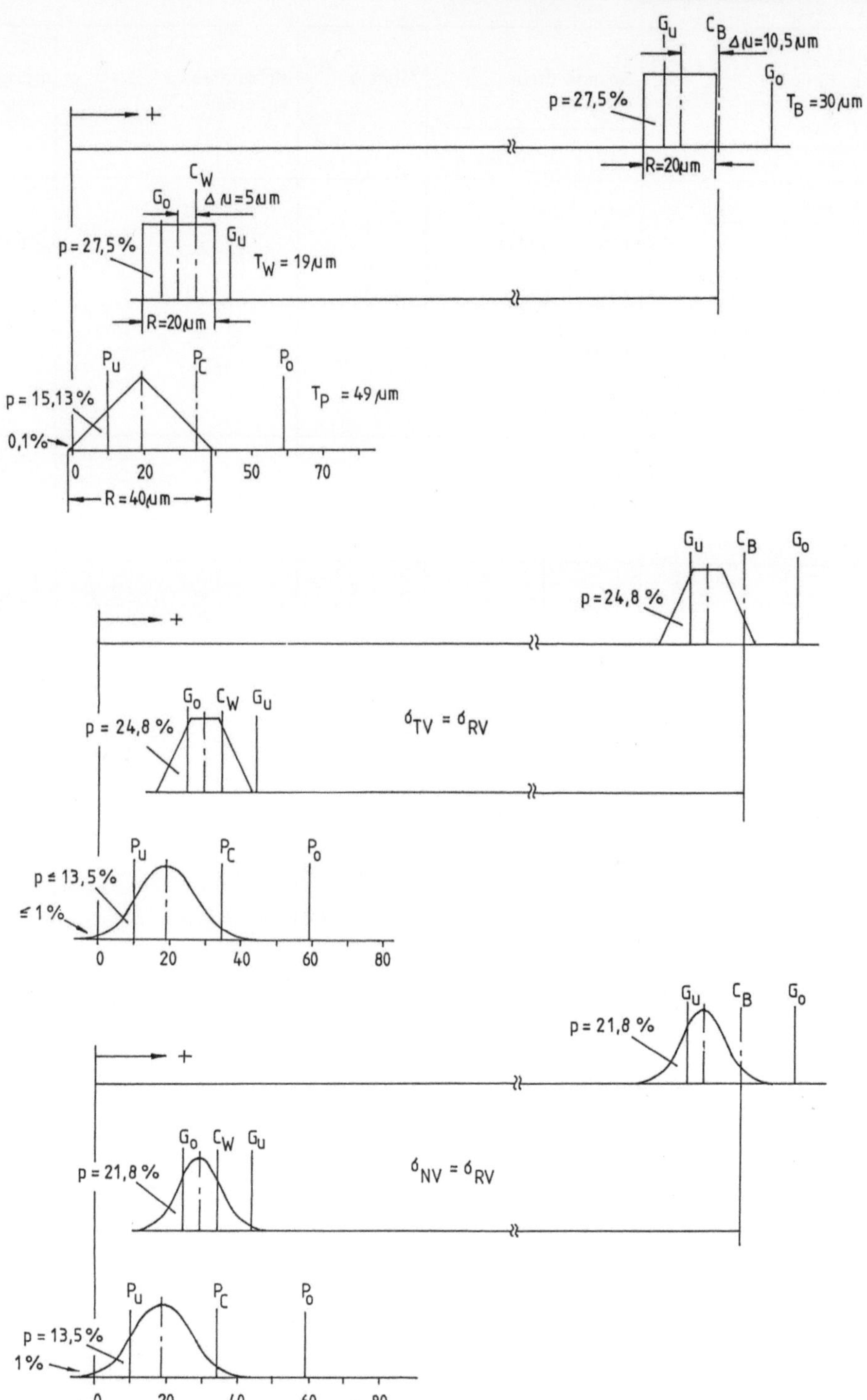

Bild 8.22. Maßplan für eine Lagerstelle mit verschiedenen Annahmen über die Form der Einzelmaßverteilungen

1 Verteilung	2 Spannweitenverhältnis		3 Höhe h	4 Fehleranteil p außerhalb GW	5 Beispiel für p bei $u = 1,5$
	R/R_{RV}	R/R_{NV}			
RV	1	0,5774	$h = \dfrac{1}{R}$	für $p = \dfrac{b}{R}\quad b \le R$	$p = 6,7000\,\%$
TV_1	1,2649	0,7303	$h = \dfrac{4}{3 \cdot R}$	$p = \dfrac{8 \cdot b^2}{3 \cdot R^2}\quad b \le \dfrac{R}{4}$	$p = 6,6300\,\%$
TV_2	1,3416	0,7746	$h = \dfrac{3}{2 \cdot R}$	$p = \dfrac{9 \cdot b^2}{4 \cdot R^2}\quad b \le \dfrac{R}{3}$	$p = 7,0691\,\%$
TV_3	1,3868	0,8006	$h = \dfrac{5}{3 \cdot R}$	$p = \dfrac{25 \cdot b^2}{12 \cdot R^2}\quad b \le \dfrac{2 \cdot R}{5}$	$p = 7,3435\,\%$
DV	1,4142	0,8165	$h = \dfrac{2}{R}$	$p = \dfrac{2 \cdot b^2}{R^2}\quad b \le \dfrac{R}{2}$	$p = 7,5120\,\%$
NV	1,7321	1 $(R_{NV} = 6\sigma)$	$h = \dfrac{6}{R\sqrt{2\pi}}$	nach u-Tabelle	$p = 6,681\,\%$

Bild 8.23. Vergleich verschiedener Wahrscheinlichkeitsverteilungen aus Bild 4.9 und Angabe des Fehleranteils p links vom Grenzwert GW, der um u vom Mittelwert entfernt ist. Die Standardabweichung ist bei allen Verteilungen mit $\sigma = 1$ gleich groß; in allen Fällen ist $b = \dfrac{R}{2} - u$

In Bild 8.21 wird unterstellt, daß die Konstruktion von vornherein $d = 60\,H\,7/g\,6$ vorgesehen hat und es wird — wie in Bild 8.20 — mit einem Fehleranteil von 27,5 % in den Bauteillosen auf der Nacharbeitungsseite gefertigt.

Jetzt liegt unterhalb des Mindestspiels $P_u = 10\,\mu\text{m}$ wieder ein Fehleranteil von $p = 15,13\,\%$. Dies ist unakzeptabel. Wellen erwärmen sich stets mehr als die (gekühlten) Lager. Daher darf bei einem engen Laufsitz das Mindestspiel in keinem Falle unterschritten werden. Es muß sortiert und nachgearbeitet werden.

Der in Bild 8.21 dargestellte Zusammenhang ist hinsichtlich der Fehleranteile größenordnungsmäßig unabhängig von der Verteilungsform; dies geht aus Bild 8.22 hervor. Der obere Teil ist identisch mit Bild 8.21. Im mittleren Teil wird unterstellt, daß die Bauteillose eine Trapezverteilung aufweisen, im unteren Teil sind die Bauteillose normalverteilt bei sonst gleichen Bedingungen.

Um alle Beispiele nachrechnen zu können, sind in Bild 8.23, Spalte 4, die Formeln für die Berechnung des Fehleranteils unterhalb eines Grenzwerts im Abstand u vom Mittelwert der Verteilungen angegeben.

Mit diesen Formeln ist auch das Bild 8.24 punktweise berechnet worden. Die Verteilungen unterscheiden sich in ihrer Breite; daher sind die Unterschiede bei kleinen Fehleranteilen erheblich. Wenn bei einer Normalverteilung der Fehleranteil $p = 7\%$ beträgt, dann ist er bei den übrigen Verteilungen angenähert gleich groß.

Aufgabe 8.2

Gegeben: Gleitlagerstelle mit Bohrung $d = 60\,H7$ (0; 30) und Welle $d = 60\,f7$ (-60; -30). Die Toleranzen von Innenpaßmaßen sind stets schwieriger einzuhalten als die Toleranzen von Außenpaßmaßen (Wellen).

Gesucht: Fehleranteil, der in den Lagerlosen maximal akzeptiert werden kann, unter der Voraussetzung, daß die Lager und die Wellen auf Toleranzfeldmitte zentriert sind und die Wellen ihr Toleranzfeld mit ihrem 6 σ-Bereich äußerstenfalls ausfüllen.
Weiterhin werde angenommen, daß die Spiele die Paßgrenzen um jeweils 1% überschreiten dürfen.

Lösung: Nach der Skizze darf die Standardabweichung der Spiele

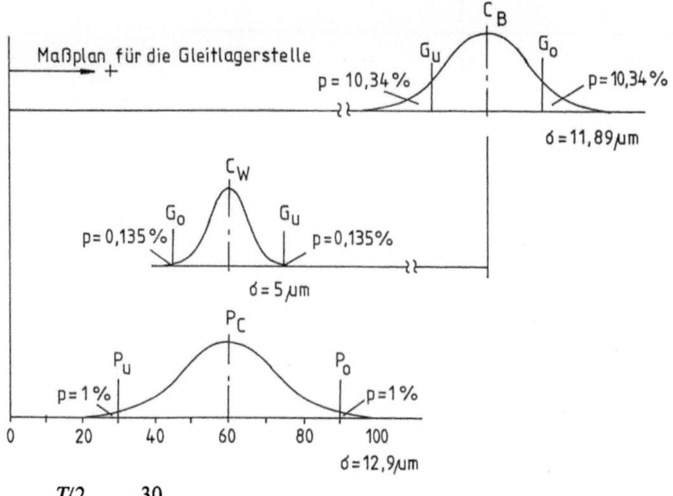

$$\sigma = \frac{T/2}{u_{99}} = \frac{30}{2{,}326\,3} = 12{,}9\ \mu\text{m}$$

betragen. Die Wellen haben maximal eine Standardabweichung von

$$\sigma = \frac{T/2}{3} = \frac{15}{3} = 5\ \mu\text{m}.$$

Dann dürfen die Bohrungen eine Standardabweichung von

$$\sigma_B^2 = 12{,}9^2 - 5^2$$
$$\sigma_B = 11{,}89\ \mu\text{m}$$

aufweisen. Dann ist der Abstand zu den Grenzmaßen

$$u = \frac{G_o - C_B}{\sigma_B} = \frac{15}{11{,}89} = 1{,}262$$

und somit wird $p = 10{,}34\%$ beidseitig.

Aufgabe 8.3

Gegeben: Modell einer Normalverteilung mit den Parametern $\mu = 7,5$ und $\sigma = 2$ nach Bild 4.7.

Gesucht: Änderung der Parameter, wenn ca. 10 % des Loses aussortiert werden
1. aus der Mitte der Verteilung
2. aus einem Ende der Verteilung.

Lösung

	$NV_{\text{unsortiert}}$		NV_{sortiert}
		1) aus Mitte	2) am Ende
x_j	N_j	N_j	N_j
1	1	1	0
2	5	5	0
3	15	15	0
4	40	40	0
5	103	103	64
6	150	150	150
7	190	140	190
8	190	140	190
9	150	150	150
10	103	103	103
11	40	40	40
12	15	15	15
13	5	5	5
14	1	1	1
N	1008	908	908
μ	7,5	7,5	7,8733
σ_N	2	2,1007	1,7162
$\dfrac{\sigma_{\text{sort.}}}{\sigma_{\text{unsort.}}}$		1,0504	0,8581
$\dfrac{\Delta\mu}{\sigma_{\text{unsort.}}}$			$\dfrac{0,3733}{2} = 0,1867$

mit $\bar{x}$–s–Automatik des Taschenrechners berechnet

Anmerkung. Die Lösung dieser Aufgabe wird für die Lösung der Aufgaben 8.4 bis 8.6 benötigt.

Aufgabe 8.4

Gegeben: Lagerstelle mit Bohrung $d_B = 60\,H7 = 60^{+30}_{-0}$ ($T_B = 30\,\mu\text{m}$) und Welle $d_W = 60\,f7 = 60^{-30}_{-60}$ ($T_W = 30\,\mu\text{m}$). Die Mitte des Spiels ist $P_C = 60{,}015 - 59{,}955 = 0{,}060$ mm.

Es werde angenommen, daß das Los mit den Bohrungen auf Mitte des Toleranzfelds gefertigt wurde mit einer Standardabweichung von $\sigma_B = 5\,\mu\text{m}$; die normalverteilten Bohrungen füllen das Toleranzfeld mit ihrem $6\,\sigma$-Bereich aus.

Die gefertigten, normalverteilten Wellen haben ebenfalls eine Standardabweichung von $\sigma_W = 5\,\mu\text{m}$; die Verteilung ist jedoch um $\Delta\mu = 2\sigma_W$ in Richtung auf das Mindestmaß verschoben, so daß der Anteil fehlerhafter, zu kleiner Wellen $p = 15{,}866\,\%$ beträgt, Bild 8.25.

Gesucht: 1. Fehleranteil in den Paßmaßen, falls beide Lose unsortiert montiert werden.

2. Fehleranteil in den Paßmaßen (Spielen), falls vor der Montage 10 % der Wellen gezielt aus der Mitte der Normalverteilung für das Ersatzteillager aussortiert wurden.

3. Fehleranteil in den Spielen, wenn vor der Montage 10 % der Wellen gezielt aus der Mitte des Toleranzfelds (vom Ende der NV) aussortiert wurden.

Lösung: 1. Nach der Montage ist die Standardabweichung der Spiele $\sigma_S = \sqrt{2}\cdot 5 = 7{,}0711\,\mu\text{m}$ und das mittlere Spiel liegt bei 70 μm. Damit ist der Abstand zum oberen Grenzwert in σ-Einheiten

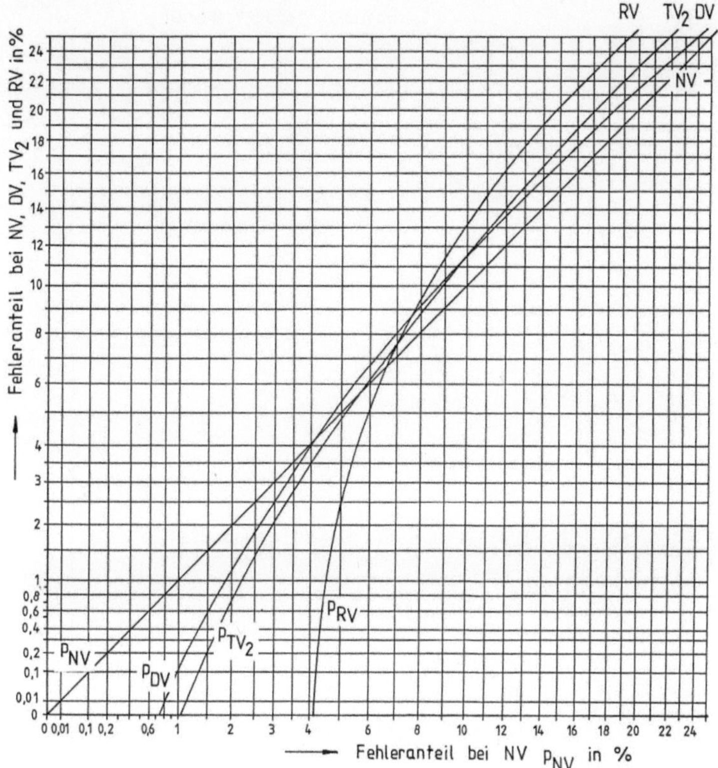

Bild 8.24. Fehleranteil bei verschiedenen Verteilungen über dem der Normalverteilung; alle Verteilungen haben den gleichen Mittelwert und die gleiche Standardabweichung

$$u = \frac{90 - 70}{7,0711} = 2,828$$

und der Anteil zu großer Spiele ist $p = 0,23\,\%$.

Ein Aussortieren und Verschrotten der zu kleinen Wellen hätte zur Folge, daß der Mittelwert der Wellen geringfügig größer und die Standardabweichung etwas kleiner werden würde, so daß der Fehleranteil in den Spielen auf nahezu null sinken würde.

2. Wird dagegen auf das Aussortieren und Verschrotten der ca. 16 % zu kleiner Wellen verzichtet und statt dessen — zur Wahrung der Austauschbarkeit — ein Anteil von ca. 10 % aus der Verteilungsmitte aussortiert und dem Ersatzteillager zugeführt, dann wird — bei unverändertem Mittelwert — die Standardabweichung vergrößert.

   Werden aus den beiden mittleren Klassen des NV-Modells gemäß Aufgabe 8.3 jeweils 50 Werte herausgenommen, so erhöht sich die Standardabweichung um den Faktor $\sigma_{sort.}/\sigma_{unsort.} = 1,0504$; somit wird durch das Aussortieren von 10 % der Wellen aus der Mitte der Verteilung die Standardabweichung $\sigma = 5 \cdot 1,0504 = 5,2518\,\mu m$ und die Standardabweichung in den Spielen erhöht sich auf $\sigma = \sqrt{5^2 + 5,2518^2} = 7,2513\,\mu m$. Somit wird der Fehleranteil in den Spielen $p = 0,29\,\%$ bei $u = (30 - 10)/7,2513 = 2,76$.

   Durch das Sortieren ist der Fehleranteil in den Wellen auf $p = 17,629\,\%$ angestiegen, Bild 8.25.

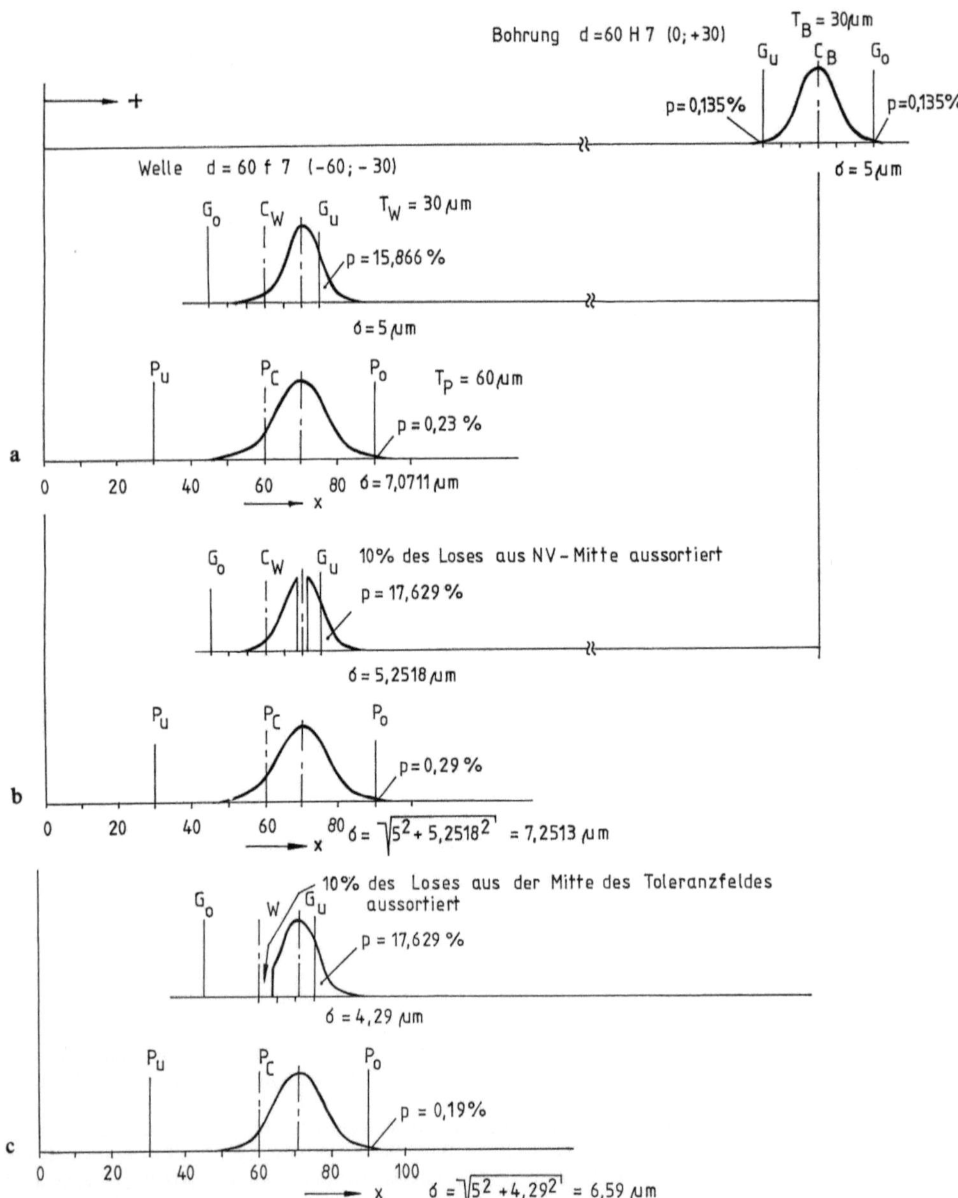

Bild 8.25. Zweigliederige Maßkette (Welle/Bohrung) mit einem gefertigten Fehleranteil von $p = 15,866\,\%$ in den Wellen **a** unsortiert montiert; **b** ca. 10 % aus der Mitte der Verteilung aussortiert; **c** ca. 10 % aus der Mitte des Toleranzfeldes aussortiert

3. Werden 10 % vom oberen Ende der NV der Wellen aussortiert, dann steigt der Abstand des Mittelwerts von der Toleranzfeldmitte auf $10 + 5 \cdot 0{,}186\,7 = 10{,}93$ µm und die Standardabweichung sinkt auf $\sigma = 5 \cdot 0{,}858\,1 = 4{,}29$ µm. Dadurch wird die Streuung in den Spielen $\sigma = \sqrt{5^2 + 4{,}29^2} = 6{,}59$ µm. Dann ist der Abstand zum oberen Grenzwert $u = (90 - 70{,}93)/6{,}59 = 2{,}89$; der Fehleranteil zu großer Spiele ist dann $p = 0{,}19\,\%$, Bild 8.25.

Aufgabe 8.5

Gegeben: Lagerstelle mit Bohrung $d_B = 40\,H7 = 40^{+25}_{\ 0}$ ($T_B = 25$ µm) und Welle $d_W = 40\,f7$ $= 40^{-25}_{-50}$ ($T_W = 25$ µm). Die Mitte des Paßmaßes ist $P_C = 40{,}012\,5 - 39{,}962\,5$ $= 0{,}05$ mm.

Es werde angenommen, daß das Los mit den Bohrungen auf Mitte des Toleranzfelds gefertigt wurde mit einer Standardabweichung von $\sigma_B = 3$ µm.

Die Wellen haben eine Standardabweichung von $\sigma_W = 4$ µm; da auf der Nacharbeitungsseite gearbeitet wurde ist die Normalverteilung um $\Delta\mu = 2{,}5 \cdot \sigma = 10$ µm in Richtung auf das Höchstmaß verschoben, so daß der Anteil fehlerhafter, zu großer Wellen $p = 26{,}6\,\%$ beträgt.

Gesucht: 1. Fehleranteil in den Spielen, falls beide Lose unsortiert montiert werden.

2. Fehleranteil in den Spielen, falls vor der Montage 10 % der Wellen gezielt aus der Mitte der Normalverteilung für das Ersatzteillager aussortiert wurden.

3. Fehleranteil in den Spielen, falls vor der Montage 10 % der Wellen gezielt vom Ende der NV in Nähe der Mitte des Toleranzfelds heraussortiert wurden.

Lösung: 1. Nach der Montage ist die Standardabweichung der Spiele $\sigma = \sqrt{3^2 + 4^2} = 5$ µm. Das mittlere Spiel ist $\mu = 40$ µm. Der Abstand zum unteren Grenzwert in σ-Einheiten ist $u = (25 - 40)/5 = -3$; damit ist der Anteil zu kleiner Spiele $p = 0{,}135\,\%$, Bild 8.26. Ein Aussortieren und Nacharbeiten der 26,6 % zu großer Wellen ist nicht erforderlich.

2. Um auszuschließen, daß fehlerhafte Wellen als Ersatzteile eingebaut werden, seien 10 % der Wellen aus der Mitte der Normalverteilung aussortiert, wodurch sich — bei gleichbleibendem Mittelwert — die Standardabweichung auf $\sigma = 4 \cdot 1{,}050\,4$ $= 4{,}20$ µm erhöht. Dadurch wird die Standardabweichung in den Spielen $\sigma = \sqrt{3^2 + 4{,}20^2} = 5{,}162\,7$; der Abstand zum unteren Grenzwert in σ-Einheiten ist dann $u = -15/5{,}162\,6 = -2{,}91$, was einem Fehleranteil von $p = 0{,}184\,\%$ entspricht, Bild 8.26.

3. Dadurch wird der Mittelwert größer und die Standardabweichung kleiner. Der Abstand des Mittelwerts zur Mitte des Toleranzfelds steigt auf $10 + 4 \cdot 0{,}186\,7$ $= 10{,}75$ µm; damit liegt das mittlere Spiel bei $\mu = 39{,}25$ µm. Die Streuung der Spiele verringert sich auf $\sigma = \sqrt{3^2 + (4 \cdot 0{,}858\,1)^2} = 4{,}558\,7$ µm. Mit $u = (25 - 39{,}25)/4{,}558\,7 = -3{,}125\,6$ ist dann der Fehleranteil $p = 0{,}09\,\%$, Bild 8.26.

Hinweis zu den beiden Aufgaben 8.4 und 8.5: Bei der Entscheidung, den Ersatzteilbedarf aus der Verteilungsmitte oder aus deren Ende auszusortieren, ist zu bedenken, daß beim Aussortieren eines Endes (fast) das ganze Los durchgemessen werden muß; die Teile aus der Mitte werden dagegen viel schneller gefunden.

Aufgabe 8.6

Gegeben: Normalverteilungen, bei denen jeweils einseitig ein Anteil von 9,92 % aussortiert worden ist; $N = 908$; $\mu = 7{,}873\,3$; $\sigma = 1{,}716\,2$ (s. Aufgabe 8.3).

Gesucht: Faltprodukt zweier derartiger Verteilungen.

Lösung: Bild 8.27; die Darstellung der Verteilungsfunktion im WN läßt erkennen, daß das Faltprodukt in sehr guter Näherung wieder eine Normalverteilung ist.

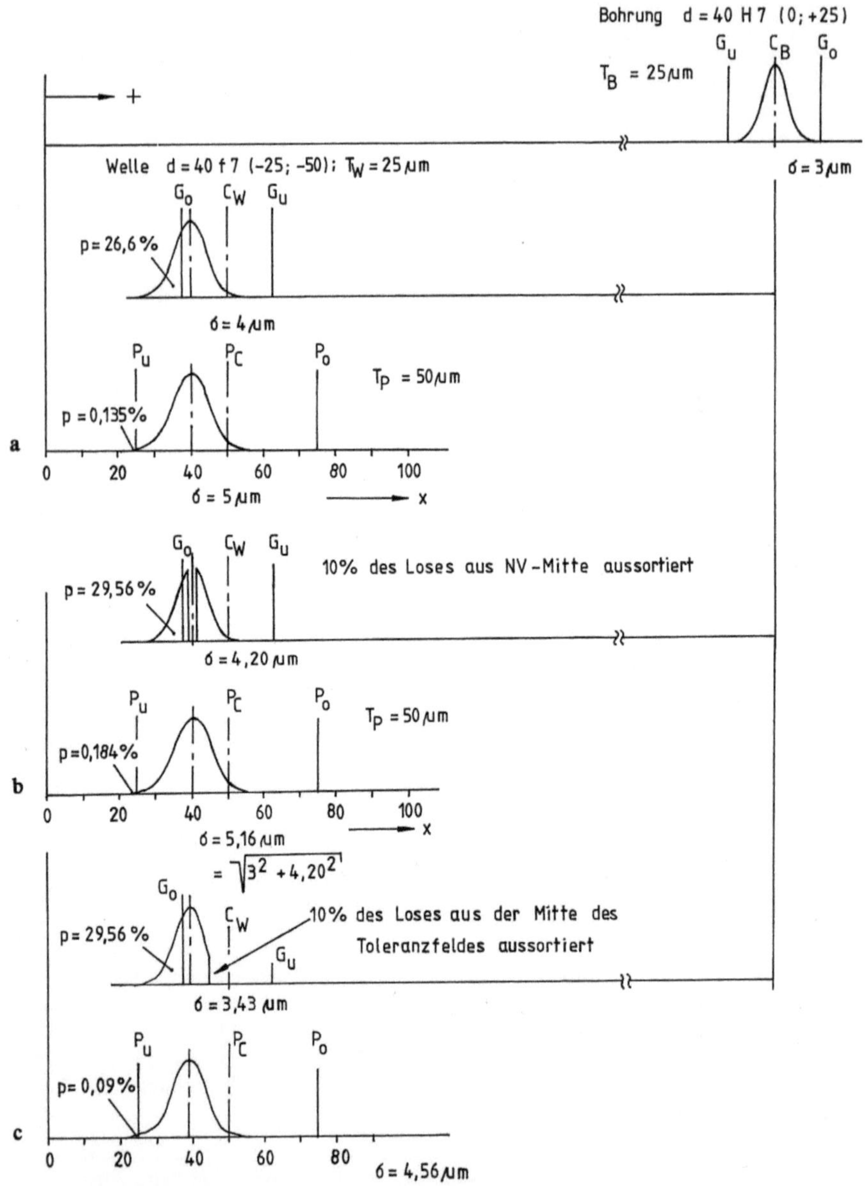

Bild 8.26. Zweigliederige Maßkette (Welle/Bohrung) mit einem gefertigten Fehleranteil von 26,6 % in den Wellen **a** unsortiert montiert; **b** ca. 10 % aus der Mitte der Verteilung aussortiert; **c** ca. 10 % aus der Mitte des Toleranzfeldes aussortiert

Falten zweier sortierter Normalverteilungen
jeweils einseitig ist ein Anteil von 100/1008 = 0,0992 = 9,92% aussortiert
$N = 908; \quad \mu = 7,8733; \quad \sigma = 1,7162$

x	g(x)	5 64	6 150	7 190	8 190	9 150	10 103	11 40	12 15	13 5	14 1·1/908
5	64	10 4096									
6	150	11 9600	12 22500								
7	190	12 12160	13 28500	14 36100							
8	190	13 12160	14 28500	15 36100	16 36100						
9	150	14 9600	15 22500	16 28500	17 28500	18 22500					
10	103	15 6592	16 15450	17 19570	18 19570	19 15450	20 10609				
11	40	16 2560	17 6000	18 7600	19 7600	20 6000	21 4120	22 1600			
12	15	17 960	18 2250	19 2850	20 2850	21 2250	22 1545	23 600	24 225		
13	5	18 320	19 750	20 950	21 950	22 750	23 515	24 200	25 75	26 25	
14	1·1/908	19 64	20 150	21 190	22 190	23 150	24 103	25 40	26 15	27 5	28 1

Fortsetzung spiegelbidlich

Faltprodukt:

x_j	N_j	$\sum N_j$	G_j in %
10	4096	4096	0,4968
11	19200	23296	2,8256
12	46820	70116	9,5044
13	81320	151436	18,3678
14	112300	263736	31,9888
15	130384	394120	47,8032
16	129120	523240	63,4643
17	110060	633300	76,8135
18	81980	715280	86,7570
19	53428	768708	93,2373
20	30509	799217	96,9378
21	15020	814237	98,7595
22	6570	820807	99,5564
23	2530	823337	99,8633
24	831	824168	99,9641
25	230	824398	99,9920
26	55	824453	99,9987
27	10	824463	99,9999
28	1	824464	100,0000

Parameter des Faltproduktes:

$N = 824464 = 908^2$

$\mu = 15,7467 = 2 \cdot 7,8733$

$\sigma = 2,4271 = \sqrt{2} \cdot 1,7162$

Bild 8.27. Faltvorgang und Faltprodukt von zwei Normalverteilungen, aus deren Ende jeweils einseitig ca. 10 % aussortiert waren

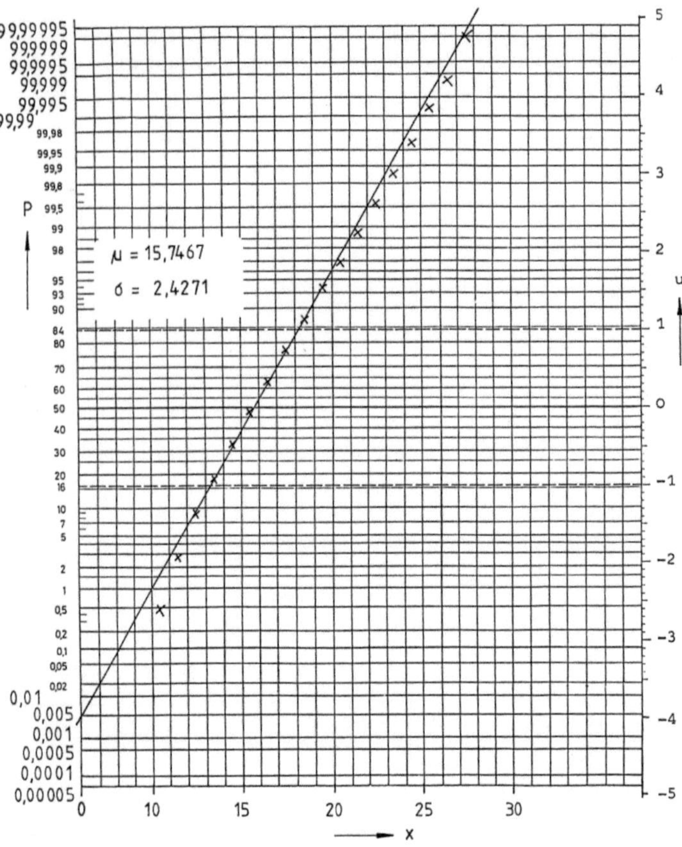

Bild 8.27. Fortsetzung

9 Quadratische Toleranzrechnung

Wenn eine drei- oder mehrgliederige Maßkette arithmetisch berechnet worden ist und wegen der funktionsbedingt notwendigen Toleranz für das Schließmaß die Einzeltoleranzen so eng sind, daß sie nicht eingehalten werden können, dann kann eine Erweiterung der Einzeltoleranzen durch *statistische Toleranzrechnung vorgenommen werden.*

Sofern die Fertigungsprozesse, mit denen die Glieder der Maßkette gefertigt werden sollen, genügend genau bekannt sind und daher die Prognose begründet ist, daß die Verteilungen der Maßglieder
— eine Normalverteilung oder eine beliebige Verteilung aufweisen werden,
— mit einem in der Nähe des jeweiligen Mittenmaßes liegenden Mittelwert und
— einer Gesamtstandardabweichung, die so klein ist, daß der 6 σ-Bereich nicht größer ist als das jeweilige *nach* der quadratischen Toleranzrechnung vorliegende Toleranzfeld,

dann kann die quadratische Toleranzrechnung durchgeführt werden.

Die quadratische Schließmaßtoleranz ist

$$T_\mathrm{q} = \sqrt{\sum_{i=1}^{i=k} T_\mathrm{si}^2} \; . \tag{9.1}$$

Falls die statistischen Einzeltoleranzen alle gleich groß sind, ist

$$T_\mathrm{q} = \sqrt{k}\, T_\mathrm{si} \tag{9.2}$$

oder

$$T_\mathrm{si} = \frac{T_\mathrm{q}}{\sqrt{k}} \; . \tag{9.3}$$

Bei der arithmetischen Rechnung war

$$T_\mathrm{a} = k T_\mathrm{i} \tag{9.4}$$

oder

$$T_\mathrm{i} = \frac{T_\mathrm{a}}{k} \; . \tag{9.5}$$

Wird die arithmetisch berechnete Schließtoleranz T_a für die quadratische Berechnung beibehalten, dann verhalten sich die neuen Einzeltoleranzen zu den bisherigen wie

$$\frac{T_\mathrm{si}}{T_\mathrm{i}} = \sqrt{k} \; . \tag{9.6}$$

Die Formel (9.6) ist in Bild 9.1 grafisch dargestellt. Falls die Einzeltoleranzen nicht

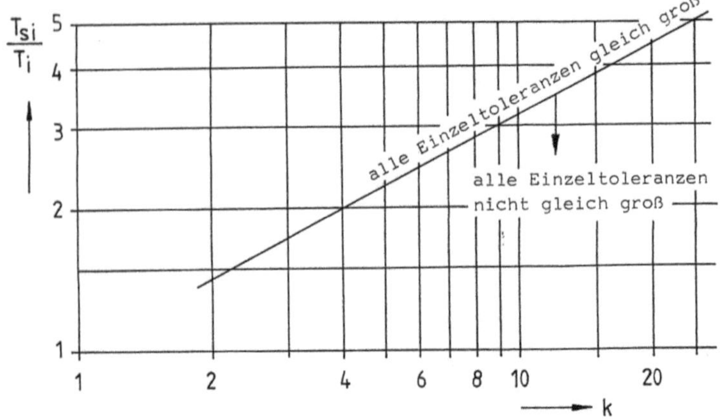

Bild 9.1. Verhältnis der Einzeltoleranzen T_{si}/T_i in Abhängigkeit von der Zahl k der Glieder einer Maßkette, wenn alle Einzeltoleranzen gleich groß sind

Zeile	Arith-metisch	Quadra-tisch	T_1	T_2	T_3	T_4	$T_a = \sum T_i$	$T_q = \sqrt{\sum T_{si}^2}$
1	x		10	10	10	10	40	
2		x	20	20	20	20		$\sqrt{1600} = 40$
3	x		5	5	15	15	40	
4		x	10	10	30	30		$\sqrt{2000} = 44,72$
5		x	10	10	26,45	26,45		$\sqrt{1600} = 40$
6	x		3	3	17	17	40	
7		x	6	6	34	34		$\sqrt{2384} = 48,83$
8		x	6	6	27,64	27,64		$\sqrt{1600} = 40$

Bild 9.2. Zahlenmäßige Erklärung dafür, daß bei quadratischer Toleranzrechnung und $k = 4$ Gliedern einer linearen Maßkette eine Verdoppelung der Einzeltoleranzen nur dann erfolgt, wenn diese gleich groß sind

gleich groß sind, fallen die Toleranzerweiterungen in den Einzelmaßen geringer aus. Die Erklärung dafür enthält Bild 9.2 mit Zahlenbeispielen. Sind alle Toleranzen gleich groß, Zeile 1, dann können sie — bei $k = 4$ Gliedern einer Maßkette — verdoppelt werden, Zeile 2; T_q ist dann genauso groß wie T_a nach der arithmetischen Rechnung.

Sind die Toleranzen ungleich groß aber von gleicher Summe, Zeile 3 und Zeile 6, dann ist nach Verdoppelung der Einzeltoleranzen T_q größer als T_a, Zeilen 4 und 7. Erst dann, wenn die großen Toleranzen weniger als verdoppelt werden, wird wieder $T_q = T_a$, Zeilen 5 und 8 in Bild 9.2.

Eine plausible Erklärung dafür, daß Maßketten mit gleichen Maßsummen höhere Quadratsummen (und Wurzeln daraus) haben, wenn die Einzelmaße ungleich groß sind, bietet der Pythagoras der Toleranzen, Bild 9.3. Beide arithmetischen Schließto-

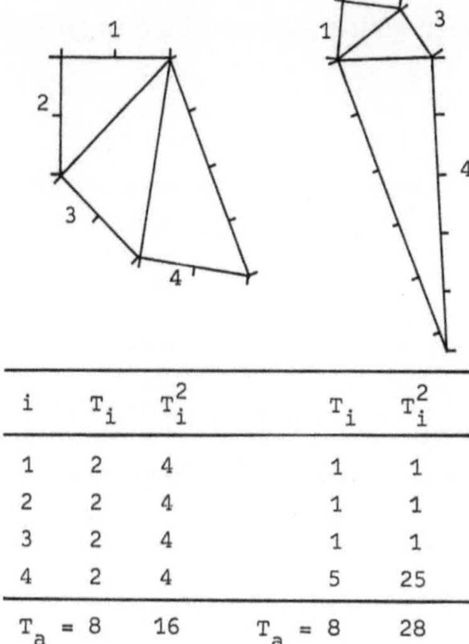

i	T_i	T_i^2	T_i	T_i^2
1	2	4	1	1
2	2	4	1	1
3	2	4	1	1
4	2	4	5	25
$T_a = 8$		16	$T_a = 8$	28
	$T_q = 4$		$T_q = 5,29$	

Bild 9.3. Pythagoras der Toleranzen

leranzen sind mit $T_a = 8$ gleich groß. Dennoch ist die quadratische Toleranz größer, wenn die Einzeltoleranzen ungleich groß sind.

Geometrisch formuliert: Rechtwinkelige Dreiecke mit gleichen Summen für die Katheten haben unterschiedlich lange Hypotenusen; die Hypotenuse ist am kleinsten, wenn die Katheten gleich lang sind.

Die Durchführung der quadratischen Toleranzrechnung erfolgt in folgenden Schritten:

1. Zunächst wird die bisherige, arithmetische Toleranzrechnung wie in Abschnitt 8.5 beschrieben mit dem Formblatt zur Berechnung von Toleranzen nachvollzogen, gegebenenfalls mit konstruktiven Korrekturen.

2. Es wird überprüft, ob die arithmetische Schließtoleranz T_a für die quadratische Rechnung beibehalten werden soll als vertretbare statistische Toleranz T_{sv}, oder ob T_{sv} kleiner gemacht werden kann.

3. Nach Eintragung von T_{sv} in Zeile 18 des Formblatts wird dessen Quadrat T_{sv}^2 in Zeile 19 eingetragen. T_{sv}^2 ist die Zielsumme, die durch die $\sum T_{si}^2$ bei der Erweiterung der Einzeltoleranzen nicht überschritten werden darf.

4. Bevor die einzelnen T_{si}^2 in Spalte 10 gebildet werden, werden die Quadrate der bisherigen Einzeltoleranzen gebildet und in Spalte 9 eingetragen.

Bei gleichgroßen oder angenähert gleich großen Einzeltoleranzen können die Werte der Spalte 10 ungefähr k-mal so groß gewählt werden wie in Spalte 9, damit die Zielsumme am Ende der Spalte 10 nicht überschritten wird. Bei der Wahl der Werte für Spalte 10 ist zu berücksichtigen, welche Toleranzen besonders eng sind; auch müssen die Quadratwurzeln der Werte in Spalte 10 brauchbare Werte für Spalte 11 ergeben. Damit beliebig iteriert werden kann, sollte mit Bleistift und Radiergummi gearbeitet werden.

5. Da es bei Maßen, die zu einer statistisch berechneten Maßkette gehören, besonders darauf ankommt, daß auf *Mitte des Toleranzfelds gesteuert wird*, sollte das Nennmaß

mit dem *Mittenmaß übereinstimmend* festgehalten werden, Spalte 12. Die Abmaße, Spalte 13, sind dann für jedes Maß dem Betrag nach gleich groß und halb so groß wie die Toleranz.

Aufgabe 9.1

Gegeben: Die Aufgabe 8.1 mit allen Werten und der arithmetischen Toleranzrechnung (Rückblättern nicht erforderlich).

Gesucht: Quadratische Toleranzrechnung.

Lösung: Die Lösung ist in Bild 9.4 enthalten. Die Lösung aus Bild 8.5 wurde übernommen mit der Änderung, daß die beiden Lagerbuchsen die gleiche Bundhöhe haben. Auch wurde das Spiel verringert. Zum Ausgleich wurde das Maß für den Wellenabsatz verändert. Bei $k = 5$ Gliedern einer Maßkette und bei Anwendung der quadratischen Toleranzrechnung, könnten die Einzeltoleranzen mehr als verdoppelt werden. Da dies nicht für erforderlich gehalten wird, werde die neue Toleranz für das Spiel auf $T_{sv} = 0{,}6$ festgehalten, Zeile 18. Die Lösung in Bild 9.4 ist eine von vielen Möglichkeiten.

Nach Durchführung einer quadratischen Toleranzrechnung und einer entsprechenden Erweiterung der zunächst arithmetisch berechneten Einzeltoleranzen müssen künftig besondere Forderungen über die Verteilungen der Einzelmaße erfüllt sein. Keinesfalls dürfen die Einzelmaße „beliebig" in den (erweiterten) Toleranzfeldern liegen.

In den Bildern 9.5 und 9.6 sind verschiedene Beispiele dafür dargestellt, daß diese Forderungen erfüllt oder nicht erfüllt werden. Diese Beispiele werden wie folgt erläutert:

Bild 9.5.

Zeile 1) Idealfall, für den die quadratische Rechnung durchgeführt wurde. Alle Einzelmaße weisen Normalverteilungen auf, die auf Toleranzfeldmitte liegen und die Toleranzfelder mit ihrem 6 σ-Bereich jeweils ausfüllen. Selbstverständlich ist die Forderung auch erfüllt, wenn die Standardabweichungen alle oder teilweise kleiner sind als $\sigma = 0{,}5$.

Zeile 2) Die Streuung der Einzelmaße ist bei allen $k = 4$ Einzelmaßen null (Nadelverteilungen). Dann dürfen diese Einzelmaßverteilungen allenfalls um $T/4$ von der Toleranzfeldmitte abweichen, gleiche Wirkrichtung vorausgesetzt. Sollte dieser Fall so extrem vorliegen oder sollte auch nur die Standardabweichung $\sigma < 0{,}25$ sein, dann war die Toleranzerweiterung nicht erforderlich. Die erweiterten Einzeltoleranzen sind wieder einzuengen entsprechend der arithmetischen Berechnung.

Zeile 3) Alle Verteilungen haben $\sigma = 0{,}5 = T/6$, sind jedoch um $T/4$ in gleicher Wirkrichtung gegenüber der Toleranzfeldmitte verschoben. Die Auswirkung ist katastrophal. 50 % aller Schließmaße liegen außerhalb des Schließmaßtoleranzfelds. Dies wäre genau auch der Fall, wenn die Standardabweichungen in den Einzelmaßen alle gleichmäßig oder ungleichmäßig größer oder kleiner wären.

Zeile 4) Alle Einzelmaßverteilungen haben $\sigma = 0{,}5 = T/6$, sind jedoch um $T/4$ aus der Toleranzfeldmitte verschoben, jedoch nur drei in gleicher Wirkrichtung. Trotzdem ist der Fehleranteil in den Schließmaßen mit $p = 6{,}68\,\%$ unakzeptabel hoch.

Zeile 5) Wie Zeile 4), jedoch ist die Streuung mit $\sigma = 0{,}35$ kleiner als in Zeile 4). Das Ergebnis ist akzeptabel.

Zeile 6) Wie Zeile 3), jedoch ist die Abweichung gegenüber der Toleranzfeldmitte nur $T/6$ in gleicher Wirkrichtung. Der Fehleranteil in den Schließmaßen ist mit $p = 15{,}87\,\%$ nicht akzeptabel.

Fehleranteil p in %	10	5	4,55	2,5	2	1	0,27	0,1	0,01
Gutanteil 1-p in %	90	95	95,45	97,5	98	99	99,73	99,9	99,99
Argument der NV u_{1-p}	1,6449	1,9600	2	2,2414	2,3263	2,5758	3	3,2905	3,8906
Umrechenfaktor r_u	0,9497	1,1316	1,1547	1,2941	1,3431	1,4871	1,7321	1,8998	2,2462
Vorgabe oder Wahl:									

Vorgang: Maßkette in Bild 8/4

Datum: Spalte / Zeile	1	positive Zählrichtung 2	3	4	negative Zählrichtung 5	6	7	arithmet. Rechnung 8	9	statistische Neuaufteilung NV oder RV 10	11	12	13
	Maß-Nr.	Nennmaß N_i	ob.Abmaß A_o	unt.Abmaß A_u	Nennmaß N_i	ob.Abmaß A_o	unt.Abmaß A_u	Toleranz T_i	T_i^2	T_{si}^2	T_{si}	Mittenmaß C_i	Abmaße $A_{o,u}$
1	1	30	+0,10	−0,05				0,15	0,0225	0,09	0,30	30	±0,15
2	2	40	+0,10	−0,10				0,20	0,0400	0,09	0,30	40	±0,15
3	3				5	+0,15	+0,08	0,07	0,0049	0,04	0,20	5	±0,10
4	4				59,5	−0,05	−0,30	0,25	0,0625	0,09	0,30	59,5	±0,15
5	5				5	+0,15	+0,06	0,09	0,0081	0,04	0,20	5	±0,10
6													
7													
8													
9													
10													
11													
12													
13													
14	$\Sigma =$	70	+0,20	−0,15	① 69,5	② +0,25	③ −0,16	0,76	0,1380	0,35			
15		−① −69,5	−③ +0,16	−② −0,25						0,36 = Zielsumme			
16	$N_S =$	0,5	+0,36	−0,40									
17	$C_S =$												

← Rechenkontrolle →

neues Spiel: $0,5\ ^{+0,30}_{-0,30}$

Zwischenrechnung:

18	$T_a =$	$T_{sv} = 0,60$
19	NV: $T_{sv}^2 = 0,36$	$= \sum T_{si}^2$
20	RV: $(T_{sv}/r_u)^2 =$	$= \sum T_{si}^2$

Bild 9.4. Formblatt mit Lösung der Aufgabe 9.1

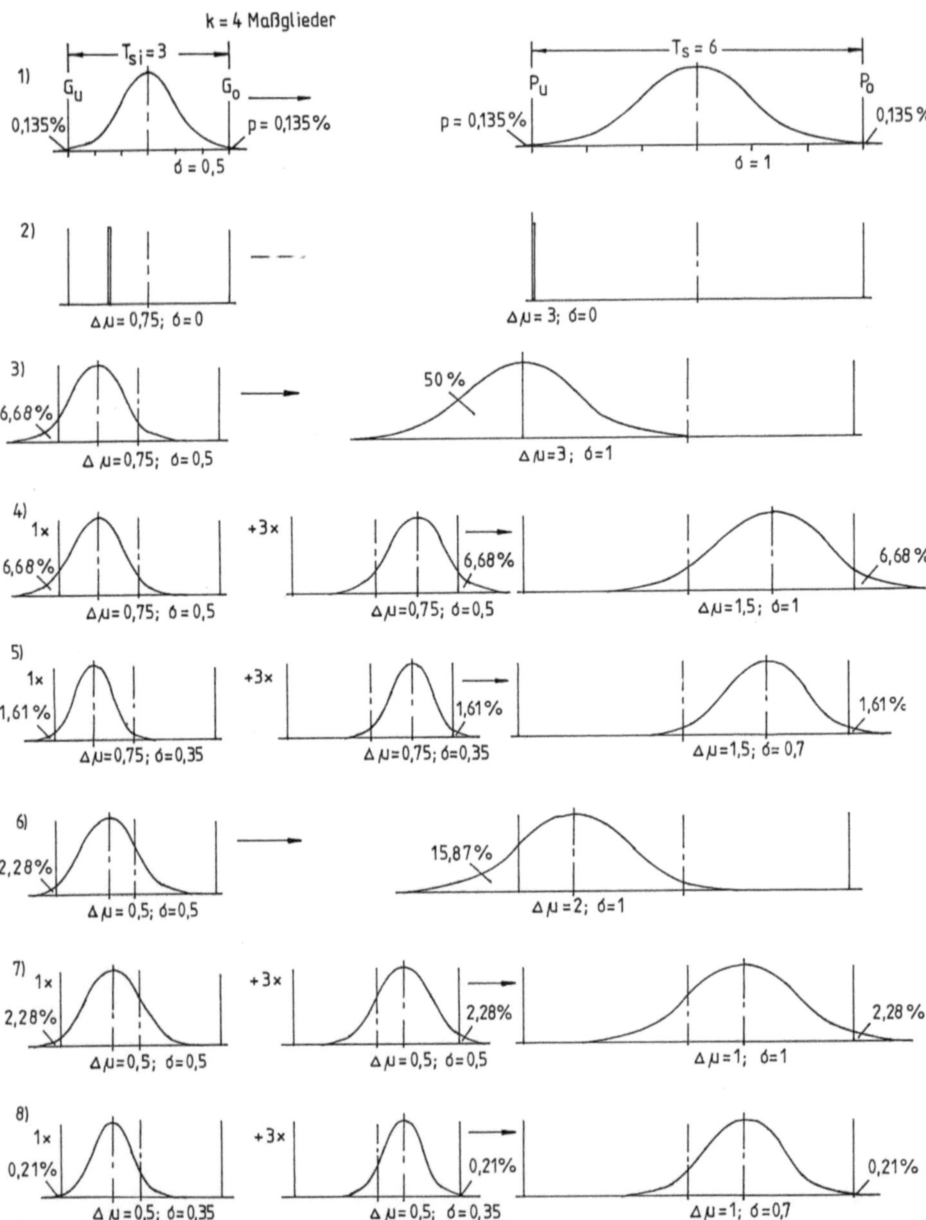

Bild 9.5. Durch quadratische Toleranzrechnung ausgelegte, lineare Maßkette mit $k = 4$ Maßgliedern und Beispielen dafür, daß die Parameter der Istverteilungen vom Idealfall (Zeile 1) abweichen

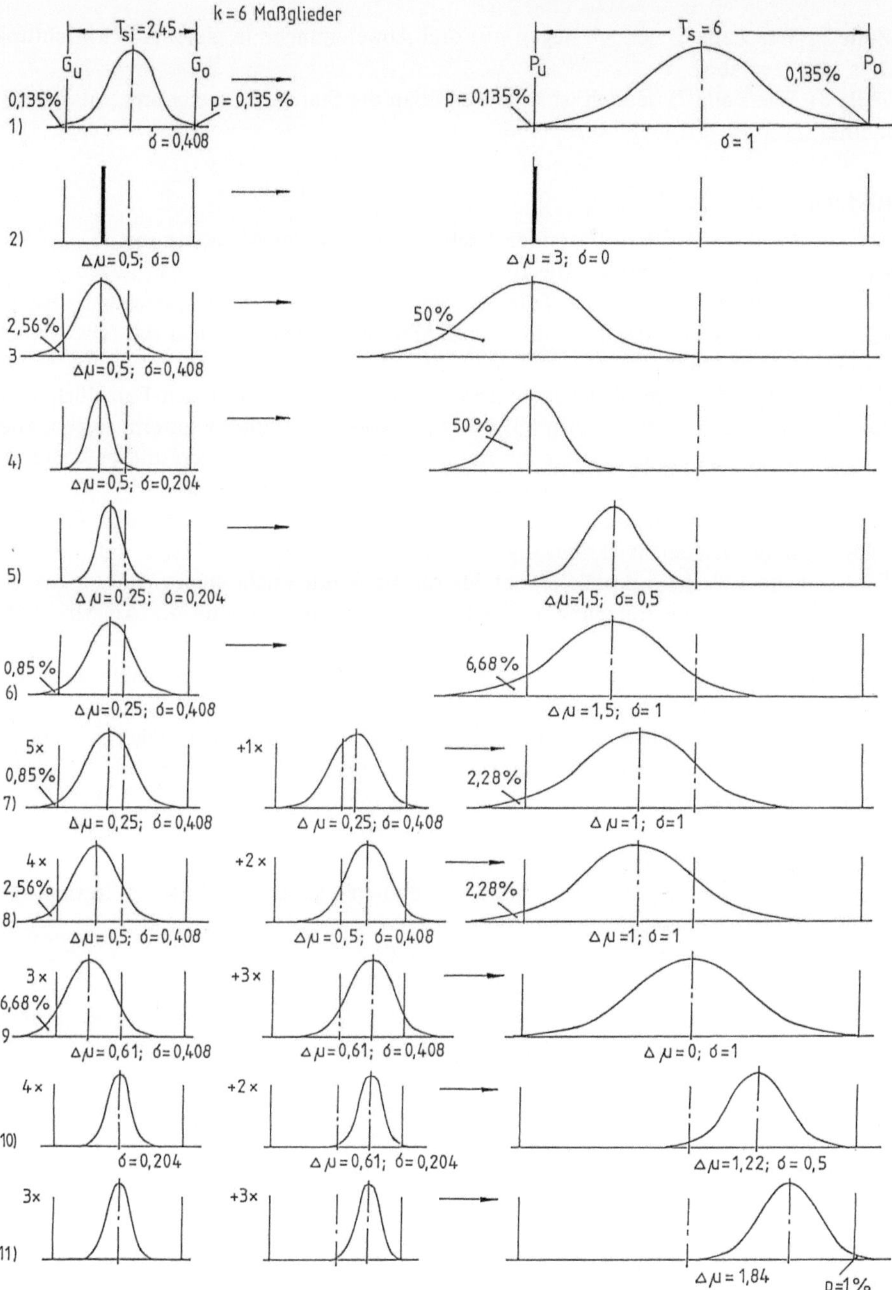

Bild 9.6. Durch quadratische Toleranzrechnung ausgelegte, lineare Maßkette mit $k = 6$ Gliedern und Beispielen dafür, daß die Parameter der Verteilungen vom Idealfall in Zeile 1) abweichen

Zeile 7) Wie Zeile 6), jedoch liegen nur drei Abweichungen in gleicher Wirkrichtung; dies ist akzeptabel.

Zeile 8) Wie Zeile 7), jedoch ist in allen Fällen die Standardabweichung mit $\sigma = 0,35$ kleiner. Dies ist erst recht akzeptabel.

Bild 9.6.

Zeile 1) Idealfall, für den die quadratische Rechnung der Maßkette mit $k = 6$ Maßgliedern durchgeführt wurde. Alle Einzelmaßverteilungen sind normal, liegen auf Toleranzfeldmitte und füllen die Toleranzfelder mit ihren $6\,\sigma$-Bereich aus. Selbstverständlich wäre es zulässig, wenn die Standardabweichungen alle oder teilweise kleiner wären als $\sigma = 0,408$.

Zeile 2) Alle Schließmaße liegen beim unteren Paßmaß P_u; für den Fall dürfen die streuungslosen Einzelmaße nur um 0,5 von der Toleranzfeldmitte entfernt liegen. Hier wäre die quadratische Toleranzrechnung nicht erforderlich gewesen und es sollte auf die arithmetisch berechneten Toleranzen zurückgegangen werden.

Zeile 3) Die Verteilungen aller $k = 6$ Maßglieder weichen um 0,5 von den Toleranzfeldmitten in gleicher Wirkrichtung ab mit der katastrophalen Folge, daß 50 % der Schließmaße außerhalb des Toleranzfelds für die Schließmaße liegen.

Zeile 4) Obgleich die Einzelmaße nur halb so stark streuen, sind die Auswirkungen die gleichen wie in Zeile 3).

Zeile 5) Wie Zeile 4), jedoch die Abweichung gegenüber der Toleranzfeldmitte nur halb so groß. Dies ist akzeptabel.

Zeile 6) Wie Zeile 5), jedoch ist die Streuung so groß wie in Zeile 4). Dies ist nicht akzeptabel, wenn auch bei weitem nicht so katastrophal wie in Zeile 4).

Zeile 7) Wie Zeile 6), jedoch haben nur fünf Abweichungen von der jeweiligen Toleranzfeldmitte die gleiche Wirkrichtung. Die Auswirkung auf die Verteilung der Schließmaße ist (fast) akzeptabel.

Zeile 8) Wie Zeile 3), jedoch nur vier Abweichungen haben die gleiche Wirkrichtung. Dies ist (fast) akzeptabel.

Zeile 9) Die Standardabweichung ist in allen Einzelverteilungen wie in Zeile 1); die Abweichungen sind gleich groß jedoch je zur Hälfte in der jeweils anderen Wirkrichtung. Dies ist akzeptabel, jedoch ist hier die Austauschbarkeit stark in Frage gestellt. Auf die Problematik der Austauschbarkeit wird in Kap. 8 näher eingegangen.

Zeile 10) Vier Einzelverteilungen liegen auf Mitte; dann können die anderen Verteilungen erheblich von der Mitte abweichen, ohne daß die Schließmaßgrenzwerte überschritten werden.

Zeile 11) Beurteilung wie Zeile 10).

Die in den Bildern 9.5 und 9.6 dargestellten Beispiele ließen sich beliebig fortsetzen, insbesondere unter der Annahme, daß die Standardabweichungen in den Einzelmaßverteilungen unterschiedlich groß sind.

Vorteil der quadratischen Toleranzrechnung. Durch die quadratische Toleranzrechnung ist — gegenüber der arithmetischen Toleranzrechnung — eine maximale Erweiterung der Einzeltoleranzen möglich.

Nachteil der quadratischen Toleranzrechnung. Die maximale Erweiterung der Einzeltoleranzen ist an die Voraussetzung gebunden, daß künftig in den Einzelmaßen die Ferti-

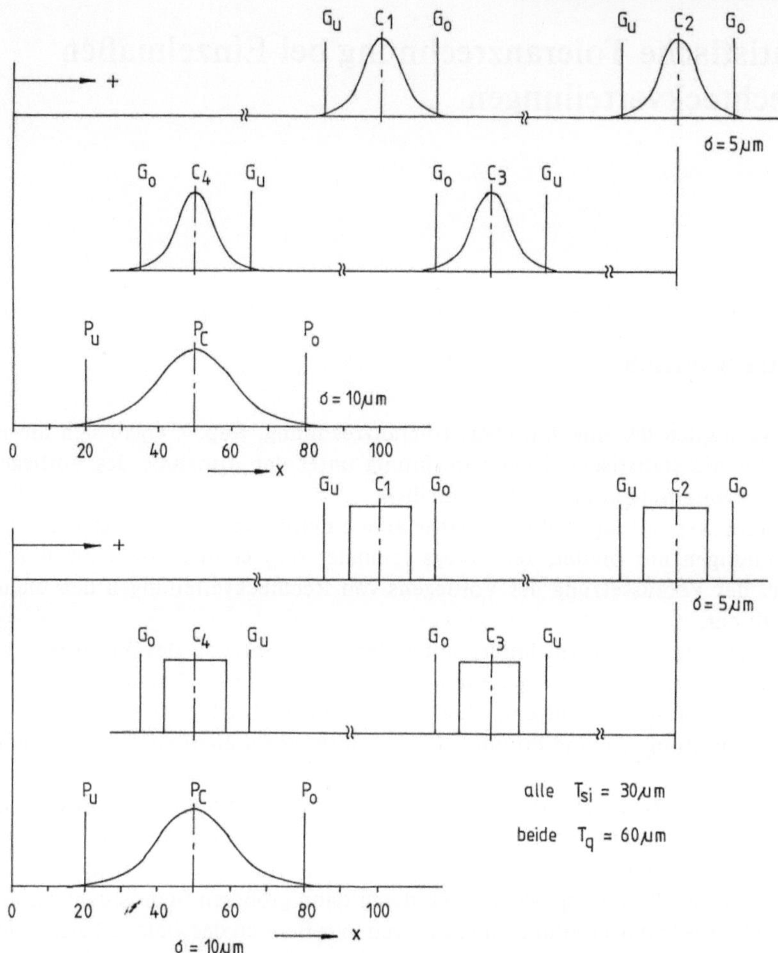

Bild 9.7. Durch quadratische Toleranzrechnung ausgelegte, lineare Maßkette mit $k = 4$ Gliedern und mit nach Lage und Breite zulässigen Verteilungen in den Einzelmaßen, oben: mit Normalverteilungen und unten: mit Rechteckverteilungen

gungsverteilungen auf Mittenmaß liegen mit einem $6\,\sigma$-Bereich, der kleiner oder höchstens gleich der Breite des Toleranzfelds ist.

Diese Voraussetzung ist erfüllt, wenn alle Einzelmaßverteilungen Normalverteilungen sind, die das Toleranzfeld äußerstenfalls ausfüllen, Bild 9.7.

Ergeben sich jedoch in den Einzelmaßen Mischverteilungen, die schmaler sind als Normalverteilungen mit der gleichen Standardabweichung, dann dürfen diese Verteilungen nur die mittleren 70 % des Toleranzfelds ausfüllen.

Dieser Fall liegt vor, wenn beispielsweise die Fertigungsverteilungen momentan normal sind mit einem stetigen Trend, so daß die *Gesamtverteilung* in den Losen zu *Rechteckverteilungen* tendieren, Bild 9.7. Dann kann obige Voraussetzung besser dadurch erfüllt werden, daß der Berechnung von vornherein rechteckverteilte Einzellose zugrunde gelegt werden, die dann die jeweiligen Toleranzfelder äußerstenfalls ausfüllen dürfen, Kap. 10.

10 Statistische Toleranzrechnung bei Einzelmaßen mit Rechteckverteilungen

10.1 Allgemeines

Aus den Nachteilen der quadratischen Toleranzrechnung, Kap. 9, ergab sich die Begründung für die statistische Toleranzrechnung unter der Annahme des Vorliegens von Rechteckverteilungen in den Einzelmaßen.

Die Rechteckverteilung ist die schmalste aller eingipfeligen Verteilungen. Da reale Mischverteilungen nur breiter, keineswegs schmaler sein können, stellt die Berechnung unter der Voraussetzung des Vorliegens von Rechteckverteilungen den ungünstigsten Fall dar.

Die statistische Toleranzrechnung unter der Voraussetzung des Vorliegens von Rechteckverteilungen wird in einer Industrie-Norm *vereinfachte Toleranzrechnung* genannt. Die Rechnung ist nicht einfacher; vereinfacht wird jedoch die Fertigungslenkung und die Prüfung, da eine Prüfung auf Verteilungsform überhaupt nicht erforderlich ist.

Häufig wird die Rechteckverteilung als — gegenüber der Normalverteilung — „ungünstiger" bezeichnet. Dies ist nicht der Fall. Ungünstiger ist lediglich die Annahme, daß ein Toleranzfeld von einer Rechteckverteilung ausgefüllt wird. Das liegt aber nicht an der Form dieser Verteilung, sondern an deren dann größeren Standardabweichung gegenüber einer Normalverteilung, die mit ihrem 6 σ-Bereich das gleiche Toleranzfeld ausfüllt.

10.2 Ableitung des Reduktionsfaktors und des Erweiterungsfaktors bei gleich großen Einzeltoleranzen

Die Ableitung erfolgt unter der Annahme, daß — auch nach Toleranzerweiterungen — die Toleranzfelder aller Einzelmaße einer Maßkette von Rechteckverteilungen ausgefüllt werden.

Wenn alle T_i gleich groß sind, dann ist die arithmetisch berechnete Gesamttoleranz

$$T_a = kT_i. \tag{10.1}$$

Bei der Rechteckverteilung ist nach Bild 4.9

$$R = \sqrt{12} \cdot \sigma$$

mit $R = T_\mathrm{i}$ ist

$$T_\mathrm{i} = 2 \sqrt{3} \cdot \sigma_\mathrm{i} \tag{10.2}$$

oder

$$\sigma_\mathrm{i} = \frac{T_\mathrm{i}}{2 \sqrt{3}}. \tag{10.3}$$

Bei k Gliedern ist unabhängig von der Verteilungsform

$$\sigma_\mathrm{k} = \sqrt{k}\; \sigma_\mathrm{i} \tag{10.4}$$

und mit (10.3)

$$\sigma_\mathrm{k} = \frac{\sqrt{k}\; T_\mathrm{i}}{2 \sqrt{3}}. \tag{10.5}$$

Die statistische Gesamttoleranz

$$T_\mathrm{s} = 2\, u_{1-\mathrm{p}}\, \sigma_\mathrm{k} \tag{10.6}$$

ergibt mit (10.5)

$$T_\mathrm{s} = \frac{2\, u_{1-\mathrm{p}} \sqrt{k}\; T_\mathrm{i}}{2 \sqrt{3}}. \tag{10.7}$$

Damit wird der *Reduktionsfaktor* um den die arithmetisch berechnete Gesamttoleranz eingeengt werden kann

$$r = \frac{T_\mathrm{s}}{T_\mathrm{a}} = \frac{u_{1-\mathrm{p}} \sqrt{k}\; T_\mathrm{i}}{\sqrt{3}\; k\, T_\mathrm{i}}$$

und nach Kürzen

$$r = \frac{u_{1-\mathrm{p}}}{\sqrt{3}\; \sqrt{k}}. \tag{10.8}$$

Der Reziprokwert von r ist der *Erweiterungsfaktor*, um den die Einzeltoleranzen erweitert werden können, wenn die Gesamttoleranz beibehalten wird

$$e = \frac{\sqrt{3}\; \sqrt{k}}{u_{1-\mathrm{p}}}. \tag{10.9}$$

Die Zunahme (Abnahme) des Erweiterungsfaktors (Reduktionsfaktors) über der Zahl der Maße k geht aus Bild 10.1 hervor.

Zusätzlich eingetragen sind die Verläufe der Faktoren für die TV_1 und die DV; darauf wird in Kap. 11 eingegangen.

Ferner sind eingetragen die Verläufe der Faktoren für die Normalverteilung, die sich von der Rechteckverteilung dadurch unterscheidet, daß ihre Spannweite R um den Faktor $\sqrt{3}$ größer ist. Damit ist

$$r_\mathrm{NV} = \frac{u_{1-\mathrm{p}}}{3 \sqrt{k}}.$$

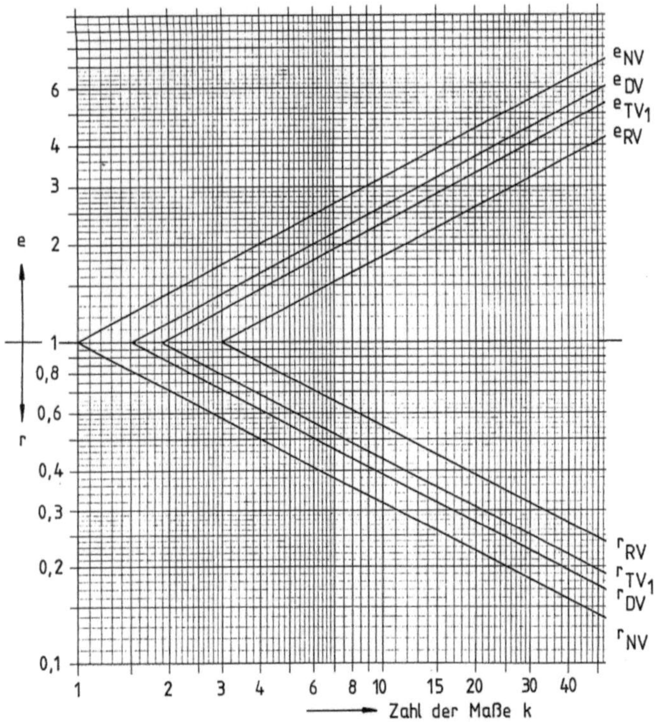

Bild 10.1. Reduktionsfaktoren und Erweiterungsfaktoren in Abhängigkeit von der Zahl der Maße k für den Fall, daß alle Einzeltoleranzen T_{si} gleich groß sind und alle Verteilungen die Toleranzfelder jeweils ausfüllen; $p \leqq 0{,}27\,\%$ in den Schließmaßen

Falls — wie in den Einzelmaßen — auch im Schließmaß ein Überschreitungsanteil (Fehleranteil) von $p = 0{,}27\,\%$ akzeptiert wird, dann ist $u_{1-\mathrm{p}} = 3$ und

$$r_{\mathrm{NV}} = \frac{1}{\sqrt{k}} \tag{10.10}$$

und der Erweiterungsfaktor

$$e_{\mathrm{NV}} = \sqrt{k}\,. \tag{10.11}$$

Daher stimmt die e_{NV}-Kurve in Bild 10.1 mit dem Verlauf von $T_{\mathrm{si}}/T_{\mathrm{i}}$ in Bild 9.1 überein.

Die Erweiterungs- und Reduktionsfaktoren in Bild 10.1 gelten für den Fall, daß in den Schließmaßen ein Fehleranteil von $p = 0{,}27\,\%$ akzeptiert wird.

In Bild 10.2 sind die Verläufe von Erweiterungs- und Reduktionsfaktoren angegeben für verschiedene andere Fehleranteile p in den Schließmaßen. Für höhere Fehleranteile rücken die Strahlen in die Nähe der Strahlen für die Normalverteilung in Bild 10.1. *Höhere Fehleranteile* in den Schließmaßen können immer dann akzeptiert werden, wenn zu erwarten ist, daß diese in Wirklichkeit gar nicht auftreten werden.

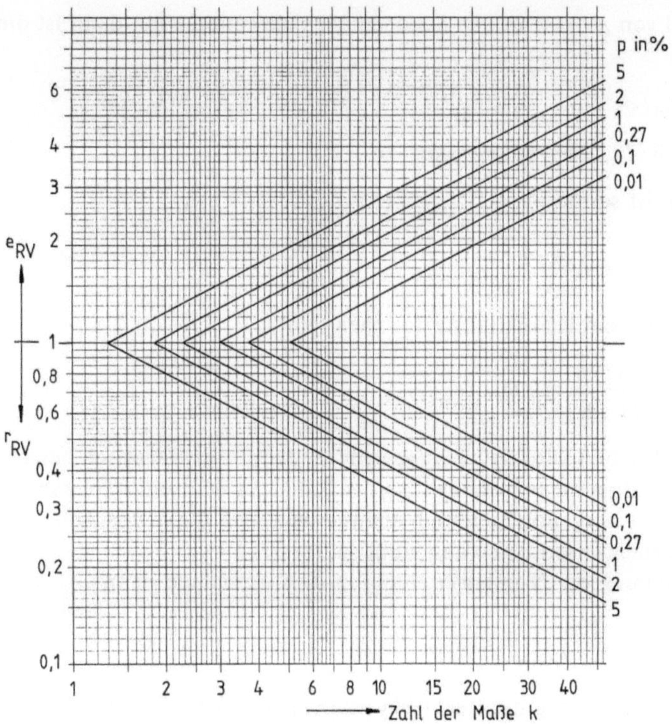

Bild 10.2. Reduktionsfaktoren und Erweiterungsfaktoren in Abhängigkeit von der Zahl der Maße k für gleich große Einzeltoleranzen T_{si} und für verschiedene Fehleranteile in den Schließmaßen; alle Toleranzfelder werden von Rechteckverteilungen ausgefüllt

Dies ist der Fall, wenn entweder

— die *Toleranzfelder* der Einzelmaße gar *nicht ausgefüllt* sein werden oder
— die Einzelverteilungen von einer Rechteckverteilung in dem Sinne abweichen, daß sie nach den *Seiten schräg abfallen*.

In Bild 10.3 ist der *Reduktionsfaktor plausibel* erklärt. Dargestellt ist eine lineare Maßkette mit $k = 6$ Gliedern. Die Einzeltoleranzen sind mit $T_i = 18\,\mu\text{m}$ alle gleich groß. Die arithmetisch berechnete Toleranz des Schließmaßes ist

$$T_a = kT_i = 6 \cdot 18 = 108\,\mu\text{m}.$$

In der Mitte des Bilds wird eine statistische Toleranzfestlegung vorgenommen unter der Annahme, daß alle Einzelmaße Rechteckverteilungen haben, die die bisherigen Toleranzfelder jeweils ausfüllen. Dann sind die Standardabweichungen in den Einzelmaßen

$$\sigma_i = \frac{R}{\sqrt{12}} = \frac{T_{si}}{\sqrt{12}} = \frac{18}{\sqrt{12}} = 5{,}196\,\mu\text{m}.$$

Das Schließmaß ist dann eine Normalverteilung mit der Standardabweichung

$$\sigma_k = \sqrt{k}\,\sigma_i = \sqrt{6} \cdot 5{,}196 = 12{,}726\,\mu\text{m}.$$

Wenn ein Fehleranteil von $p = 1\%$ in den Schließmaßen akzeptiert wird, dann ist die erforderliche Toleranz

$$T_s = 2 \cdot u_{1-0,01} \cdot \sigma_k$$

$$= 2 \cdot 2{,}575\,8 \cdot 12{,}726 = 65{,}569 \; \mu m.$$

Die Toleranzreduktion ist somit

$$r = \frac{T_s}{T_a} = \frac{65{,}569}{108} = 0{,}607\,1$$

in Übereinstimmung mit dem Reduktionsfaktor nach (10.8)

$$r = \frac{u_{1-p}}{\sqrt{3}\,\sqrt{k}} = \frac{2{,}575\,8}{\sqrt{3}\,\sqrt{6}} = 0{,}607\,1.$$

Im unteren Teil des Bilds 10.3 wird davon ausgegangen, daß die arithmetisch berechnete Toleranz des Schließmaßes beibehalten werden kann. Es wird eine Toleranzerweiterung der Einzelmaße vorgenommen und vorausgesetzt, daß die neuen Toleranzfelder künftig von Rechteckverteilungen ausgefüllt sein werden.

Die Standardabweichung der Normalverteilung im Schließmaß ist dann

$$\sigma_k = \frac{T_s}{2 \cdot u_{1-p}} = \frac{108}{2 \cdot 2{,}575\,8} = 20{,}964 \; \mu m.$$

Damit ist die Standardabweichung der Rechteckverteilungen in den Einzelmaßen

$$\sigma_i = \frac{\sigma_k}{\sqrt{k}} = \frac{20{,}964}{\sqrt{6}} = 8{,}559 \; \mu m.$$

Die Spannweite und somit die Einzeltoleranz ist dann

$$R_i = T_{si} = \sqrt{12} \cdot \sigma_i = \sqrt{12} \cdot 8{,}559 = 29{,}648 \; \mu m.$$

Die Einzeltoleranzen können also um den Faktor

$$e = \frac{29{,}648}{18} = 1{,}647$$

erweitert werden, in Übereinstimmung mit dem Faktor nach (10.9)

$$e = \frac{\sqrt{3} \cdot \sqrt{k}}{u_{1-p}} = \frac{\sqrt{3} \cdot \sqrt{6}}{2{,}575\,8} = 1{,}647.$$

Nunmehr ist in den Einzelmaßen ein Anteil von bis zu

$$p = \frac{29{,}648 - 18}{29{,}648} = 39{,}29\%$$

zulässig, der zuvor — bei arithmetischer Toleranzrechnung — unzulässig (fehlerhaft) war.

Für häufige Rechnungen ließe sich der Reduktionsfaktor

$$r = \frac{u_{1-p}}{\sqrt{3}\,\sqrt{k}}$$

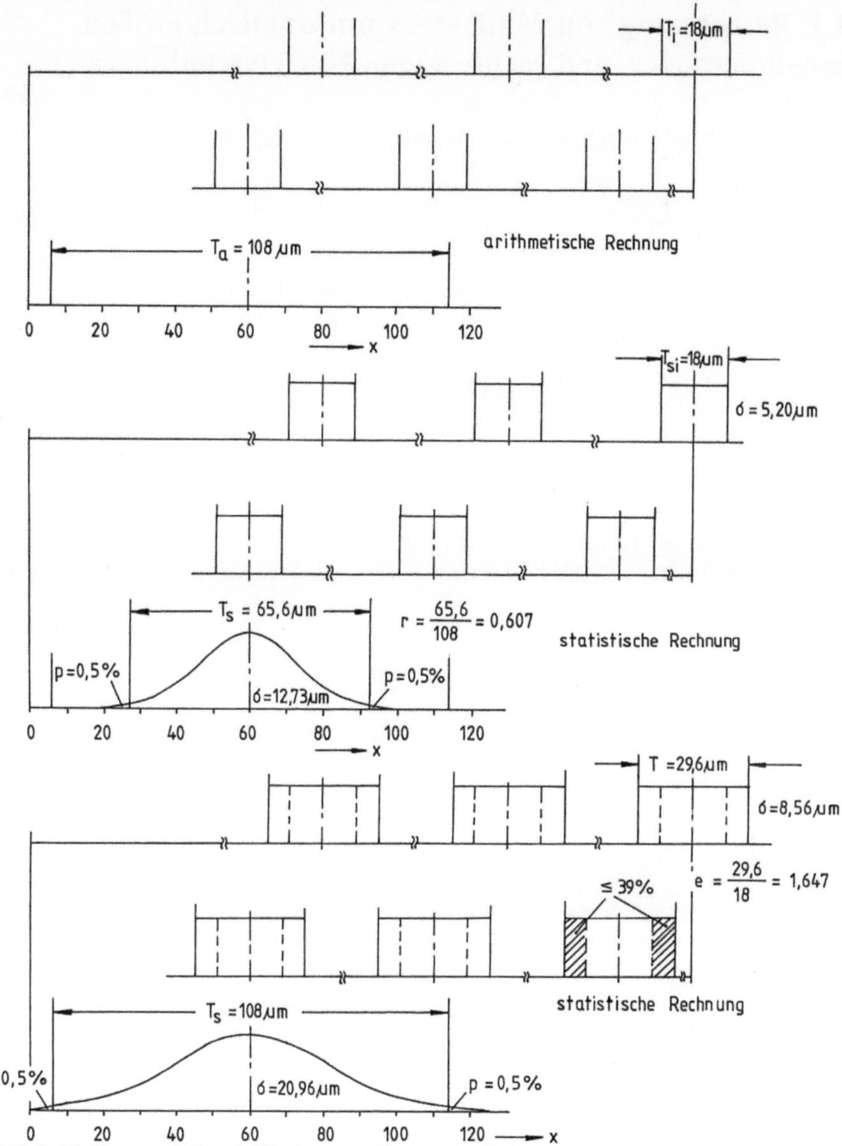

Bild 10.3. Maßkette mit $k = 6$ Gliedern zur Veranschaulichung des Reduktions- und des Erweiterungsfaktors

vertafeln. Wird jedoch im Nenner das $\sqrt{k}$ fortgelassen, dann ist

$$r_u = \frac{u_{1-p}}{\sqrt{3}} \tag{10.12}$$

ein *Umrechenfaktor*, der *unabhängig* von k und daher noch einfacher zu vertafeln ist, s. Formblatt zur Berechnung von Toleranzen, Bild 10.6.

Der Umrechenfaktor r_u ergibt mit $1/\sqrt{k}$ multipliziert den Reduktionsfaktor r.

10.3 Berechnung von Maßketten mit ungleich großen Einzeltoleranzen und rechteckigen Einzelverteilungen

Wenn die Einzeltoleranzen nicht gleich groß sind, dann ist deren quadratisches Mittel zu bilden

$$T_\mathrm{m} = \sqrt{\frac{\sum T_\mathrm{i}^2}{k}} \ .$$

(10.13)

Das quadratische Mittel wird in den Bildern 10.4 und 10.5 erläutert.

Wird T_m anstelle von T_i in (10.7) eingesetzt, ergibt sich

$$T_\mathrm{s} = \frac{u_{1-\mathrm{p}}\,\sqrt{k}\,\sqrt{\sum T_\mathrm{i}^2}}{\sqrt{3}\,\sqrt{k}} = r_\mathrm{u}\,\sqrt{\sum T_\mathrm{i}^2} \ .$$

(10.14)

Damit ist

$$\sum T_\mathrm{i}^2 = (T_\mathrm{s}/r_\mathrm{u})^2$$

(10.15)

Die Zielgröße für die Neuaufteilung der Toleranzen, Zeile 20 im Formblatt für die Berechnung von Toleranzen, Bild 10.6.

Aufgabe 10.1

Gegeben: Aufgabe 9.1 (Getriebe, Rückblättern nicht erforderlich).
Gesucht: Statistische Toleranzrechnung in der Annahme, daß die Einzelverteilungen rechteckverteilt die Toleranzfelder ausfüllen werden.
Lösung: Die Lösung in Bild 10.6 ist eine von vielen denkbaren Möglichkeiten.

Eine Besonderheit des Umrechenfaktors r_u, die für die Rechenpraxis unbedeutend aber für das Verständnis der etwas komplizierten Zusammenhänge sehr wichtig ist, geht aus (10.14) hervor.

Der Faktor $\sqrt{\sum T_\mathrm{i}^2}$ ist die quadratisch berechnete Toleranz T_q des Schließmaßes und r_u ist der Faktor, um den T_q erweitert werden muß, wenn die Einzeltoleranzfelder nicht von Normalverteilungen sondern von Rechteckverteilungen ausgefüllt sein können.

Für das Beispiel in der Mitte des Bilds 10.3 wäre mit (9.2)

$$T_\mathrm{q} = \sqrt{k}\ T_\mathrm{i} = \sqrt{6}\cdot 18 = 44{,}091\ \mu\mathrm{m}.$$

Wird dieses T_q mit r_u (nach Formblatt) multipliziert, dann ergibt sich

$$T_\mathrm{s} = r_\mathrm{u}\ T_\mathrm{q} = 1{,}487\,1\cdot 44{,}091 = 65{,}567\ \mu\mathrm{m}$$

wie in Abschnitt 10.2 auf andere Weise berechnet.

Die *einfachste Ableitung des Reduktionsfaktors* ist wie folgt möglich:

$$T_\mathrm{s} = r_\mathrm{u}\ T_\mathrm{q} = \frac{u_{1-\mathrm{p}}}{\sqrt{3}}\ T_\mathrm{q}.$$

(10.16)

Bei gleichgroßen Einzeltoleranzen ist

$$T_\mathrm{q} = \frac{T_\mathrm{a}}{\sqrt{k}}$$

(10.17)

Zeile	T_1	T_2	T_3	T_4	T_5	$\sum T_i$	$\sum T_i^2$	$T_m = \sqrt{\dfrac{\sum T_i^2}{k}}$
1	10	10	10	10	10	50	500	10
2	20	15	5	5	5	50	700	11,832
3	30	5	5	5	5	50	1000	14,142
4	40	4	2	2	2	50	1628	18,044
5	46	1	1	1	1	50	2120	20,591
6	50	0	0	0	0	50	2500	22,361

Bild 10.4. Quadratisches Mittel T_m von $k = 5$ gleich großen und ungleich großen Einzeltoleranzen; alle Toleranzketten haben die gleiche Summe.

Probe für den Fall in Zeile 5: $kT_m^2 = \sum T_i^2$

$$5 \cdot 20{,}591^2 = 2\,120$$

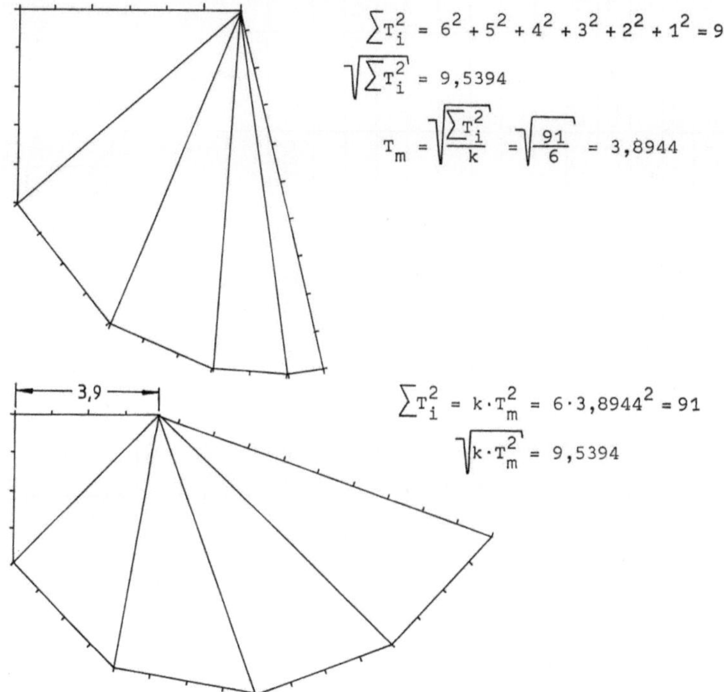

$$\sum T_i^2 = 6^2 + 5^2 + 4^2 + 3^2 + 2^2 + 1^2 = 91$$

$$\sqrt{\sum T_i^2} = 9{,}5394$$

$$T_m = \sqrt{\frac{\sum T_i^2}{k}} = \sqrt{\frac{91}{6}} = 3{,}8944$$

$$\sum T_i^2 = k \cdot T_m^2 = 6 \cdot 3{,}8944^2 = 91$$

$$\sqrt{k \cdot T_m^2} = 9{,}5394$$

Bild 10.5. Pythagoras für Toleranzen, unten sind alle Toleranzen so groß wie das quadratische Mittel der ungleich großen Toleranzen in der oberen Toleranzkette

und eingesetzt in (10.16)

$$T_s = \underbrace{\frac{u_{1-p}}{\sqrt{3}\ \sqrt{k}}}_{\substack{\text{Reduktions-}\\\text{faktor}}} T_a$$

Die Schließmaßtoleranzen T_a, T_q und T_s werden in Bild 10.7 miteinander verglichen.

Fehleranteil p in %	10	5	4,55	2,5	2	1	‚0,27	0,1	0,01
Gutanteil 1-p in %	90	95	95,45	97,5	98	99	99,73	99,9	99,99
Argument der NV u_{1-p}	1,6449	1,9600	2	2,2414	2,3263	2,5758	3	3,2905	3,8906
Umrechenfaktor r_u	0,9497	1,1316	1,1547	1,2941	1,3431	1,4871	1,7321	1,8998	2,2462
Vorgabe oder Wahl:						×			

Vorgang: Maßkette in Bild 8/4

Datum:

Zeile	Maß-Nr.	positive Zählrichtung			negative Zählrichtung			arithmet. Rechnung		statistische Neuaufteilung NV oder RV			
Spalte	1	2	‚3	4	5	6	7	8	9	10	11	12 Mittenmaß	13 Abmaße
		Nennmaß N_i	ob.Abmaß A_o	unt.Abmaß A_u	Nennmaß N_i	ob.Abmaß A_o	unt.Abmaß A_u	Toleranz T_i	T_i^2	T_{si}^2	T_{si}	C_i	$A_{o,u}$
1	1	30	+0,10	−0,05				0,15	0,0225	0,0576	0,24	30	±0,12
2	2	40	+0,10	−0,10				0,20	0,0400	0,0576	0,24	40	±0,12
3	3				5	+0,15	+0,08	0,07	0,0049	0,01	0,10	5	±0,05
4	4				59,5	−0,05	−0,30	0,25	0,0625	0,09	0,30	59,5	±0,15
5	5				5	+0,15	+0,06	0,09	0,0081	0,01	0,10	5	±0,05
6													
7													
8													
9													
10													
11													
12													
13													
14	Σ =	70	+0,20	−0,15	(1) 69,5	(2) +0,25	(3) −0,16	0,76	0,1380	0,2252			
15		−(1) −69,5	−(3) +0,16	−(2) −0,25						0,2216 = Zielsumme			
16	N_s =	0,5	+0,36	−0,40									
17	C_s =												

← Rechenkontrolle →

neues Spiel:

$$0,5 \;{}^{+0,35}_{-0,35}$$

Zwischenrechnung:

18	T_a =	T_{sv} = 0,70
19	NV: T_{sv}^2 =	= $\sum T_{si}^2$
20	RV: $(T_{sv}/r_u)^2$ =	= $\sum T_{si}^2$ $(0,70/1,4871)^2$

Bild 10.6. Formblatt mit Lösung der Aufgabe 10.1

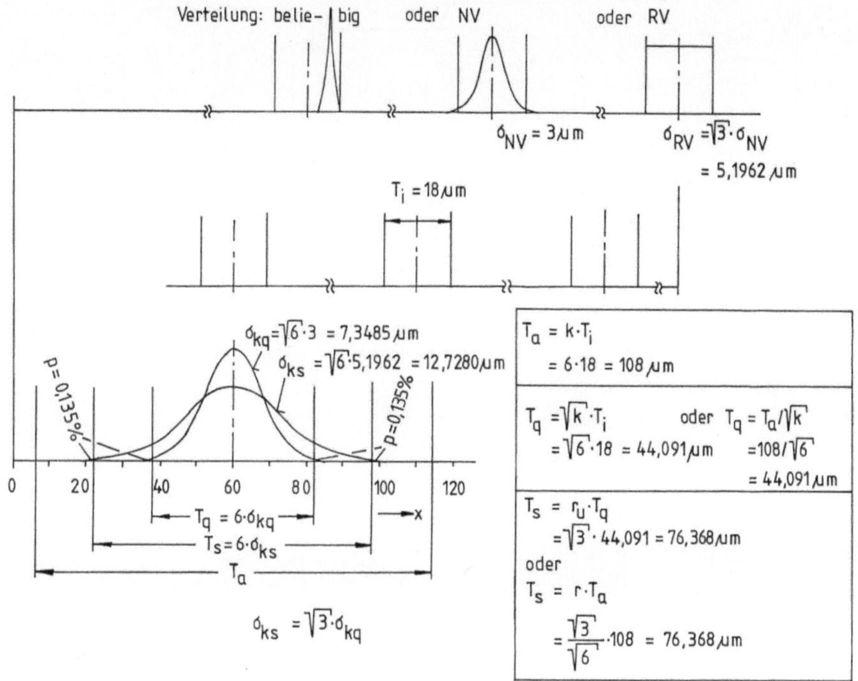

Bild 10.7. Vergleich der Schließmaßtoleranzen T_a, T_q und T_s bei einer linearen Maßkette mit $k = 6$ Gliedern und gleich großen Einzeltoleranzen T_i

10.4 Vorteile der Annahme des Vorliegens von Rechteckverteilungen

Die statistische Toleranzrechnung unter der Annahme des Vorliegens von Rechteckverteilungen in den Einzelmaßen, die die jeweiligen Toleranzfelder ausfüllen, hat folgende Vorteile:
— Das Ergebnis liegt auf der „sicheren Seite"; reale Mischverteilungen — entstanden aus Normalverteilungen — fallen nach den Seiten schräg (glockenförmig) ab.
— Es sind *keine Prüfverfahren auf Verteilungsform* erforderlich; dadurch werden die Kosten verringert. Außerdem sind die Prüfverfahren, die es dafür gibt, wenig wirksam.
— Wenn die Verteilungen die Toleranzfelder ausfüllen, dann liegen sie auch auf Mittenmaß. Sind die Istverteilungen unwesentlich schmaler, dann sind Abweichungen von den Mittenmaßen nicht kritisch, weil dann die Abweichungen dadurch ausgeglichen werden, daß die Streuung geringer ist.
In Bild 10.8 ist dies für eine viergliederige Maßkette dargestellt. Wenn die Toleranz des Schließmaßes von der arithmetischen Rechnung beibehalten werden kann, können die Einzeltoleranzen um den Faktor

$$e_{RV} = \frac{\sqrt{3}\,\sqrt{k}}{u_{1-p}} = \frac{\sqrt{4}}{\sqrt{3}} = 1,154\,7$$

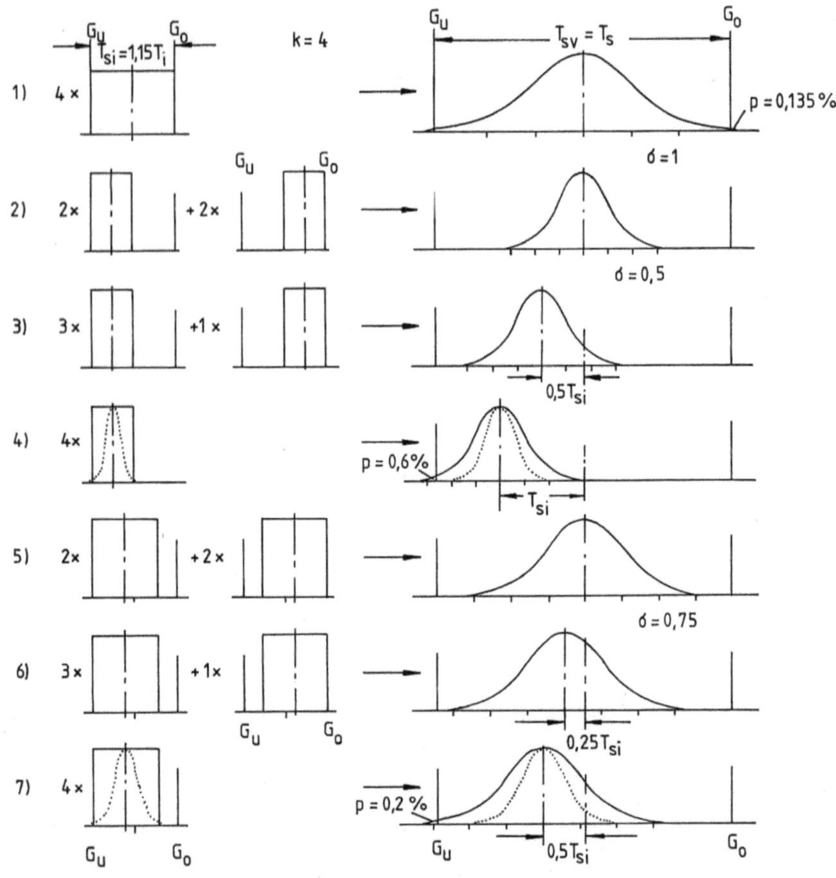

Bild 10.8. Statistisch berechnete Maßkette bestehend aus $k = 4$ Gliedern. Die Berechnung erfolgte unter der Annahme, daß die Einzelverteilungen Rechteckverteilungen sind, die die jeweiligen (erweiterten) Toleranzfelder ausfüllen. Zeilen 2) bis 7) sind Beispiele, in denen das nicht der Fall ist

erweitert werden. In den Zeilen 2) bis 7) sind verschiedene Annahmen für die Lage und die Breite der Istverteilungen getroffen. In allen Fällen wird die Toleranz des Schließmaßes nicht überschritten.

Das gleiche ist in Bild 10.9 dargestellt für eine sechsgliederige Maßkette, bei der die Einzeltoleranzen um den Faktor

$$e_{RV} = \frac{\sqrt{6}}{\sqrt{3}} = 1,4142$$

erweitert wurden.

— Wenn die Verteilungen *wesentlich schmaler* sind als die Toleranzfelder, dann muß die Voraussetzung erfüllt sein, daß die *Mittelwerte in Nähe der Mittenmaße* liegen, *keinesfalls* dürfen dann die Verteilungen *bei den Grenzmaßen* liegen, Bild 10.10. Dieser Fall dürfte aber äußerst selten auftreten, denn wenn die Verteilung wesentlich schmaler ist als das Toleranzfeld, dann wäre die Toleranzerweiterung durch

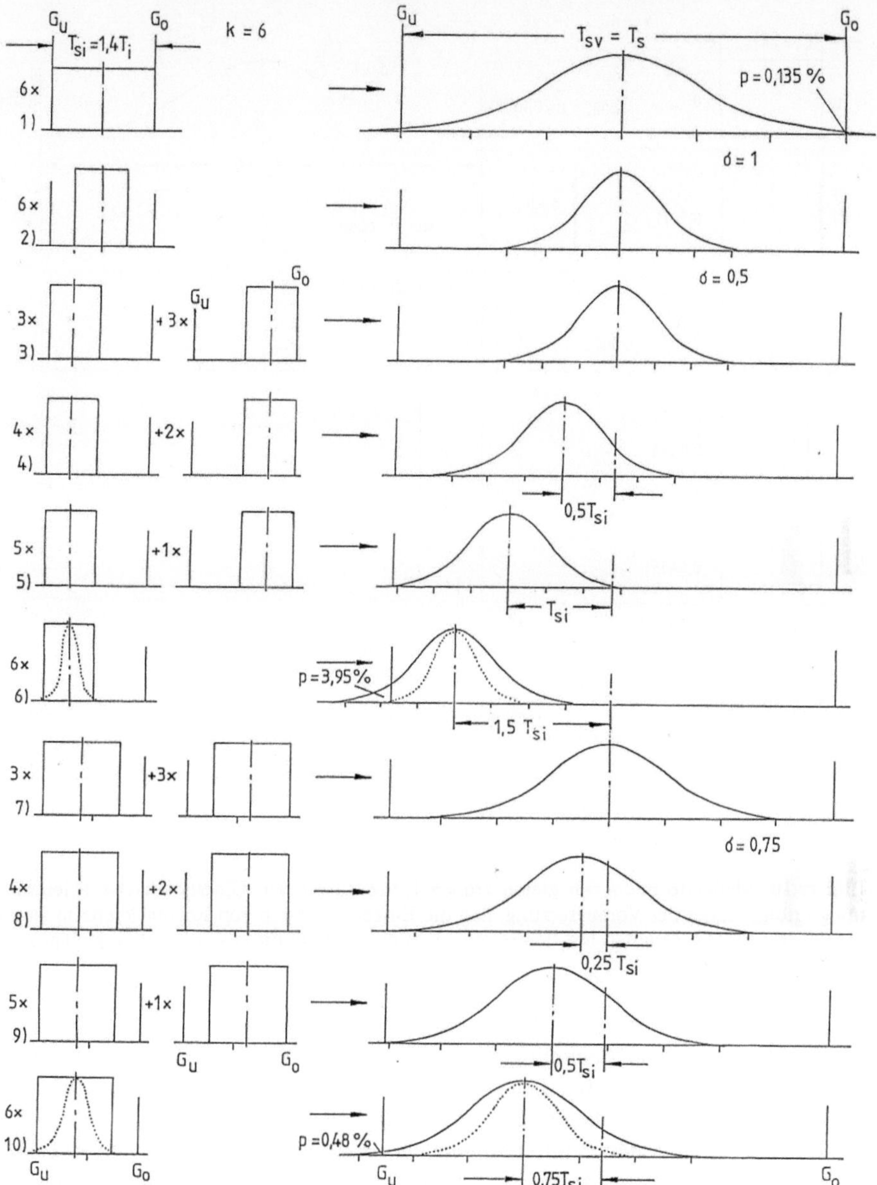

Bild 10.9. Statistisch berechnete Maßkette mit $k = 6$ Gliedern und Beispielen dafür, daß die Voraussetzungen nicht zutreffen

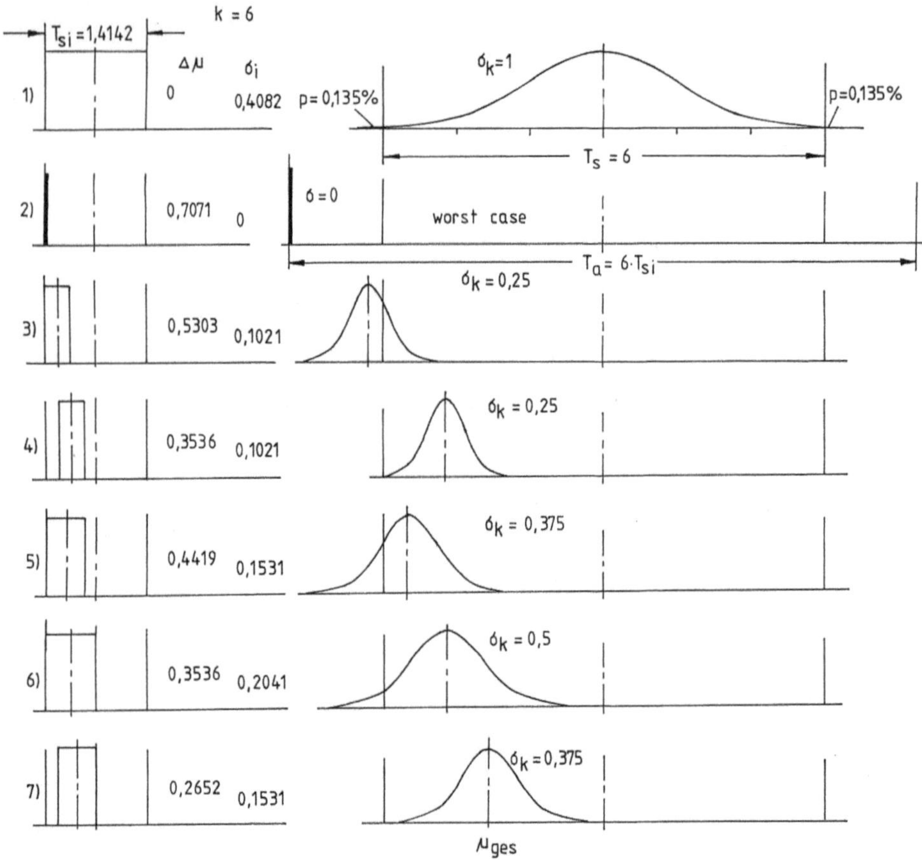

Bild 10.10. Maßkette mit $k = 6$ gleich großen Einzeltoleranzen. Die statistische Toleranzrechnung erfolgte unter der Voraussetzung, daß die Einzeltoleranzen von Rechteckverteilungen ausgefüllt werden. Die Zeilen 2) bis 7) enthalten die Folgen, wenn diese Voraussetzung nicht zutrifft

statistische Toleranzrechnung nicht erforderlich gewesen und es könnte zu den arithmetisch berechneten Toleranzen zurückgekehrt werden. Möglicherweise wäre eine darüberhinausgehende Einengung der Toleranzen sinnvoll.

Der Fall, in dem der Zufallsstreubereich wesentlich schmaler ist als das Toleranzfeld, ist bei den sogenannten festen Werkzeugen (Schnittwerkzeuge, Druckgußgehäuse) gegeben. Bei diesen wandert die Verteilung im Verlauf der Standzeit von einem Grenzwert zum anderen durch das Toleranzfeld. Daher dürfen alle Maße, die von festen Werkzeugen erzeugt werden, nicht in eine statistische Toleranzrechnung einbezogen werden.

— Die unter der Voraussetzung des Vorliegens von Rechteckverteilungen erreichten Erleichterungen für die Fertigung durch Toleranzerweiterung reichen in den meisten Fällen aus.

Aufgabe 10.2

Gegeben: Bild 10.10

Gesucht: Nachvollzug der Berechnungen; zusätzlich sind für die Zeilen 3) bis 7) die Fehleranteile in den Schließmaßen zu bestimmen mit Hilfe der u-Tabelle A1.

Lösung:

Zeile	$u = \dfrac{3 - 6\,\Delta\mu}{\sqrt{6}\ \sigma}$	p in %
3	$-0{,}726\,9$	76,64
4	$3{,}512\,2$	0,02
5	$0{,}929\,6$	17,62
6	$1{,}756\,8$	3,95
7	$3{,}756\,8$	0,00

11 Statistische Toleranzrechnung bei Einzelmaßen mit Trapezverteilung oder mit Dreieckverteilung

11.1 Durchführung der Berechnung

In den Fällen, in denen die Erweiterungen der Einzeltoleranzen unter der Voraussetzung des Vorliegens von Rechteckverteilungen nicht ausreichen, können Annahmen getroffen werden darüber, daß die Einzelistverteilungen die Toleranzfelder nicht rechteckig ausfüllen sondern durch Trapez- oder durch Dreieckverteilungen angenähert werden können.

Falls die Annahme der Rechteckverteilung ausreicht, können die der Realität besser angenäherten, schrägen Verteilungen dazu herangezogen werden, um die Sicherheit der Rechteckrechnung abzuschätzen.

In Bild 11.1 sind die Parameter und Faktoren für verschiedene Verteilungen zusammengestellt. Für den Typ TV_2 seien diese Faktoren hier exemplarisch berechnet:

Die Varianz ist

$$\sigma^2 = \frac{5\,R^2}{108}$$

wie in Bild 4.9. Falls die Verteilung das Toleranzfeld ausfüllt, ist

$$T_\mathrm{i} = R = \sqrt{\frac{108}{5}} \cdot \sigma = 2\sqrt{\frac{27}{5}} \cdot \sigma = 2 \cdot 2{,}323\,8 \cdot \sigma.$$

Damit ist der Reduktionsfaktor

$$r_{\mathrm{TV}_2} = \frac{1{,}732\,1}{2{,}323\,8} \cdot r = 0{,}745\,4 \cdot r$$

und der Umrechenfaktor

$$r_{\mathrm{uTV}_2} = 0{,}745\,4 \cdot r_\mathrm{u}.$$

Dann ist die Zielsumme

$$\sum T_\mathrm{i}^2 = \left(\frac{T_\mathrm{sv}}{r_{\mathrm{uTV}_2}}\right)^2 = \frac{T_\mathrm{sv}^2}{0{,}745\,4^2 \cdot r_\mathrm{u}^2} = 1{,}8\left(\frac{T_\mathrm{sv}}{r_\mathrm{u}}\right)^2.$$

Die Zielsumme ist um den Faktor 1,8 größer als bei Annahme der Rechteckverteilung; damit könnten die Einzeltoleranzen um den Faktor $\sqrt{1{,}8} = 1{,}342$ erweitert werden bzw. die Schließmaßtoleranz könnte um den Faktor $1/1{,}342 = 0{,}745$ kleiner sein.

Verteilung	Varianz	Toleranz von Verteilung mit R ausgefüllt	Reduktionsfaktor	Umrechenfaktor	Zielsumme bei Toleranzrechnung	Statistische Schließtoleranz für $u_{1-p} = 3$
RV	$\sigma^2 = \dfrac{R^2}{12}$	$T_i = 2\sqrt{3}\cdot\sigma_i$ $= 2\cdot 1{,}7321\cdot\sigma_i$	$r = \dfrac{u_{1-p}}{\sqrt{3}\,\sqrt{k}}$	$r_u = \dfrac{u_{1-p}}{\sqrt{3}}$	$\sum T_i^2 = \left(\dfrac{T_{sv}}{r_u}\right)^2$	$T_s = 1{,}7321\sqrt{\sum T_{si}^2}$
$\mathrm{TV_1}$	$\sigma^2 = \dfrac{10\cdot R^2}{192}$	$T_i = 2\sqrt{\dfrac{48}{10}}\cdot\sigma_i$ $= 2\cdot 2{,}1909\cdot\sigma_i$	$r_{\mathrm{TV_1}} = 0{,}7906\,r$	$r_{u_{\mathrm{TV_1}}} = 0{,}7906\,r_u$	$\sum T_i^2 = 1{,}6\left(\dfrac{T_{sv}}{r_u}\right)^2$	$T_s = 1{,}3694\sqrt{\sum T_{si}^2}$
$\mathrm{TV_2}$	$\sigma^2 = \dfrac{5\cdot R^2}{108}$	$T_i = 2\sqrt{\dfrac{27}{5}}\cdot\sigma_i$ $= 2\cdot 2{,}3238\cdot\sigma_i$	$r_{\mathrm{TV_2}} = 0{,}7454\,r$	$r_{u_{\mathrm{TV_2}}} = 0{,}7454\,r_u$	$\sum T_i^2 = 1{,}8\left(\dfrac{T_{sv}}{r_u}\right)^2$	$T_s = 1{,}2910\sqrt{\sum T_{si}^2}$
$\mathrm{TV_3}$	$\sigma^2 = \dfrac{13\cdot R^2}{300}$	$T_i = 2\sqrt{\dfrac{75}{13}}\cdot\sigma_i$ $= 2\cdot 2{,}4019\cdot\sigma_i$	$r_{\mathrm{TV_3}} = 0{,}7211\,r$	$r_{u_{\mathrm{TV_3}}} = 0{,}7211\,r_u$	$\sum T_i^2 = 1{,}923\left(\dfrac{T_{sv}}{r_u}\right)^2$	$T_s = 1{,}2490\sqrt{\sum T_{si}^2}$
DV	$\sigma^2 = \dfrac{R^2}{24}$	$T_i = 2\sqrt{6}\cdot\sigma_i$ $= 2\cdot 2{,}4495\cdot\sigma_i$	$r_{\mathrm{DV}} = 0{,}7071\,r$	$r_{u_{\mathrm{DV}}} = 0{,}7071\,r_u$	$\sum T_i^2 = 2\left(\dfrac{T_{sv}}{r_u}\right)^2$	$T_s = 1{,}2247\sqrt{\sum T_{si}^2}$
NV	$\sigma^2 = \dfrac{R^2}{36}$	$T_i = 2\cdot 3\cdot\sigma_i$ grenzwertüberschreitender Anteil $p = 0{,}27\,\%$	$r_{\mathrm{NV}} = 0{,}5774\,r$	$r_{u_{\mathrm{NV}}} = 0{,}5774\,r_u$	$\sum T_i^2 = 3\left(\dfrac{T_{sv}}{r_u}\right)^2$	$T_s = 1{,}0000\sqrt{\sum T_{si}^2}$

Bild 11.1. Zusammenstellung von Parametern und Faktoren für verschiedene Verteilungen

Dasselbe Ergebnis läge vor, wenn bei der RV-Rechnung ein Fehleranteil von $p = 2,5\,\%$ im Schließmaß akzeptiert werden würde. Dann wäre das Verhältnis der Umrechenfaktoren nach Formblatt

$$\frac{r_{u,\,1,5\,\%}}{r_{u,\,0,27\,\%}} = \frac{1,294\,1}{1,732\,1} = 0,747\,1$$

und die Zielgröße für die Summe der quadrierten Einzeltoleranzen wäre auch um den Faktor

$$\frac{1}{0,747\,1^2} = 1,791\,6 \approx 1,8$$

größer.

Bemerkenswert ist, daß sich die verschiedenen TV-Typen und die DV in ihrer Wirkung kaum unterscheiden. Dies geht am deutlichsten aus Bild 10.1 hervor, in das die Strahlen für die Reduktionsfaktoren und für die Erweiterungsfaktoren der Verteilungen TV_1 und DV eingetragen sind. Die Strahlen für TV_2 und TV_3 würden dazwischenliegend verlaufen, falls sie eingezeichnet wären.

Aufgabe 11.1

Gegeben: Lösung der Aufgabe 10.1 (RV-Rechnung) mit

C_i	T_i
30	0,24
40	0,24
5	0,10
59,5	0,30
5	0,10

Gesucht: Sicherheit für den Fall, daß die realen Fertigungsverteilungen zwar die Toleranzfelder ausfüllen aber angenähert die Form einer Trapezverteilung des Typs TV_2 haben.

Lösung: Die Zielsumme ist jetzt

$$\sum T_i^2 = 1,8 \cdot \left(\frac{T_{sv}}{r_u}\right).$$

Die rechnerische Summe ist

$$T_i^2 = 0,225\,2.$$

Damit wird

$$T_{sv}^2 = \frac{\sum T_i^2\, r_u^2}{1,8},$$

$$T_{sv} = \frac{\sqrt{0,225\,2 \cdot 1,487\,1}}{\sqrt{1,8}} = 0,526\ \text{mm}.$$

In Worten: Nach der viel Sicherheit enthaltenden RV-Rechnung ist die Toleranz des Spiels $T_{sv} = 0,70$ mm, was von 1 % der Istspiele überschritten wird. Sollten die Istverteilungen TV_2-Form haben, liegen 1 % der Istspiele außerhalb des Toleranzfelds mit der Breite $T_{TV_2} = 0,526$ mm.
Das Spiel ist dann statt $0,5^{+0,35}_{-0,35}$ in Wahrheit $0,5^{+0,26}_{-0,26}$.

Aufgabe 11.2

Gegeben: Nabenbefestigung auf einem Achszapfen; Maßkette mit $k = 4$ Gliedern nach Bild 11.2.

Ein Vorschlag für die Bemaßung mit arithmetischer Toleranzrechnung liegt vor, Bild 11.3.

Gesucht: 1. Beurteilung der arithmetisch berechneten Toleranzkette.

2. Quadratische Toleranzrechnung.

3. Nachrechnung unter verschiedenen Annahmen für die Verteilungsformen in den Einzelistmaßen und für akzeptable Fehleranteile in den Schließmaßen.

4. Zusammenfassende Beurteilung dieses Beispiels.

Lösung: 1. Das Mindestspiel ist mit $P_\mathrm{u} = 0,2$ mm ausreichend; das Höchstspiel ist mit $P_\mathrm{o} \ldots 0,66$ mm angemessen, darf aber keineswegs größer sein, weil sonst bei auftretenden Axialkräften „Schläge" zu befürchten sind. Die Einzeltoleranzen sind etwas knapp und sollten erweitert werden.

2. Die quadratische Toleranzrechnung enthält Bild 11.3. $T_\mathrm{sv} = 0,4$ mm ergibt $T_\mathrm{sv}^2 = 0,16$ als Zielsumme in Spalte 10. Die tatsächliche Summe in Spalte 10 liegt mit 0,145 6 darunter; dennoch konnten die Toleranzen für die Maße 1 bis 3 verdoppelt werden. Die Toleranz für das Maß 4 wurde beibehalten, weil es sich um ein Normteil handelt.

Zeichnung:

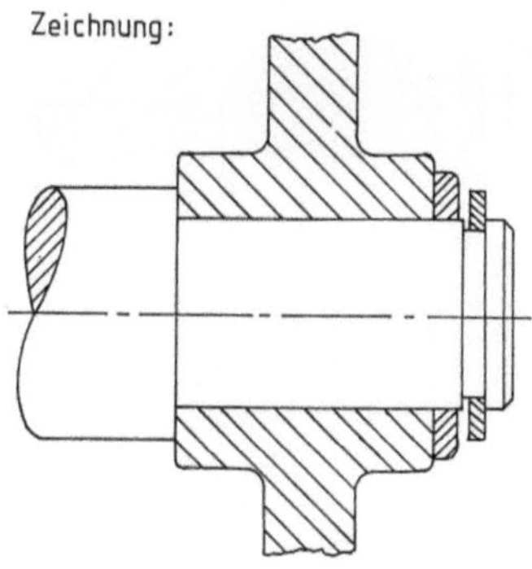

Maßplan:

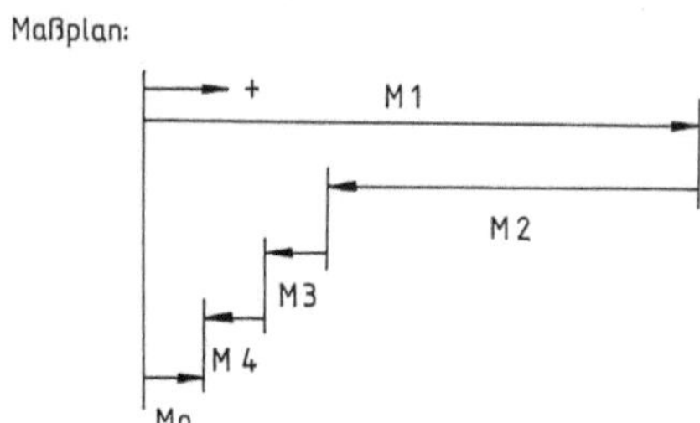

Maßtabelle:

Achslänge bis Einstich rechts	M1	$= 51,3 \,^{\ 0}_{-0,1}$
Nabenbreite	M2	$= 45,0 \,^{\ 0}_{-0,1}$
Scheibe	M3	$= 4,0 \,^{\ 0}_{-0,1}$
Sicherungsring	M4	$= 2,0 \,^{\ 0}_{-0,16}$

Bild 11.2. Zeichnung, Maßplan und Maßtabelle für die lineare Maßkette der Aufgabe 11.2

Fehleranteil p in %	10	5	4,55	2,5	2	1	0,27	0,1	0,01
Gutanteil 1-p in %	90	95	95,45	97,5	98	99	99,73	99,9	99,99
Argument der NV u_{1-p}	1,6449	1,9600	2	2,2414	2,3263	2,5758	3	3,2905	3,8906
Umrechenfaktor r_u	0,9497	1,1316	1,1547	1,2941	1,3431	1,4871	1,7321	1,8998	2,2462
Vorgabe oder Wahl:									

Vorgang: Nabenbefestigung

Datum:

Zeile	Spalte		positive Zählrichtung			negative Zählrichtung			arithmet. Rechnung		statistische Neuaufteilung NV oder RV			
		1	2	3	4	5	6	7'	8	9	10	11	12	13
		Maß-Nr.	Nennmaß N_i	ob.Abmaß A_o	unt.Abmaß A_u	Nennmaß N_i	ob.Abmaß A_o	unt.Abmaß A_u	Toleranz T_i	T_i^2	T_{si}^2	T_{si}	Mittenmaß C_i	Abmaße $A_{o,u}$
1	1	1	51,3	0	−0,1				0,1	0,01	0,04	0,2	51,3	±0,1
2	2	2				45,0	0	−0,1	0,1	0,01	0,04	0,2	45	±0,1
3	3	3				4,0	0	−0,1	0,1	0,01	0,04	0,2	4	±0,1
4	4	4				2,0	0	−0,16	0,16	0,0256	0,0256	0,16	1,92	±0,08
5														
6														
7														
8														
9														
10														
11														
12														
13														
14	$\sum$ =		51,3	0	−0,1	①51,0	②0	③−0,36	0,46	0,0556	0,1456		0,38	
15			−①−51,0	−③+0,36	−②0						0,1600 = Zielsumme			
16	N_S =		0,3	+0,36	−0,1									
17	C_S =		0,43	+0,23	−0,23									

Ziel ca. 0,40 +0,20 −0,20

← Rechenkontrolle

Zwischenrechnung:

18	T_a = 0,46 T_{sv} = 0,40	
19	NV: T_{sv}^2 = 0,16	= $\sum T_{si}^2$
20	RV: $(T_{sv}/r_u)^2$ =	= $\sum T_{si}^2$

Bild 11.3. Formblatt mit Lösung der Aufgabe 11.2

Zeile Nr.	Annahme Einzeltoleranzfelder ausgefüllt durch	Annahme Fehleranteil im Schließmaß p	Berechnung von T_s	zu erwartendes Spiel
1	NV	0,27 %	$T_s^2 = \sum T_{si}^2$ $T_s = \sqrt{0,1456} = 0,3816$	$C_s = 0,38 \; {}^{+0,19}_{-0,19}$
2	RV	5 %	$T_s^2 = r_u^2 \cdot \sum T_{si}^2$ $T_s = 1,1316 \cdot 0,3816$ $T_s = 0,4318$	$C_s = 0,38 \; {}^{+0,22}_{-0,22}$
3	TV_2	5 %	$T_s^2 = 0,7454^2 \cdot r_u^2 \cdot \sum T_{si}^2$ $T_s = 0,7454 \cdot 1,1316 \cdot 0,3816$ $T_s = 0,3218$	$C_s = 0,38 \; {}^{+0,16}_{-0,16}$
4	NV	5 %	$T_s^2 = 0,5774^2 \cdot r_u^2 \cdot \sum T_{si}^2$ $T_s = 0,5774 \cdot 1,1316 \cdot 0,3816$ $T_s = 0,2493$ (1)	$C_s = 0,38 \; {}^{+0,125}_{-0,125}$
5	RV	0,27 %	$T_s = 1,7312 \cdot 0,3816$ $T_s = 0,6609$ (2)	$C_s = 0,38 \; {}^{+0,33}_{-0,33}$

(1) oder $T_s = 0,3816 \; \dfrac{1,96}{3} = 0,2493$ (2) oder $T_s = 0,4318 \; \dfrac{3}{1,96}$

Formeln in Spalte 4 nach Bild 11/1

Bild 11.4. Nachrechnung der statistisch tolerierten, linearen Maßkette der Aufgabe 11.2 bezüglich der Istmaßverteilungen in den Einzeltoleranzfeldern und bezüglich der Fehleranteile in den Schließmaßen

Die Mittenmaße in Spalte 12 ergeben unter Berücksichtigung der Zählrichtung das Mittenspiel $C_S = 0,38$ mm. Mindestspiel und Höchstspiel liegen symmetrisch dazu.

3. Die Nachrechnung für die quadratische Rechnung ist in Zeile Nr. 1 des Bilds 11.4 enthalten; weitere Annahmen und Nachrechnungen enthalten die Zeilen 2 bis 5. Es mag zunächst irretieren, daß die Toleranz des Schließmaßes in Zeile 3 (TV_2 angenommen) kleiner ist als bei der quadratischen Rechnung in Zeile 1; dies ist darauf zurückzuführen, daß in dieser Zeile ein Fehleranteil von 5 % in den Schließmaßen als akzeptabel angenommen wird, während bei der quadratischen Rechnung — wie in den Einzelmaßen — ein Fehleranteil von $p = 0,27$ % in den Schließmaßen angenommen wird.

Eine Wiederholung der quadratischen Rechnung mit $p = 5$ % enthält Zeile 4. Folgende Formulierung besagt dasselbe:

Die in Zeile 4 ermittelten Grenzwerte für das Schließmaß sind so berechnet, daß darin 95 % der Bausätze zu erwarten sind, sofern alle Toleranzfelder der Einzelmaße von Normalverteilungen ausgefüllt werden.

Falls die Fertigungsverteilungen Rechteckverteilungen sind, die die (erweiterten) Toleranzfelder restlos ausfüllen, dann ist das Mindestspiel immer noch ausreichend, Bild 11.4 Zeile 5.

4. Das Beispiel ist wegen seiner Einfachheit sehr anschaulich. In Bild 11.5 sind die in Bild 11.4 gemachten Annahmen und Berechnungen und deren Auswirkungen dargestellt. Zusätzlich sind darin die Standardabweichungen angegeben, wodurch eine Nachprüfung aller Berechnungen in einfacher und anschaulicher Weise möglich ist.

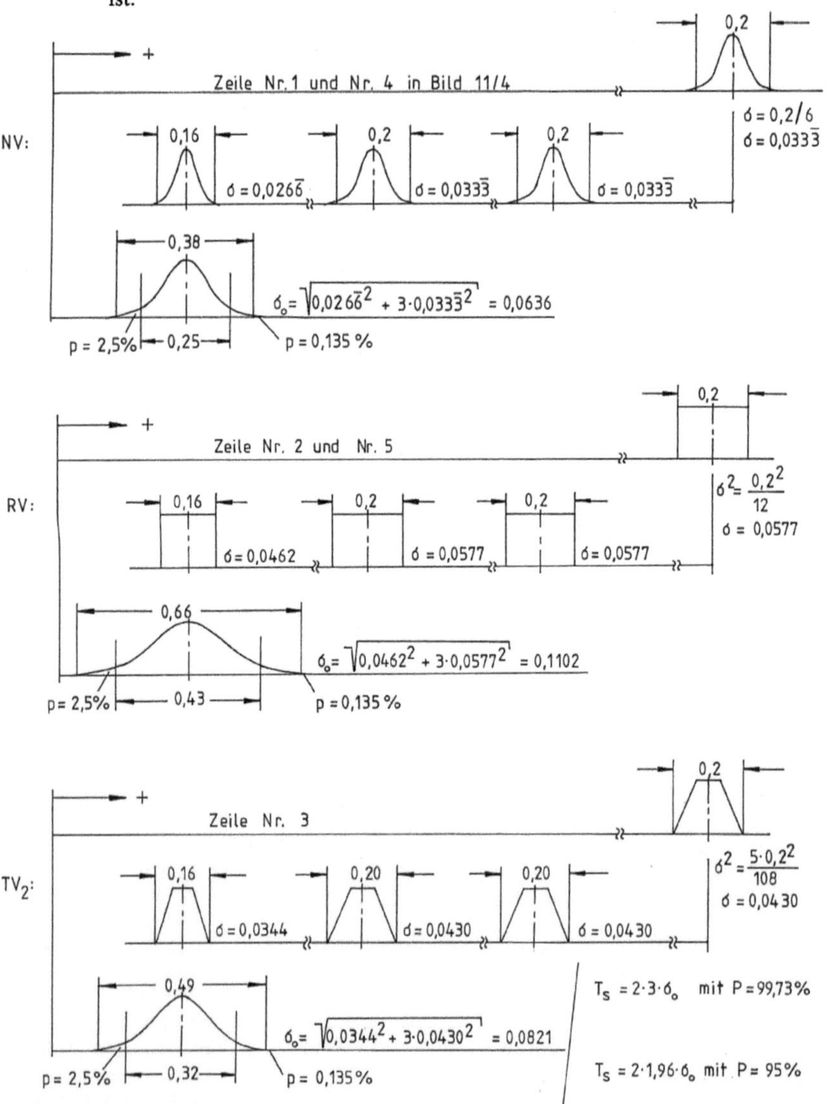

Bild 11.5. Darstellung der in Bild 11.4 zu Aufgabe 11.2 gemachten Annahmen und deren Auswirkungen

Aufgabe 11.3

Gegeben: Kontaktstrecke Taste/Gehäuse einer Uhr mit $k = 9$ Maßgliedern (nach Braun AG, Kronberg im Taunus).
Zusammenstellungszeichnung, Maßtabelle und Maßplan sind in Bild 11.6 enthalten.
Daraus geht hervor, daß das Spiel negativ ist. Dieses Übermaß wird durch den federnden Nippel an der Taste, an dem der Kontaktdraht befestigt ist, zu Null ausgeglichen.

Gesucht: Berechnung des mittleren Schließmaßes und seiner unter verschiedenen Annahmen berechneten Abmaße.
Ziel der Berechnung ist nicht eine Erweiterung der Einzeltoleranzen. Vielmehr soll die Funktion des Schließmaßes überprüft werden; die Funktion ist gegeben, wenn einerseits die Feder ausgelenkt ist und somit eine Mindestkontaktkraft vorliegt und andererseits der vorhandene Federweg von $s = 1{,}2$ mm ausreicht.

Zeichnung:

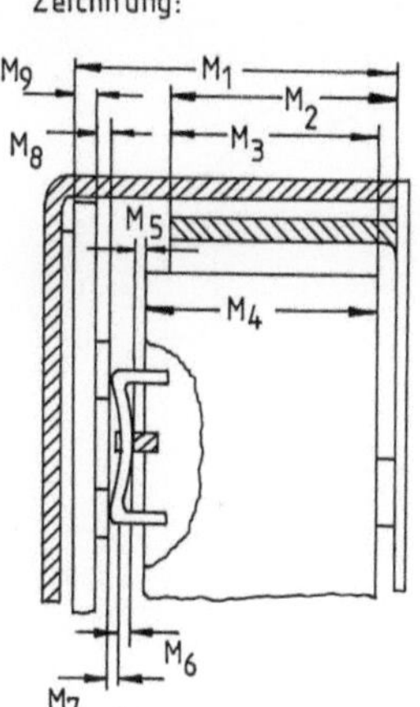

Maßtabelle:

Maß-Nr.	Bezeichnung	N	A_o	A_u
M_1	Rückteilinnenmaß	12,5	0,1	−0,1
M_2	Vorderteilaußenmaß	10,5	0	−0,1
M_3	Vorderteilinnenmaß	8,6	0,1	0
M_4	Tastenbreite	8,0	0	−0,1
M_5	Nippelüberstand an Taste	1,3	0,05	−0,05
M_6	Kontaktdrahtdurchmesser	0,9	0,11	−0,01
M_7	Drahtdurchbiegung	0,1	0,1	−0,05
M_8	Kontaktstreifen (on)	0,2	0,02	−0,02
M_9	Leiterplatte	1,0	0,1	−0,1

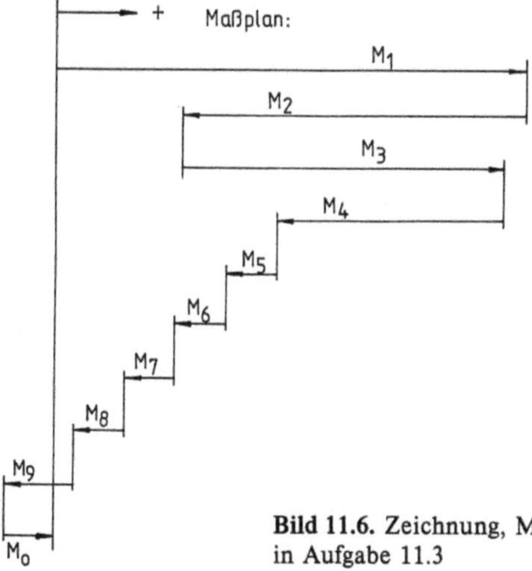

Bild 11.6. Zeichnung, Maßtabelle und Maßplan für die Kontaktstrecke in Aufgabe 11.3

Fehleranteil p in %	10	5	4,55	2,5	2	1	0,27	0,1	0,01
Gutanteil 1-p in %	90	95	95,45	97,5	98	99	99,73	99,9	99,99
Argument der NV u_{1-p}	1,6449	1,9600	2	2,2414	2,3263	2,5758	3	3,2905	3,8906
Umrechenfaktor r_u	0,9497	1,1316	1,1547	1,2941	1,3431	1,4871	1,7321	1,8998	2,2462
Vorgabe oder Wahl:									

Vorgang: Kontaktstrecke (BRAUN–Uhr)

Datum:		positive Zählrichtung			negative Zählrichtung			arithmet. Rechnung		statistische Neuaufteilung NV oder RV			
Spalte	1	2	3	4	5	6	7	8	9	10	11	12	13
Zeile	Maß-Nr.	Nennmaß N_i	ob.Abmaß A_o	unt.Abmaß A_u	Nennmaß N_i	ob.Abmaß A_o	unt.Abmaß A_u	Toleranz T_i	T_i^2	T_{si}^2	T_{si}	Mittenmaß C_i	Abmaße $A_{o,u}$
1	1	12,5	+0,10	−0,10				0,20	0,0400	0,0400			
2	2				10,5	0	−0,10	0,10	0,0100	0,0100			
3	3	8,6	+0,10	0				0,10	0,0100	0,0100			
4	4				8,0	0	−0,10	0,10	0,0100	0,0100			
5	5				1,3	+0,05	−0,05	0,10	0,0100	0,0100			
6	6				0,9	+0,11	−0,01	0,12	0,0144	0,0144			
7	7				0,1	+0,1	−0,05	0,15	0,0225	0,0225			
8	8				0,2	+0,02	−0,02	0,04	0,0016	0,0016			
9	9				1,0	+0,10	−0,10	0,20	0,0400	0,0400			
10													
11													
12													
13													
14	$\sum =$	21,1	+0,20	−0,10	(1) 22,0	(2) +0,38	(3) −0,43	1,11		0,1585			
15		−(1) −22,0	−(3) +0,43	−(2) −0,38						0,1585	= Zielsumme		
16	$N_S =$	−0,9	+0,63	−0,48									
17	$c_S =$	−0,825	+0,555	−0,555									

Rechenkontrolle o.k.

Zwischenrechnung:

18	$T_a =$	$T_{sv} =$
19	NV: $T_{sv}^2 =$	$= \sum T_{si}^2$
20	RV: $(T_{sv}/r_u)^2 =$	$= \sum T_{si}^2$

Bild 11.7. Berechnung zu Aufgabe 11.3

Lösung: 1. *Arithmetische Rechnung*; nach Bild 11.7 ergibt die arithmetische Rechnung das Schließmaß

$$M_\text{o} = P_\text{C} = -0,825^{+0,555}_{-0,555}$$

oder $P_\text{u} = -1,38$ bzw. $P_\text{o} = -0,27$ mm.

2. *Statistische Rechnung* unter der Annahme, daß alle Einzelmaße *normalverteilt* sind und mit ihrem 6 σ-Bereich die jeweiligen Toleranzfelder ausfüllen.

— Grenzwerte für das Schließmaß für einen Überschreitungsanteil von $p = 0,27\,\%$

$$T^2_\text{sv} = \sum T^2_\text{si} = 0,158\,5 \quad \text{(Bild 11.7 Zeile 16 in Spalte 10)}$$

$$T_\text{sv} = 0,398\,1$$

somit ist

$$P_\text{C} = -0,825^{+0,199}_{-0,199}$$

oder $P_\text{u} = -1,024$ bzw. $P_\text{o} = -0,626$.

— Grenzwerte für das Schließmaß für einen Überschreitungsanteil von $p = 1\,\%$

$$T_\text{sv} = \frac{0,398\,1 \cdot 2 \cdot 2,575\,8}{6} = 0,341\,8$$

oder $P_\text{u} = -0,996$ bzw. $p_\text{o} = -0,654$.

3. *Statistische Rechnung* unter der Annahme, daß alle Einzelmaße *rechteckverteilt* sind und die Rechtecke die jeweiligen Toleranzfelder ausfüllen

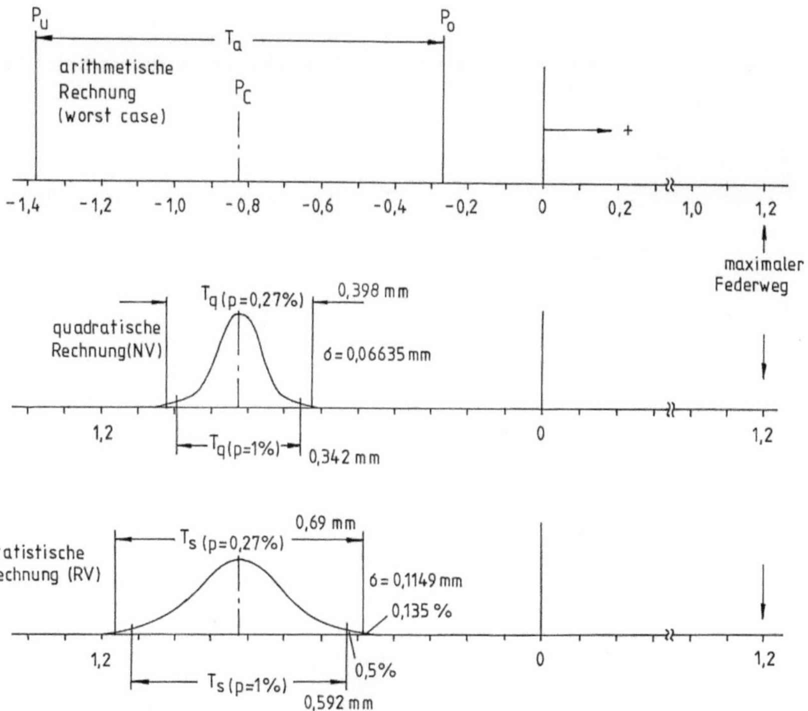

Bild 11.8. Darstellung der Lösung zu Aufgabe 11.3

— Grenzwerte für das Schließmaß für einen Überschreitungsanteil von $p = 0{,}27\,\%$

$$\sum T_{si}^2 = 0{,}158\,5 = (T_{sv}/r_u)^2$$

$$T_{sv}^2 = 0{,}158\,5 \cdot r_u^2 = 0{,}158\,5 \cdot 1{,}732\,1^2$$

$$T_{sv} = 0{,}689\,6$$

somit ist

$$P_C = 0{,}825^{+0{,}344\,8}_{-0{,}344\,8}$$

oder $P_u = -1{,}17$ bzw. $P_o = -0{,}480$.

— Grenzwerte für das Schließmaß für einen Überschreitungsanteil von $p = 1\,\%$

$$T_{sv}^2 = 0{,}158\,5 \cdot r_u^2 = 0{,}158\,5 \cdot 1{,}487\,1^2$$

$$T_{sv} = 0{,}592$$

oder $P_u = -1{,}121$ bzw. $P_o = -0{,}529$.

Eine zusammenfassende Darstellung der Rechenergebnisse enthält Bild 11.8

Beurteilung: Sollte der unwahrscheinliche „worst case" eintreten, sind häufig Fälle des Klemmens zu erwarten; die Uhr ist dann nicht schaltbar.

Selbst bei der ungünstigen Annahme des Vorliegens von Rechteckverteilungen in den Einzelmaßen tritt dies nicht auf.

Sofern alle Einzeltoleranzen eingehalten werden, ist zu erwarten, daß die tatsächliche Verteilung der Schließmaße zwischen der RV- und der NV-Rechnung liegt.

Aufgabe 11.4

Gegeben: dreigliederige Maßkette mit Zeichnung und Maßtabelle; das funktionsgerechte Spiel soll 0,05 bis 0,55 mm betragen

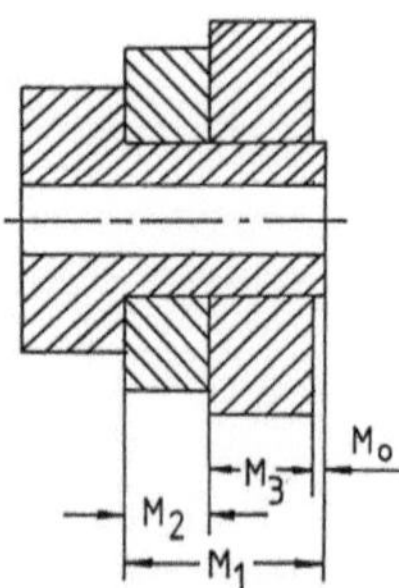

Buchse $M_1 = x^{+y}_{-z}$,

Ring $M_2 = 6^{+0{,}10}_{-0{,}10}$,

Hebel $M_3 = 7^{+0{,}10}_{-0{,}10}$.

Gesucht:
1. Mittenmaß x für den Buchsenabsatz und die arithmetische Berechnung der zugehörigen Abmaße y und z.
2. Fehleranteil der in den Buchsenlosen akzeptiert werden kann unter der Voraussetzung, daß die normalverteilten Spiele und Maße M_1 und M_2 die jeweiligen Toleranzbereiche mit ihren 6 σ-Bereichen ausfüllen.
3. Quadratische Toleranzrechnung mit dem Ziel, die Toleranz für den Buchsenabsatz zu erweitern.

Lösung: 1. Mit dem Formblatt im Anhang zur Berechnung von Toleranzen wird ausgehend von Zeile 2 und 3 über Zeile 15 und 16 die Zeile 1 berechnet zu

$$x^{+y}_{-z} = 13{,}3^{+0{,}05}_{-0{,}05}.$$

Die Rechenkontrolle über Spalte 8 bestätigt die Richtigkeit der Rechnung.

Vorgang: **dreigliederige Maßkette (Buchse mit Ring und Hebel)**

Datum:		positive Zählrichtung			negative Zählrichtung			arithmet. Rechnung	
Spalte	1	2	3	4	5	6	7	8	9
Zeile	Maß-Nr.	Nennmaß N_i	ob.Abmaß A_o	unt.Abmaß A_u	Nennmaß N_i	ob.Abmaß A_o	unt.Abmaß A_u	Toleranz T_i	T_i^2
1	1	13,3	+0,05	−0,05				0,10	
2	2				6	+0,10	−0,10	0,20	
3	3	↑	↑	↑	7	+0,10	−0,10	0,20	
4									
13									
14	$\Sigma =$				① 13	②+0,20	③−0,20	0,50	
15		−①−13	−③+0,20	−②−0,20					
16	$N_S =$	+0,3	+0,25	−0,25	←— Rechenkontrolle ———				
17	$C_S =$	+0,3	+0,25	−0,25					

2. Damit die normalverteilten Spiele die Paßtoleranz ausfüllen, muß deren Standardabweichung

$$\sigma = \frac{T}{6} = \frac{0{,}5}{6} = 0{,}083\,3 \text{ mm}$$

groß sein.
Damit die Maße M_2 und M_3 die Toleranzfelder ausfüllen, muß deren Standardabweichung

$$\sigma = \frac{T}{6} = \frac{0{,}2}{6} = 0{,}033\,3 \text{ mm}$$

groß sein.

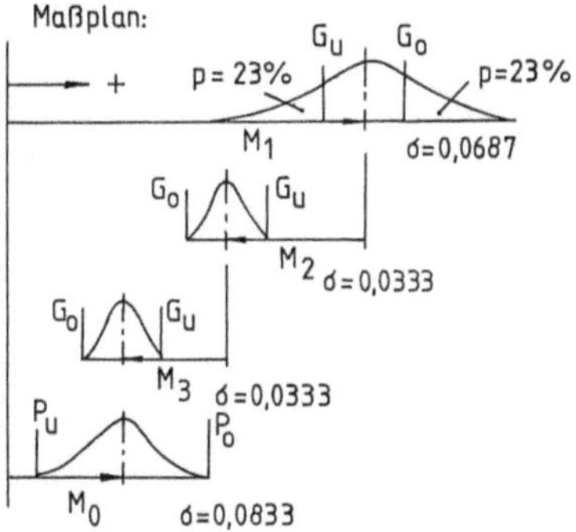

Nach dem Abweichungsfortpflanzungsgesetz ist

$$\sigma_1^2 = \sigma_{ges}^2 - \sigma_2^2 - \sigma_3^2$$

$$= 0,083\,3^2 - 0,033\,3^2 - 0,033\,3^2$$

$$\sigma_1 = 0,068\,7 \text{ mm}.$$

somit ist der Abstand vom Mittenmaß zu den Grenzmaßen in σ-Einheiten:

$$\frac{G_o - C}{\sigma} = \frac{0,05}{0,068\,7} = 0,728 = u_{G_o},$$

nach NV-Tabelle ist der akzeptable Fehleranteil beiseitig

$$p = 23,33\,\% .$$

3. Die bereits unter 2. vorgenommene quadratische Rechnung zeigt, daß die Abmaße für das Maß M_1

$$A_1 = 3 \cdot \sigma_1 = 3 \cdot 0,068\,7 = 0,206 \approx 0,20 \text{ mm}$$

betragen dürften.
Dies gilt nur unter der Voraussetzung, daß künftig alle drei Maße M_1 bis M_3
— normalverteilt sind,
— auf Mitte ihrer Toleranzfelder zentriert sind und
— die jeweiligen Toleranzfelder mit ihren 6 σ-Bereichen allenfalls ausfüllen.

Da einerseits die NV-Voraussetzung störend ist und andererseits für das Maß M_1 eine Toleranz von $T_1 = 0,4$ mm überhaupt nicht erforderlich ist, werde noch eine statistische Toleranzrechnung vorgenommen unter der Annahme, daß alle drei Verteilungen die TV$_2$-Form aufweisen und damit die jeweiligen Toleranzfelder ausfüllen dürfen.
  Die Standardabweichung des Schließmaßes ist wie gehabt

$$\sigma_s = 0,0833 \text{ mm} .$$

Für die Maße M_2 und M_3 ist die zulässige Streuung nach Bild 4.9

$$\sigma_{2,3} = \sqrt{\frac{5 \cdot R^2}{108}} = \sqrt{\frac{5 \cdot 0,2^2}{108}} = 0,0430 \text{ mm}.$$

Dann darf die Standardabweichung des Maßes M_1

$$\sigma_1 = \sqrt{0,0833^2 - 2 \cdot 0,043\,0^2} = 0,056\,88 \text{ mm}.$$

groß sein. Damit wird die Toleranz

$$T_1 = R_1 = 2\sqrt{\frac{27}{5}} \cdot \sigma = 2\sqrt{\frac{27}{5}} \cdot 0,056\,88 = 0,26 \text{ mm}.$$

Daher könnte das Maß M_1 wie folgt festgelegt werden:

$$M_1 = 13,3^{+0,13}_{-0,13}.$$

Hinweis: Eine RV-Nachrechnung mit $p \approx 1\,\%$ in den Schließmaßen führt zu $T_1 = 0,20$ mm.

Aufgabe 11.5

Gegeben: Kleiner E-Motor nach Zusammenstellungszeichnung mit Maßtabelle (nach Braun AG, Kronberg im Taunus).

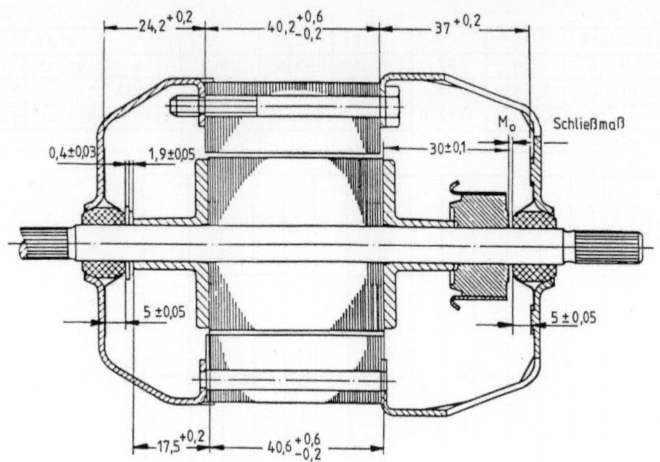

Maß-Nr.	Rich-tung	Bezeichnung	N	A_o	A_u
1	p	Lagerschild	24,2	+0,2	0
2	p	Stator	40,2	+0,6	−0,2
3	p	Lagerschild	37,0	+02	0
4	n	Lager	5,0	+0,05	−0,05
5	n	Lager	5,0	+0,05	−0,05
6	n	Scheibe	0,4	+0,03	−0,03
7	n	Scheibe	1,9	+0,05	−0,05
8	n	Stirnisolation	17,5	+0,2	0
9	n	Rotor	40,6	+0,6	−0,2
10	n	Stirnisolation mit Kollektor	30,0	+0,1	−0,1

Gesucht: 1. Nachrechnung des Schließmaßes (Spiel) unter der Annahme des Vorliegens von NV oder RV oder TV_2 in den Einzelmaßen; zunächst ist die arithmetische Nachrechnung vorzunehmen.

2. Bildliche Darstellung der Berechnungsergebnisse.

Lösung: 1. Die arithmetische Nachrechnung der Maßkette mittels Formblatt führt zu $C_S = 1,1 \pm 1,38$; im Falle des worst case ist Übermaß = Nichtfunktion zu erwarten.

— quadratische Rechnung

$$\sum T_{si}^2 = 1,4736 \quad \text{nach Spalte 10 des Formblatts}$$

$$T_{sv} = 1,2139 \approx 1,22, \qquad M_{oq} = 1,1 \,{}^{+0,61}_{-0,61}.$$

— statistische Rechnung, RV angenommen, $p = 0,27\%$

$$\sum T_{si}^2 = 1,4736$$

$$T_{sv} = r_u \sqrt{T_{si}^2}$$

$$= 1,7321 \sqrt{1,4736} = 2,1026,$$

$$M_{osRV} = 1,1 \,{}^{+1,05}_{-1,05}.$$

Fehleranteil p in %	10	5	4,55	2,5	2	1	0,27	0,1	0,01
Gutanteil 1-p in %	90	95	95,45	97,5	98	99	99,73	99,9	99,99
Argument der NV u_{1-p}	1,6449	1,9600	2	2,2414	2,3263	2,5758	3	3,2905	3,8906
Umrechenfaktor r_u	0,9497	1,1316	1,1547	1,2941	1,3431	1,4871	1,7321	1,8998	2,2462
Vorgabe oder Wahl:									

Vorgang: Kleiner E-Motor, Aufgabe 11.5

Datum:		positive Zählrichtung			negative Zählrichtung			arithmet. Rechnung		statistische Neuaufteilung NV oder RV			
Spalte	1	2	3	4	5	6	7	8	9	10	11	12	13
Zeile	Maß-Nr.	Nennmaß N_i	ob.Abmaß A_o	unt.Abmaß A_u	Nennmaß N_i	ob.Abmaß A_o	unt.Abmaß A_u	Toleranz T_i	T_i^2	T_{si}^2	T_{si}	Mittenmaß C_i	Abmaße $A_{o,u}$
1	1	24,2	+0,2	0				0,20	0,0400	0,0400			
2	2	40,2	+0,6	−0,2				0,80	0,6400	0,6400			
3	3	37	+0,2	0				0,20	0,0400	0,0400			
4	4				5	+0,05	−0,05	0,10	0,0100	0,0100			
5	5				5	+0,05	−0,05	0,10	0,0100	0,0100			
6	6				0,4	+0,03	−0,03	0,06	0,0036	0,0036			
7	7				1,9	+0,05	−0,05	0,10	0,0100	0,0100			
8	8				17,5	+0,2	0	0,20	0,0400	0,0400			
9	9				40,6	+0,6	−0,2	0,80	0,6400	0,6400			
10	10				30,0	+0,1	−0,1	0,20	0,0400	0,0400			
11													
12													
13													
14	$\sum =$	101,4	1,00	−0,20	① 100,4	② +1,08	③ −0,48	2,76		1,4736			
15		−① −100,4	−③ +0,48	−② −1,08						1,4736 = Zielsumme			
16	$N_S =$	1,0	+1,48	−1,28									
17	$C_S =$	1,1	+1,38	−1,38									

← Rechenkontrolle →

Zwischenrechnung:

18	$T_a =$	$T_{sv} =$	
19	NV: $T_{sv}^2 =$		$= \sum T_{si}^2$
20	RV: $(T_{sv}/r_u)^2 =$		$= \sum T_{si}^2$

— statistische Rechnung, TV_2 angenommen, $p = 0,27\%$

$$T_{si}^2 = 1,473\,6$$

$$T_{sv} = r_u \sqrt{\frac{\sum T_{sv}^2}{1,8}}$$

$$= 1,732\,1 \sqrt{\frac{1,473\,6}{1,8}} = 1,567\,2,$$

$$M_{osTV_2} = 1,1 \, {}^{+\,0,78}_{-\,0,78}.$$

Beurteilung: Bei der RV-Rechnung ist gerade noch in allen Fällen ein positives Spiel zu erwarten; die Entscheidung, das mittlere Spiel (1,1) noch etwas größer auszulegen, hängt von der Wirkung des Größtspiels ab.

Obige Berechnung erscheint deswegen so einfach, weil die Bemaßung in diesem Beispiel abgeschlossen ist. In der Konstruktionspraxis muß jedoch die Auslegung der gesamten Maßkette mehrfach wiederholt werden. Auch bei späteren Maß- oder Toleranz- änderungen können die Folgen mit Hilfe des Formblatts in einfacher Weise berechnet werden.

2. Bildliche Darstellung der Berechnungsergebnisse:

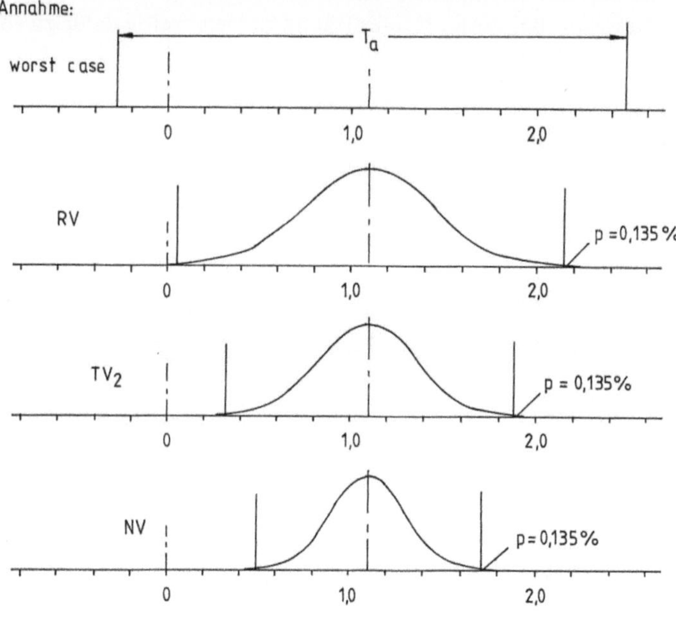

11.2 Einfaches Schema zur Nachrechnung festgelegter, linearer Maßketten

Am Ende der Lösungen zu den Aufgaben 11.1 bis 11.5 war jeweils eine Nachrechnung der Schließmaßtoleranz unter verschiedenen Annahmen für die Verteilungsform in den Einzelmaßen vorgenommen worden.

Daraus kann folgendes, *einfaches Schema (Rezept) für die Nachrechnung* einer vorläufig oder endgültig festgelegten, linearen Maßkette abgeleitet werden. Dieses Schema werde in folgende sechs Schritte unterteilt:

1. Schritt: Eine lineare Maßkette hat sich aus der Realisierung einer Aufgabenstellung konstruktiv ergeben. Aus der funktional bedingten Toleranz des Schließmaßes werden die Einzeltoleranzen durch arithmetische Aufteilung berechnet. Diese Einzeltoleranzen können schon in diesem Stadium der Berechnung entsprechend den fertigungstechnischen Erfordernissen unterschiedlich groß ausgelegt werden. Für die Einzelmaße von Normteilen sind die Toleranzen in der Regel in den Normen festgelegt.

2. Schritt: Wenn die im ersten Schritt festgelegten Einzeltoleranzen alle oder auch nur teilweise zu klein ausgefallen sind mit der Folge, daß sie fertigungstechnisch mit wirtschaftlichen Methoden nicht fehlerfrei realisiert werden können, ist eine statistische Toleranzrechnung erforderlich.

Diese Berechnung kann wie beschrieben nach dem Formblatt im Anhang vorgenommen werden. Auch besteht — nach langzeitiger Übung und Erfahrung — die Möglichkeit, alle k Einzeltoleranzen oder einige davon um einen Faktor, der unbedingt kleiner ist als $\sqrt{k}$, zu erweitern unter Berücksichtigung der fertigungstechnischen Notwendigkeiten. Bei dieser Neufestlegung ist gleichzeitig dafür zu sorgen, daß alle Nennmaße zugleich Mittenmaße sind.

3. Schritt: Je nach Größe und Lage der Schließmaßtoleranz (Mindestspiel und Höchstspiel) wird ein grenzüberschreitender Anteil, ein Fehleranteil für das Schließmaß gewählt. In der Regel sollte bevorzugt $p = 0,27\,\%$ gewählt werden.

1	2	3		4	5
Annahme über die Verteilung der Einzelmaße	Schließmaß–toleranz $p = 0,27\,\%$	Paßmaß unten P_u	oben P_o	Schließmaß–toleranz 1) $p = 1,0\,\%$	Bermerkung
RV	$T_s = 1,7321 \cdot 0,4746$ $= 0,8220$	0,089	0,911	$T_s = 0,7057$	in Übereinstimmung mit Aufgabe 10.1
TV_1	$T_s = 1,3694 \cdot 0,4746$ $T_s = 0,6499$	0,175	0,825	$T_s = 0,5580$	
TV_2	$T_s = 1,2910 \cdot 0,4746$ $T_s = 0,6126$	0,194	0,807	$T_s = 0,5260$	in Übereinstimmung mit Aufgabe 11.1
TV_3	$T_s = 1,2490 \cdot 0,4746$ $T_s = 0,5972$	0,204	0,796	$T_s = 0,5089$	
DV	$T_s = 1,2247 \cdot 0,4746$ $T_s = 0,5812$	0,209	0,791	$T_s = 0,4990$	
NV	$T_q = 0,4746$	0,263	0,737	$T_q = 0,4075$	

1) durch Multiplikation der T_s-Werte in Spalte 2 mit dem Faktor $\dfrac{1,4871}{1,7321}$

Bild 11.9. Berechnung der Lösungen zu Aufgabe 11.6

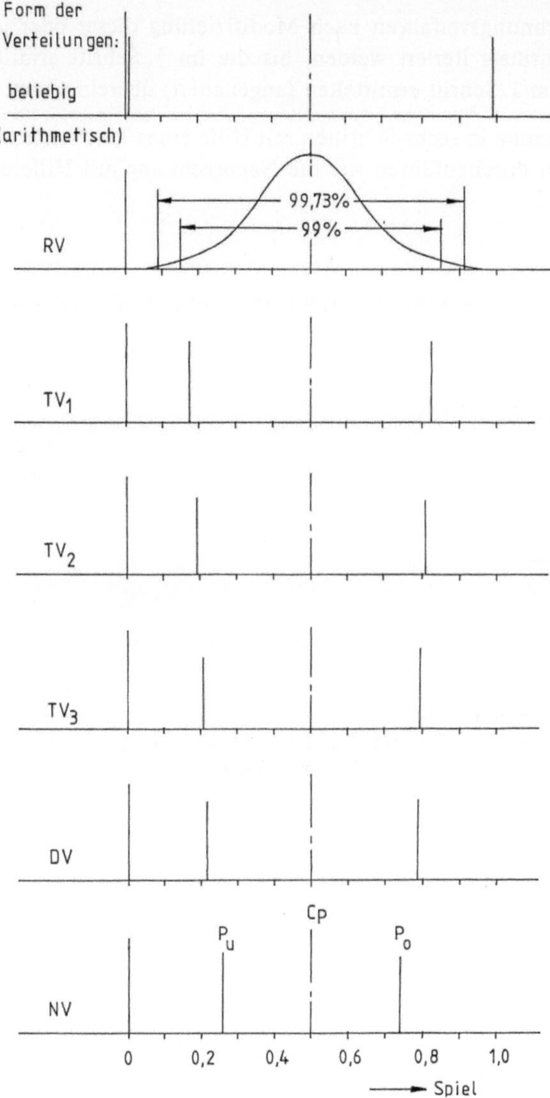

Bild 11.10. Darstellung der Lösungen der Aufgabe 11.6; die Schließmaße haben einen Fehleranteil von $p = 0,27\%$; für den Fall von RV in den Einzelmaßen ist zusätzlich der 99%-Bereich der Schließmaße eingetragen

4. Schritt: Mit dem Taschenrechner werden alle quadratischen Einzeltoleranzen addiert. Es ergibt sich $\sqrt{\sum T_{si}^2}$.

5. Schritt: Dieser Wert wird mit dem Wert in der letzten Spalte von Bild 11.1 multipliziert. Dieses Produkt ist die statistische Schließmaßtoleranz.

6. Schritt: Vergleich der im 5. Schritt ermittelten Schließmaßtoleranz mit der im 1. Schritt nach funktionalen Gesichtspunkten festgelegten Schließmaßtoleranz. Gegebenenfalls kann das Nachrechnungsverfahren nach Modifizierung dieser oder jener Einzeltoleranz ein- oder mehrmals iteriert werden, bis die im 5. Schritt ermittelte Schließmaßtoleranz mit der im 1. Schritt ermittelten (angenähert) übereinstimmt.

Diese schematische Nachrechnung in sechs Schritten mit Hilfe eines Taschenrechners ist genauso schnell und sicher durchzuführen wie die Nachrechnung mit Hilfe eines EDV-Programms.

Aufgabe 11.6

Gegeben: Getriebe-Ausschnitt wie in den Aufgaben 8.1, 9.1, 10.1 und 11.1 mit folgenden endgültigen Festlegungen:

C_i	T_{si}	T_{si}^2
30	0,24	
40	0,24	
5	0,10	
59,5	0,30	
5	0,10	
$C_P = 0,5$	0,98	0,2252

Gesucht: Erneute Nachrechnung mit Hilfe der Formeln in der letzten Spalte in Bild 11.1 und Umrechnung für den Fall eines Fehleranteils von $p = 1\%$ in den Schließmaßen.

Lösung: Die Lösungen sind berechnet in Bild 11.9. Für den Fehleranteil von $p = 0,27\%$ sind die Schließmaßtoleranzen dargestellt in Bild 11.10, in dem für den Fall des Vorliegens von Rechteckverteilungen in den Einzelmaßen die Normalverteilung der Schließmaße eingezeichnet ist mit zusätzlich dem 99%-Bereich. Daraus ist ersichtlich, daß bei der Wahl eines größeren Fehleranteils in den Schließmaßen nur eine „Schein"-Verkleinerung der Schließmaßtoleranz bewirkt wird.

12 Das Toleranzmodell

Zur Veranschaulichung des
— *zentralen Grenzwertsatzes* und des
— *Abweichungsfortpflanzungsgesetzes* und somit der
— *statistischen Toleranzrechnung*
dient das Toleranzmodell, Bild 12.1.

Auf einer Grundplatte aus Holz sind mehrere Stahlstangen befestigt. Auf diese Stangen passen alle Hülsen, die in drei Losen mit je $N = 25$ Stück in den Farben weiß ($L = 20$ bis 40 mm), silber ($L = 40$ bis 60 mm) und braun ($L = 60$ bis 80 mm) zur Verfügung stehen. Die Lose sind in fünf Klassen mit den Stückzahlen 1, 5, 13, 5, 1 aufgeteilt. Damit sind sie in (schlechter) Näherung normalverteilt mit der in allen drei Fällen gleich großen Standardabweichung $\sigma_i = 4{,}242\,6$ mm.

Zu dem Modell gehört noch eine durchsichtige Hülse, die über die Hülsen aus den drei Losen paßt.

Es werde zunächst systematisch aus jedem Los eine Hülse mit der mittleren Länge herausgesucht und auf die erste Stange von rechts gesteckt. Sie ergeben die mittlere Höhe von $\mu_{ges} = 150$ mm. Diese und die anderen erreichbaren oder denkbaren Höhen sind auf der durchsichtigen Hülse durch eine umlaufende Kerbe markiert.

Dann werden systematisch die größten und die kleinsten Hülsen übereinandergesteckt; dies sind die möglichen worst case aus den drei Losen $x_{max} = 180$ mm und $x_{min} = 120$ mm mit der Differenz B. Für beide worst case ist die Wahrscheinlichkeit $P = (1/25)^3 = 6{,}4 \cdot 10^{-5}$.

In Bild 12.1 ist weiterhin angegeben der worst case, der sich ergäbe, wenn die Lose nach Stückzahl und Breite unbegrenzt groß wären bei sonst gleichen Parametern. Die Spanne A entspricht der arithmetischen Rechnung.

Schließlich ist noch die Spanne C abgesteckt mit $C = 6\sqrt{3} \cdot \sigma = 44{,}09$ mm; sie entspricht der quadratischen Rechnung.

Werden nun die systematisch entnommenen Hülsen wieder in ihre Lose zurückgegeben und zufällig (blind) aus jedem Los jeweils eine Hülse entnommen und übereinandergesteckt, dann liegen deren Summen in (nach u-Tabelle) 99,73 % aller Fälle in der Spanne C. Da die drei Lose nicht exakt normalverteilt sind und zudem nicht stetig sondern diskret sind, liegen tatsächlich 99,795 2 % in der Spanne C. Um dies so genau zu berechnen, wurden die drei Lose gefaltet, Bild 12.2. Aus der Tabelle für das Faltprodukt geht hervor, daß in der Spanne C

$$P = 100 - 2 \cdot 0{,}102\,4 = 99{,}795\,2\,\%$$

der Summe liegen.

Zu dem Modell gehören 3 Lose unabhängig gefertigter, angenähert normalverteilter Maßglieder:

Stück-zahl	Maßwerte			Summe
	weiß	silber	braun	
1	20	40	60	120 = Summe der kleinsten Maße
5	25	45	65	
13	30	50	70	150 = mittlere Maßkette = μ_{ges}
5	35	55	75	
1	40	60	80	180 = Summe der größten Maße
n	25	25	25	
μ	30	50	70	
δ	4,2426	4,2426	4,2426	$\delta_{ges} = \sqrt{3} \cdot 6 = 7,3485$

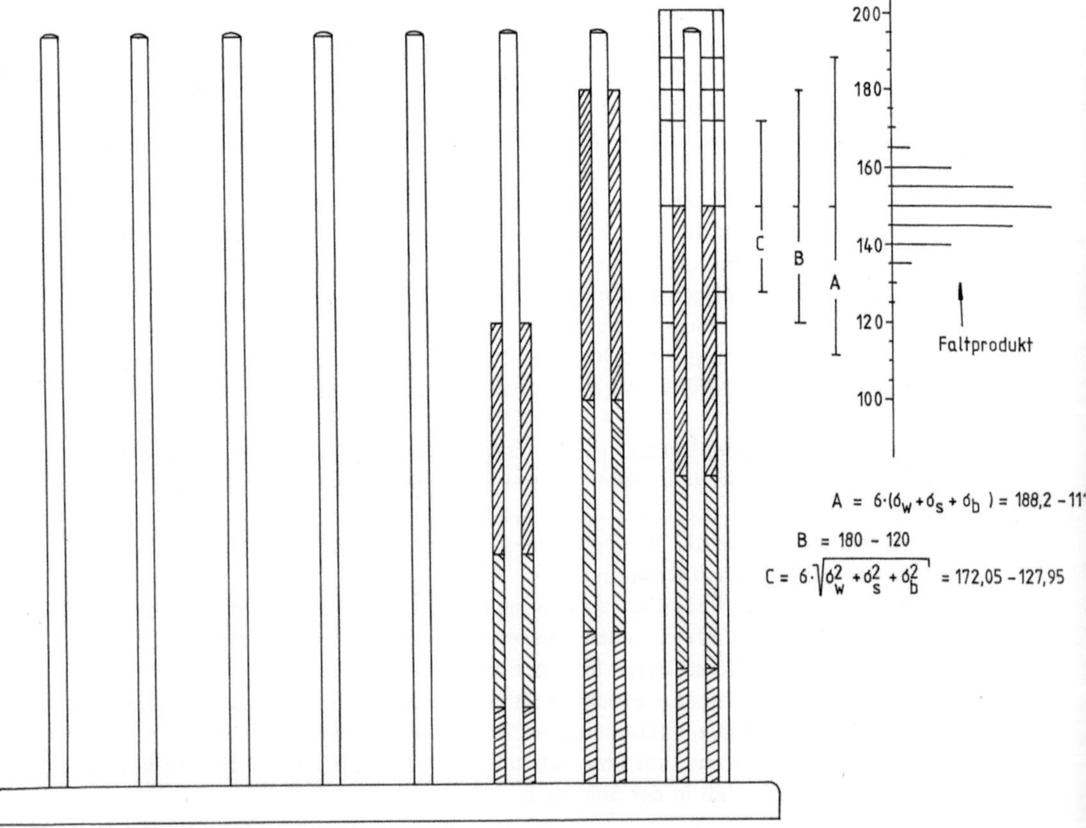

$$A = 6 \cdot (\delta_w + \delta_s + \delta_b) = 188,2 - 11\ldots$$

$$B = 180 - 120$$

$$C = 6 \cdot \sqrt{\delta_w^2 + \delta_s^2 + \delta_b^2} = 172,05 - 127,95$$

Bild 12.1. Toleranzmodell

Die *Summenwahrscheinlichkeitsgerade für das Faltprodukt* enthält das Bild 12.3; die Verteilung des Faltprodukts ist in sehr guter Näherung eine Normalverteilung.

Eine *Zufallsstichprobe von n = 100 Werten* aus jedem Los ergab 100 Summenwerte, Bild 12.4. Die Summenhäufigkeitsgerade weicht in der erwartungsgemäß zufälligen Weise von einer Geraden ab.

x / $g(x)$	20 / 1	25 / 5	30 / 13	35 / 5	40 / $1 \cdot 1/25$
40 1	60 / 1	65 / 5	70 / 13	75 / 5	80 / $1 \cdot 1/625$
45 5	65 / 5	70 / 25	75 / 65	80 / 25	85 / 5
50 13	70 / 13	75 / 65	80 / 169	85 / 65	90 / 13
55 5	75 / 5	80 / 25	85 / 65	90 / 25	95 / 5
60 1	80 / 1	85 / 5	90 / 13	95 / 5	100 / 1

1/25

x / $g(x)$	60 / 1	65 / 5	70 / 13	75 / 5	80 / $1 \cdot 1/25$
60 1	120 / 1	125 / 5	130 / 13	135 / 5	140 / $1 \cdot 1/15625$
65 10	125 / 10	130 / 50	135 / 130	140 / 50	145 / 10
70 51	130 / 51	135 / 255	140 / 663	145 / 255	150 / 51
75 140	135 / 140	140 / 700	145 / 1820	150 / 700	155 / 140
80 221	140 / 221	145 / 1105	150 / 2873	155 / 1105	160 / 221
85 140	145 / 140	150 / 700	155 / 1820	160 / 700	165 / 140
90 51	150 / 51	155 / 255	160 / 663	165 / 255	170 / 51
95 10	155 / 10	160 / 50	165 / 130	170 / 50	175 / 10
100 1	160 / 1	165 / 5	170 / 13	175 / 5	180 / 1

1/625

Faltprodukt aus den 3 zum Stabmodell gehörenden Verteilungen

x_j	n_j	$\sum n_j$	$G(x)$ in %
120	1	1	0,0064
125	15	16	0,1024
130	114	130	0,832
135	530	660	4,224
140	1635	2295	14,688
145	3330	5625	36,00
150	4375	10000	64,00
155	3330	13330	85,312
160	1635	14965	95,776
165	530	15495	99,168
170	114	15609	99,8976
175	15	15624	99,9936
180	1	15625	100,00

Parameter des Faltproduktes:

$n = 15625$

$\mu = 150$

$\sigma = 7{,}3485$

Bild 12.2. Falten der drei Lose des Toleranzmodells mit den Parametern

$N_w = 25$	$N_s = 25$	$N_b = 25$
$\mu_w = 30\,\text{mm}$	$\mu_s = 50\,\text{mm}$	$\mu_b = 70\,\text{mm}$

$\sigma_w = \sigma_s = \sigma_b = 4{,}242\,6\,\text{mm}$

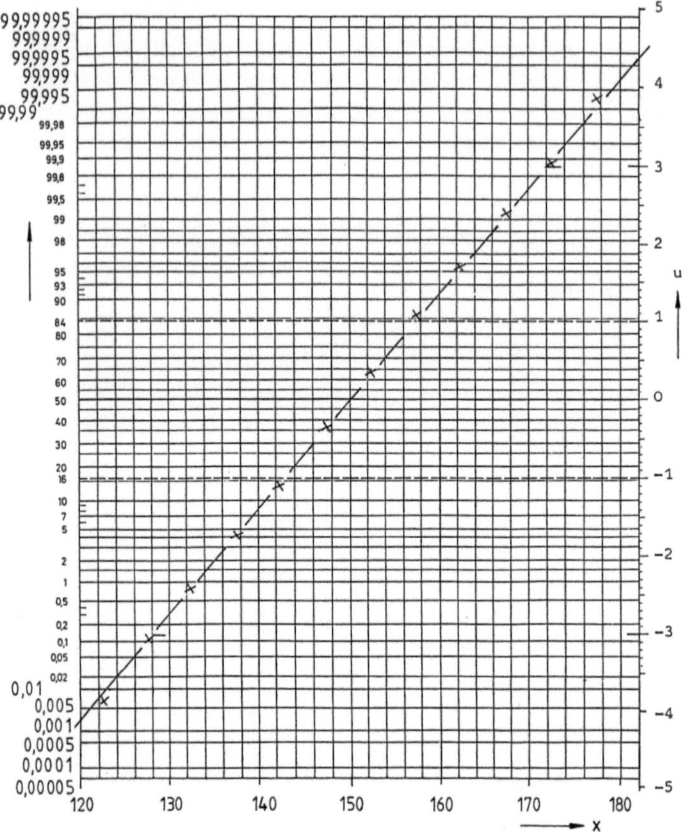

Bild 12.3. Summenfunktion des Faltprodukts aus den drei Losen des Toleranzmodells

n = 100 Zufallsstichproben aus den 3 zum Stabmodell gehörenden Verteilungen
(w = weiß, s = silber und b = braun) und deren Summen

Nr.	w	s	b	$\sum$	Nr.	w	s	b	$\sum$
1	30	50	70	150	51	25	55	60	140
2	30	50	70	150	52	20	55	70	145
3	30	55	70	155	53	35	50	70	155
4	30	45	70	145	54	35	50	65	150
5	30	50	70	150	55	30	50	70	150
6	25	50	70	145	56	30	55	60	145
7	35	60	70	165	57	25	55	65	145
8	25	45	75	145	58	30	50	70	150
9	35	50	70	155	59	30	50	70	150
10	25	50	65	140	60	30	45	65	140
11	30	55	80	165	61	35	50	70	155
12	25	50	75	150	62	30	45	70	145
13	30	40	75	145	63	35	50	75	160
14	30	55	65	150	64	20	50	70	140
15	30	45	70	145	65	35	55	70	160
16	30	50	70	150	66	30	50	70	150
17	35	50	65	150	67	30	50	65	145
18	25	45	75	145	68	35	50	70	155
19	30	45	75	150	69	35	40	75	150
20	30	60	70	160	70	30	60	70	160
21	30	45	65	140	71	30	55	80	165
22	30	45	70	145	72	30	45	75	150
23	25	50	65	140	73	35	40	70	145
24	40	50	70	160	74	35	50	75	160
25	35	55	70	160	75	30	50	70	150
26	25	40	80	145	76	30	55	65	150
27	30	50	70	150	77	30	55	70	155
28	20	50	70	140	78	30	50	70	150
29	30	45	75	150	79	25	50	70	145
30	30	45	65	140	80	25	55	60	140
31	25	50	75	150	81	30	45	70	145
32	30	55	70	155	82	35	50	60	145
33	25	45	65	135	83	30	50	70	150
34	30	55	75	160	84	35	50	70	155
35	20	50	65	135	85	30	55	70	155
36	35	55	70	160	86	30	50	65	145
37	35	45	75	155	87	30	45	60	135
38	40	60	70	170	88	30	50	65	145
39	30	45	75	150	89	30	50	65	145
40	25	45	75	145	90	40	55	70	165
41	25	50	70	145	91	35	50	70	155
42	35	55	70	160	92	25	50	75	150
43	25	55	70	150	93	25	40	80	145
44	30	50	70	150	94	40	50	70	160
45	30	50	70	150	95	25	50	75	150
46	30	50	70	150	96	30	50	65	145
47	30	50	75	155	97	30	50	65	145
48	30	45	70	145	98	25	50	75	150
49	35	55	65	155	99	30	50	75	155
50	30	55	75	160	100	30	50	70	150

Bild 12.4a. Zufallsstichprobe aus dem Toleranzmodell

n_j	3	9	26	31	14	12	4	1
$\sum n_j$	3	12	38	69	83	95	99	100
H_j in %	2,5	11,5	37,5	68,5	82,5	94,5	98,5	99,5

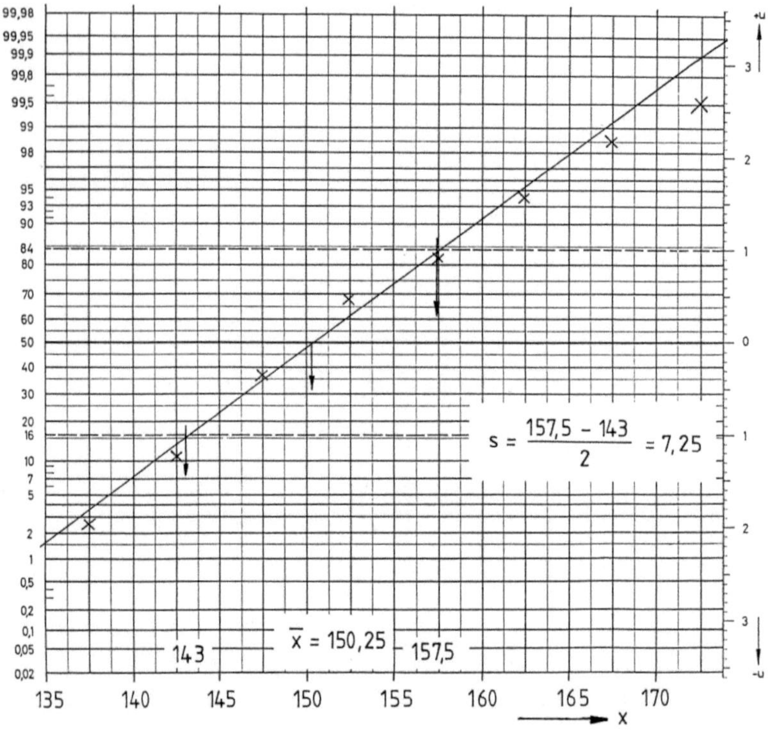

Bild 12.4b. Summenhäufigkeit im WN für die Zufallsstichprobe aus dem Toleranzmodell

13 Beurteilung von Lieferlosen oder von Fertigungslosen

13.1 Allgemeines

Die Grundphilosophie zur Beurteilung von abgeschlossenen oder von in der Fertigung befindlichen Losen war in Abschnitt 5.7 in Verbindung mit Bild 5.6 besprochen worden.

In den darauffolgenden Abschnitten war gezeigt worden, daß bei arithmetisch verknüpften Maßketten geringe Fehleranteile völlig harmlos sein können und größere Fehleranteile oft nicht die Auswirkungen haben, die ohne Berücksichtigung des Abweichungsfortpflanzungsgesetzes zu befürchten sind.

Daraus darf nicht unbedingt geschlosen werden, von vornherein hohe Fehleranteile akzeptieren zu dürfen.

Grundsätzlich sollte
— auf *hohe Gleichmäßigkeit* gefertigt werden, das bedeutet
— die Einzelmaße sollen *so wenig wie möglich vom Sollmaß* (Mittenmaß) abweichen und
— keinesfalls dürfen die *Grenzmaße* mit mehr als *geringen Fehleranteilen überschritten* werden.

Hohe Gleichmäßigkeit bedeutet keinesfalls die höchste, technisch realisierbare Gleichmäßigkeit. Dies wäre die Toleranzklasse 1 wie sie für Endmaße oder für Lehren vorgegeben wird. Ein Fahrrad beispielsweise mit Lagern dieser Toleranzklasse könnte jedoch keiner bezahlen; außerdem würde es auch nicht wesentlich besser funktionieren oder länger halten.

Hohe Gleichmäßigkeit hat ihre Grenzen dort, wo sie wirtschaftlich noch vertreten werden kann.

Die grundsätzliche Forderung, daß Grenzmaße nicht mehr als nur unerheblich überschritten werden dürfen, setzt voraus, daß die Toleranzen
— auf Funktion *und* fertigungstechnische Einhaltbarkeit abgestimmt sind, anderenfalls müssen
— hohe Kosten in Kauf genommen werden für die Fertigung selbst und/oder für Sondermaßnahmen wie Sortiermontage oder Auswahlmontage oder
— es müssen höhere Fehleranteile in den Losen akzeptiert werden, was viele Mitarbeiter nicht verstehen würden, oder
— es müssen einfach die Toleranzen erweitert werden, wie dies in den vorherigen Abschnitten dargelegt wurde, mit der dann berechtigten Forderung, die neuen Grenzwerte nicht oder nur gelegentlich und dann auch nicht mehr als unerheblich zu überschreiten.

Zusätzlich ist bei Toleranzen, die zu einer *statistisch berechneten Maßkette* gehören, die Forderung zu beachten, daß die *Mittelwerte in Nähe der Mittenmaße* liegen müssen. Dies kann in den Fällen, in denen die Toleranzen größer sind als die Fertigungsstreubereiche, umso besser erfüllt werden, je kleiner die vorgegebenen AQL-Werte sind, Bild 13.1. Der AQL-Wert (Annehmbare Qualitätsgrenzlage, engl.: acceptable quality level) ist ein Fehleranteil in Prozent, dem eine vorgegebene große Annahmewahrscheinlichkeit zugeordnet ist.

Während bei Maßen, die zu arithmetisch berechneten Ketten gehören, AQL-Werte über AQL = 1 durchaus erwogen werden können, ist dies bei statistisch berechneten Maßketten nach Bild 13.1 — in Verbindung mit Bild 10.10 — nicht ohne weiteres möglich. Weitere Aussagen dazu in Abschn. 13.3.

Aus Bild 13.1 ist noch folgende *wichtige Aussage* ersichtlich: Wenn bei der Normalverteilung der Fehleranteil p = AQL ist, dann ist bei AQL = 10 der Fehleranteil bei der Rechteckverteilung größer; bei den anderen Beispielen ist der Fehleranteil $p_{RV} = 0$. Beides ging schon aus Bild 8.24 hervor und stört überhaupt nicht. Wenn ein *Los mit RV* die *genau gleichen Parameter μ und σ* hat wie ein *Los mit NV*, dann besteht für beide Lose stets die *genau gleiche Annahmewahrscheinlichkeit*. Schließlich haben beide Lose auch die genau *gleichen Auswirkungen auf das Schließmaß* der Maßkette, zu der sie gehören.

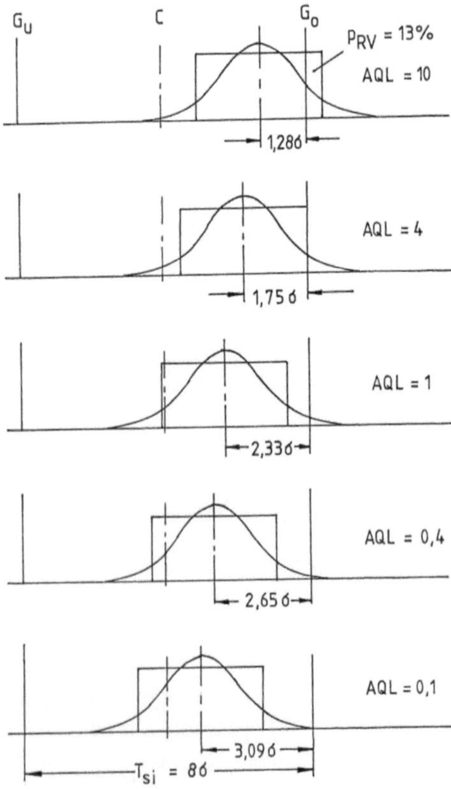

Bild 13.1. Lage normalverteilter und rechteckverteilter Fertigungslose im Toleranzfeld, daß bei der Normalverteilung p = AQL ist

13.2 Stichprobenprüfung bei Maßen

Die in Abschn. 5.7 genannten vier Kenndaten
— Stichprobenumfang n
— Annahmefaktor k_A (Index A oft weggelassen)
— ein Punkt der OC, $P_a(p)$, und
— ein weiterer Punkt der OC
werden üblicherweise so gewonnen, daß zunächst beide Punkte der OC, beispielsweise p_{90} und p_{10}, festgelegt werden; die beiden anderen Kenndaten n und k_A werden dann berechnet oder einfacher grafisch bestimmt

- mit Bild 13.2, wenn die *Standardabweichung des Loses bekannt* ist, was selten der Fall ist, oder

- mit Bild 13.3, wenn die *Standardabweichung des Loses unbekannt* ist und daher durch die der Stichprobe abgeschätzt werden muß.

In beiden Fällen wird der gleiche Annahmefaktor k ermittelt; lediglich die Stichprobenumfänge unterscheiden sich

$$n_s = \left(1 + \frac{k^2}{2}\right) n_\sigma$$

In beiden Fällen erfolgt die Beurteilung des Loses wie folgt:
— Entnahme der Zufallsstichprobe des Umfangs n_σ oder n_s,
— Ermittlung der Meßreihe für das relevante Maß,
— Auswerten der Meßreihe nach $\bar{x}$ und s (bei der erstgenannten Methode, der σ-Methode, wird das s nur benötigt zur Überprüfung $s \approx \sigma$).
— Bilden der Prüfgröße

$$Z = \bar{x} \pm k\sigma, \tag{13.1}$$

bzw.

$$Z = \bar{x} \pm ks. \tag{13.2}$$

— Entscheidung über das Los:
  — Prüfgröße Z im Toleranzfeld, Grenzwerte eingeschlossen, dann Annahme des Loses.
  — Prüfgröße Z nicht im Toleranzfeld, dann Zurückweisung des Loses.

Die Wirksamkeit einer Prüfanweisung ist durch deren Operationscharakteristik gegeben; als Beispiel ist in Bild 13.4a eine *OC* für die Prüfanweisung $n_\sigma - k = 6 - 1{,}8$ dargestellt und in Bild 13.4b für $n_\sigma - k = 8 - 1{,}3$.

Aufgabe 13.1

Gegeben: Ein Lieferlos mit Getriebewellen. Für den Wellenabsatz (Bild 8.4 und Bild 9.4) ist das Maß

$$L = 59{,}5 \, {}^{+0{,}15}_{-0{,}15} \, \text{mm}.$$

Es sind $p_{90} = 1\,\%$ und $p_{10} = 6\,\%$ vereinbart.

Gesucht: $n_s - k$

Lösung: Mit Bild 13.3 ergibt sich die Prüfanweisung

$$n_s - k = 35 - 1{,}95.$$

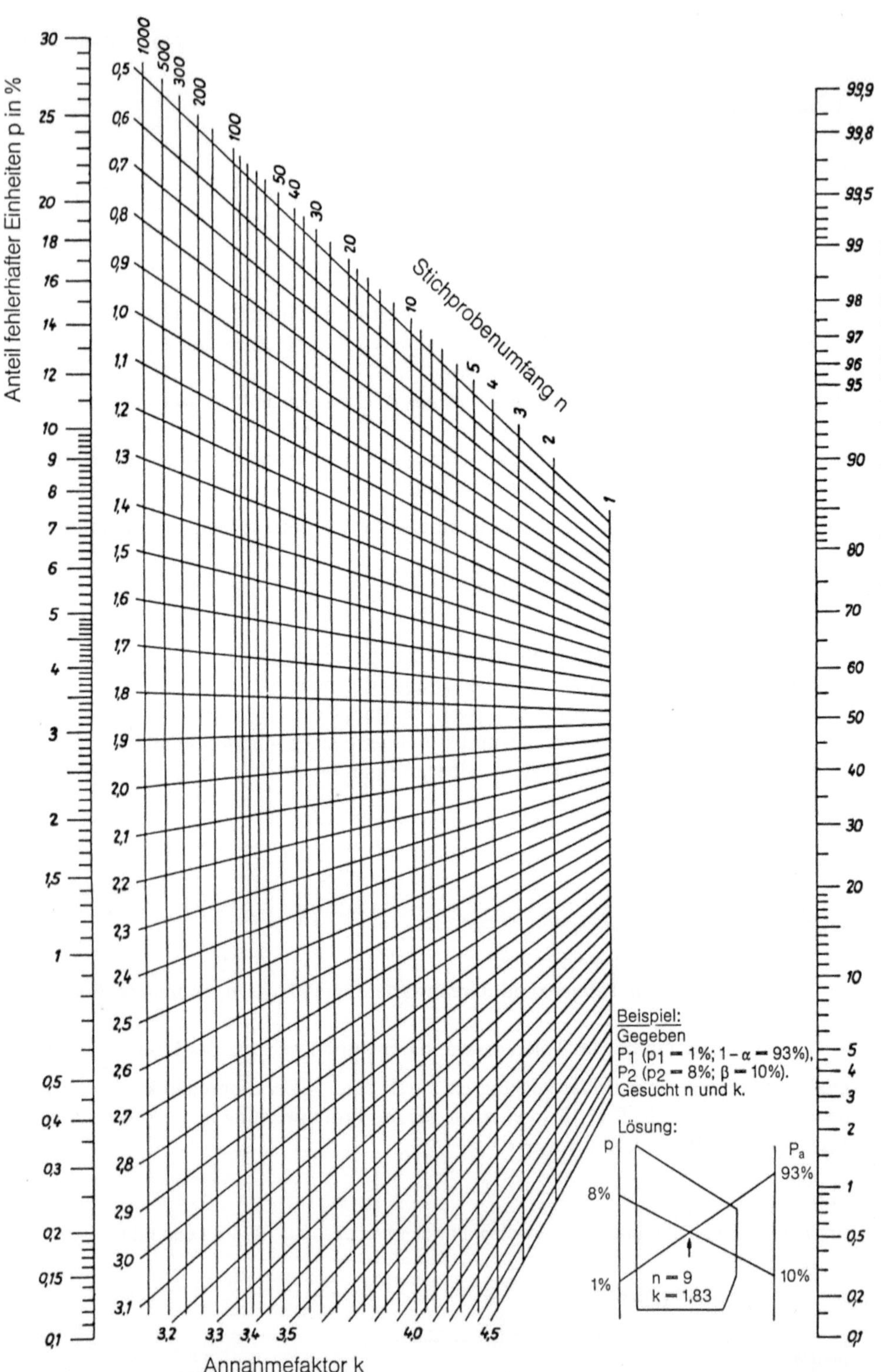

Bild 13.2. Nomogramm zur Ermittlung von $(\bar{x}, \sigma)$-Stichprobenplänen für messende Prüfung bei vorgegebenen Grenzwerten. Aus: Wilrich, P.-Th.: Nomogramme zur Ermittlung von Stichprobenplänen für messende Prüfung bei einer einseitig vorgeschriebenen Toleranzgrenze. Qualität und Zuverlässigkeit 15 (1970) S. 61–65 und 181–187, München – Wien: Carl Hanser Verlag. Nachdruck mit freundlicher Genehmigung des Autors

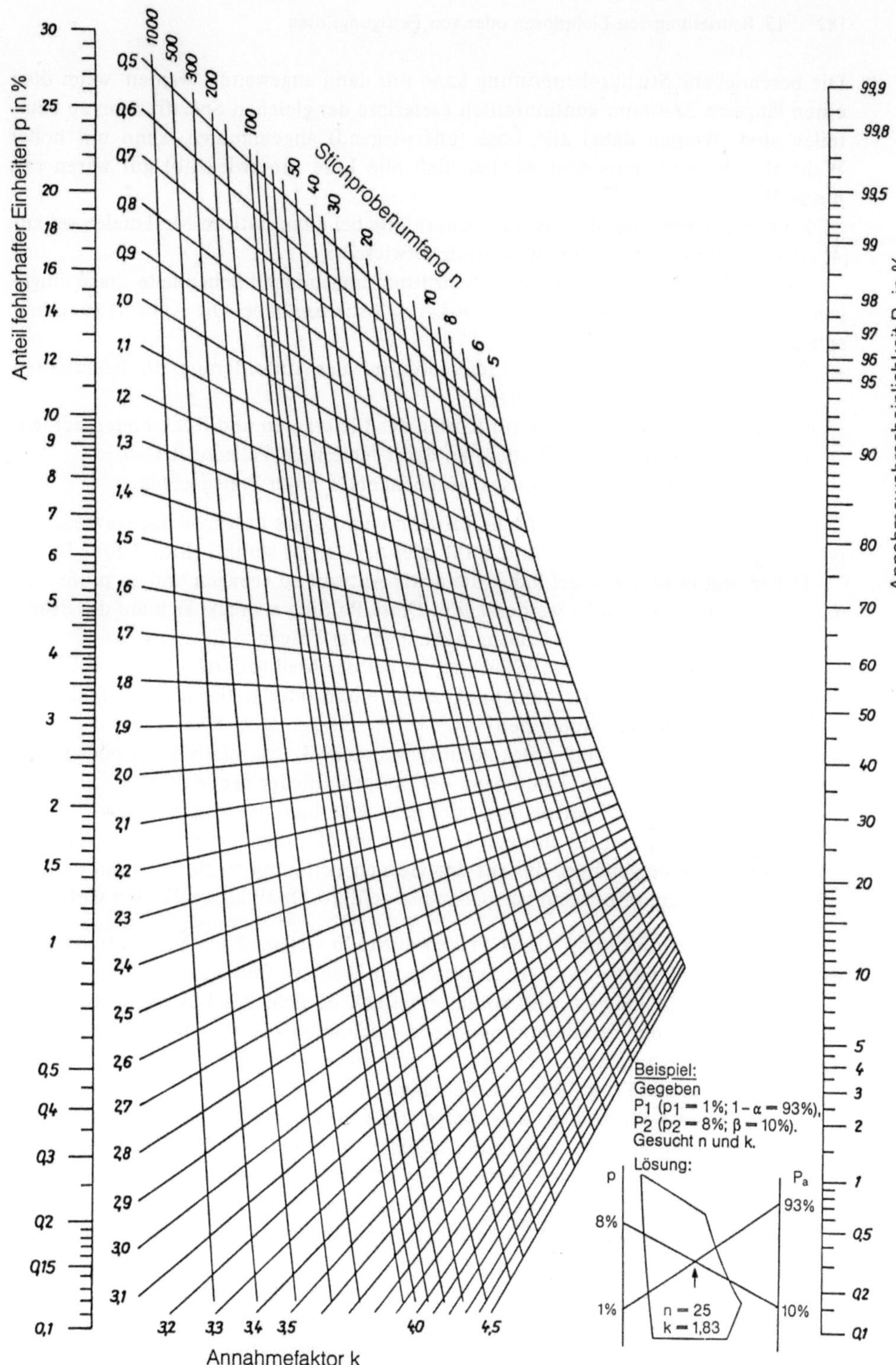

Bild 13.3. Nomogramm zur Ermittlung von $(\bar{x}, s)$-Stichprobenplänen für messende Prüfung. Aus: Wilrich, P.-Th.: Nomogramme zur Ermittlung von Stichprobenplänen für messende Prüfung bei einer einseitig vorgeschriebenen Toleranzgrenze. Qualität und Zuverlässigkeit 15 (1970) S. 61–65 und 181–187, München – Wien: Carl Hanser Verlag. Nachdruck mit freundlicher Genehmigung des Autors

Die beschriebene Stichprobenprüfung kann nur dann angewendet werden, wenn über einen längeren Zeitraum kontinuierlich Lieferlose der gleichen Spezifikation zu beurteilen sind. Werden dabei alle Lose (überwiegend) angenommen, kann mit hoher Wahrscheinlichkeit unterstellt werden, daß alle Lose (überwiegend) gut waren mit $p \le$ AQL.

Zu Einzelheiten über die Stichprobenprüfung bei quantitativen Merkmalen sei auf [4] oder das darin angegebene Schrifttum verwiesen.

Hier sei lediglich noch auf die im Schrifttum ungenügend behandelte Frage eingegangen, was mit einem *zurückgewiesenen Los zu geschehen* habe. Die Antwort kann beispielsweise lauten
— Rücksenden des Loses an den Lieferanten mit der Aufforderung, die fehlerhaften Teile durch fehlerfreie zu ersetzen,
— Sortieren des gesamten Loses auf Kosten des Lieferanten und Rücksenden der fehlerhaften Teile mit der Aufforderung, dafür fehlerfreie Teile zu liefern,
— Verwendung aller Teile des Loses, gegebenenfalls unter Preisnachlaß.

Die beiden ersten Lösungen sind sehr aufwendig und – wie in Kap. 8 nachgewiesen — oft wenig wirksam (Bilder 8.17 und 8.18) oder u. U. sogar sinnlos (Bild 8.20).

Daher liegt es in der Regel nahe, die dritte Antwort zu erwägen und zu prüfen, ob das Los unsortiert verwendet werden kann. Diese Prüfung erstreckt sich auf die Beantwortung folgender miteinander zusammenhängender Fragen:
— Wie viele Glieder k hat die Maßkette, zu der das Maß gehört?
— Wie wurde die Maßkette berechnet, arithmetisch oder statistisch und falls statistisch unter welchen Annahmen?
— Ist die Toleranz des Maßes des zurückgewiesenen Loses relativ klein oder relativ groß verglichen mit den Toleranzen der übrigen Glieder der Maßkette?
— Liegt die Prüfgröße Z geringfügig oder grob außerhalb des Toleranzfelds?
— Was ist bekannt über die übrigen Lose, die zur Montage der Maßkette anstehen? Falls dazu Maße gehören, die aus der eigenen Fertigung stammen, kann darüber sehr viel bekannt sein, wenn beispielsweise geführte Qualitätsregelkarten vorliegen.

Allein aus der Beantwortung dieser Fragen dürfte in vielen Fällen eine Entscheidung getroffen werden können, das Los unsortiert zur Montage freizugeben.

Falls dies nicht möglich sein sollte, empfiehlt es sich, das Los näher zu prüfen durch Aufstocken der bereits entnommenen Stichprobe auf $n = {}^\sim 200$ (oder $n = 500$), nach deren Auswertung nach $\bar{x}$ und s eine recht sichere Beurteilung über die Lage des Loses im Toleranzfeld und über den Fehleranteil p möglich ist.

Erst wenn diese *Beurteilung* dazu *zwingt*, sollte das *gesamte Los aussortiert* werden.

Völlig unsinnig wäre die Anordnung, zurückgewiesene Lose *„grundsätzlich auszusortieren"*, um dann beispielsweise nach $N = 10\,000$ sortierten Teilen zu der Feststellung zu gelangen, daß der Fehleranteil um den Betrag von $\Delta p = 0,5\,\%$ über dem AQL-Wert liegt, was bei unsortierter Montage zu keiner Beeinträchtigung der Funktion der Maßkette geführt hätte.

Zum Abschluß dieses Abschnitts sei darauf hingewiesen, daß im Schrifttum die *Stichprobenprüfung* quantitativer Merkmale *nur* dann *empfohlen* wird, wenn erwiesen ist, daß die Lieferlose eine (angenäherte) *Normalverteilung* aufweisen.

Tatsächlich haben Lieferlose häufig die Form einer Mischverteilung 1. Art, gelegentlich auch die Form einer Mischverteilung 2. Art (s. Kap. 6).

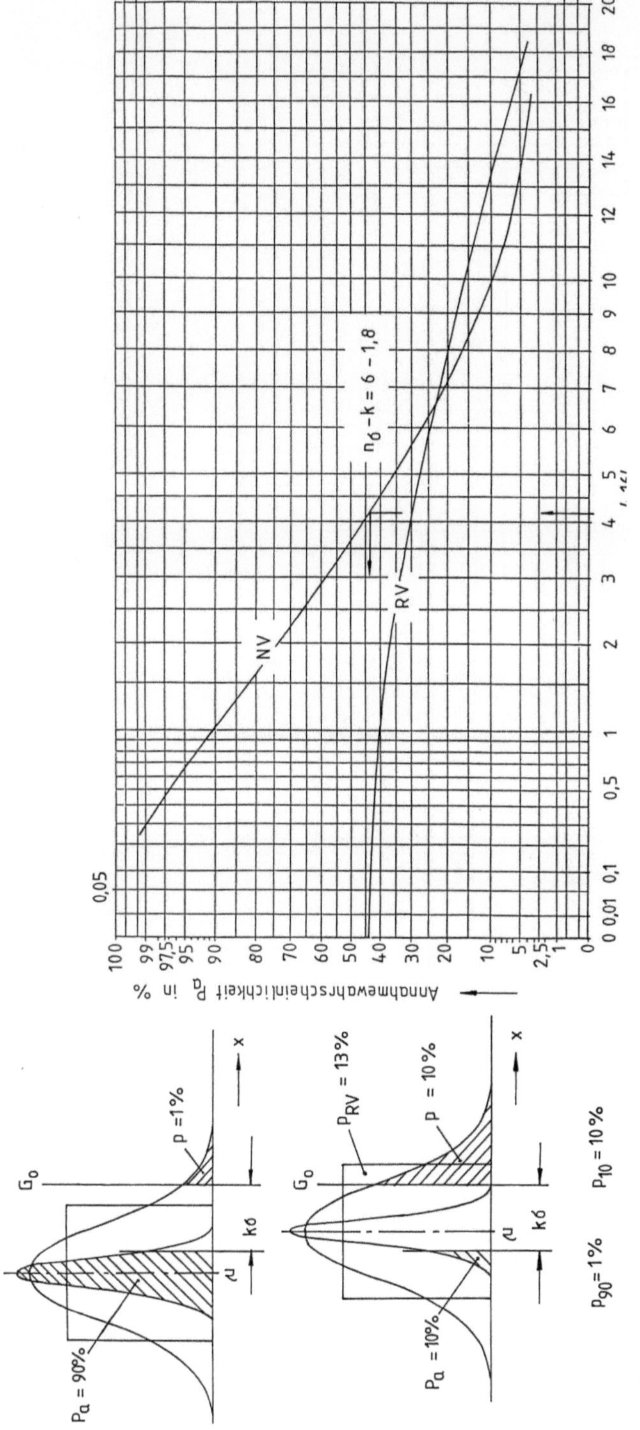

Bild 13.4a. Operationscharakteristiken für die Prüfanweisung $n_\sigma - k = 6 - 1,8$ bei normalverteilten und bei rechteckverteilten Losen

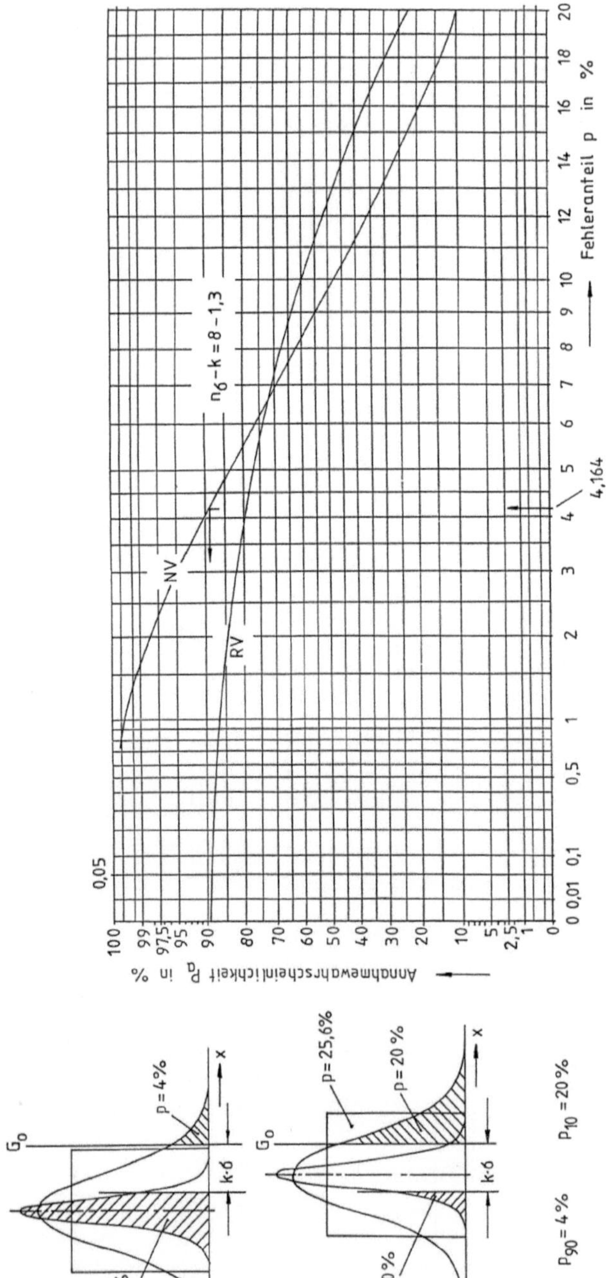

Bild 13.4b. Operationscharakteristiken für die Prüfanweisung $n_\sigma - k = 8 - 1,3$ bei normalverteilten und bei rechteckverteilten Losen

Auch *bei Abweichungen von der NV-Form* kann die *Stichprobenprüfung angewendet* werden. In jedem Falle wird geprüft, ob die Prüfgröße

$$Z = \bar{x} \pm ks$$

im Toleranzfeld liegt oder nicht. Dieses Prüfergebnis hängt nur ab von der Lage der Verteilung und deren Streuung, nicht aber von der Verteilungsform der Einzelwerte. Lediglich ist die OC an die Voraussetzung des Vorliegens einer Normalverteilung, für die sie berechnet wurde, gebunden. Sollte die Verteilungsform von der einer Normalverteilung abweichen, dann gilt die OC, die unter der Voraussetzung des Vorliegens einer NV berechnet wurde, nicht mehr. Beispielsweise ist bei einer Rechteckverteilung der Einzelwerte und der Stichprobenanweisung $n_\sigma - k = 6 - 1{,}8$ die OC in Bild 13.4a tiefer liegend und flacher verlaufend gegenüber der OC für die Normalverteilung. Das gleiche gilt für die Prüfanweisung in Bild 13.4b.

Dies sollte jedoch keinen Einfluß auf die Entscheidung über die Annahme oder die Zurückweisung eines Loses haben; jedes *nichtnormalverteilte Los* verhält sich in einer Maßkette wie ein *normalverteiltes Los* mit den gleichen Parametern μ und σ.

13.3 Auswahl von AQL-Werten für die Stichprobenprüfung von Maßen (Variablenprüfung)

Angaben über Gesichtspunkte für die Auswahl von AQL-Werten für Maße sind in der Literatur nicht zu finden. Da jedoch Maße in der Regel nur dann geprüft werden, wenn sie Glieder von Maßketten sind, lassen sich aus den Gesetzmäßigkeiten, nach denen die Eigenschaften von Maßsummen entstehen, vertretbare AQL-Werte herleiten. Diese Gesetzmäßigkeiten sind einmal der zentrale Grenzwertsatz, wonach Maßsummen mit wachsender Zahl der Einzelmaße sehr schnell gegen eine Normalverteilung tendieren. Zum anderen ist nach dem Abweichungsfortpflanzungsgesetz die Varianz von Maßsummen stets die Summe der Einzelvarianzen, und zwar unabhängig von der Verteilungsform der Einzelmaßlose. Was für die Maßsummen gilt ist in exakt gleicher Weise auch für die Schließmaße gültig.

In Bild 13.5 oben ist ein Maßplan für die Lagerstelle mit dem Nenndurchmesser $d = 16\,H\,7/f\,7$ dargestellt mit Angabe der Toleranzfelder und der zusätzlichen Annahme und Darstellung, daß die Lose für die Bohrungen und für die Wellen Rechteckverteilungen aufweisen, die die Toleranzfelder jeweils ausfüllen. Dies tritt in der Praxis beispielsweise dann angenähert auf, wenn aus ursprünglich breiten Normalverteilungen beidseitig gleich hohe Fehleranteile aussortiert worden sind. Somit erfüllen alle Maßwerte in beiden Losen die Forderung, Fehler sind nicht vorhanden, beide Lose sind uneingeschränkt brauchbar. Die Standardabweichung beider Lose ist nach Bild 4.9

$$\sigma_\mathrm{i} = \sqrt{\frac{T^2}{12}}$$

mit der Numerik nach Bild 13.5.

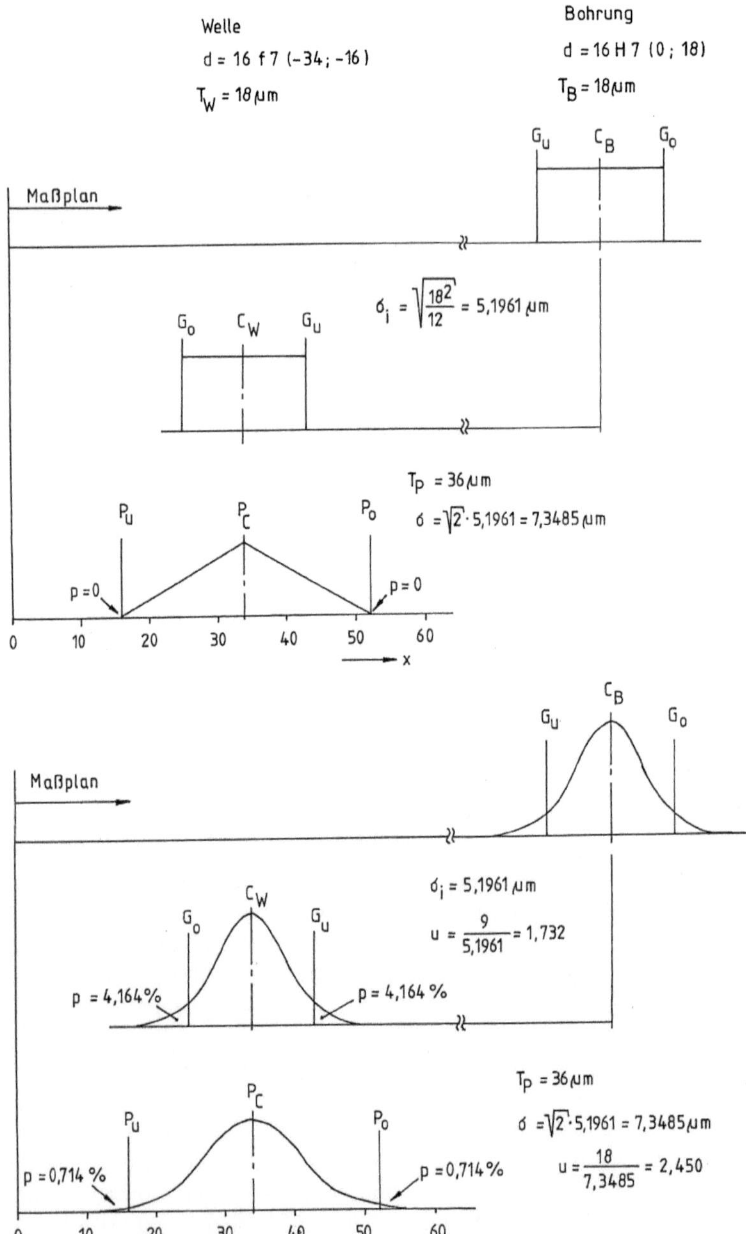

Bild 13.5. Maßpläne für eine zweigliederige Maßkette mit Rechteckverteilungen und mit Normalverteilungen in den Einzellosen

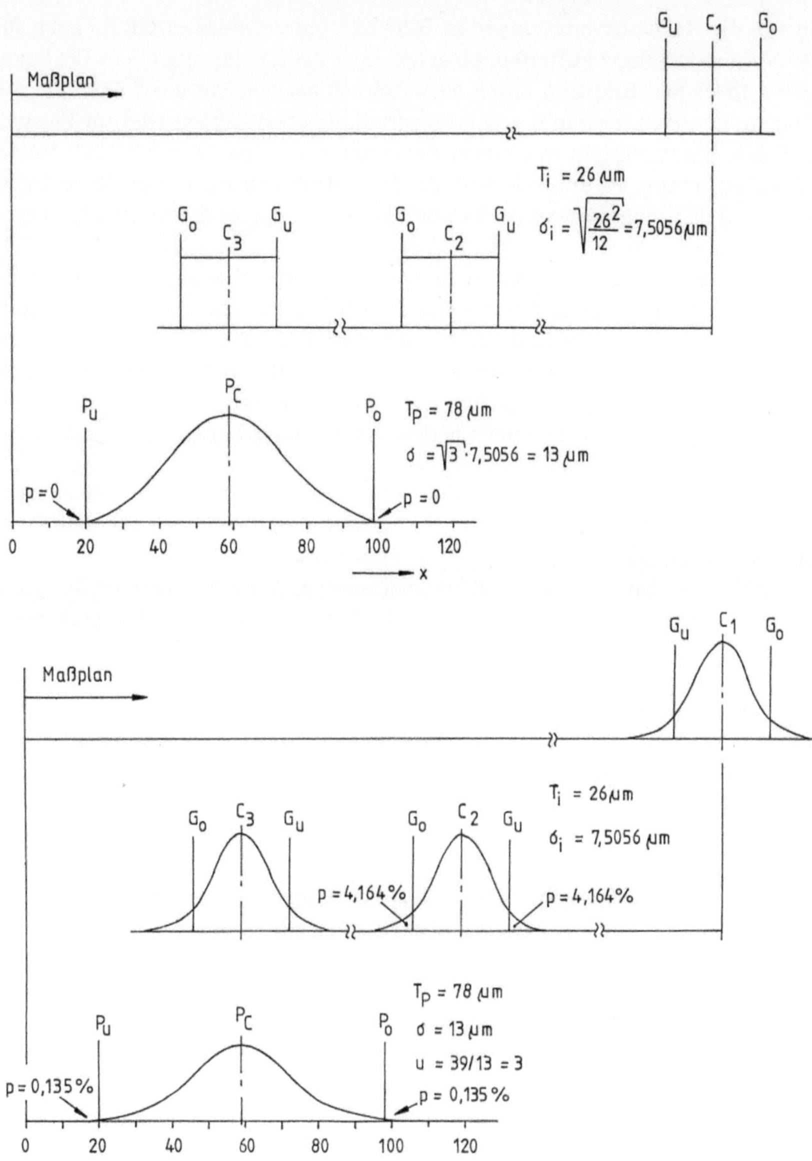

Bild 13.6. Maßpläne für eine dreigliederige Maßkette mit gleich großen Einzeltoleranzen

Nach der Montage haben die Passungen (Spiele) eine Dreieckverteilung, die das Paßtoleranzfeld exakt ausfüllt. Der Fehleranteil in den Spielen ist sowohl unterhalb der Mindestpassung P_u und oberhalb der Höchstpassung P_o exakt null.

Da — wie schon oft erwähnt — das Abweichungsfortpflanzungsgesetz gültig ist unabhängig von der Verteilungsform, müßten auch beliebig verteilte Lose für die Bohrungen und für die Wellen brauchbar sein, sofern sie die gleichen Parameter μ und σ

aufweisen wie die Rechteckverteilungen in Bild 13.5 oben. Und dies müßte auch für die exakte Normalverteilung zutreffen, obgleich diese dann beidseitig einen Fehleranteil von $p = 4{,}164\,\%$ hat, Bild 13.5 unten. Das Paßmaß hat hier mit $\sigma = 7{,}348\,5\ \mu\mathrm{m}$ die gleiche Standardabweichung wie die Dreieckverteilung oben, jedoch sind im Beispiel unten die Spiele normalverteilt mit einem Fehleranteil von jeweils $p = 0{,}714\,\%$ unterhalb der Mindestpassung P_u und oberhalb der Höchstpassung P_o. Dieser Fehleranteil ist äußerst gering und technisch vertretbar, da die Funktion aller montierten Laufsitze nicht in Frage gestellt ist.

Etwas deutlicher wird der „Fehlerausgleich" bei einer dreigliederigen Maßkette. In Bild 13.6 oben ist unterstellt, daß alle drei Lose brauchbare Rechteckverteilungen aufweisen. Alle Schließmaße liegen in ihrem (arithmetisch berechneten) Toleranzfeld mit der Toleranz $T_\mathrm{P} = 3\ T_\mathrm{i} = 78\ \mu\mathrm{m}$. Im unteren Maßplan des Bildes 13.6 sind die Einzellose exakt normalverteilt mit den gleichen Parametern wie oben; jedes Los hat einen Fehleranteil von $p_\mathrm{ges} = 8{,}328\,\%$. Dennoch passen die normalverteilten Spiele mit ihrem $6\,\sigma$-Bereich in das Spieltoleranzfeld hinein.

In Bild 13.7 ist das gleiche dargestellt für eine viergliederige Maßkette. Die Auswirkungen von Rechteckverteilungen und von Normalverteilungen mit den gleichen Parametern auf die Verteilung der Spiele sind fast identisch.

An dieser Stelle könnte der Einwand erhoben werden, daß die bisherigen Beispiele insofern nicht allgemeingültig sind, als daß alle Einzeltoleranzen gleich groß sind. Dieser Einwand ist berechtigt, aber die Auswirkungen ungleich großer Toleranzen sind gegenüber denen bei gleich großen Toleranzen unerheblich, Bild 13.8. Der Leser vergleiche die Fehleranteile in den Spielen des Bilds 13.8 mit denen des Bilds 13.6.

Aus allen bisherigen Beispielen ist zu schließen, daß bei der Variablenprüfung von Maßen eine annehmbare Qualitätsgrenzlage von $AQL = 4{,}00$ vertretbar ist, wenn es sich um Maße handelt, die zu zwei- bis viergliedrigen Maßketten gehören. Bei Maßen, die zu Maßketten mit $k > 4$ Maßgliedern gehören, könnten höhere AQL-Werte erwogen werden; statt dessen ist dann jedoch eine statistische Toleranzrechnung vorzuziehen. Für die Variablenprüfung mit $AQL = 4$ werde unterstellt, daß — wie üblich — einseitig geprüft werde, und zwar jeweils nacheinander gegen den oberen Grenzwert G_o und gegen den unteren Grenzwert G_u.

Es sei noch darauf verwiesen, daß bei der Prüfung von Lieferlosen mit $AQL = 4$ und nach deren faktisch ausnahmsloser Annahme über einen längeren Zeitraum unterstellt werden kann, daß die tatsächlichen Fehleranteile im Durchschnitt deutlich kleiner waren als $p = 4{,}164\,\%$, so daß die Beispiele in den Bildern 13.5 bis 13.8 mit diesem Schlechtanteil auf beiden Seiten aller Einzelmaßlose sogar extrem schlechte Fälle darstellen. Die Prüfung von Einzelmaßlosen mit $AQL = 4$ dürfte daher mit sehr hoher Wahrscheinlichkeit stets funktionssichere Schließmaße gewährleisten.

Gelegentlich wird davor gewarnt, daß es bei der Variablenprüfung insbesondere dann zu Fehlentscheidungen kommen könne, wenn die Voraussetzung des Vorliegens einer Normalverteilung dadurch verletzt ist, daß das zunächst normalverteilte Los beim Lieferanten einseitig oder zweiseitig in den Zipfeln aussortiert worden ist.

Um diese Frage abzuklären, wurden in Bild 13.9 aus einer Modell-Normalverteilung nach Bild 4.8 verschiedene Anteile einseitig und beidseitig heraussortiert. Ferner wurden die Parameter μ und σ der jeweiligen Restverteilungen berechnet. Wie zu erwarten wird in allen Fällen die Standardabweichung der Restverteilung kleiner, Bild 13.10. Weiterhin wurden die scheinbaren Fehleranteile der fiktiven Normalvertei-

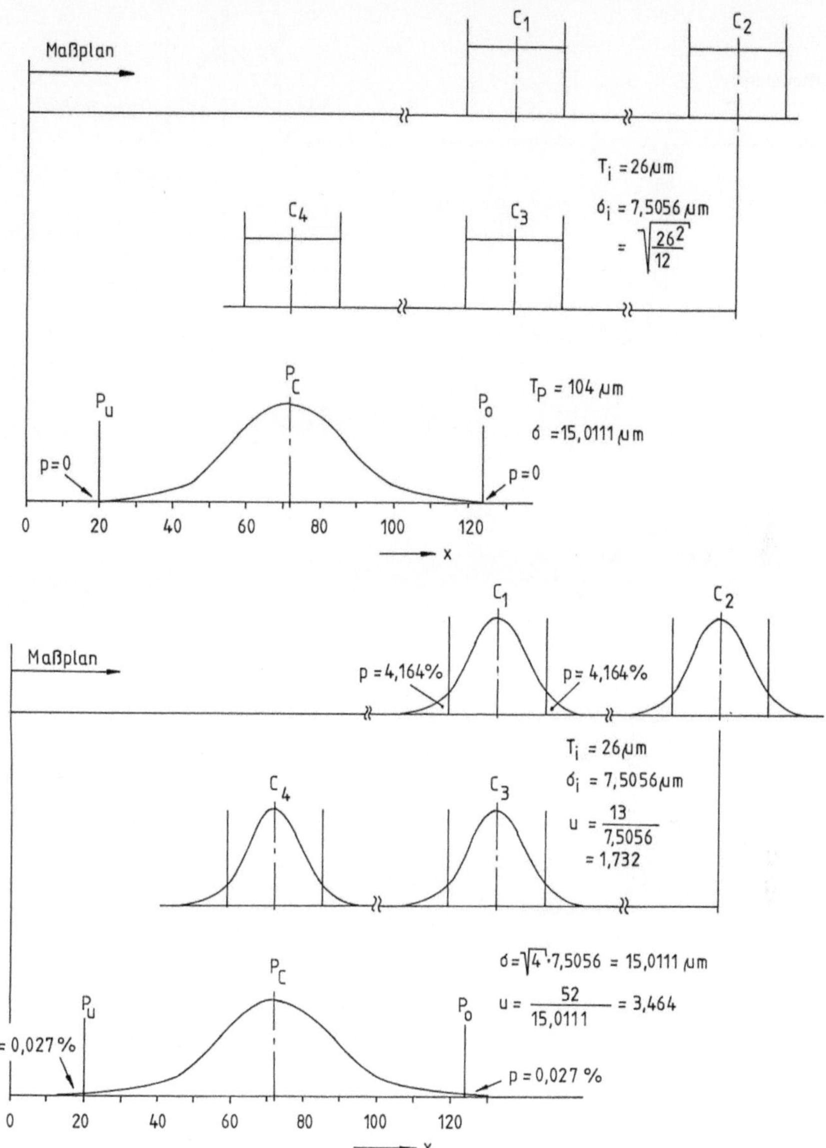

Bild 13.7. Maßpläne für eine viergliederige Maßkette mit gleich großen Einzeltoleranzen

lungen außerhalb der Sortiergrenzen berechnet. Die fiktiven Normalverteilungen sind jene Normalverteilungen mit den gleichen Parametern μ und σ wie die der tatsächlichen Restverteilungen.

Der Verlauf des scheinbaren Fehleranteils über dem aussortierten Fehleranteil ist in Bild 13.11 dargestellt. Die untere Kurve gilt für den Fall, daß beidseitig gleich große Anteile aus der (exakten) Normalverteilung aussortiert wurden. Zur näheren Erläute-

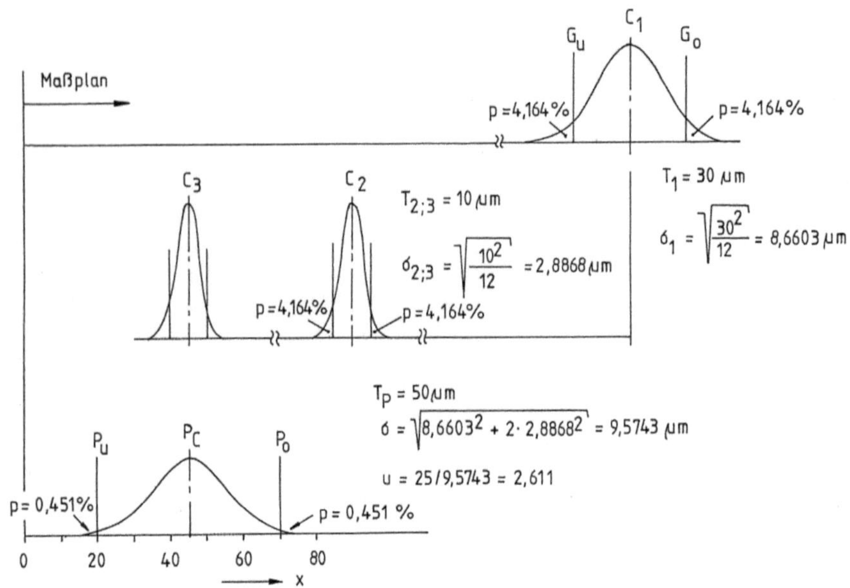

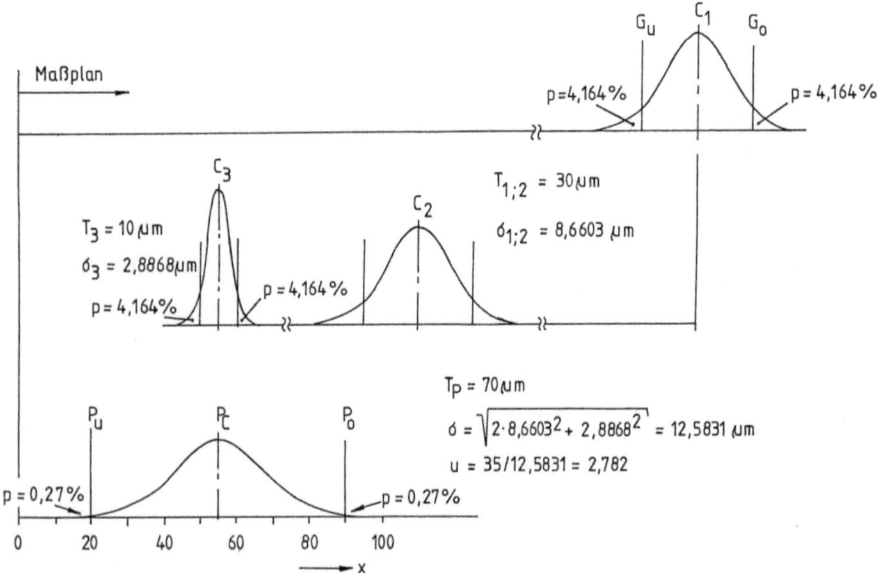

Bild 13.8. Maßpläne für eine dreigliederige Maßkette mit ungleich großen Einzeltoleranzen, jedoch von gleicher Größenordnung

rung dient das Bild 13.12 für den Fall des beiseitigen Aussortierens von $p = 10,5\%$. Falls die Sortiergrenzen Grenzwerte sind, ist das Restlos fehlerfrei. Falls diese Tatsache aber unbekannt ist und das Vorliegen einer Normalverteilung unterstellt wird, beträgt der scheinbare Fehleranteil beidseitig je $p = 2,72\%$.

Da sich die Restverteilung in *jeder* Hinsicht genauso verhält wie die fiktive Normalverteilung besteht für die Restverteilung die gleiche Annahmewahrscheinlichkeit wie die, die unter der Voraussetzung des Vorliegens einer Normalverteilung — je nach Prüfanweisung — berechnet oder aus [4] herausgelesen werden kann. Dies bedeutet, daß bei der im Anfang dieses Kapitels begründet vorgeschlagenen Prüfung nach AQL = 4 für diese Restverteilung eine sehr hohe Annahmewahrscheinlichkeit besteht. Dies gilt auch für alle übrigen, beidseitig gleichmäßig aussortierten Lose. Die untere Kurve in Bild 13.11 geht asymptotisch gegen $p_{\text{schein}} = 4,164\%$; je mehr der beidseitig aussortierte Fehleranteil jeweils gegen 50 % geht, desto besser erfüllt die Restverteilung das Kriterium „Rechteckverteilung".

Die hohe Annahmewahrscheinlichkeit derart sortierter Lose kann dem Abnehmer nur recht sein, da die Lose durch das Sortieren brauchbar geworden sind; sie verhalten sich in der Maßkette wie die zugeordnete fiktive Normalverteilung.

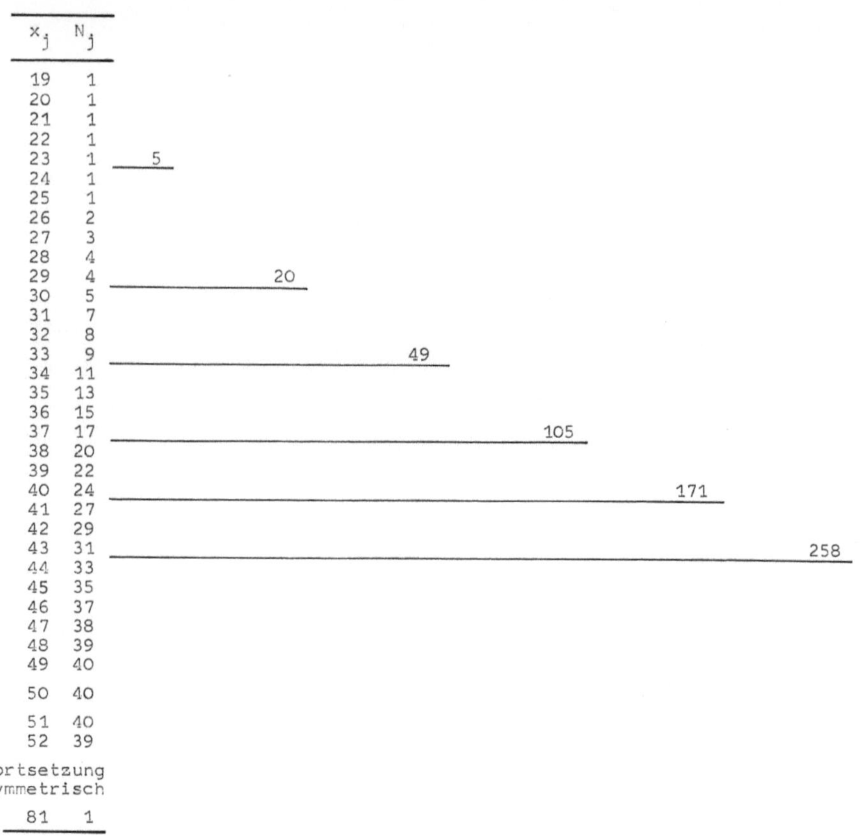

Bild 13.9. Simulation sortierter Lose, ausgehend von einer Modell-Normalverteilung

```
Parameter des NV-Modells:
        N = 1000
        μ = 50              Herausnahme obiger Werte auf einer Seite
        σ_N = 9,992597
```

Herausnahme obiger Werte auf __einer__ Seite

Restumfang N	995	980	951	895	829	742
Mittelwert μ	50,145729	50,494898	51,067298	52,030168	53,062726	54,354447
Standardabweichung σ	9,802875	9,457584	9,003662	8,385555	7,836134	7,254498
Verhältnis $\sigma_{sort.}/\sigma_{uns.}$	0,981014	0,946459	0,901033	0,839177	0,784194	0,725987
Abstand $u = \dfrac{\mu - G_u}{\sigma}$	2,718	2,220	1,951	1,733	1,603	1,496
scheinbarer Fehleranteil p in %	0,328	1,321	2,553	4,155	5,447	6,733

Herausnahme obiger Werte auf __beiden__ Seiten

Restumfang N	990	960	902	790	658	484
Mittelwert μ	50	50	50	50	50	50
Standardabweichung σ	9,609654	8,894169	7,914594	6,501606	5,158579	3,632384
Verhältnis $\sigma_{sort.}/\sigma_{uns.}$	0,961677	0,890076	0,792046	0,650643	0,516240	0,363508
Abstand $u = \dfrac{\mu - G}{\sigma}$	2,758	2,305	2,085	1,923	1,850	1,789
scheinbarer Fehleranteil p in % auf jeder Seite	0,291	1,058	1,853	2,724	3,216	3,681

Bild 13.9. Fortsetzung

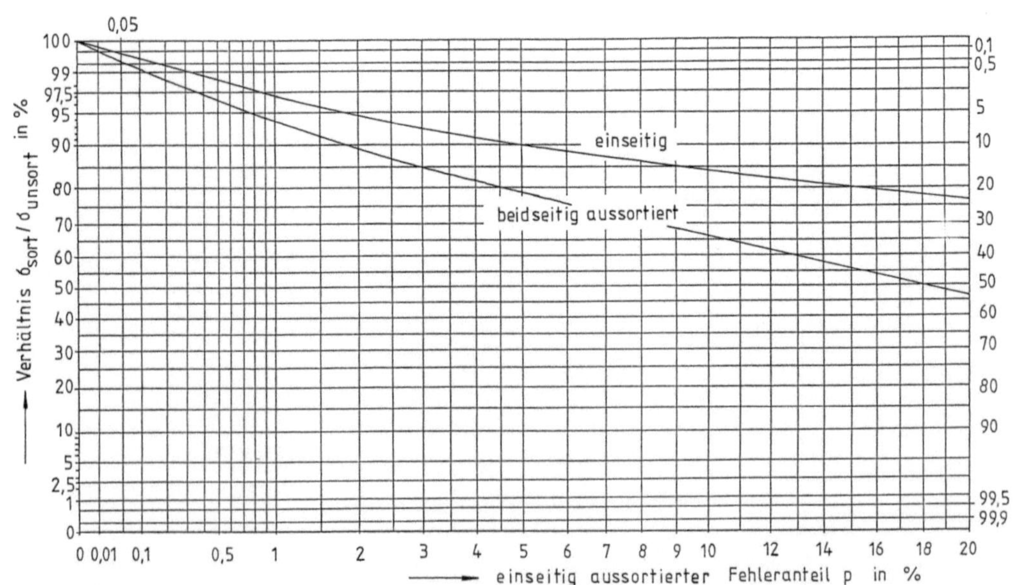

Bild 13.10. Relative Verringerung der Standardabweichung bei sortierten Losen, die vor dem Sortieren normal waren

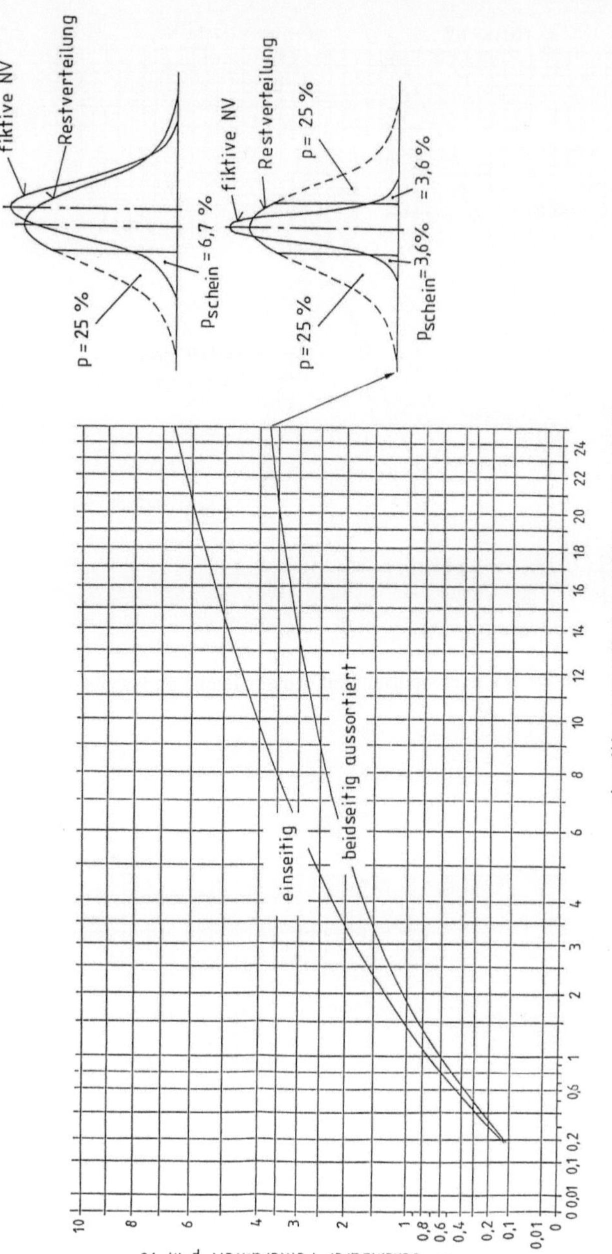

Bild 13.11. Scheinbarer Fehleranteil bei einseitig und bei beidseitig aussortierten Losen unter der Annahme des Vorliegens einer (fiktiven) Normalverteilung; die aussortierten Lose waren vor dem Sortieren normal

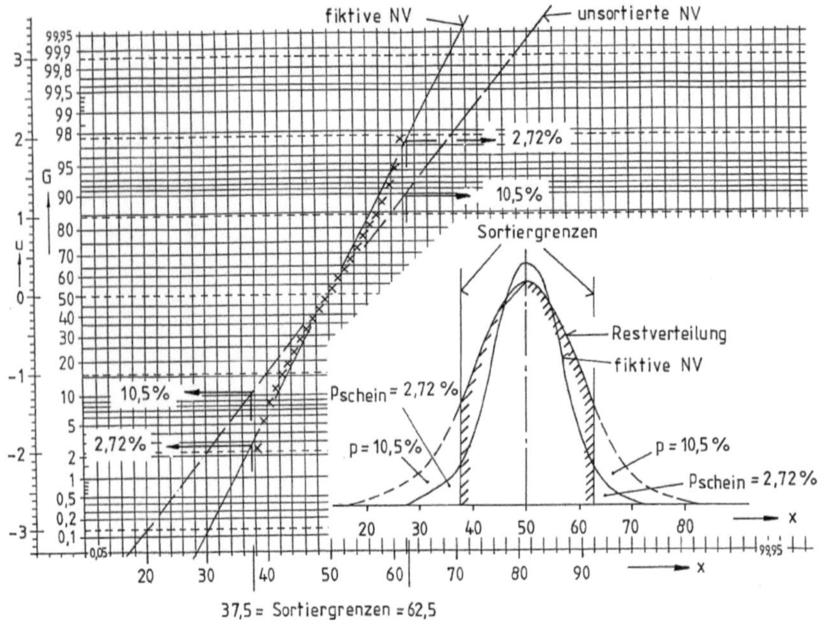

Bild 13.12. Unsortierte NV und fiktive NV nach beidseitigem Aussortieren von jeweils $p = 10,5\,\%$

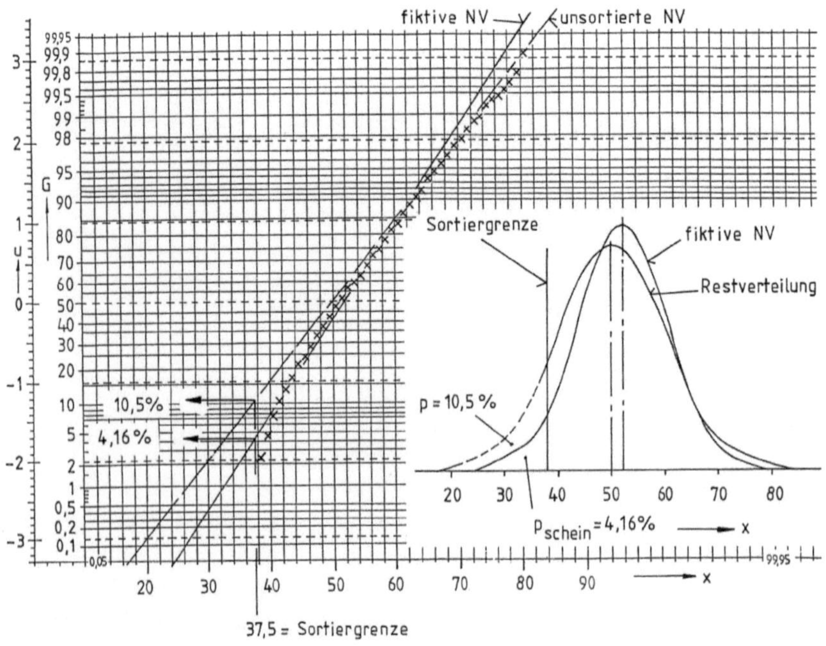

Bild 13.13. Unsortierte NV und fiktive NV nach einseitigem Aussortieren von $p = 10,5\,\%$

Etwas anders liegen die Verhältnisse, wenn beim Lieferanten die zunächst normalverteilten Lose einseitig aussortiert wurden. Dann rückt zwar der Mittelwert der fiktiven Normalverteilung von der Sortiergrenze ab, aber dafür ist die Standardabweichung größer als bei beidseitiger Sortierung, Bild 13.10, mit der Folge, daß der scheinbare Fehleranteil größer ist, obere Kurve in Bild 13.11. Zur näheren Erläuterung des einseitigen Aussortierens von $p = 10{,}5\,\%$ dient das Bild 13.13.

Werden einseitig aussortierte Lose nach AQL = 4 geprüft, dann ist die Annahmewahrscheinlichkeit hoch, wenn bis zu $p \approx 10\,\%$ aussortiert wurden. Bei höheren einseitig aussortierten Fehleranteilen kommt es in zunehmendem Maße zu Zurückweisungen, obgleich die restverteilten Lose fehlerfrei und somit brauchbar sind.

Während durch die Annahme eines Loses eine Entscheidung über das Los getroffen wird, bedeutet die Zurückweisung eines Loses lediglich die Zurückstellung der Entscheidung, bis weitere Informationen über das Los vorliegen. In der Regel wird zunächst der Lieferant aufgefordert, sich zu der Zurückweisung des Loses zu äußern, und falls es sich um ein sortiertes Los handelt, wird der Lieferant dies im eigenen Interesse offenlegen. Dann kann sich der Abnehmer darauf beschränken, diese Angabe in geeigneter Weise zu überprüfen, um dann im Falle eines positiven Ergebnisses dieser Prüfung auf Annahme des Loses zu entscheiden.

Hier stellt sich die Frage, warum eigentlich der Lieferant nicht von vornherein mit der Lieferung des Loses den Abnehmer über seine Sortierprüfung informiert hat. Dafür sind zwei Gründe denkbar. Einmal ist es möglich, daß der Lieferant die Zusammenhänge überhaupt nicht durchschaut und der Meinung ist, daß sein auf Fehlerfreiheit sortiertes Los mit Sicherheit angenommen werden müßte. Zweitens ist es möglich, daß der Lieferant die Zusammenhänge teilweise aber nicht restlos durchschaut. Er weiß, daß der Abnehmer seine Lieferlose nach der Variablenmethode beurteilt und daß dafür nach [4] das Vorliegen einer Normalverteilung vorausgesetzt werden muß. Somit fürchtet er, daß sein restverteiltes und fehlerfreies Los dennoch irgendwie irregulär ist und er scheut sich zunächst, die Sortierprüfung offenzulegen in der Hoffnung, daß sein Los trotzdem angenommen wird; eine berechtigte Hoffnung, solange er beidseitig gleiche Anteile oder einseitig weniger als $p \approx 10\,\%$ aussortiert hat und sofern der Abnehmer vereinbarungsgemäß nach AQL = 4 prüft.

Nach allen bisherigen Erörterungen ist jeder Lieferant gut beraten, wenn er seine Sortierprüfung in jedem Falle von vornherein offenlegt; er riskiert dadurch keine Nachteile. Auch liegt es im Interesse des Abnehmers mit der Lieferung eines Loses darüber informiert zu werden, falls das Los sortiert wurde. Er kann dann seine Eingangsprüfung auf eine geeignete Überprüfung dieser Information beschränken.

Am Ende des Abschn. 13.2 wurde die Aussage begründet, daß die Variablenprüfung von Maßen, die zu Maßketten gehören, verteilungsunabhängig angewendet werden darf. Gegen diese These könnten Bedenken erhoben werden für den Fall, daß Lieferlose zur Prüfung vorgestellt werden, die in extremer Weise von der Form der Normalverteilung abweichen, und zwar derart, daß in einem Zipfel der Verteilung wesentlich höhere Fehleranteile liegen als bei der (fiktiven) Normalverteilung mit den numerisch identischen Parametern μ und σ.

Zur Untersuchung eines derartigen Falls bei gleichzeitiger Wahl einer annehmbaren Qualitätsgrenzlage von AQL = 4 wurde eine (zusammenhängende) Mischverteilung erzeugt aus einer NV_1 mit $N_1 = 100\,8$ und einer dem Umfang nach kleineren NV_2 mit $N_2^- = 0{,}1\,N_1$ und mit einer Standardabweichung $\sigma_2 = 2\,\sigma_1$, Bild 13.14. Die Verteilungsfunktion dieser MV ist in Bild 13.15 dargestellt. Oberhalb $\mu + 3\,\sigma$ liegt ein Werteanteil von $p \approx 4,5\,\%$. Dennoch ist diese MV nicht breiter als die NV mit den gleichen Parametern (fiktive NV und deren Parallele in Bild 13.15); lediglich wegen ihrer Schiefe ist der Werteanteil der MV in einem Zipfel so relativ groß.

Ferner ist aus Bild 13.15 ersichtlich, daß bei einer Losprüfung nach AQL = 4 und einem scheinbaren Fehleranteil von $p = 4\,\%$ der wahre Fehleranteil $p \approx 9\,\%$ beträgt.

Um die Frage zu klären, wie sich dieser wahre Fehleranteil auf das Schließmaß einer zweigliederigen Maßkette auswirkt, wurden zwei derartige Mischverteilungen gefaltet. Um das Falten zu vereinfachen, wurden zuvor alle Besetzungszahlen der MV auf ganze Zahlen gerundet, letzte Spalte in Bild 13.14. Der Faltvorgang (im Ansatz)

	NV$_1$	NV$_2$				für das Falten:
x_j	N_{j1}	N_{j2}	N_j	$\sum N_j$	$G(x)$ in %	N_j
1	1		1	1	0,0902	1
2	5		5	6	0,5411	5
3	15	Parameter der NV$_2$	15	21	1,894	15
4	40		40	61	5,501	40
5	103	$N_2 = 100,8$	103	164	14,791	103
6	150		150	314	28,319	150
7	190	$\mu_2 = 26$	190	504	45,455	190
8	190		190	694	62,590	190
9	150	$\sigma_2 = 4$	150	844	76,118	150
10	103		103	947	85,408	103
11	40		40	987	89,015	40
12	15		15	1002	90,368	15
13	5	0,1	5,1	1007,1	90,828	5
14	1		1	1008,1	90,918	1
15		0,5	0,5	1008,6	90,963	1
16	Parameter der NV$_1$					2
17		1,5	1,5	1010,1	91,098	
18						
19	$N_1 = 1008$	4	4	1014,1	91,459	4
20						
21	$\mu_1 = 7,5$	10,3	10,3	1024,4	92,388	10
22						
23	$\sigma_1 = 2$	15	15	1039,4	93,741	15
24						
25		19	19	1058,4	95,454	19
26						
27		19	19	1077,4	97,168	19
28						
29		15	15	1092,4	98,521	15
30						
31		10,3	10,3	1102,7	99,450	10
32						
33		4	4	1106,7	99,811	4
34						
35		1,5	1,5	1108,2	99,945	2
36						
37		0,5	0,5	1108,7	99,991	
38						
39		0,1	0,1	1108,8	100,000	

```
Parameter der Mischverteilung:  N = 1108,8 = Umfang          N = 1109

                                μ = 9,1818 = Mittelwert       μ = 9,1749

                                σ = 5,7772 = Standard-        σ = 5,7547
                                             abweichung
```

Bild 13.14. Erzeugung einer extrem schiefen Mischverteilung aus zwei Normalverteilungen NV$_1$ und NV$_2$

und das vollständige Faltprodukt sind in Bild 13.16 enthalten; die Verteilungsfunktion des Faltproduktes und die zugeordnete fiktive NV sind in Bild 13.17 dargestellt.

Werden zwei normalverteilte Lose mit je $p = 4\%$ in der gleichen Wirkrichtung (Verringerung des Spiels) montiert, dann ist der zu erwartende Fehleranteil in den Spielen $p = 0{,}664\%$, Bild 13.18, oberer Maßplan. Falls die beiden Lose aber nur fiktiv normalverteilt sind und in Wahrheit schiefe Mischverteilungen aufweisen mit einem Fehleranteil von jeweils $p \approx 9\%$, dann ist der Fehleranteil in den Spielen $p \approx 3\%$, Bild 13.17 und unterer Maßplan in Bild 13.18.

Es ist sehr unwahrscheinlich, daß ein Lieferlos eine extrem schiefe Mischverteilung aufweist. Äußerst unwahrscheinlich ist es, daß beide voneinander unabhängig gefertigten Paarmaßlose die gleiche extrem schiefe Mischverteilung aufweisen. Und sollte dieser Fall dennoch eintreten, beträgt der Fehleranteil in den Spielen nur $p \approx 3\%$, was — je nach Einzelfall — die Funktion dieser Lagerstellen kaum beeinträchtigen dürfte.

Bei der Faltung der extrem schiefen Mischverteilungen in Bild 13.16 mit Darstellung in Bild 13.17 wurde eine gleiche Richtung der Schiefe in beiden Verteilungen unterstellt. Werden zwei extrem schiefe Verteilungen mit gleicher Wirkrichtung des scheinbaren Fehleranteils (Verringerung des Spiels) aber ungleicher Richtung der Schiefe gefaltet, Bild 13.19, dann ist das Faltprodukt zwar symmetrisch, dennoch ist auch dann der wahre Fehleranteil in den Spielen $p \approx 3\%$, Bild 13.20. Zur Erläuterung der „gleichen Wirkrichtung" und der „ungleichen Richtung der Schiefe" dient das Bild 13.21.

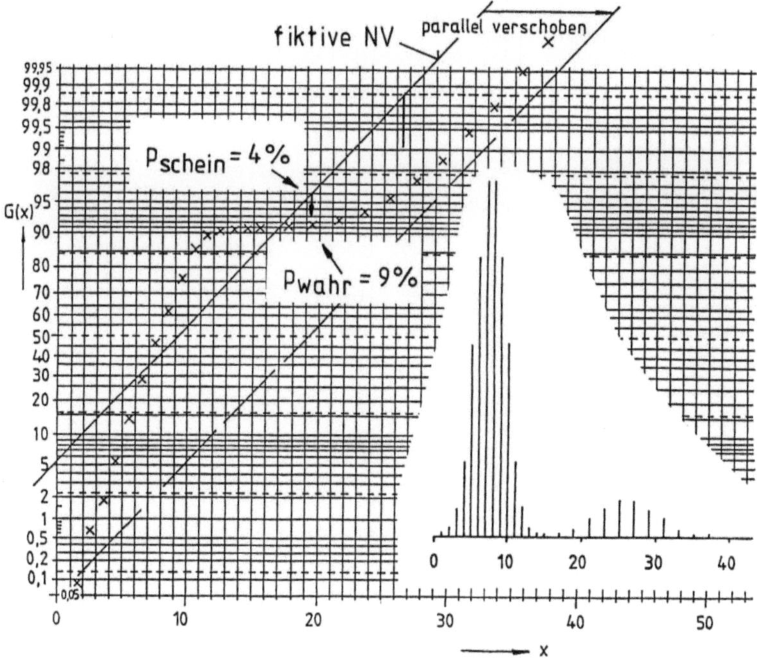

Bild 13.15. Verteilungsfunktion einer extrem schiefen Mischverteilung und zugeordnete fiktive Normalverteilung, wie Bild 6.14b

Ansatz für das Falten zweier extrem schiefer Verteilungen mit den

Parametern N = 1109; μ = 9,1749; δ = 5,7547

x		1	2	3	4	5	6	7	8
g(x)		1	5	15	40	103	150	190	190
1	1	2 / 1	3 / 5	4 / 15	5 / 40	6 / 103	7 / 150	8 / 190	9 / 190
2	5	3 / 5	4 / 25	5 / 75	6 / 200	7 / 515	8 / 750	9 / 950	10 / 950
3	15	4 / 15	5 / 75	6 / 225	7 / 600	8 / 1545	9 / 2250	10 / 2850	11 / 285o
4	40	5 / 40	6 / 200	7 / 600	8 / 1600	9 / 4120	10 / 6000	11 / 7600	12 / 7600
5	103	6 / 103	7 / 515	8 / 1545	9 / 4120	10 / 10609	11 / 15450	12 / 19570	13 / 19570
6	150	7 / 150	8 / 750	9 / 2250	10 / 6000				
7	190	8 / 190	9 / 950	10 / 2850					
8	190	9 / 190	10 / 950	etc.					

Faltprodukt:

x_j	N_j	$\sum N_j$	G(x) in %	x_j	N_j	$\sum N_j$	G(x) in %
2	1	1	0,00008	41	4668	1213309	98,65
3	10	11	0,00089	42	3244	1216553	98,92
4	55	66	0,00537	43	1914	1218467	99,07
5	230	296	0,0241	44	1578	1220045	99,20
6	831	1127	0,0916	45	552	1220597	99,24
7	2530	3657	0,2973	46	1037	1221634	99,3294
8	6570	10227	0,8315	47	68	1221702	99,3350
9	15020	25247	2,05	48	1138	1222840	99,4275
10	30509	55756	4,53	49	4	1222844	99,4278
11	53506	109262	8,88	50	1331	1224175	99,5361
12	82450	191712	15,59	51			
13	111660	303372	24,67	52	1412	1225587	99,6509
14	133600	436972	35,53	53			
15	142120	579092	47,09	54	1327	1226914	99,7588
16	133602	712694	57,94	55			
17	111670	824354	67,03	56	1110	1228024	99,8490
18	82484	906848	73,73	57			
19	53606	960454	78,09	58	817	1228841	99,9154
20	30783	991237	80,60	59			
21	15520	1006757	81,86	60	528	1229369	99,9584
22	7502	1014259	82,47	61			
23	3930	1018189	82,79	62	296	1229665	99,9824
24	3045	1021234	83,04	63			
25	3346	1024580	83,31	64	140	1229805	99,9938
26	4803	1029383	83,70	65			
27	6362	1035745	84,22	66	56	1229861	99,9984
28	8869	1044614	84,94	67			
29	10896	1055510	85,82	68	16	1229877	99,9997
30	13555	1069065	86,92	69			
31	15254	1084319	88,16	70	4	1229881	100,0000
32	16948	1101267	89,54				
33	17618	1118885	90,97				
34	17630	1136515	92,41				
35	16944	1153459	93,79				
36	15290	1168749	95,03				
37	13554	1182303	96,13				
38	10980	1193283	97,02				
39	8858	1202141	97,74				
40	6500	1208641	98,27				

Parameter des Faltproduktes:

$$N = 1229881 = 1109^2$$

$$\mu = 18,3498 = 2 \cdot 9,1749$$

$$\delta = 8,1384 = \sqrt{2} \cdot 5,7547$$

Bild 13.16. Faltvorgang (im Ansatz) und Faltprodukt aus zwei extrem schiefen Mischverteilungen mit gleicher Richtung der Schiefe

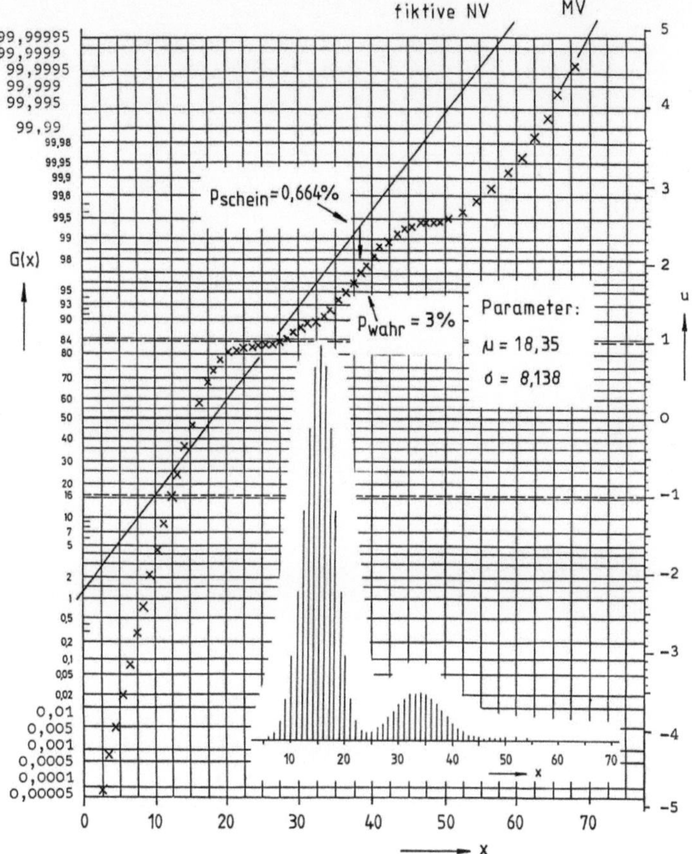

Bild 13.17. Verteilungsfunktion des Faltprodukts aus zwei extrem schiefen Mischverteilungen, die in gleicher Richtung der Schiefe gefaltet wurden

Völlig unproblematisch sind extreme Abweichungen von der NV-Form bei Einzelmaßlosen, wenn diese zu mehrgliederigen Maßketten gehören. In Bild 13.22 sind vier normalverteilte (oder fiktiv normalverteilte) Lose mit je einem Fehleranteil von $p = 4\%$ (= AQL) addiert mit dem Ergebnis, daß der Fehleranteil in den Spielen — rein rechnerisch — $p = 0,023\%$ beträgt. Sollten alle vier Lose in Wahrheit zufällig eine extrem schiefe Mischverteilung mit jeweils einem Fehleranteil von $p \approx 9\%$ aufweisen, dann ist der wahre Fehleranteil in den Spielen $p \approx 0,4\%$, Bild 13.23 und unterer Maßplan in Bild 13.22.

Anmerkung: Die Unterschiede bei den Parametern σ in Bild 13.22 und in Bild 13.23 sind dadurch bedingt, daß für die nochmalige Faltung des Faltprodukts nach Bild 13.16 die Klassenbesetzungszahlen reduziert wurden, wodurch sich die Parameter geringfügig veränderten.

Alle bisherigen Aussagen über die Auswahl von AQL-Werten bezogen sich auf den Fall des Vorliegens arithmetisch berechneter Maßketten. Im folgenden wird untersucht, welche AQL-Werte bei statistisch tolerierten Maßen vertretbar sind.

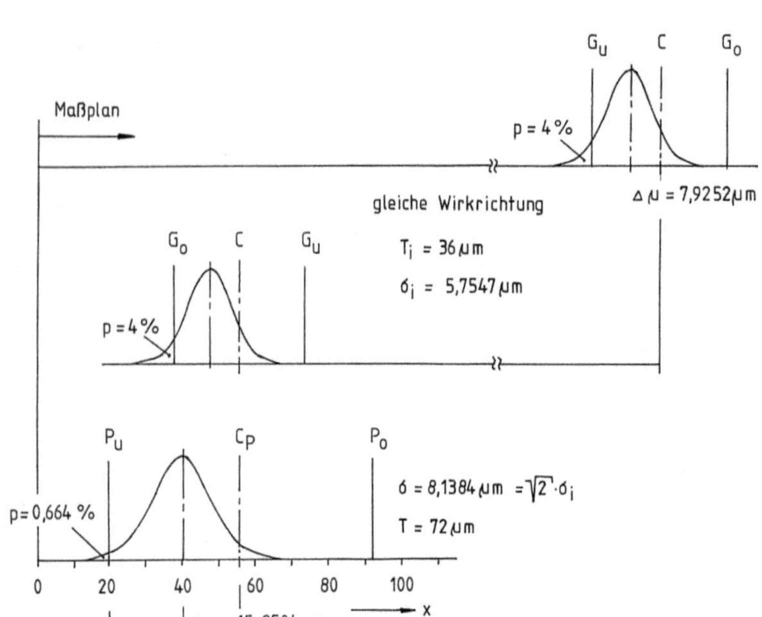

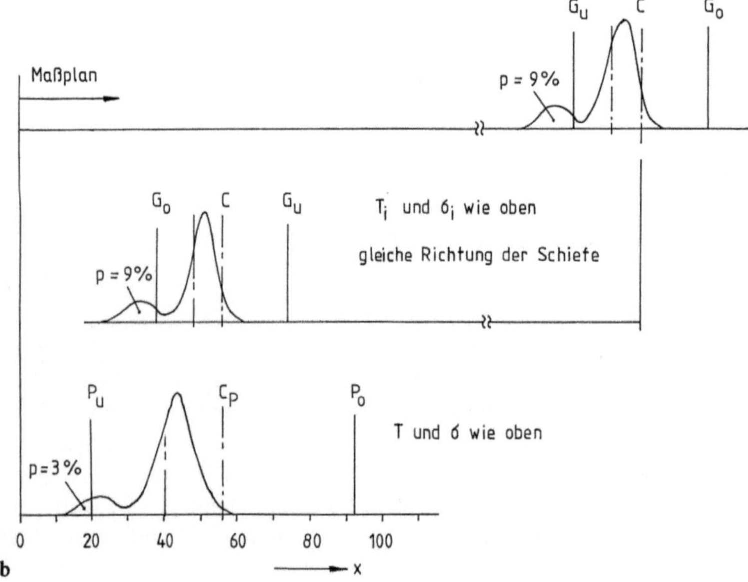

Bild 13.18. Maßpläne für eine zweigliederige Maßkette. **a** Lose mit fiktiver NV; **b** Lose mit wahrer MV

Ansatz für das Falten zweier extrem schiefer Verteilungen

Parameter: $N = 1109$; $\mu = 26{,}8251$; $\sigma = 5{,}7547$

x	$g(x)$	1	2	3	4	5	6	7	8	9	10	11	12	13	14	15	16	17	18	19	20	21	22
	$g(x)$	2		4		10		15		19		19		15		10		4		2		1	1
1	1	2		4		6		8		10		12		14		16		18		20		22	23
		2		4		10				19		19		15		10		4		2		1	1
2	5	3		5		7		9		11		13		15		17		19		21		23	24
		10		20		50		75		95		95		75		50		20		10		5	5
3	15	4		6		8		10		12		14		16		18		20		22			
		30		60		150		225		285		285		225		150		60		30			
4	40	5		7		9		11		13		15		17		19		21					
		80		160		400		600		760		760		600		400		160					
5	103	6		8		10		12		14		16		18		20							
		206		412		1030		1545		1975		1975		1545		1030							
6	150	7		9		11		13		15		17		19									
		300		600		1500		2250		2850		2850		2250									
7	190	8		10		12		14		16		18											
		380		760		1900		2850		3610		3610											
8	190	9		11		13		15		17													
		380		760		1900		2850		3610													
9	150	10		12		14		16															
		300		600		1500		2250 etc.															

Parameter:

$N = 1109$

$\mu = 9{,}1749$

$\sigma = 5{,}7547$

Parameter des

Faltproduktes:

$N = 1229881$

$\quad = 1109^{2}$

$\mu = 36 = 26{,}8251 + 9{,}1749$

$\sigma = 8{,}1384 = \sqrt{2} \cdot 5{,}7547$

Faltprodukt:

x_j	$\sum N_j$	$G(x)$ in %	N_j	$\sum N_j$	$G(x)$ in %	x_j
2	2	0,00018	2	1229881	100,00000	70
3	12	0,00106	10	1229879	99,99984	69
'4	46	0,00407	34	1229869	99,99902	68
5	146	0,01292	100	1229835	99,99626	67
6	422	0,03735	276	1229735	99,98813	66
7	932	0,08249	510	1229459	99,96569	65
8	1889	0,167	957	1228949	99,924	64
9	3344	0,296	1455	1227992	99,846	63
10	5678	0,503	2334	1226537	99,278	62
11	8839	0,782	3161	1224203	99,538	61
12	13268	1,174	4429	1221042	99,281	60
13	18715	1,656	5447	1216613	98,921	59
14	25492	2,256	6777	1211166	98,478	58
15	33119	2,931	7627	1204389	97,927	57
16	41593	3,681	8474	1196762	97,307	56
17	50402	4,461	8809	1188288	96,618	55
18	59219	5,241	8817	1179479	95,902	54
19	67691	5,991	8472	1170662	95,185	53
20	75344	6,668	7653	1162190	94,496	52
21	82121	7,268	6777	1154537	93,874	51
22	87640	7,751	5519	1147760	93,323	50
23	92075	8,149	4435	1142241	92,874	49
24	95420	8,445	3345	1137806	92,514	48
25	97849	8,660	2429	1134461	92,242	47
26	99952	8,846	2103	1132032	92,044	46
27	101890	9,018	1938	1129929	91,873	45
28	105663	9,352	3773	1127991	91,715	44
29	112699	9,974	7036	1124218	91,409	43
30	128796	11,399	16097	1117182	90,837	42
31	159442	14,111	30646	1101085	89,528	41
32	214112	18,950	34670	1070439	87,036	40
33	296579	26,249	82467	1015769	82,590	39
34	409573	36,249	112994	933302	75,886	38
35	543174	44,165	133601	820308	66,698	37
36	686707	55,835	143533			

Bild 13.19. Faltvorgang (im Ansatz) und Faltprodukt aus zwei extrem schiefen Mischverteilungen mit ungleicher Richtung der Schiefe; das Faltprodukt ist symmetrisch

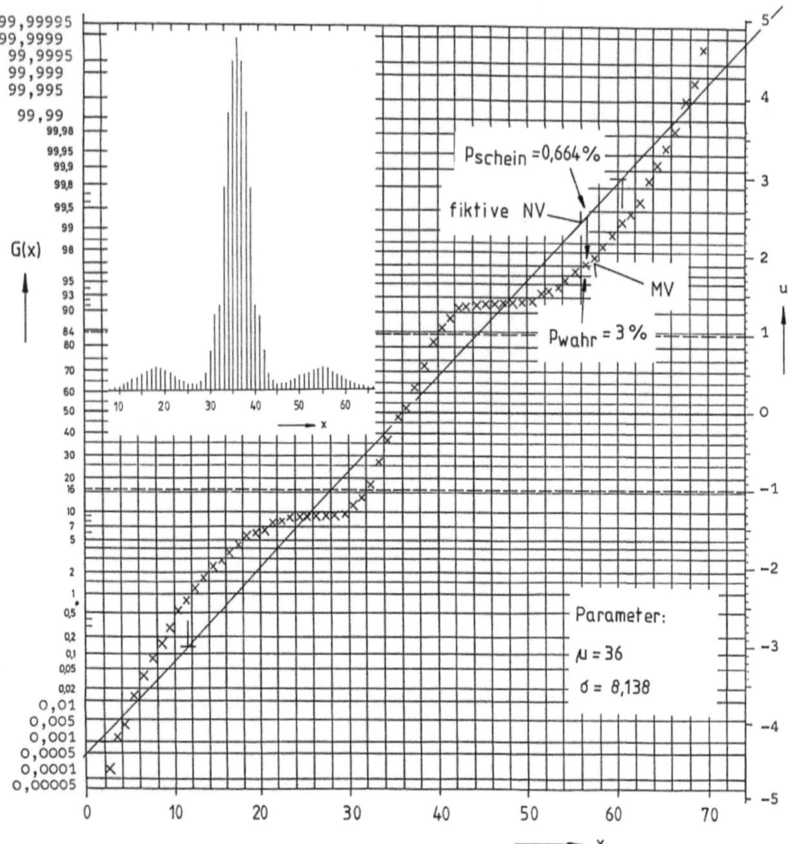

Bild 13.20. Verteilungsfunktion des Faltprodukts aus zwei extrem schiefen Mischverteilungen, die in ungleicher Richtung der Schiefe gefaltet wurden

Die quadratische Toleranzrechnung nach Kap. 9 hat den Vorteil, daß die Einzeltoleranzen maximal erweitert werden können gegenüber der arithmetischen Rechnung. Der quadratischen Toleranzrechnung liegt die Voraussetzung zugrunde, daß alle Einzelmaßlose entweder exakt normalverteilt sind oder beliebig verteilt sind, in jedem Fall aber mit ihren Mittelwerten in Nähe der Toleranzfeldmitten liegen und die 6σ-Bereiche maximal so groß sind wie die jeweiligen Toleranzfelder.

Diese Voraussetzungen sind in der Fertigungssteuerung und in der Annahmeprüfung nicht ohne großen Aufwand zu überwachen; deswegen sollte die statistische Toleranzrechnung unter der Annahme des Vorliegens von Rechteckverteilungen, die die jeweiligen Toleranzfelder ausfüllen, bevorzugt angewendet werden.

Falls dann wie bei den arithmetisch berechneten Toleranzen mit AQL = 4 geprüft wird, gibt es keine Probleme, wenn die Voraussetzung des Vorliegens von Rechteckverteilungen, die die Toleranzfelder ausfüllen, erfüllt ist, Zeile 1) in Bild 13.24. Ist Dagegen der scheinbare Fehleranteil von $p = 4,164\%$ der fiktiven Normalverteilung nur einseitig in voller Höhe vorhanden, dann ist der das statistische Toleranzfeld der Schließmaße überschreitende Anteil umso größer, je schmaler die Verteilungen wer-

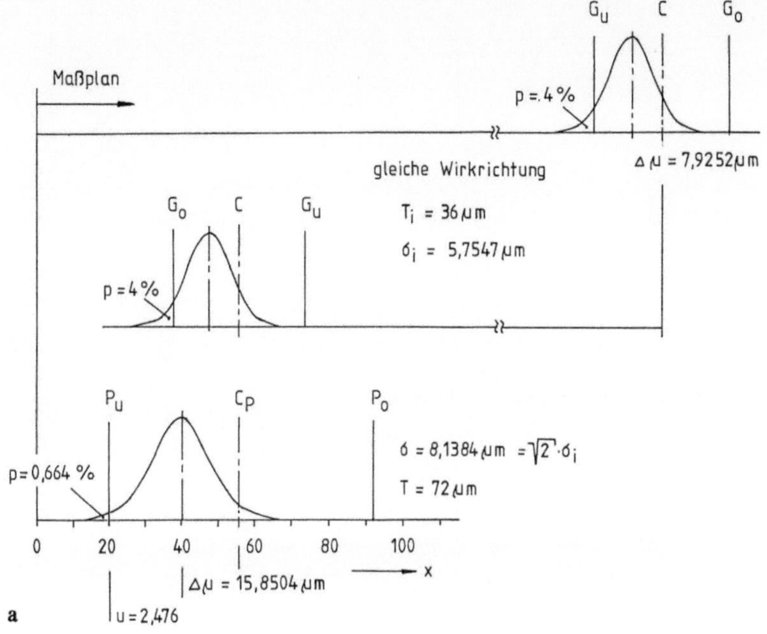

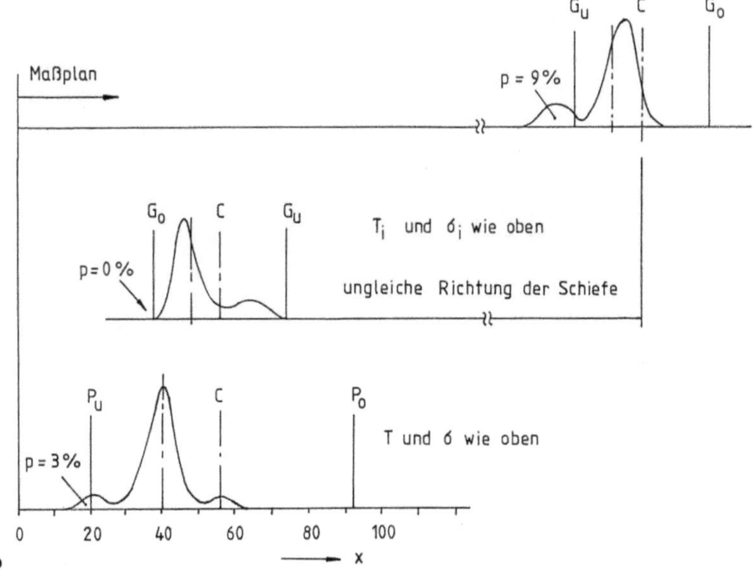

Bild 13.21. Maßpläne für zweigliederige Maßketten. **a** Lose mit fiktiver NV; **b** Lose mit wahrer MV

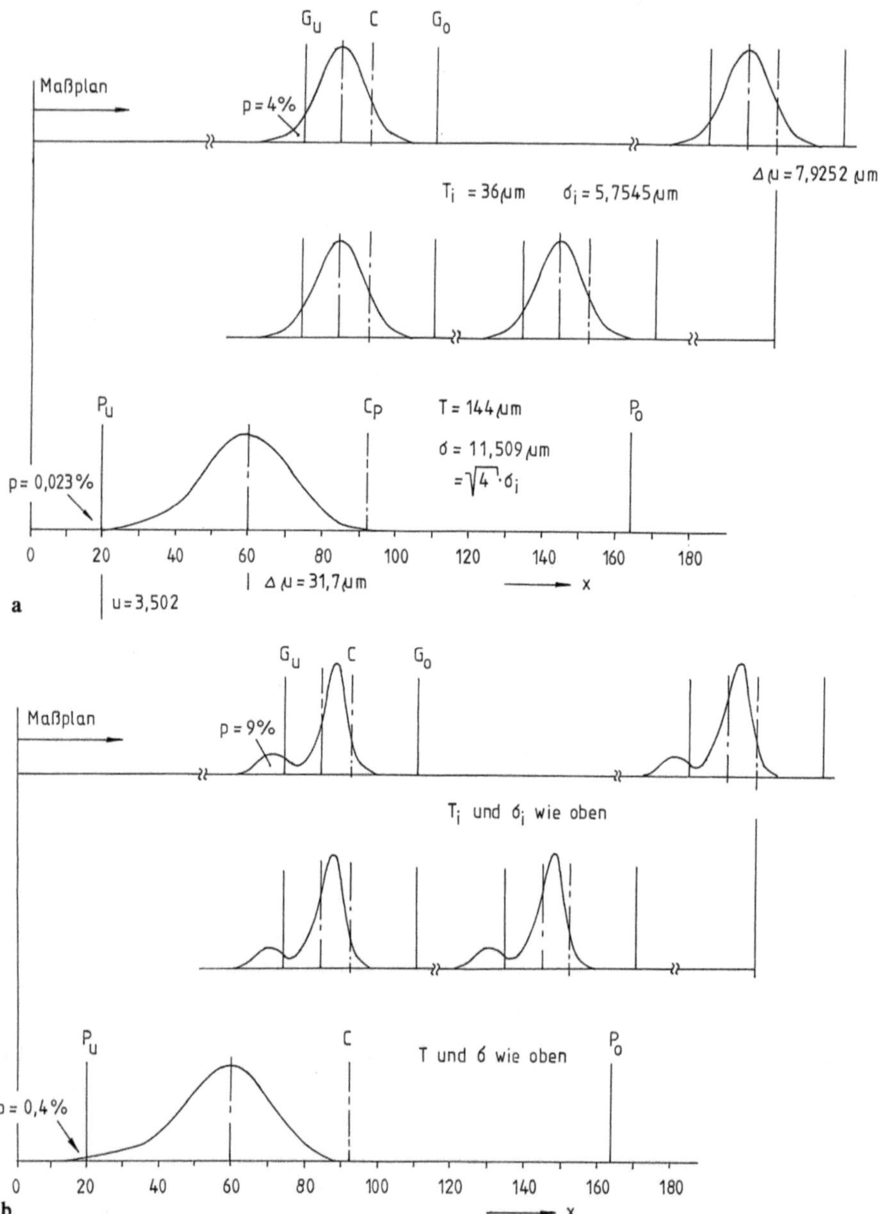

Bild 13.22. Maßpläne für eine zweigliederige Maßkette. **a** Lose mit fiktiver NV; **b** Lose mit wahrer MV

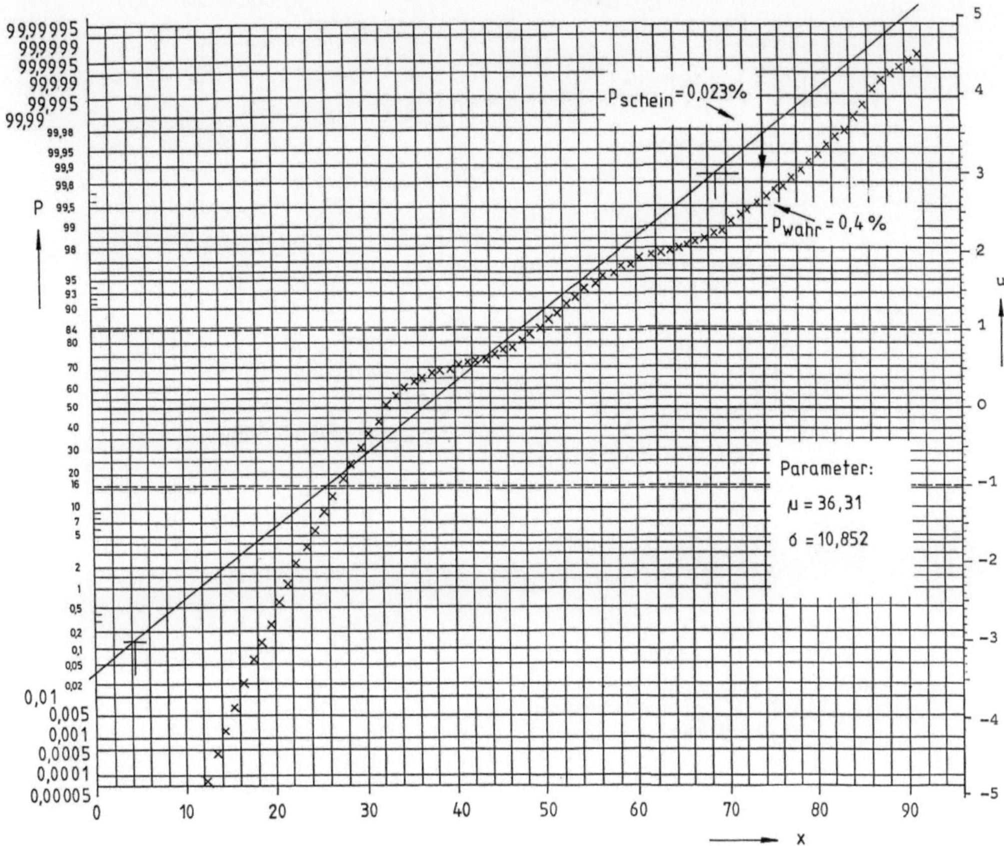

Bild 13.23. Verteilungsfunktion des Faltprodukts aus vier extrem schiefen Mischverteilungen, die in gleicher Richtung der Schiefe gefaltet wurden

den, oder — anders formuliert — je mehr die Mittelwerte der Einzelistverteilungen von den Toleranzfeldmitten abweichen, Zeile 2) bis 8) in Bild 13.24.

Zum besseren Verständnis und zur Erleichterung der Nachrechnung sind in Zeile 5 alle Rechengrößen mit bis zu vier Nachkommastellen angegeben. Die Nachrechnung erfolge in folgenden Schritten:

— für $\sigma_i = 3{,}5\,\mu m$ und $p_{eins} = 4{,}164\,\%$ ist der Mittelwert um $\mu - G_u = u\sigma = \sqrt{3}\cdot 3{,}5 = 6{,}062\,2\,\mu m$ vom unteren Grenzwert entfernt,

— damit beträgt die Mittenabweichung

$$\Delta\mu = \frac{T_i}{2} - (\mu - G_u) = 10 - 6{,}062\,2 = 3{,}937\,8\,\mu m,$$

— für den Fall, daß alle $k = 6$ Maßlose um die gleiche Mittenabweichung von $\Delta\mu = 3{,}937\,8\,\mu m$ gegenüber der Toleranzfeldmitte in der gleichen Wirkrichtung abweichen, ergibt sich für die Schließmaße eine Mittenabweichung von $\Delta\mu = 6\cdot 3{,}937\,8 = 23{,}626\,9\,\mu m,$

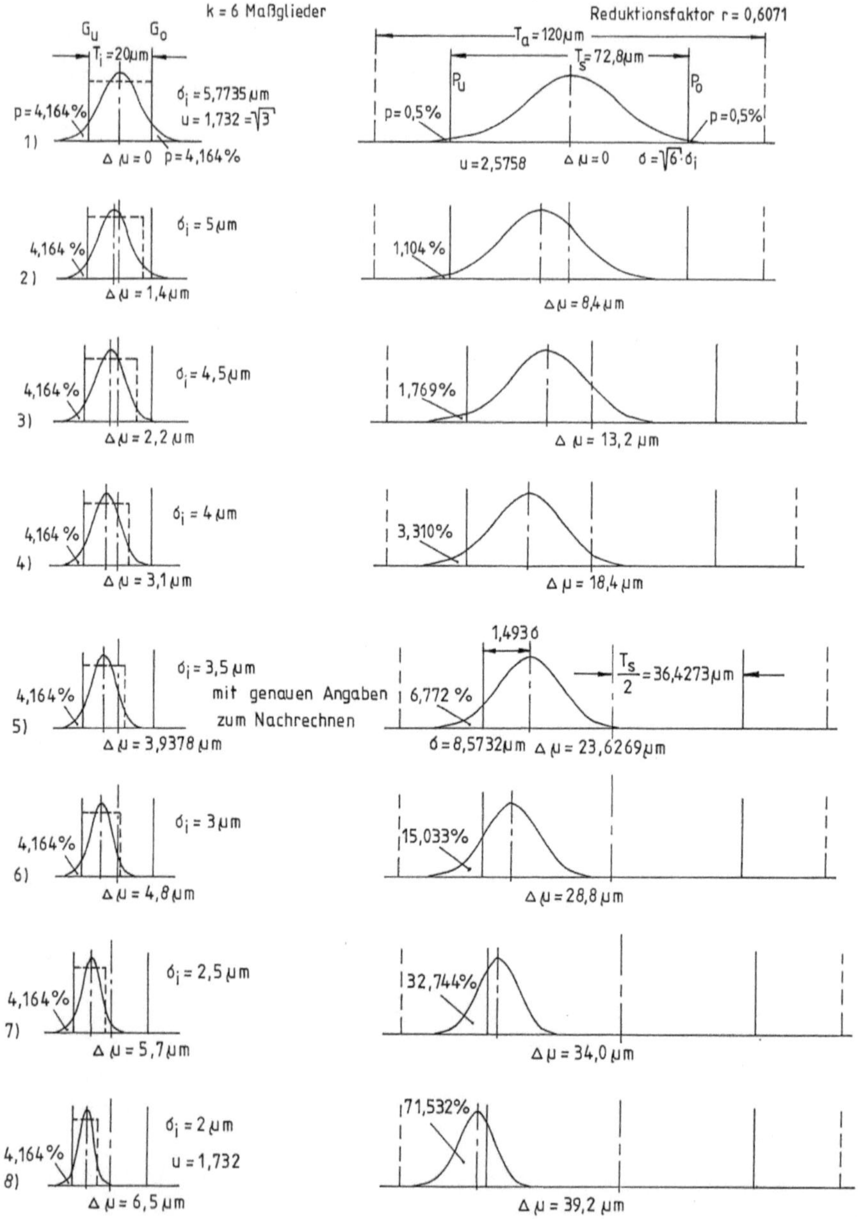

Bild 13.24. Statistisch berechnete, lineare Maßkette mit $k = 6$ Maßgliedern. Die Berechnung erfolgte unter der Annahme, daß die Einzelverteilungen Rechteckverteilungen sind, die die jeweiligen Toleranzfelder ausfüllen, oder Normalverteilungen mit einem grenzüberschreitenden Anteil von beidseitig $p = 4,164 \%$, Zeile 1). Die Zeilen 2) bis 8) enthalten Beispiele dafür, daß die Einzelverteilungen die Toleranzfelder nicht ausfüllen

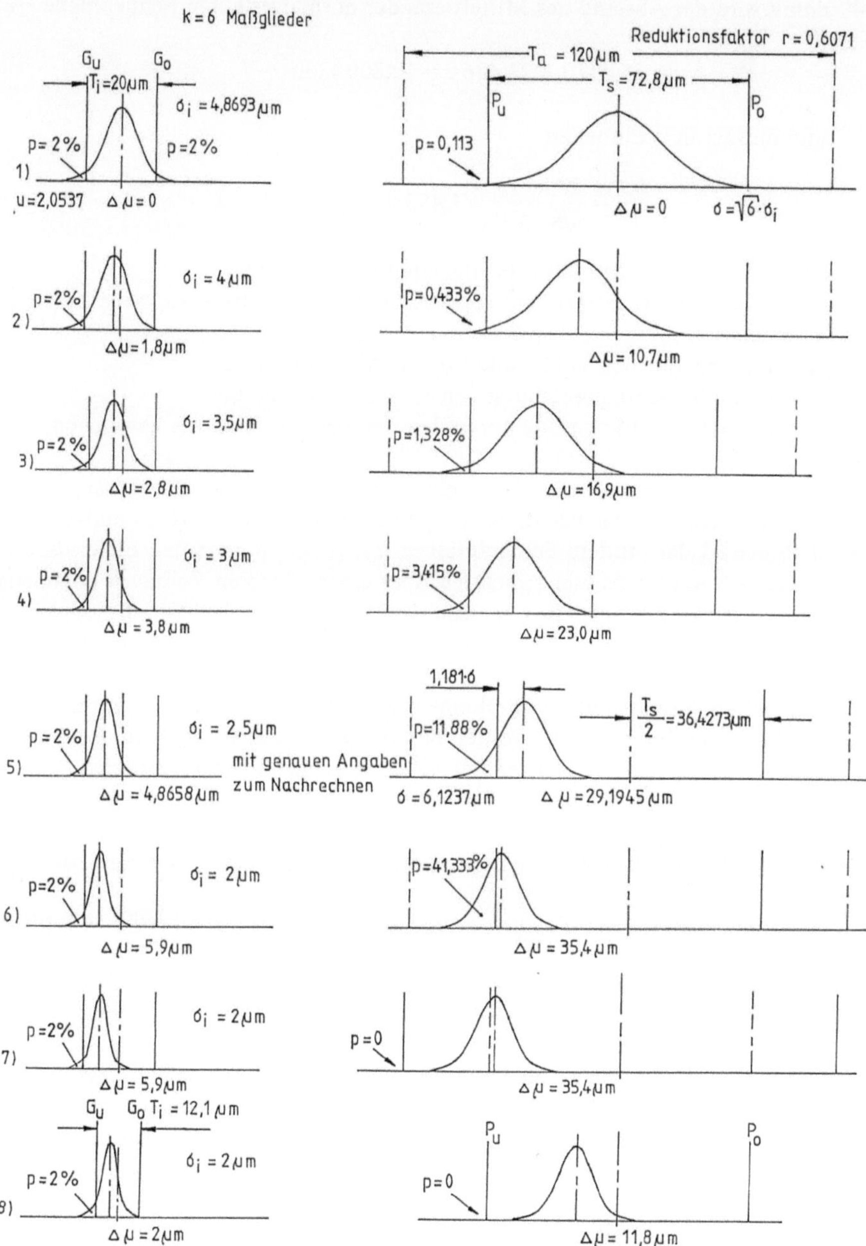

Bild 13.25. Statistisch berechnete Maßkette mit $k = 6$ Maßgliedern. Die Berechnung erfolgte unter den in Bild 13.24 gemachten Annahmen. Es werde unterstellt, daß der tatsächliche Fehleranteil in allen Einzellosen $p = 2\,\%$ beträgt, in Zeile 1) beidseitig, in den Zeilen 2) bis 8) einseitig

— damit wird der Abstand des Mittelwerts der normalverteilten Schließmaße

$$\frac{T_s}{2} - \Delta\mu = 36{,}427\,3 - 23{,}626\,9 = 12{,}800\,4 \ \mu m$$

und dies ist in σ-Einheiten

$$u = \frac{T_s/2 - \Delta\mu}{\sigma} = \frac{12{,}800\,4}{\sqrt{6} \cdot 3{,}5} = 1{,}493\,0,$$

— nach u-Tabelle beträgt dafür der Fehleranteil $p = 6{,}772\,\%$.

Dieser Fehleranteil ist in den Schließmaßen nur dann zu erwarten, wenn zufällig alle $k = 6$ Maßlose
— einseitig den gleichen Fehleranteil $p = 4{,}164\,\%$ aufweisen,
— die gleiche Standardabweichung von $\sigma_i = 3{,}5\ \mu m$ haben und
— in der gleichen Wirkrichtung gegenüber der Toleranzfeldmitte abweichen,
was äußerst unwahrscheinlich ist.

Besonders unwahrscheinlich ist es, daß alle Maßlose nach AQL = 4 angenommen werden und dennoch gleichzeitig einen Fehleranteil von $p = 4{,}164\,\%$ aufweisen. Tatsächlich beträgt der mittlere Fehleranteil in mit AQL = 4 geprüften Lieferlosen nach deren faktisch ausnahmsloser Annahme über einen längeren Zeitraum ungünstigenfalls $p = \text{AQL}/2 = 2\,\%$, wie dies in Bild 13.25 dargestellt ist. Für diesen Fall und $\sigma_i = 3{,}5\ \mu m$, Zeile 3), beträgt der Fehleranteil in den Schließmassen ungünstigenfalls nur $p = 1{,}328\,\%$.

Erst bei noch schmaleren Verteilungen, Zeile 4) bis 6), ergeben sich im ungünstigen Falle höhere Fehleranteile. Sollten derartig geringe Streuungen in den Maßlosen beobachtet werden, ist die Notwendigkeit der durchgeführten statistischen Toleranzrechnung in Frage zu stellen und zur arithmetischen Rechnung zurückzukehren, indem entweder
— die Schließtoleranz wieder auf $T_a = 120\ \mu m$ erweitert wird, Zeile 7) in Bild 13.25, oder
— unter Beibehaltung der Gesamttoleranz die Einzeltoleranzen gemäß der arithmetischen Berechnung eingeengt werden, Zeile 8) in Bild 13.25.
Ferner besteht die Möglichkeit mit dem AQL-Wert auf beispielsweise AQL = 2,5 herunterzugehen; wenn dann der tatsächliche Fehleranteil p in allen Losen $p \approx 1\,\%$ ist, gibt es kaum Probleme, Zeilen 4) bis 6) in Bild 13.26, abgesehen davon, daß die Verteilungen wieder so schmal sind, daß die Notwendigkeit der statistischen Toleranzrechnung in Frage zu stellen ist, Zeilen 7) und 8) in Bild 13.26. Dann kann ohne Bedenken auf die arithmetische Berechnung der Toleranzen der Maßkette zurückgegangen werden.

13.4 Qualitätsregelkarten für Maße

Während bei der Stichprobenprüfung abgeschlossenen Fertigungslose beurteilt werden, so geht es bei der Fertigungssteuerung mit Qualitätsregelkarten darum, die momentane, meist normalverteilte Fertigung eines Prozesses nach Lage und — soweit möglich — nach Streuung zu steuern.

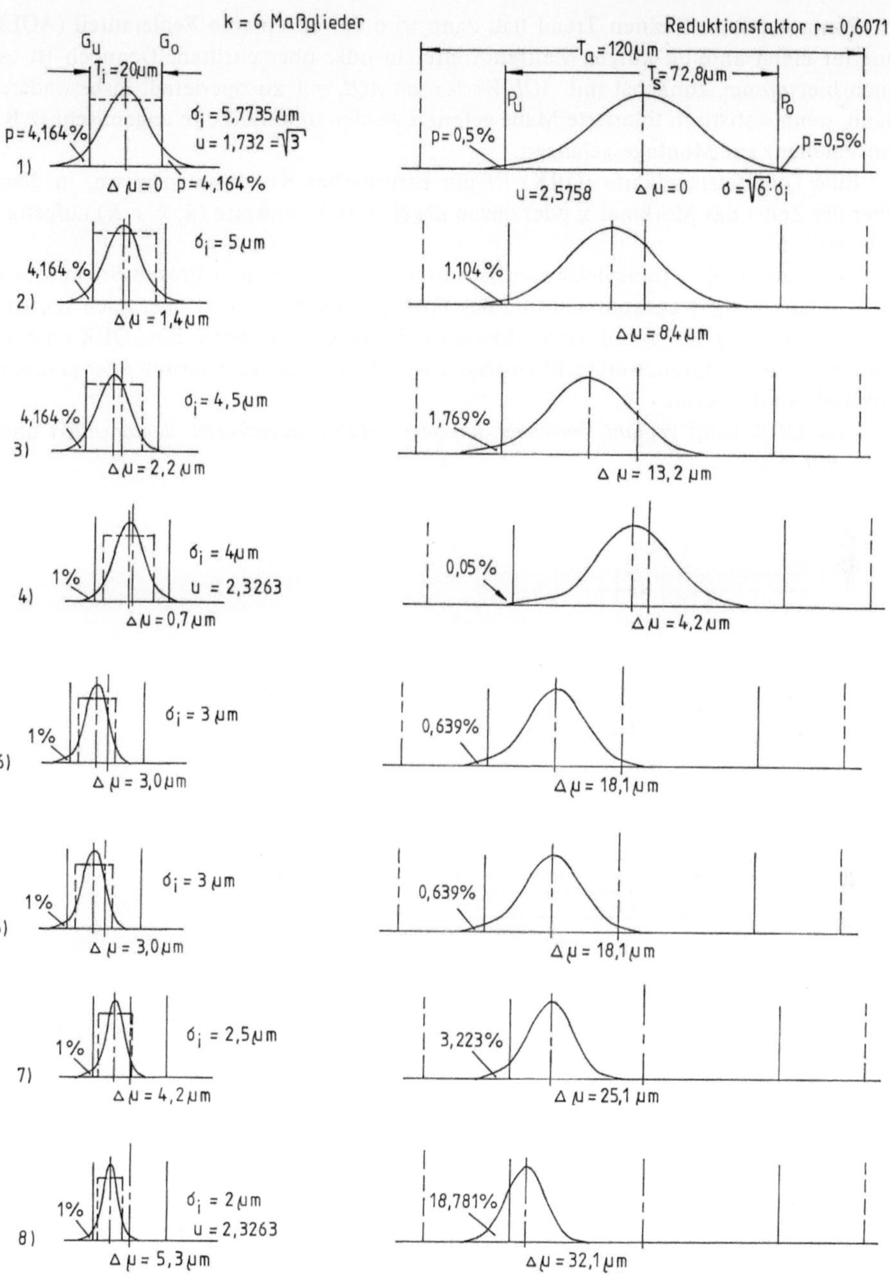

Bild 13.26. Statistisch berechnete, lineare Maßkette mit $k = 6$ Maßgliedern. Die Berechnung erfolgte unter den in Bild 13.24 gemachten Annahmen. In den Zeilen 4) bis 8) wird unterstellt, daß der tatsächliche Fehleranteil (NV vorliegend) oder der scheinbare Fehleranteil (RV vorliegend) in allen Losen $p = 1\,\%$ beträgt

Wenn der Prozeß einen Trend hat, dann wird der akzeptable Fehleranteil (AQL) nur für einen anteilig kurzen Zeitraum erreicht oder überschritten. Dennoch ist es auch hier *ratsam*, zunächst mit *AQL-Werten um AQL = 1* zu operieren, insbesondere dann, wenn statistisch tolerierte Maße gefertigt werden und die Teile ungemischt (z. B. auf Paletten) zur Montage gelangen.

Eine Qualitätsregelkarte (QRK) ist ein kartesisches Koordinatensystem, in dem über der Zeit t das Merkmal x oder davon abgeleitete Kennwerte ($\bar{x}$, $\tilde{x}$, s, R) aufgetragen werden.

Von Zeit zu Zeit (beispielsweise halbstündlich) werden dem Prozeß Stichproben des Umfanges $n \geq 1$ entnommen und das Prüfergebnis wird direkt oder nach statistischer Auswertung der jeweiligen Stichpobe in die QRK eingetragen. Eine QRK enthält zusätzlich zu den Grenzwerten Eingriffsgrenzen, deren Lage rechnerisch oder grafisch ermittelt werden kann.

Eine QRK kann *geplant, berechnet, angelegt, geführt, ausgewertet, dokumentiert* und *vernichtet* werden.

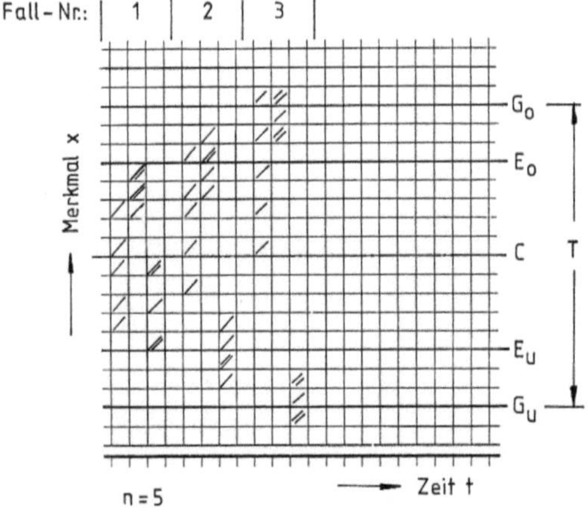

Fall-Nr.	Fertigungslage	Maßnahme
1	alle Urwerte zwischen E_u und E_o	keine
2	ein Urwert oder mehrere zwischen E und G	Eingriff
3	ein Urwert oder mehrere außerhalb T	Eingriff und Alarm; ggf. Sortieren und Nacharbeiten

Bild 13.27. Geführte Urwert-QRK schematisch mit drei Fällen unterschiedlicher Fertigungslagen

Das Bild 13.27 enthält schematisch die Darstellung einer Urwertkarte mit Eingriffsgrenzen und Grenzwerten mit drei möglichen Fertigungslagen.

Prozeßanalyse

Bevor eine QRK berechnet werden kann, ist eine Prozeßanalyse vorzunehmen. Dabei wird unter möglichst gleichmäßigen Fertigungsbedingungen eine Abschätzung der Prozeßstreuung vorgenommen; gemeint ist die Standardabweichung $\hat{\sigma}$ des Prozesses ohne die (regelbaren) überzufälligen Schwankungen des Mittelwerts durch Fehleinstellungen (nach Werkzeugwechsel) oder andere Störeinflüsse und ohne die systematischen Abweichungen wie Trends.

Die Abschätzung der (momentanen) Standardabweichung $\hat{\sigma}$ ist durch verschiedene Methoden möglich, die im Einzelnen in Kap. 14 näher erläutert werden. Bevorzugt kommt davon die Wurzel aus der mittleren Varianz

$$\hat{\sigma} = \sqrt{\overline{s^2}}$$

in Betracht. Mit der (momentanen) Standardabweichung $\hat{\sigma}$ kann nunmehr
— die *Prozeßfähigkeit beurteilt* und
— die *Qualitätsregelkarte berechnet*
werden. Die *Prozeßfähigkeit* (capability) ist gegeben, wenn

$$c_\mathrm{p} = \frac{G_\mathrm{o} - G_\mathrm{u}}{6 \cdot \hat{\sigma}} \gtrsim 1 \tag{13.3}$$

oder, anders formuliert

$$T \gtrsim 6 \cdot \hat{\sigma} \tag{13.4}$$

ist. Nur dann kann — von Ausnahmen abgesehen — eine QRK sinnvoll berechnet, angelegt und geführt werden. Weitere Einzelheiten über die Beurteilung der Prozeßfähigkeit in Kap. 14.

Sofern die Randbedingungen des Prozesses konstant bleiben, kann häufig unterstellt werden, daß die (momentane) Standardabweichung auch künftig — während des Führens der QRK — (angenähert) konstant bleibt.

Hinsichtlich der vier Kenndaten der Stichprobenprüfung werden — aus Gründen der Zweckmäßigkeit — in der QRK-Technik zunächst festgelegt
— der Stichprobenumfang n (bevorzugt $n = 5$) und
— ein Punkt der OC (beispielsweise $p_{90} = 1\,\%$).
Die beiden anderen Kenndaten
— der Abgrenzungsfaktor k und
— ein weiterer Punkt der OC (und damit die gesamte OC)
werden berechnet oder den Nomogrammen in den Bildern 13.28 (Mittelwert-QRK) oder 13.29 (Urwert-QRK) entnommen.

Die Eingriffsgrenzen werden im Abstand

$$E_\mathrm{o} = G_\mathrm{o} - k\sigma \tag{13.5}$$

und

$$E_\mathrm{u} = G_\mathrm{u} + k\sigma \tag{13.6}$$

zu den Grenzwerten in die QRK eingetragen.

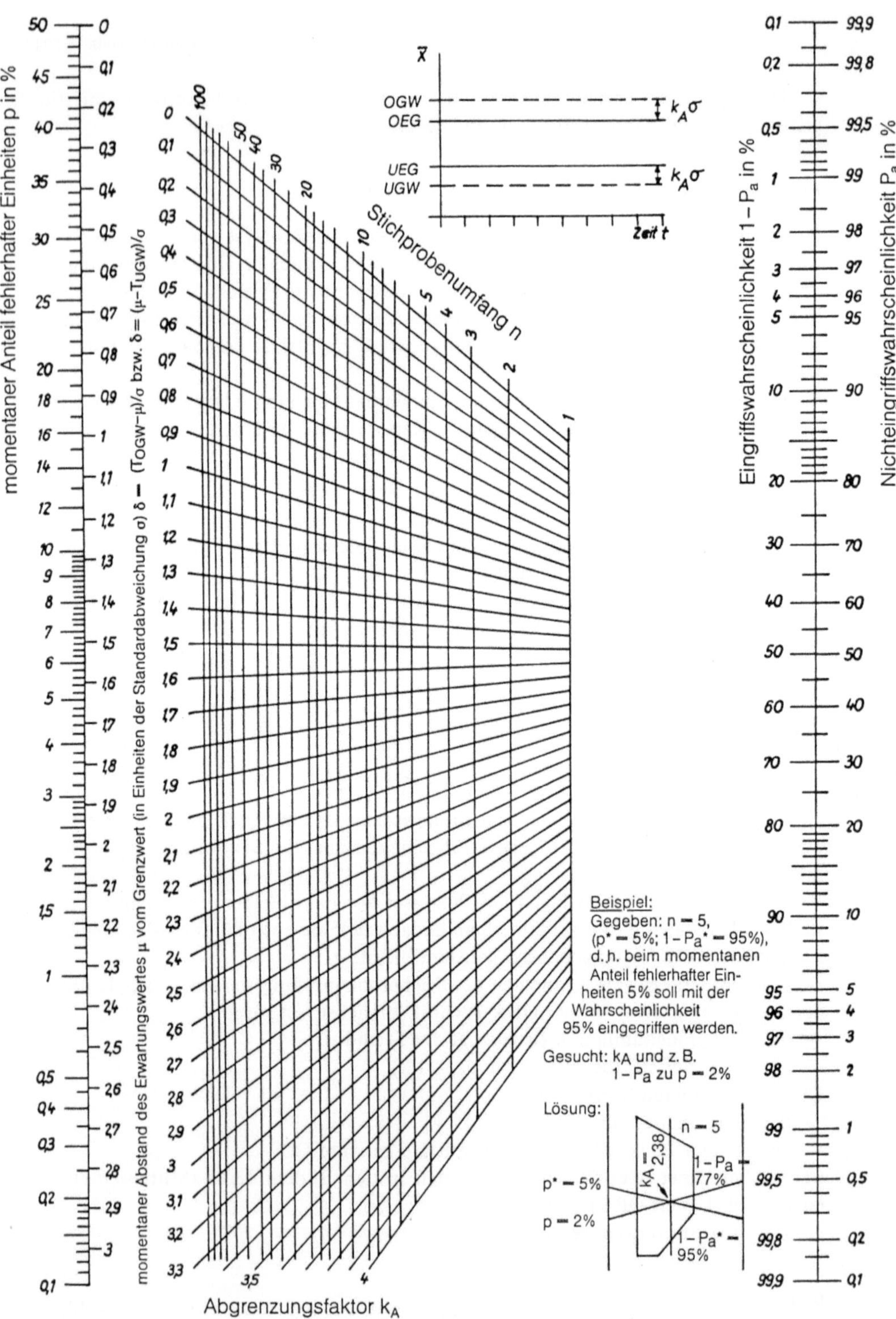

Bild 13.28. Nomogramm zur Ermittlung des Abgrenzungsfaktors k_A und der OC für Mittelwert-QRK bei vorgegebenen Grenzwerten. Aus: s. Bild 13.29

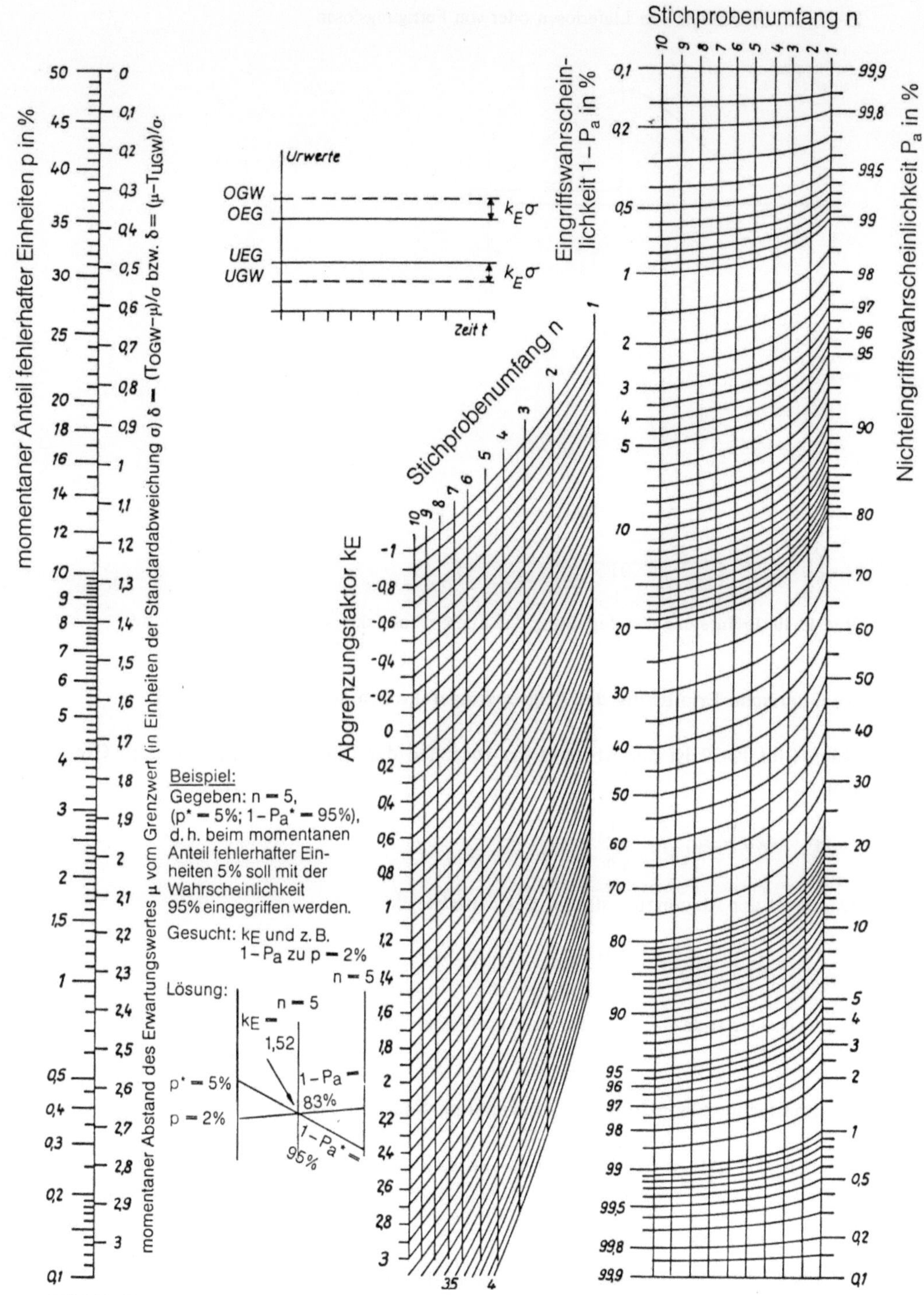

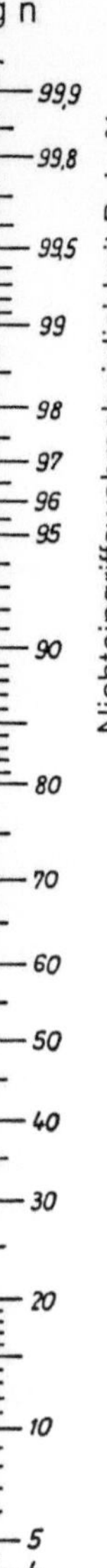

Bild 13.29. Nomogramm zur Ermittlung des Abgrenzungsfaktors k_E und der OC für Urwert-QRK bei vorgegebenen Grenzwerten. Aus: Wilrich, P.-Th.: Qualitätsregelkarten bei vorgegebenen Grenzwerten. Qualität und Zuverlässigkeit 24 (1979) S. 260–271, München – Wien: Carl Hanser Verlag. Nachdruck mit freundlicher Genehmigung des Autors

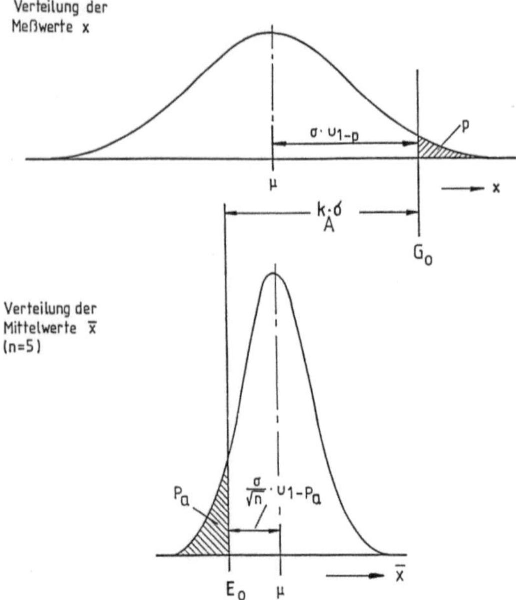

Bild 13.30. Erläuterung der Herleitung des Abgrenzungsfaktors k_A der Mittelwertkarte

Rechnerische Ermittlung der Abgrenzungsfaktoren der Mittelwert-QRK

Nach Bild 13.30 ist der Abstand $k\sigma$ zwischen der Eingriffsgrenze und dem Grenzwert

$$k\sigma = \sigma u_{1-\mathrm{p}} + \frac{\sigma}{\sqrt{n}}\, u_{1-\mathrm{P_a}}. \tag{13.7}$$

Damit ist der Abgrenzungsfaktor der Mittelwertkarte

$$k_\mathrm{A} = u_{1-\mathrm{p}} + \frac{u_{1-\mathrm{P_a}}}{\sqrt{n}}. \tag{13.8}$$

Hinweis: Der Index A steht für arithmetischen Mittelwert.

Rechnerischer Ermittlung der Abgrenzungsfaktoren der Urwert-QRK

Nach Bild 13.31 ist der Abstand $k\sigma$ zwischen der Eingriffsgrenze und dem Grenzwert

$$k\sigma = \sigma u_{1-\mathrm{p}} - \sigma u_{\sqrt[n]{P_\mathrm{a}}}. \tag{13.9}$$

Damit ist der Abgrenzungsfaktor der Urwertkarte

$$k_\mathrm{E} = u_{1-\mathrm{p}} - u_{\sqrt[n]{P_\mathrm{a}}}. \tag{13.10}$$

Hinweis: Der Index E steht für Extremwert.

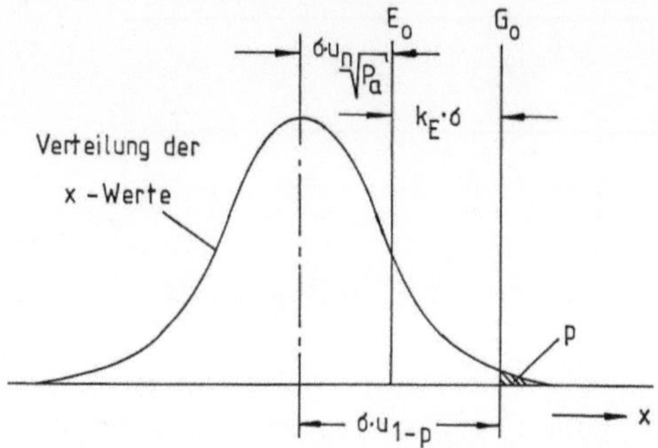

Bild 13.31. Erläuterung der Herleitung des Abgrenzungsfaktors k_E der Urwertkarte; die Wahrscheinlichkeit dafür, daß ein x-Wert unterhalb E_0 liegt ist $\sqrt[n]{P_a}$; die Wahrscheinlichkeit dafür, daß n x-Werte gleichzeitig unterhalb E_0 liegen ist $\left(\sqrt[n]{P_a}\right)^n = P_a$

In Bild 13.32 sind einige bevorzugt benötigte u-Werte aus der NV-Tabelle zusammengestellt.

Aufgabe 13.2

Gegeben: Für den Bunddurchmesser eines Drehteils ist das Maß $d = 15{,}10^{+0,1}_{-0,1}$ vorgegeben. Zwecks einer Prozeßanalyse wurden halbstündig Stichproben des Umfangs $n = 5$ entnommen und gemessen; dabei ergaben sich folgende Werte:

i	1	2	3	4	5
x	15,08	15,10	15,08	15,12	15,14
	15,09	15,05	15,09	15,08	15,12
	15,06	15,11	15,08	15,10	15,13
	15,07	15,05	15,07	15,09	15,15
	15,04	15,09	15,08	15,13	15,13
$\bar{x} =$	15,068	15,080	15,080	15,104	15,134
$s^2 =$	$3{,}7\cdot10^{-4}$	$8\cdot10^{-4}$	$0{,}5\cdot10^{-4}$	$4{,}3\cdot10^{-4}$	$1{,}3\cdot10^{-4}$
i	6	7	8	9	10
x	15,10	15,12	15,13	15,13	15,17
	15,12	15,11	15,12	15,15	15,17
	15,15	15,15	15,13	15,15	15,12
	15,11	15,12	15,14	15,13	15,14
	15,13	15,14	15,13	15,12	15,14
$\bar{x} =$	15,122	15,128	15,130	15,136	15,148
$s^2 =$	$3{,}7\cdot10^{-4}$	$2{,}7\cdot10^{-4}$	$0{,}5\cdot10^{-4}$	$1{,}8\cdot10^{-4}$	$4{,}7\cdot10^{-4}$

$$\overline{s^2} = 3{,}12\cdot10^{-4}$$
$$\sqrt{\overline{s^2}} = \hat{6} = 0{,}01766 \text{ mm}$$

Gesucht:
1. Abschätzung der (momentanen) Standardabweichung des Prozesses
2. Beurteilung der Prozeßfähigkeit
3. Berechnen und Anlegen einer Mittelwert-QRK für $n = 5$ und $p_{90} = 1\,\%$ ($P_a = 90\,\%$ bei $p = 1\,\%$)
4. Führen der Karte mit obigen $\bar{x}$-Werten
5. Ermittlung und Darstellung der OC
6. Beurteilung der Lösung
7. Erneute Berechnung mit Anlegen und Führen der Karte für $p_{50} = 1\%$ ($P_a = 50\,\%$ bei $p = 1\%$).

p oder P_a in %	u_{1-p}	u_{1-P_a}	$\dfrac{u_n}{\sqrt{P_a}}$				
			n = 1	2	3	4	5
0,5	2,576						
1	2,326		-2,326	-1,282	-0,787	-0,478	-0,258
2	2,054						
3	1,881						
4	1,751						
5	1,645	1,645	-1,645	-0,760	-0,336	-0,068	0,124
6	1,555						
7	1,476						
8	1,405						
9	1,341						
10	1,282	1,282	-1,282	-0,476	-0,090	0,157	0,334
50		0,000	0,000	0,545	0,819	0,998	1,129
90		-1,282	1,282	1,633	1,819	1,944	2,037
95		-1,645	1,645	1,955	2,122	2,234	2,319
99		-2,326	2,326	2,575	2,712	2,806	2,877

Bild 13.32. Auszug aus einer Tabelle der standardisierten Normalverteilung mit in der QRK-Technik bevorzugt gewählten p-, P_a- und u-Werten

Lösung: 1. Wie bei der Wertetabelle ausgerechnet ist

$$\hat{\sigma} = \sqrt{s^2} = 0{,}017\,66 \text{ mm}.$$

2. Damit ist die Prozeßfähigkeit

$$c_P = \frac{G_o - G_u}{6\,\sigma} = \frac{0{,}2}{6 \cdot 0{,}017\,66} = 1{,}887 \quad \text{oder}$$

$$T = 11{,}32 \cdot \sigma.$$

3. Nach Bild 13.33 ist für $n = 5$ und $p_{90} = 1\,\%$ der Abgrenzungsfaktor $k_A = 1{,}76$. Rechnerisch ist

$$k_A = u_{1-p} + \frac{u_{1-P_a}}{\sqrt{n}} = 2{,}326 - \frac{1{,}282}{\sqrt{5}} = 1{,}753.$$

Damit liegt die obere Eingriffsgrenze bei

$$E_o = G_o - k_A \sigma = 15{,}20 - 1{,}753 \cdot 0{,}017\,66 = 15{,}169 \text{ mm}$$

und entsprechend

$$E_u = 15{,}031 \text{ mm}.$$

Die $\bar{x}$-Karte ist angelegt in Bild 13.34.
4. Die $\bar{x}$-Werte aus den vorgegebenen Stichproben sind in Bild 13.34 eingetragen.

$\triangleright$

Bild 13.33. Nomogramm zur Ermittlung des Abgrenzungsfaktors k_A und der OC für die Mittelwert-QRK bei vorgegebenen Grenzwerten (nach Wilrich) mit Lösung der Aufgabe 13.2. Aus: s. Bild 13.29

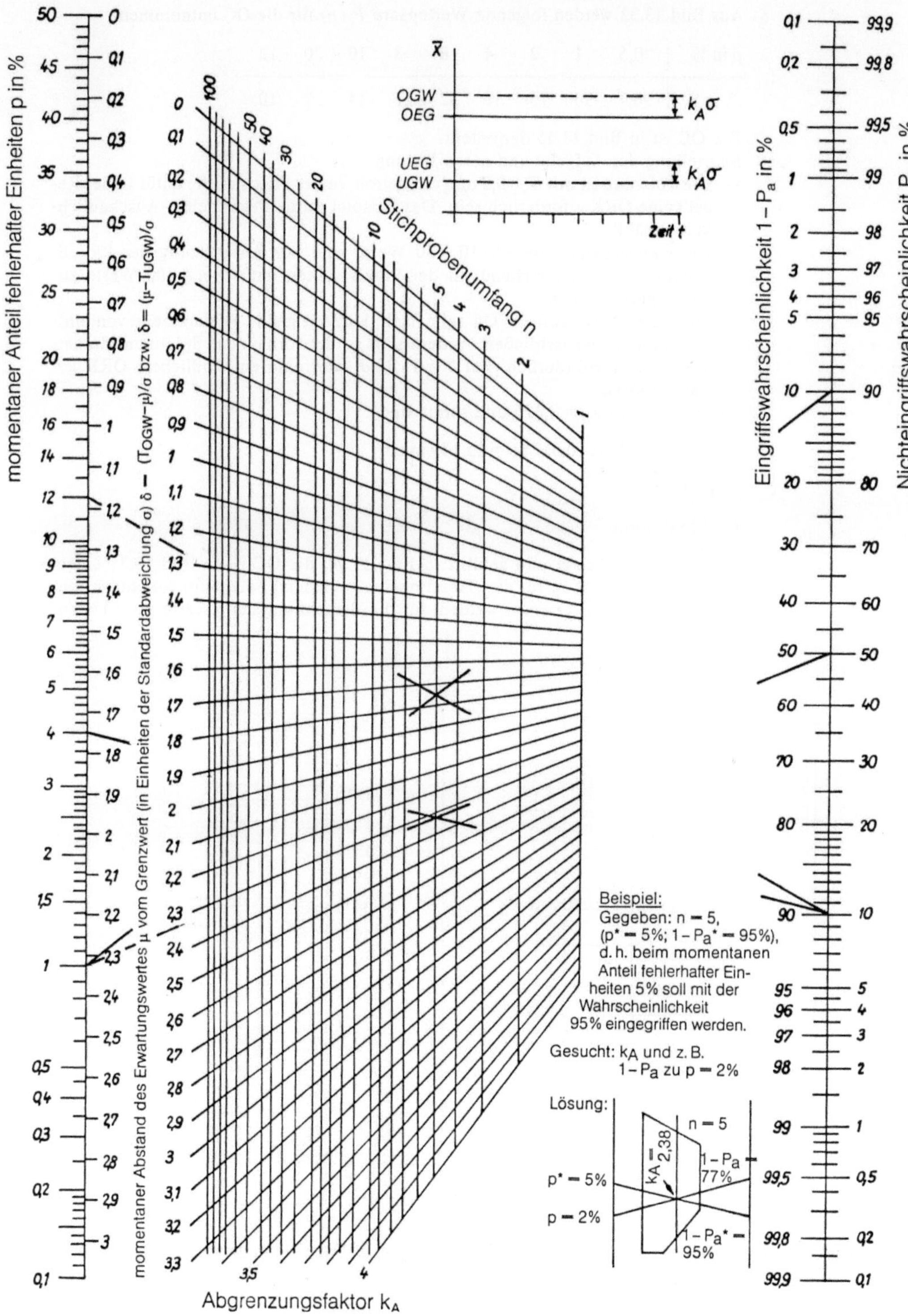
momentaner Anteil fehlerhafter Einheiten p in %
momentaner Abstand des Erwartungswertes μ vom Grenzwert (in Einheiten der Standardabweichung σ) δ = (T_OGW−μ)/σ bzw. δ = (μ−T_UGW)/σ
Stichprobenumfang n
Eingriffswahrscheinlichkeit 1 − P_a in %
Nichteingriffswahrscheinlichkeit P_a in %
Abgrenzungsfaktor k_A
X̄
OGW
OEG
UEG
UGW
k_A σ
k_A σ
Zeit t
Beispiel:
Gegeben: n = 5,
(p* = 5%; 1 − P_a* = 95%),
d. h. beim momentanen
Anteil fehlerhafter Ein-
heiten 5% soll mit der
Wahrscheinlichkeit
95% eingegriffen werden.
Gesucht: k_A und z. B.
1 − P_a zu p = 2%
Lösung:
n = 5
k_A = 2,38
1 − P_a = 77%
p* = 5%
p = 2%
1 − P_a* = 95%

5. Aus Bild 13.33 werden folgende Wertepaare $P_a(p)$ für die OC entnommen:

p in %	0,5	1	2	4	6	8	10	20	12
P_a in %	96,7	90	75	50	32	22	14	2	10

Die OC ist in Bild 13.35 dargestellt.

6. Beurteilung der Aufgabe und deren Lösung
   — Die Toleranz ist mit $T = 0,2$ mm recht grob; in der Praxis dürfte dafür in der Regel keine QRK erforderlich sein. Das Beispiel wurde wegen seiner Anschaulichkeit gewählt.
   — Die vorgegebenen $nm = 5 \cdot 10 = 50$ Werte sind zur Abschätzung der Prozeßstreuung nicht ausreichend; in der Praxis sollten dafür $nm \geqq 100$ Werte zugrundegelegt werden.
   — Für $p_{90} = 1\,\%$ verläuft die OC sehr flach; kurzzeitig sind Fehleranteile von einigen % nicht auszuschließen. Andererseits ist der vorhandene Spielraum für den Trend nicht erforderlich. Bei $T = 11,32\,\sigma$ kann eine empfindlichere QRK gewählt werden.

7. Für $p_{50} = 1\,\%$ ist $k_A = 2,326$ und somit sind

$$E_o = 15,20 - 2,326 \cdot 0,017\,66 = 15,159 \text{ mm}$$

und

$$E_u = 15,041 \text{ mm}$$

Die Karte ist angelegt und geführt in Bild 13.34; die OC ist in Bild 13.35 eingezeichnet. Auch jetzt ist für den Trend noch ausreichend Spielraum vorhanden und es könnte durchaus erwogen werden, für die Berechnung der $\bar{x}$-Karte $p_{10} = 1\,\%$ zugrundezulegen.

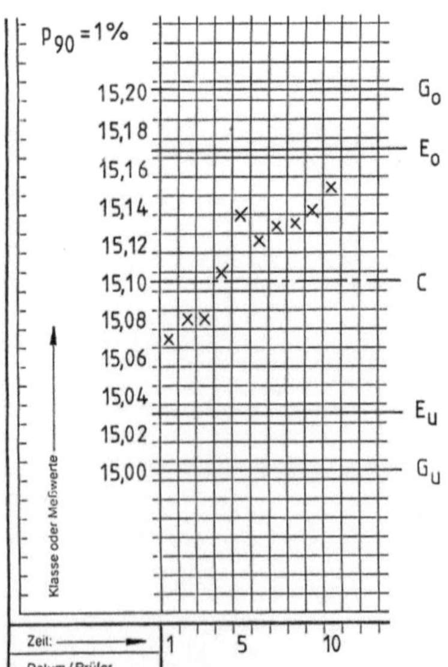

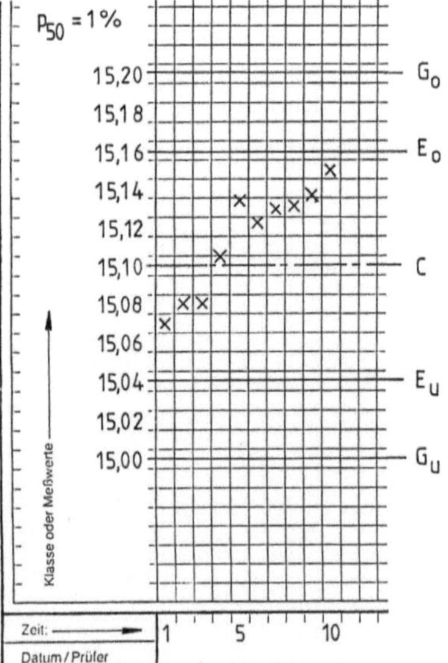

Bild 13.34. Mittelwert-Qualitätsregelkarten zu Aufgabe 13.2. Diese und alle weiteren Qualitätsregelkarten entsprechen dem DGQ-Vordruck 18-178. Mit freundlicher Genehmigung der Deutschen Gesellschaft für Qualität e. V., Frankfurt

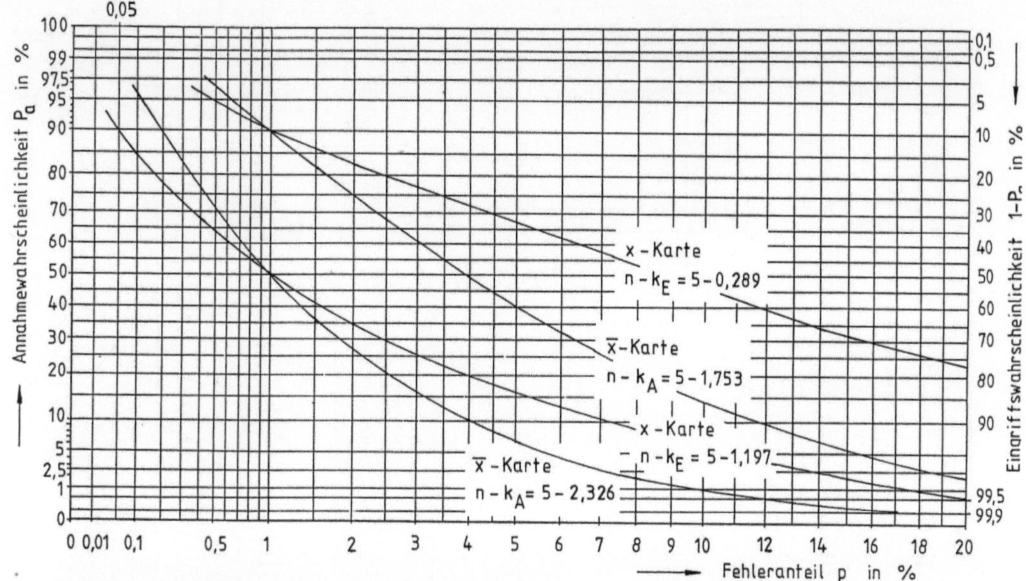

Bild 13.35. Operationscharakteristiken für Mittelwert- und für Urwert-Qualitätsregelkarten der Aufgaben 13.2 und 13.3

Aufgabe 13.3

Gegeben: Gegebenheiten der Aufgabe 13.2.

Gesucht: Berechnen, Anlagen und Führen zweier Urwert-Qualitätsregelkarten mit Darstellung der Operationscharakteristiken für $n = 5$ und

1. $p_{90} = 1\%$ ($P_a = 90\%$ bei $p = 1\%$),
2. $p_{50} = 1\%$ ($P_a = 50\%$ bei $p = 1\%$).

Lösung: 1. Nach Bild 13.36 ist $k_E = 0,28$. Rechnerisch ist

$$k_E = u_{1-p} - u_{\sqrt[n]{P_a}} = 2,326 - 2,037 = 0,289,$$

damit sind

$$E_o = G_o - k_E \sigma = 15,20 - 0,289 \cdot 0,017\,66 = 15,195 \text{ mm}$$

und entsprechend

$$E_u = 15,005 \text{ mm}.$$

Die Karte ist dargestellt und geführt mit den vorgegebenen Urwerten in Bild 13.37; die OC ist in Bild 13.35 enthalten.

2. Nach Bild 13.14 ist $k_E = 1,2$. Rechnerisch ist

$$k_E = 2,326 - 1,129 = 1,197,$$

damit sind

$$E_o = 15,20 - 1,197 \cdot 0,017\,66 = 15,179 \text{ mm}$$

und entsprechend

$$E_u = 15,021 \text{ mm}.$$

Auch diese Karte ist dargestellt und geführt mit den vorgegebenen Urwerten in Bild 13.37; die OC ist in Bild 13.35 dargestellt.

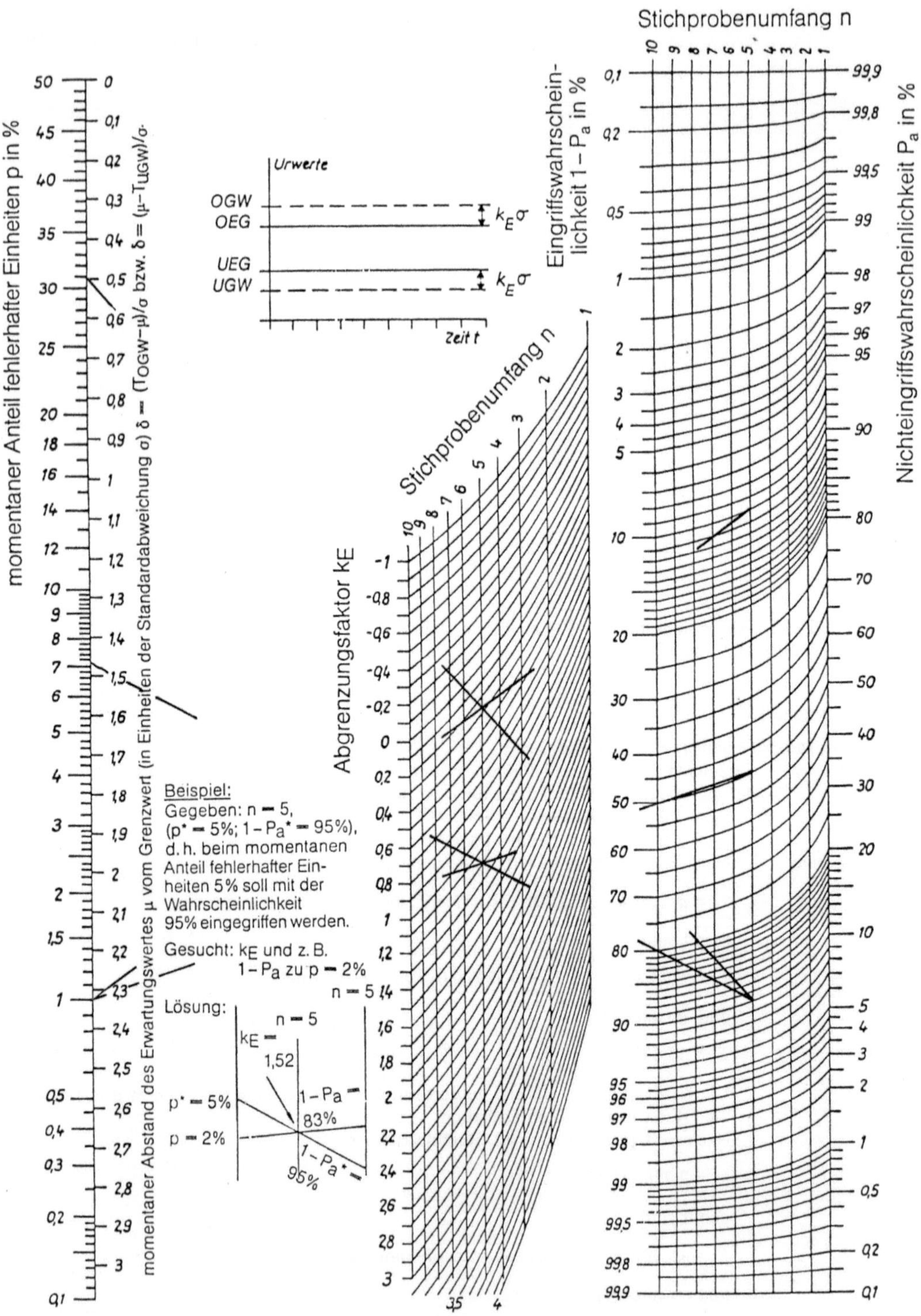

Bild 13.36. Nomogramm zur Ermittlung des Abgrenzungsfaktors k_E und der OC für die Urwert-QRK bei vorgegebenen Grenzwerten (nach Wilrich) mit Lösungen der Aufgabe 13.3. Aus: s. Bild 13.29

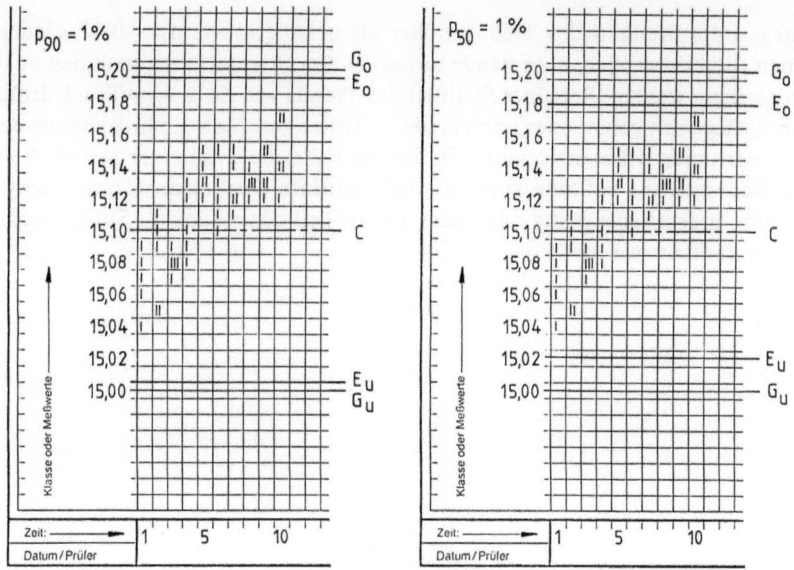

Bild 13.37. Urwert-Qualitätsregelkarten zu Aufgabe 13.3

Es sei noch die Frage angesprochen, um welchen Betrag die *Einstellung des Prozesses* zu *korrigieren* sei, wenn eine der Eingriffsgrenzen in der QRK überschritten wird.

Die Antwort auf diese Frage sollte nicht nur dem „Gespür und der Erfahrung" des Maschinenführers überlassen sein, obgleich seine Erfahrung von großem Nutzen und oft besser ist als jede Theorie.

Als einfache Regel gilt:

— bei der $\bar{x}$-Karte ($n \geqq 5$) wird der Mittelwert $\bar{x}$ der letzten Stichprobe, die zum Eingriff geführt hat, genommen und um den Betrag $|\bar{x} - C|$ korrigiert.

— bei der Urwertkarte ($n \geqq 5$) wird der Mittelwert für die letzte Stichprobe, die zum Eingriff geführt hat, gebildet und ebenfalls um den Betrag $|\bar{x} - C|$ korrigiert.

Weitere Betrachtungen über die Prozeßkorrektur sind in Kap. 15 enthalten.

Zu Beginn dieses Abschnitts wurde über die *Häufigkeit der Stichprobenentnahme* gesagt, daß die Stichproben „von Zeit zu Zeit (beispielsweise halbstündlich)" entnommen werden. In welchen Abständen die Stichproben im Einzelfall zu entnehmen sind, hängt einmal von der Zahl der gefertigten Teile ab. Viele Firmen geben vor, daß ca. 5 % der Fertigung durch die Stichproben zu erfassen sind. Dies bedeutet, daß bei einem Automaten, der 100 Teile pro Stunde produziert, die Stichprobenentnahme stündlich erfolgen muß. Ferner hängt die Häufigkeit der Stichprobenentnahme von den Erfahrungen mit dem Prozeß und dessen Anfälligkeit gegenüber Störungen ab.

Falls der Prozeß einen Trend aufweist, dann hängt die Periodizität der Stichprobenentnahme ab von der Steilheit des Trends und von der Größe des Toleranzfelds in bezug auf die (momentane) Streuung. Beträgt der Trend $\Delta\mu = 0{,}02\ \sigma$/Stück und werden 100 Teile pro Stunde produziert, dann kann die Steilheit auch mit $\Delta\mu = 2\ \sigma$/h angegeben werden. Falls die Toleranz $T = 10\ \sigma$ beträgt, kann für diesen Fall eine halbstündliche Stichprobenentnahme erforderlich und angemessen sein.

Ist dagegen die Steilheit des Trends größer als beispielsweise $\Delta\mu = 0,02$ σ/Stück, dann können die erforderlichen Abstände zwischen den Stichprobenentnahmen auch wesentlich geringer werden. Bei einer Steilheit des Trends von $\Delta\mu \geq 0,1$ σ/Stück driftet die Verteilungslage mit genau oder weniger als 10 Teilen um $\Delta\mu = 1$ σ in Richtung der oberen oder der unteren Eingriffsgrenze. In diesem Falle muß von einer *periodisch geführten Qualitätsregelkarte* auf eine kontinuierlich geführte Qualitätsregelkarte übergegangen werden, indem jedes dritte oder jedes zweite Teil oder Stück für Stück geprüft wird. Näheres darüber in Kap. 15.

14 Prozeßanalyse und Prozeßfähigkeit

14.1 Prozeßanalyse

Die Prozeßanalyse ist die sorgfältige Beobachtung eines Prozesses mit dem Ziel, möglichst viele Einflußgrößen oder Gruppen von Einflußgrößen, die das Ergebnis des Prozesses beeinflussen, voneinander zu trennen und je für sich möglichst wirklichkeitsgetreu zu beschreiben. Insbesondere soll dabei die nicht korrigierbare, momentane Prozeßstreuung ermittelt werden.

Die nachfolgende Beschreibung der Prozeßanalyse erfolgt am Beispiel einer NC-Drehmaschine und kann in analoger Weise auch auf andere Zerspanprozesse oder auf Prozesse der Umformtechnik übertragen werden.

Für die Prozeßanalyse werden $n \approx 200$ nacheinander gefertigte Teile Stück für Stück entnommen. Dabei ist jeder Eingriff in den Prozeß wie eine Änderung der Einstellage oder ein Werkzeugwechsel nach Art, Größe und Zeitpunkt — beispielsweise zwischen Teil i und Teil $i + 1$ — zu protokollieren.

Während der Stichprobenentnahme sollten die Prozeßparameter wie Werkzeugwerkstoff, Spantiefe, Schnittgeschwindigkeit, Vorschub und Kühlschmierung konstant gehalten und protokolliert werden. Auch sollte sich die Maschine im Beharrungszustand befinden (konstante Öltemperatur).

Nach oder schon während der Fertigung der Stichprobe erfolgt das Messen des relevanten Maßes bzw. der relevanten Maße an den $n \approx 200$ Werkstücken. Dabei ist darauf zu achten, daß stets an den gleichen Koordinaten des Werkstücks gemessen wird, beispielsweise der Durchmesser von einer Lagerstelle einer Welle stets am rechten oder am linken Ende oder jeweils an beiden Enden mit getrennter Protokollierung, falls beabsichtigt ist, auch die Abweichung von der Zylinderform zu ermitteln.

Die *Prozeßanalyse im engeren Sinne* ist das *Auswerten der Meßreihe* oder der Meßreihen mit dem Ziel, die Einflußgrößen getrennt zu beschreiben. Diese Einflußgrößen werden in folgende Gruppen unterteilt:

1. *der Trend* nach
   — Richtung,
   — Steilheit (mittlere Steilheit) und
   — Änderung der Steilheit in
     —zufallsbedingter oder
     —systematischer Weise,
2. die *sonstigen zufälligen oder überzufälligen Einflüsse* auf den Mittelwert der Fertigungsverteilung.
   Äußerst wichtig: Die *Einflußgrößengruppen 1. und 2.* sind durch eine gezielte Steuerung des Prozesses *korrigierbar*.

3. die *zufallsbedingten Einflüsse* auf die *Abweichungen* der Einzelwerte vom *jeweiligen Mittelwert.*

Diese Einflüsse sind unterteilbar in die „5 M", nämlich
— Material,
— Maschine,
— Methode,
— Meßvorgang,
— Mensch

können aber *weder voneinander getrennt noch* durch eine Steuerung der Maschine *korrigiert* werden.

Alle drei Gruppen von Einflußgrößen verursachen die *Gesamtstreuung* des Prozesses, die beispielsweise berechnet werden kann durch Auswerten der Meßreihen nach der Gesamt-Standardabweichung s_x.

Die *eigentliche Prozeßstreuung* dagegen ist die um die Einflüsse *1. und 2. verminderte Gesamtstreuung*; diese wird auch als
— *momentane Prozeßstreuung* oder als
— *Reststreuung*

bezeichnet und kann auf verschiedene Weise — mehr oder weniger gut — abgeschätzt werden. In Bild 14.1 sind dafür fünf Möglichkeiten angegeben und erläutert.

Bei Prozessen mit steilen Trends wegen starken Werkzeugverschleisses und somit häufigem Werkzeugwechsel sind die Möglichkeiten 1 bis 4 oft nicht anwendbar; dann bleibt nur noch die *Differenzmethode*, die auch in allen anderen Fällen angewendet werden kann.

Schätz-möglich-keit i	Schätzung erfolgt über	Schätzwert	Voraussetzung	Erläuterung
1	die Streuung der Mittelwerte	$\hat{\sigma}_1 = \sqrt{n} \cdot s_{\bar{x}}$	Unterteilung der Gesamtstichprobe in gleichgroße Untergruppen des Umfangs n; in keiner Untergruppe erfolgte ein Eingriff	empfindlich gegenüber geringsten Störungen
2	die mittlere Varianz	$\hat{\sigma}_2 = \sqrt{\overline{s^2}}$		weniger empfindlich gegenüber Störungen und Trends; Faktoren d_n und a_n nach Anhang-tabelle 2
3	die mittlere Spannweite	$\hat{\sigma}_3 = \bar{R}/d_n$		
4	die mittlere Standardab-weichung	$\hat{\sigma}_4 = \bar{s}/a_n$		
5	die Standard-abweichung der Differenzen	$\hat{\sigma}_5 = s_D/\sqrt{2}$	es werden nur Diffe-renzen einbezogen, wenn zwischen den Teilen kein Eingriff erfolgte oder wenn bei Eingriff der Kor-rekturbetrag bekannt.	weniger empfindlich gegenüber Störungen; unempfindlich gegen-über Trends

Bild 14.1. Fünf unterschiedliche Methoden zur Abschätzung der Prozeßstreuung σ

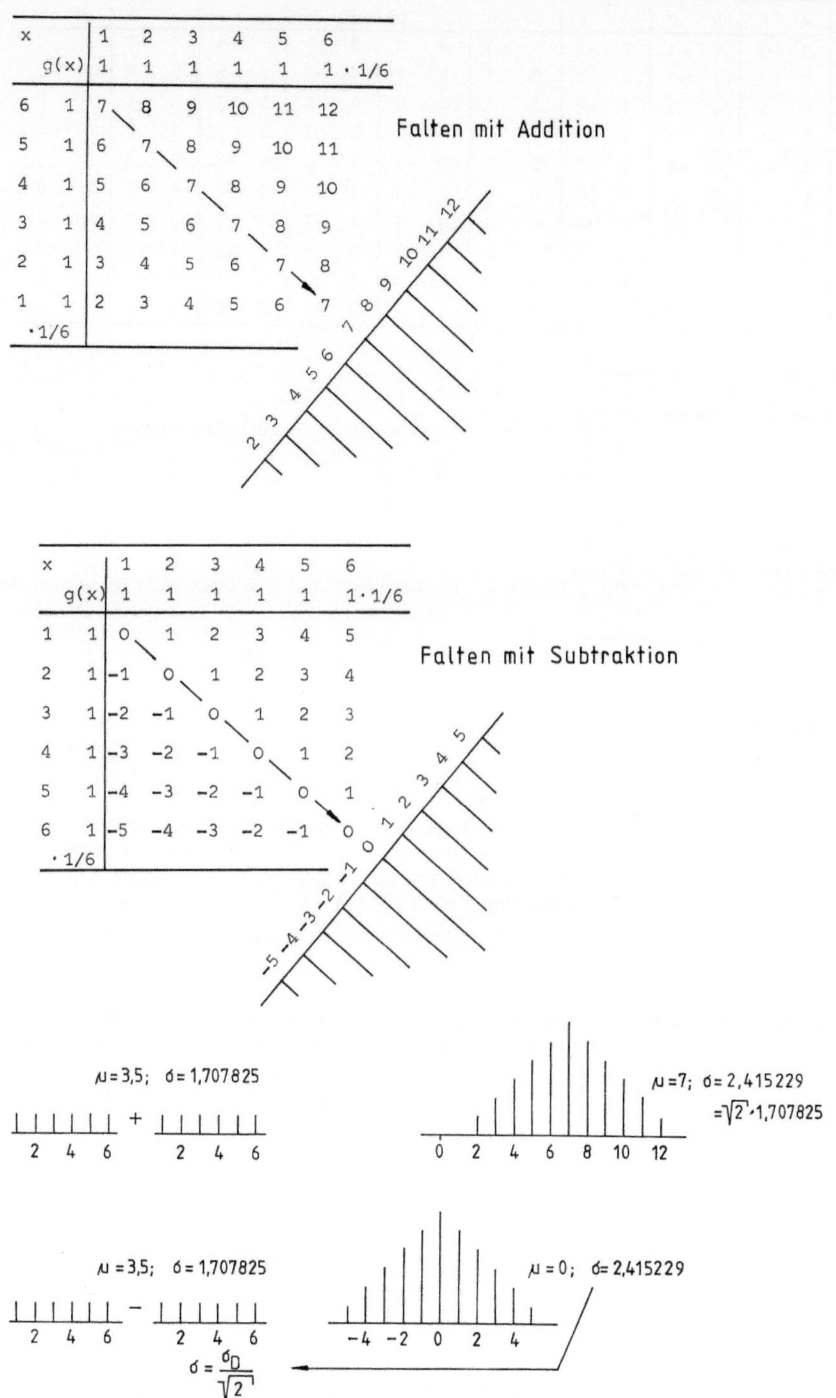

Bild 14.2. Wahrscheinlichkeitsverteilungen für die Summen und für die Differenzen der Augenzahlen zweier Würfel

x	D	x	D	x	D	x	D	x	D	x	D	x	D	x	D	x	D	x	D
2	-3	3	-1	5	-1	2	-4	5	-1	3	1	5	1	6	4	1	-2	6	3
3	1	1	-2	1	-4	4	2	6	1	4	1	4	-1	1	-5	5	4	1	-5
6	3	6	5	4	3	2	-2	2	-4	4	0	6	2	1	0	1	-4	6	5
2	-4	5	-1	5	1	1	-1	4	2	5	1	5	-1	6	5	3	2	1	-5
3	1	4	-1	1	-4	4	3	5	1	4	-1	5	0	4	-2	6	3	2	1
6	3	5	1	3	2	4	0	5	0	1	-3	4	-1	2	-2	4	-2	2	0
5	-1	6	1	4	-1	6	2	3	-2	6	5	1	-3	3	1	3	1	4	2
5	0	2	-4	4	0	6	0	1	-2	4	-2	4	3	2	-1	6	3	2	-2
2	-3	2	0	4	0	5	-1	3	2	2	-2	4	0	3	1	5	-1	4	2
4	2	6	4	6	2	6	1	2	-1	4	2	2	-2	3	0	3	-2	5	1

D_j		n_j	
-5	///	3	
-4	////// //	7	
-3	////	4	} 42
-2	////// ////// ///	13	
-1	////// ////// //////	15	
0	////// ////// ///	13	
1	////// ////// ////// ///	18	
2	////// ////// //	12	
3	////// ///	8	} 45
4	///	3	
5	////	4	

Kennwerte für die Differenzen:

$n = 100$

$\bar{D} = 0{,}02$

$s_D = 2{,}412007$

Schätzwert für die Standardabweichung der Grundgesamtheit:

$$\hat{\sigma} = \frac{s_D}{\sqrt{2}} = 1{,}705547$$

x
1 ////// ////// ///
2 ////// ////// ////// /
3 ////// ////// ///
4 ////// ////// ////// ////// ///
5 ////// ////// ////// //
6 ////// ////// ////// ///

Auswertung der x-Werte

$n = 100$

$\bar{x} = 3{,}69$

$s = 1{,}662$

Bild 14.3. Augenzahlen von 100 Würfen mit einem Würfel und deren Differenzen. Die Parameter der Gleichverteilung eines Würfels sind der Mittelwert $\mu = 3{,}5$ und die Standardabweichung $\sigma = 1{,}707\,825$

Die Schätzmöglichkeiten 1 bis 4 sind leicht zu verstehen oder können anhand der Beispiele in den Bildern 14.8 bis 14.11 oder 14.13 und 14.15 oder 14.19 bis 14.21 leicht verstanden werden; etwas komplizierter und daher näher zu erläutern ist die Differenzmethode.

Differenzmethode

Diese werde am einfachsten erklärt am Beispiel des symmetrischen Würfels. Werden die Wahrscheinlichkeitsverteilungen zweier Würfel gefaltet, dann entsteht eine Dreieckverteilung, Bild 14.2, und zwar gilt dies sowohl für die Summe als auch für die Differenzen beider Würfel.

Bei der *Verteilung der Summen* ist die kleinste Summe $2 = 1 + 1$ und die größte Summe $12 = 6 + 6$; bei der *Verteilung der Differenzen* ist die kleinste Differenz $-5 = 1 - 6$ und die größte Differenz $5 = 6 - 1$, Bild 14.2. Aus der Standardabweichung der Differenzen (Summen) kann die Standardabweichung eines Würfels zurückgerechnet werden.

Dies gilt nicht nur für Wahrscheinlichkeitsverteilungen sondern *auch für Häufigkeitsverteilungen*. Um dies zu zeigen wurde mit einem Würfel 100 mal gewürfelt, Bild 14.3. Theoretisch hätte jede Augenzahl 16,$\overline{6}$ mal gekommen sein müssen; die tatsächlichen Häufigkeiten sind aus der Strichliste für die x-Werte in Bild 14.3 ersichtlich. Die Strichprobenkennwerte $\bar{x} = 3{,}69$ und $s = 1{,}662$ liegen zufallsbedingt abweichend in Nähe der Parameter $\mu = 3{,}5$ und $\sigma = 1{,}707\,825$.

Die Differenzen D sind ebenfalls im Bild 14.3 berechnet und angegeben. Die erste Differenz wurde aus $x_1 - x_{100} = 2 - 5 = -3$ gebildet.

Die Strichliste für die Differenzen in Bild 14.3 zeigt: 13 Differenzen sind null; die *restlichen Differenzen* sind erwartungsgemäß angenähert *zur Hälfte negativ* und zur anderen *Hälfte positiv*.

Die statistische Auswertung der Differenzen ergibt die Kennwerte in Bild 14.3. Der Schätzwert für die Standardabweichung des Würfels ist mit $\hat{\sigma} = 1{,}705\,547$ zufällig mit dem exakten Wert nahezu identisch.

Um das Funktionieren der Differenzenmethode (Summenmethode) auch bei der Normalverteilung nachzuweisen, wurde aus einer *Modell-NV* mit $N = 50$ Werten nach Bild 14.4 eine *Zufallsstichprobe* von $n = 50$ Werten Stück für Stück — mit Zurücklegen — entnommen, Bild 14.5. Die Auswertung nach der Differenzenmethode und nach der Summenmethode liefert zufallsbedingt abweichende Schätzwerte für die Standardabweichung σ der Modell-NV.

Da die Summenmethode zur Schätzung der Standardabweichung der Grundgesamtheit mit der Mittelwertmethode (Methode 1 in Bild 14.1) identisch ist und im

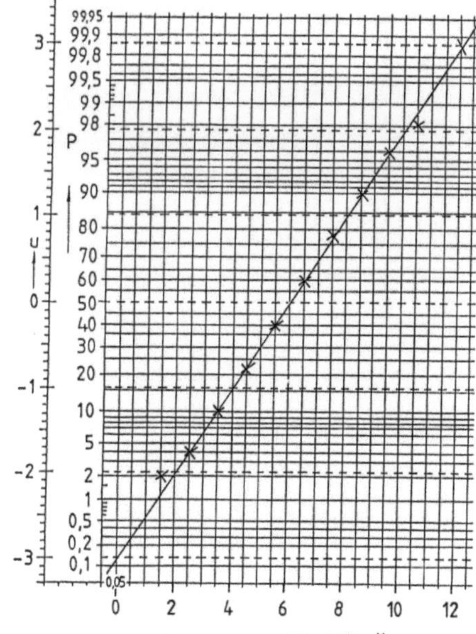

Bild 14.4. Modell-Verteilung mit angenäherter NV-Form

1	2	3	4	5
i	x_i	D_i	S_i	$\bar{x}_i = S_i/2$
1	6			
2	11	5	17	8,5
3	5	−6	16	8
4	8	3	13	6,5
5	5	−3	13	6,5
6	8	3	13	6,5
7	7	−1	15	7,5
8	6	−1	13	6,5
9	1	−5	7	3,5
10	8	7	9	4,5
11	8	0	16	8
12	6	−2	14	7
13	6	0	12	6
14	6	0	12	6
15	6	0	12	6
16	8	2	14	7
17	6	−2	14	7
18	9	3	15	7,5
19	5	−4	14	7
20	7	2	12	6
21	3	−4	10	5
22	9	6	12	6
23	4	−5	13	6,5
24	5	1	9	4,5
25	5	0	10	5
26	5	0	10	5
27	6	1	11	5,5
28	6	0	12	6
29	4	−2	10	5
30	6	2	10	5
31	6	0	12	6
32	7	1	13	6,5
33	6	−1	13	6,5
34	4	−2	10	5
35	8	4	12	6
36	5	−3	13	6,5
37	3	−2	8	4
38	2	−1	5	2,5
39	6	4	8	4
40	7	1	13	6,5
41	10	3	17	8,5
42	8	−2	18	9
43	7	−1	15	7,5
44	4	−3	11	5,5
45	8	4	12	6
46	5	−3	13	6,5
47	6	1	11	5,5
48	3	−3	9	4,5
49	6	3	9	4,5
50	7	1	13	6,5

Auswertung:

nach der <u>Differenzenmethode</u>:

D_j		n_j
−6	/	1
−5	//	2
−4	//	2
−3	/////	5
−2	//////	6
−1	/////	5
0	////////	8
1	//////	6
2	///	3
3	/////	5
4	///	3
5	/	1
6	/	1
7	/	1

$n = 49$

$\bar{D} = 0{,}020408$

$s_D = 2{,}933214$

$\hat{\sigma} = s_D/\sqrt{2} = 2{,}074095$

nach der <u>Summen-</u>

und der <u>Mittelwertmethode</u>:

S_j	$\bar{x}_j$		n_j
5	2,5	/	1
6	3		
7	3,5	/	1
8	4	//	2
9	4,5	////	4
10	5	///////	6
11	5,5	///	3
12	6	/////////	9
13	6,5	///////////	11
14	7	////	4
15	7,5	///	3
16	8	//	2
17	8,5	//	2
18	9	/	1

nur anwendbar bei

ungestörten Prozessen

ohne Trend!

$n = 49$

$\bar{S} = 12{,}102041$

$s_S = 1{,}331685$

$\hat{\sigma} = s_S/\sqrt{2} = 1{,}883287$

$n = 49$

$\bar{\bar{x}} = 6{,}051020$

$s_{\bar{x}} = 2{,}663370$

$\hat{\sigma} = \sqrt{2} \cdot s_{\bar{x}} = 1{,}883287$

Bild 14.5. Abschätzen der Standardabweichung der Grundgesamtheit nach der Differenzenmethode, der Summenmethode und der Mittelwertmethode (Mittelwerte zweier aufeinanderfolgender Werte) am Beispiel einer Zufallsstichprobe von $n = 50$ Werten mit den Kennwerten $\bar{x} = 6{,}06$ $s = 1{,}963\,026$ aus einer Modell-NV mit den Parametern $\mu = 6$ und $\sigma = 2{,}009\,975$. Die Summen- und die Mittelwertmethode führen zu identischen Schätzwerten

	ungestört		gering gestört		stark gestört		sehr stark gestört		
1	2	3	4	5	6	7	8	9	
i	x_i	D_i	x_i	D_i	x_i	D_i	x_i	D_i	
1	6		6		6		6		
2	11	5	11	5	11	5	11	5	
3	5	−6	5	−6	5	−6	5	−6	
4	8	3	8	3	8	3	8	3	
5	5	−3	5	−3	5	−3	5	−3	
6	8	3	8	3	8	3	8	3	
7	7	−1	7	−1	7	−1	7	−1	
8	6	−1	6	−1	6	−1	6	−1	
9	1	−5	1	−5	1	−5	1	−5	
10	8	7	8	7	8	7	8	7	
11	8	0	8,5	0,5	9	1	10	2	
12	6	−2	7	−1,5	8	−1	10	0	
13	6(16)	0(10)	7,5	0,5	9	1	12	2	
14	6(16)	0(0)	8	0,5	10	1	14	2	linearer
15	6	0(−10)	8,5	0,5	11	1	16	2	Aufwärts-
16	8	2	11	2,5	14	3	20	4	trend
17	6	−2	9,5	−1,5	13	−1	20	0	
18	9	3	13	3,5	17	4	25	5	
19	5	−4	9,5	−3,5	14	−3	23	−2	
20	7	2	12	2,5	17	3	27	4	
21	3	−4	8	−4	13	−4	23	−4	
22	9	6	13,5	5,5	18	5	27	4	
23	4	−5	8	−5,5	12	−6	20	−7	
24	5	1	8,5	0,5	12	0	19	−1	linearer
25	5	0	8	−0,5	11	−1	17	−2	Abwärts-
26	5	0	7,5	−0,5	10	−1	15	−2	trend
27	6	1	8	0,5	10	0	14	−1	
28	6	0	7,5	−0,5	9	−1	12	−2	
29	4	−2	5	−2,5	6	−3	8	−4	
30	6	2	6,5	1,5	7	1	8	0	
31	6	0	6	−0,5	6	−1	6	−2	
32	7	1	7	1	7	1	7	1	
33	6	−1	6	−1	6	−1	6	−1	
34	4	−2	4	−2	4	−2	4	−2	
35	8	4	8	4	8	4	8	4	
36	5	−3	5	−3	5	−3	5	−3	
37	3	−2	3	−2	3	−2	3	−2	
38	2	−1	2	−1	2	−1	2	−1	
39	6	4	6	4	6	4	6	4	
40	7	1	7	1	7	1	7	1	
41	10	3	10	3	10	3	10	3	
42	8	−2	8	−2	8	−2	8	−2	
43	7	−1	7	−1	7	−1	7	−1	
44	4	−3	4	−3	4	−3	4	−3	
45	8	4	8	4	8	4	8	4	
46	5	−3	5	−3	5	−3	5	−3	
47	6	1	6	1	6	1	6	1	
48	3	−3	3	−3	3	−3	3	−3	
49	6	3	6	3	6	3	6	3	
50	7	1	7	1	7	1	7	1	

Bild 14.6. Simulation eines ungestörten und gestörter Prozesse

ungestört		stark gestört		sehr stark gestört		gering gestört	
D_j	n_j	D_j	n_j	D_j	n_j	D_j	n_j
−7		−7		−7 /	1	−6 /	1
−6 /	1	−6 //	2	−6 /	1	−5,5 /	1
−5 //	2	−5 /	1	−5 /	1	−5 /	1
−4 //	2	−4 /	1	−4 //	2	−4,5	
−3 /////	5	−3 ///////	7	−3 /////	5	−4 /	1
−2 //////	6	−2 ///	3	−2 ////////	8	−3,5 /	1
−1 /////	5	−1 ///////////11	11	−1 ///////	7	−3 /////	5
0 ////////	8	0 //	2	0 ///	3	−2,5 /	1
1 //////	6	1 /////////	9	1 ////	4	−2 ///	3
2 ///	3	2		2 ////	4	−1,5 //	2
3 /////	5	3 //////	6	3 ////	4	−1 /////	5
4 ///	3	4 ////	4	4 //////	6	−0,5 ////	4
5 /	1	5 //	2	5 //	2	0	
6 /	1	6		6		0,5 //////	6
7 /	1	7 /	1	7 /	1	1 ////	4
						1,5 /	1
						2	
						2,5 //	2
						3 ////	4
						3,5 /	1
						4 ///	3
						4,5	
						5 /	1
						5,5 /	1
						6	
						6,5	
						7 /	1

$$n = 49 \qquad n = 49 \qquad n = 49$$

$$\overline{D} = 0{,}020408 \qquad \overline{D} = 0{,}020408 \qquad \overline{D} = 0{,}020408$$

$$s_D = 2{,}933214 \qquad s_D = 2{,}975524 \qquad s_D = 3{,}152313$$

$$\hat{\sigma} = 2{,}074095 \qquad \hat{\sigma} = 2{,}104013 \qquad \hat{\sigma} = 2{,}229022$$

Auswertung mit den
singulären Störungen
in den Zeilen i = 13
und i = 14

−10 /

  0 //////

+10 /

sonst wie oben

$$n = 49$$

$$\overline{D} = 0{,}020408$$

$$s_D = 3{,}573571$$

$$\hat{\sigma} = 2{,}526896$$

For the fourth process (gering gestört):

$$n = 49$$

$$\overline{D} = 0{,}020408$$

$$s_D = 2{,}936763$$

$$\hat{\sigma} = 2{,}076605$$

Bild 14.7. Auswertung verschiedener, simulierter Prozesse nach der Differenzenmethode

Falle einer Störung oder eines Trends versagt, wird im nachfolgenden Text nur noch die Differenzenmethode herangezogen.

Die Zufallsstichprobe aus der Modell-NV wird in den nachfolgenden Bildern dazu verwendet, verschiedene, *häufig vorkommende Prozeßeigenarten* zu *simulieren.*

Bild 14.6 enthält den ungestörten Prozeß, Spalten 2 und 3, sowie die Simulation einer geringen, einer starken und einer sehr starken Störung.

Die Auswertung aller vier Prozesse nach der Differenzenmethode in Bild 14.7 kann mit dem Taschenrechner mit $\bar{x}/s$-Automatik nachvollzogen werden.

Die Berechnung der übrigen Schätzwerte für σ der simulierten Prozesse und die Darstellung der Prozesse mit jeweils der Berechnung der Gesamtstreuung sind in den Bildern 14.8 bis 14.11 enthalten mit Kommentaren in den Bildlegenden.

ungestörter Prozeß (zusätzlich mit singulärer Störung beim 13. und 14. Wert)

1	2	3	4	5	6	7	8	9	10
6	8	8	8	3	5	6	5	10	5
11	7	6	6	9	6	7	3	8	6
5	6	6 (16)	9	4	6	6	2	7	3
8	1	6 (16)	5	5	4	4	6	4	6
5	8	6	7	5	6	8	7	8	7

$\bar{x}$ 7,0   6,0   6,4(8,4)   7,0   5,2   5,4   6,2   4,6   7,4   5,4

R 6   7   2(10)   4   6   2   4   5   6   4

s 2,549510   2,915476   0,894427   1,581139   2,280351   0,894427   1,483240   2,073644   2,190890   1,516575
                   (5,176872)

Summen:

$\sum \bar{x} = 60,6\ (64,6)$

$\sum R = 46\ (54)$

$\sum s = 18,379679\ (22,662124)$

$\sum s^2 = 37,900001\ (63,900005)$

Kennwerte:

$\bar{\bar{x}} = 6,06\ (6,46)$

$s_x = 1,963026\ (2,779003)$

$s_{\bar{x}} = 0,909456\ (1,652069)$

Schätzwerte:

$\hat{\sigma}_1 = \sqrt{5} \cdot s_{\bar{x}} = 2,033606\ (3,6941$

$\hat{\sigma}_2 = \sqrt{\bar{s^2}} = 1,946792\ (2,5278$

$\hat{\sigma}_3 = \bar{R}/d_n = 1,977644\ (2,3215$

$\hat{\sigma}_4 = \bar{s}/a_n = 1,955285\ (2,4108$

$\hat{\sigma}_5 = s_D/\sqrt{2} = 2,074095\ (2,5268$

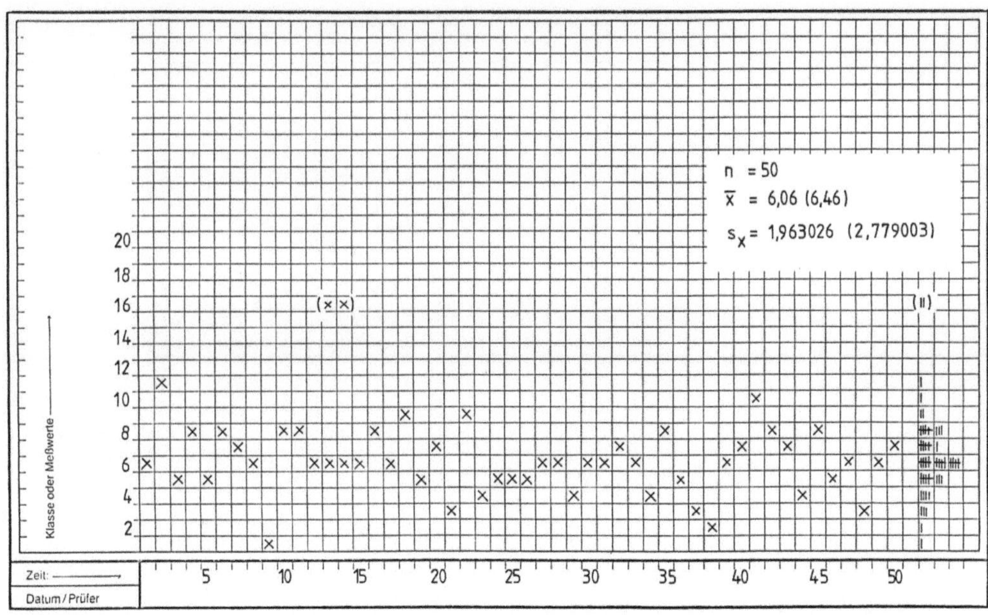

Bild 14.8. Auswertung und Darstellung eines ungestörten Prozesses. Die fünf Schätzwerte für die Prozeßstreuung $\hat{\sigma}$ sind alle angenähert gleich groß. Es handelt sich um das Idealbild einer ungestörten, normalverteilten Fertigung. Die bei der 13. und 14. Probe zusätzlich eingegebene singuläre Störung (Werte in Klammern) wirkt sich vor allem auf die Gesamtstreuung s_x aus und — besonders stark — auf den Schätzwert $\hat{\sigma}_1$

gering gestörter Prozeß

1	2	3	4	5	6	7	8	9	10
6	8	8,5	11	8	7,5	6	5	10	5
11	7	7	9,5	13,5	8	7	3	8	6
5	6	7,5	13	8	7,5	6	2	7	3
8	1	8	9,5	8,5	5	4	6	4	6
5	8	8,5	12	8	6,5	8	7	8	7
$\bar{x}$ 7,0	6,0	7,9	11	9,2	6,9	6,2	4,6	7,4	5,4
R 6	7	1,5	3,5	5,5	3	4	5	6	4
s 2,549510	2,915476	0,651920	1,541104	2,413504	1,193734	1,483240	2,073644	2,070890	1,516576

<table>
<tr><td>Summen:</td><td>Kennwerte:</td><td>Schätzwerte:</td></tr>
<tr><td>$\sum \bar{x} = 71,6$</td><td>$\bar{\bar{x}} = 7,16$</td><td>$\hat{\sigma}_1 = \sqrt{5} \cdot s_{\bar{x}} = 4,184893$</td></tr>
<tr><td>$\sum s = 18,529598$</td><td>$s_x = 2,524250$</td><td>$\hat{\sigma}_2 = \sqrt{\overline{s^2}} = 1,965961$</td></tr>
<tr><td>$\sum s^2 = 38,650007$</td><td>$s_{\bar{x}} = 1,871541$</td><td>$\hat{\sigma}_3 = \bar{R}/d_n = 1,956148$</td></tr>
<tr><td>$\sum R = 45,5$</td><td></td><td>$\hat{\sigma}_4 = \bar{s}/a_n = 1,971234$</td></tr>
<tr><td></td><td></td><td>$\hat{\sigma}_5 = s_D/\sqrt{2} = 2,076605$</td></tr>
</table>

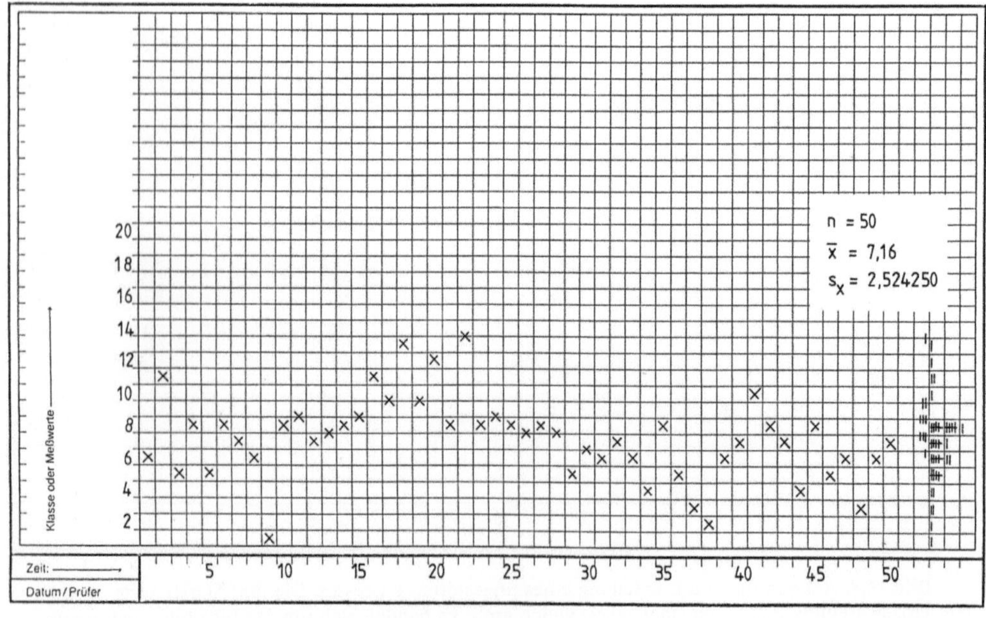

Bild 14.9. Auswertung und Darstellung eines geringgestörten Prozesses. Die Störung wirkt sich stark auf die Gesamtstreuung s_x und sehr stark auf den Schätzwert $\hat{\sigma}_1$ aus. Die übrigen Schätzwerte werden durch die geringe Störung kaum verändert

stark gestörter Prozeß

1	2	3	4	5	6	7	8	9	10
6	8	9	14	13	10	6	5	10	5
11	7	8	13	18	10	7	3	8	6
5	6	9	17	12	9	6	2	7	3
8	1	10	14	12	6	4	6	4	6
5	8	11	17	11	7	8	7	8	7

	1	2	3	4	5	6	7	8	9	10
$\bar{x}$	7,0	6,0	9,4	15	13,2	8,4	6,2	4,6	7,4	5,4
R	6	7	3	4	7	4	4	5	6	4
s	2,549510	2,915476	1,140175	1,870829	2,774887	1,816590	1,483240	2,073644	2,190890	1,516575

Summen:

$$\sum \bar{x} = 82,6$$

$$\sum s = 20,331816$$

$$\sum s^2 = 44,399998$$

$$\sum R = 50$$

Kennwerte:

$$\bar{\bar{x}} = 8,26$$

$$s_x = 3,778619$$

$$s_{\bar{x}} = 3,405943$$

Schätzwerte:

$$\hat{\sigma}_1 = \sqrt{5} \cdot s_{\bar{x}} = 7,615919$$

$$\hat{\sigma}_2 = \sqrt{\bar{s^2}} = 2,107131$$

$$\hat{\sigma}_3 = \bar{R}/d_n = 2,149613$$

$$\hat{\sigma}_4 = \bar{s}/a_n = 2,162959$$

$$\hat{\sigma}_5 = s_D/\sqrt{2} = 2,104013$$

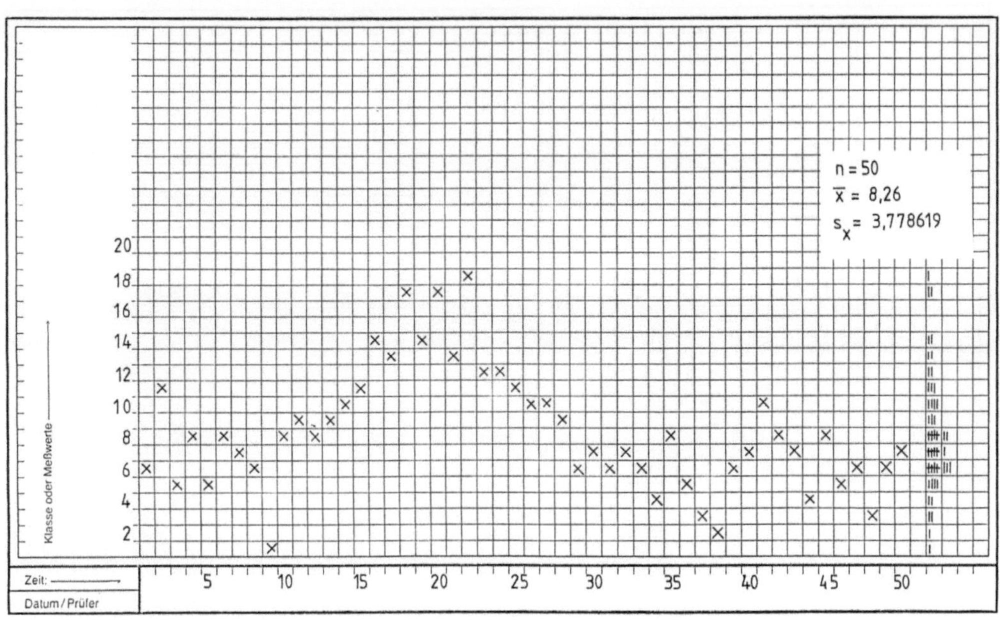

Bild 14.10. Auswertung und Darstellung eines stark gestörten Prozesses. Die Störung wirkt sich sehr stark auf die Gesamtstreuung und auf den Schätzwert $\hat{\sigma}_1$ aus. Die übrigen Schätzwerte für die Prozeßstreuung sind dagegen nur geringfügig vergrößert

sehr stark gestörter Prozeß

1	2	3	4	5	6	7	8	9	10
6	8	10	20	23	15	6	5	10	5
11	7	10	20	27	14	7	3	8	6
5	6	12	25	20	12	6	2	7	3
8	1	14	23	19	8	4	6	4	6
5	8	16	27	17	8	8	7	8	7

	1	2	3	4	5	6	7	8	9	10
$\bar{x}$	7,0	6,0	12,4	23	21,2	11,4	6,2	4,6	7,4	5,4
R	6	7	6	7	10	7	4	5	6	4
s	2,549510	2,915476	2,607681	3,082207	3,898718	3,286335	1,483240	2,073644	2,190890	1,516575

Summen:

$$\sum \bar{x} = 104,6$$

$$\sum s = 25,604276$$

$$\sum s^2 = 70,900000$$

$$\sum R = 62$$

Kennwerte:

$$\bar{\bar{x}} = 10,46$$

$$s_x = 6,800990$$

$$s_{\bar{x}} = 6,637972$$

Schätzwerte:

$$\hat{\sigma}_1 = \sqrt{5} \cdot s_{\bar{x}} = 14,842957$$

$$\hat{\sigma}_2 = \sqrt{\bar{s^2}} = 2,662705$$

$$\hat{\sigma}_3 = \bar{R}/d_n = 2,665520$$

$$\hat{\sigma}_4 = \bar{s}/a_n = 2,723859$$

$$\hat{\sigma}_5 = s_D/\sqrt{2} = 2,229022$$

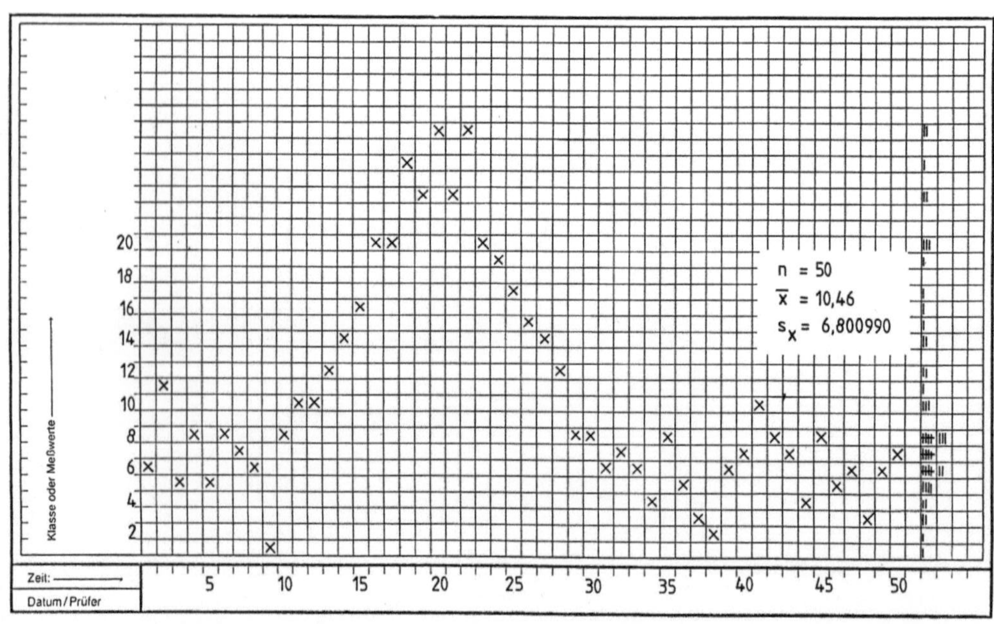

Bild 14.11. Auswertung und Darstellung eines sehr stark gestörten Prozesses. Die Störung wirkt sich sehr stark auf die Gesamtstreuung und auf den Schätzwert $\hat{\sigma}_1$ aus. Die übrigen Schätzwerte sind dagegen weniger stark vergrößert. Am robustesten gegen die sehr starke Störung ist die Schätzung über die Differenzenmethode. Der Schätzwert $\hat{\sigma}_5 = 2,229$ liegt nur ca. 10 % über dem wahren Wert der Grundgesamtheit

| 1 | ohne Störung | | einsinnige Störung von $i = 11$ bis $i = 30$ | |
	2	3	4	5
i	x_i	D_i	x_i	D_i
1	6		6	
2	11	5	11	5
3	5	−6	5	−6
4	8	3	8	3
5	5	−3	5	−3
6	8	3	8	3
7	7	−1	7	−1
8	6	−1	6	−1
9	1	−5	1	−5
10	8	7	8	7
11	8	0	9	1
12	6	−2	8	−1
13	6	0	9	1
14	6	0	10	1
15	6	0	11	1
16	8	2	14	3
17	6	−2	13	−1
18	9	3	17	4
19	5	−4	14	−3
20	7	2	17	3
21	3	−4	14	−3
22	9	6	21	7
23	4	−5	17	−4
24	5	1	19	2
25	5	0	20	1
26	5	0	21	1
27	6	1	23	2
28	6	0	24	1
29	4	−2	23	−1
30	6	2	26	3
31	6	0	6	
32	7	1	7	1
33	6	−1	6	−1
34	4	−2	4	−2
35	8	4	8	4
36	5	−3	5	−3
37	3	−2	3	−2
38	2	−1	2	−1
39	6	4	6	4
40	7	1	7	1
41	10	3	10	3
42	8	−2	8	−2
43	7	−1	7	−1
44	4	−3	4	−3
45	8	4	8	4
46	5	−3	5	−3
47	6	1	6	1
48	3	−3	3	−3
49	6	3	6	3
50	7	1	7	1

Auswertung:

Differenzenmethode:

D_j		n_j
−6	/	1
−5	/	1
−4	/	1
−3	///////	7
−2	///	3
−1	////////	8
0		
1	///////////	11
2	//	2
3	///////	7
4	////	4
5	/	1
6		
7	//	2

$$n = 48$$

$$\overline{D} = 0{,}4375$$

$$s_D = 2{,}888675$$

$$\hat{\sigma} = s_D / \sqrt{2}$$
$$= 2{,}113313$$

Die Störung (Trend) hat zur
Folge, daß die Differenzen
in Spalte 5 um 1 größer sind
als in Spalte 3

Bild 14.12. Simulation eines Prozesses mit einsinniger Störung, danach wieder normal verlaufend

1	2	3	4	5	6	7	8	9	10
6	8	9	14	14	21	6	5	10	5
11	7	8	13	21	23	7	3	8	6
5	6	9	17	17	24	6	2	7	3
8	1	10	14	19	23	4	6	4	6
5	8	11	17	20	26	8	7	8	7
$\bar{x}$ 7,0	6,0	9,4	15,0	18,2	23,4	6,2	4,6	7,4	5,4
R 6	7	3	4	7	5	4	5	6	4
s 2,549510	2,915476	1,140175	1,870829	2,774887	1,816590	1,483240	2,073644	2,190890	1,516575

Summen:

$\sum \bar{x} = 102,6$

$\sum R = 51$

$\sum s = 20,331816$

$\sum s^2 = 44,399998$

Kennwerte:

$\overline{\overline{x}} = 10,26$

$s_x = 6,416846$

$s_{\bar{x}} = 6,394477$

Schätzwerte:

$\hat{\sigma}_1 = \sqrt{5} \cdot s_{\bar{x}} = 14,298485$

$\hat{\sigma}_2 = \sqrt{\overline{s^2}} = 2,107131$

$\hat{\sigma}_3 = \bar{R}/d_n = 2,192605$

$\hat{\sigma}_4 = \bar{s}/a_n = 2,162959$

$\hat{\sigma}_5 = s_D/\sqrt{2} = 2,113313$

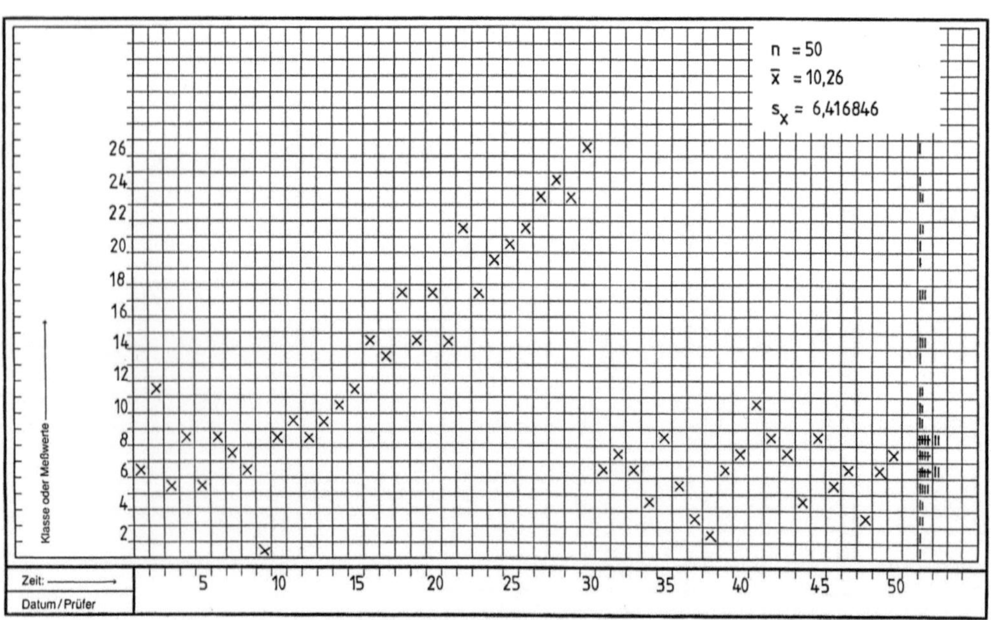

Bild 14.13. Auswertung und Darstellung eines Prozesses mit einsinniger, vorübergehender Störung. Die Auswirkungen auf die Schätzwerte sind gering; lediglich $\hat{\sigma}_1$ wird stark vergrößert. Die Gesamtstreuung s_x ist über dreimal so groß wie die Prozeßstreuung

	ungestört		mit Mittelwert-schwankungen		
1	2	3	4	5	6
i	x_i	D_i	$\Delta\mu$	x_i	D_i
1	6			6	
2	11	5		11	5
3	5	−6	0	5	−6
4	8	3		8	3
5	5	−3		5	−3
6	8	3		10	
7	7	−1		9	−1
8	6	−1	2	8	−1
9	1	−5		3	−5
10	8	7		10	7
11	8	0		7	
12	6	−2		5	−2
13	6	0	−1	5	0
14	6	0		5	0
15	6	0		5	0
16	8	2		9	
17	6	−2		7	−2
18	9	3	1	10	3
19	5	−4		6	−4
20	7	2		8	2
21	3	−4		6	
22	9	6		12	6
23	4	−5	3	7	−5
24	5	1		8	1
25	5	0		8	0
26	5	0		2	
27	6	1		3	1
28	6	0	−3	3	0
29	4	−2		1	−2
30	6	2		3	2
31	6	0		6	
32	7	1		7	1
33	6	−1	0	6	−1
34	4	−2		4	−2
35	8	4		8	4
36	5	−3		3	
37	3	−2		1	−2
38	2	−1	−2	0	−1
39	6	4		4	4
40	7	1		5	1
41	10	3		14	
42	8	−2		12	−2
43	7	−1	4	11	−1
44	4	−3		8	−3
45	8	4		12	4
46	5	−3		1	
47	6	1		2	1
48	3	−3	−4	−1	−3
49	6	3		2	3
50	7	1		3	1

Auswertung des Prozesses nach der Differenzenmethode:

D_j		n_j
−6	/	1
−5	//	2
−4	/	1
−3	///	3
−2	//////	6
−1	/////	5
0	/////	5
1	//////	6
2	//	2
3	///	3
4	///	3
5	/	1
6	/	1
7	/	1

$n = 40$

$\overline{D} = 0,075$

$s_D = 3,024579$

$\hat{\sigma} = 2,138700$

Bild 14.14. Simulation eines Prozesses mit Mittelwertschwankungen

	1	2	3	4	5	6	7	8	9	10
	6	10	7	9	6	2	6	3	14	1
	11	9	5	7	12	3	7	1	12	2
	5	8	5	10	7	3	6	0	11	-1
	8	3	5	6	8	1	4	4	8	2
	5	10	5	8	8	3	8	5	12	3
$\Delta\mu$	0	2	-1	1	3	-3	0	-2	4	-4
$\bar{x}$	7,0	8,0	5,4	8,0	8,2	2,4	6,2	2,6	11,4	1,4
R	6	7	2	4	6	2	4	5	6	4
s	2,549510	2,915476	0,894427	1,581139	2,280351	0,894427	1,483240	2,073644	2,190890	1,516575

Summen:

$$\sum \bar{x} = 60,6$$

$$\sum R = 46$$

$$\sum s = 18,379679$$

$$\sum s^2 = 37,900001$$

Kennwerte:

$$\bar{\bar{x}} = 6,06$$

$$s_x = 3,489986$$

$$s_{\bar{x}} = 3,145438$$

Schätzwerte:

$$\hat{\sigma}_1 = \sqrt{5} \cdot s_{\bar{x}} = 7,033412$$

$$\hat{\sigma}_2 = \sqrt{\bar{s^2}} = 1,946792$$

$$\hat{\sigma}_3 = \bar{R}/d_n = 1,977644$$

$$\hat{\sigma}_4 = \bar{s}/a_n = 1,955285$$

$$\hat{\sigma}_5 = s_D/\sqrt{2} = 2,138700$$

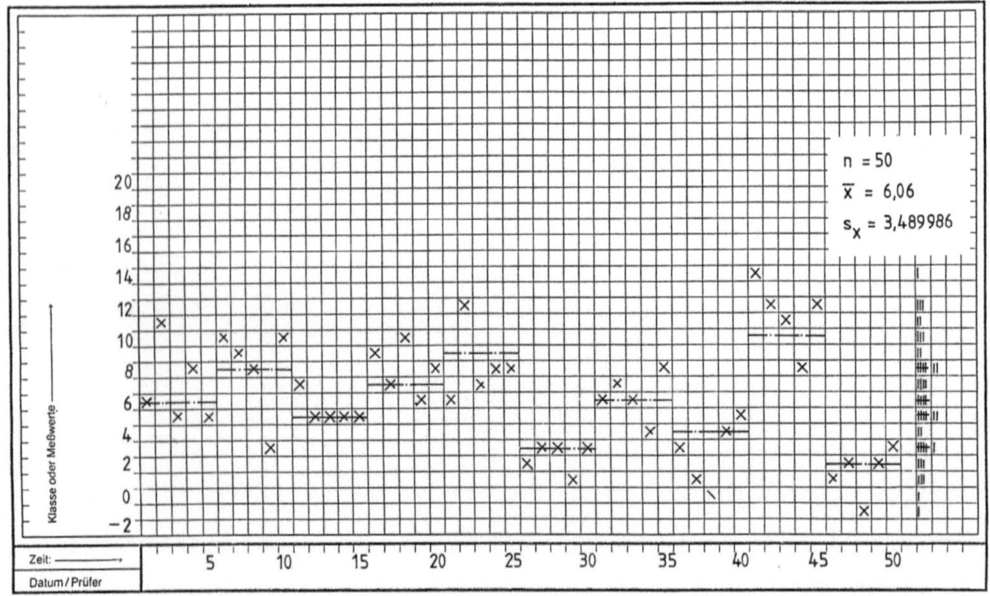

Bild 14.15. Auswertung und Darstellung eines Prozesses mit Mittelwertschwankungen; innerhalb der Unterstichproben ist der Prozeß normalverteilt. Die Schätzwerte $\hat{\sigma}_2$ bis $\hat{\sigma}_4$ sind mit denen des ungestörten Prozesses (Bild 14.8) identisch. $\hat{\sigma}_5$ weicht etwas ab, weil hier nur 40 Differenzen zur Verfügung stehen

Weiterhin ist in den Bildern 14.12 und 14.13 ein Prozeß mit einsinniger Störung simuliert.

Schließlich ist in den Bildern 14.14 und 14.15 der häufig vorkommende Fall simuliert, daß ein Prozeß in der Weise analysiert wird, daß in größeren Abständen — beispielsweise alle 2 h Fünferstichproben entnommen werden (Langzeituntersuchung). Zwischen den Stichproben erfolgten Werkzeugwechsel und somit Neueinstellungen des Prozesses.

Trendprozesse

In den bisherigen Beispielen für simulierte Prozesse waren Fälle gezeigt worden, bei denen ein *befristeter Trend* infolge einer Störung auftrat. Häufig haben Prozesse einen mehr oder weniger großen *permanenten Trend.*

In Bild 14.16 ist schematisch ein linearer Trend dargestellt bei einem Prozeß, der momentan streuungslos ist, linker Teil. Dann sind alle Differenzen gleich groß und die *Streuung der Differenzen ist null.* Dies führt zu der Annahme, daß bei einem linearen Trendprozeß mit unterschiedlichen Differenzen die Streuungen der Differenzen ausschließlich oder überwiegend durch momentane Prozeßstreuung verursacht werden, Bild 14.16 rechts.

In Bild 14.17 werden lineare Trendprozesse simuliert und in Bild 14.18 nach der Differenzmethode ausgewertet. Schon an den Strichlisten für die Differenzen ist zu erkennen, daß sie die gleichen Besetzungszahlen aufweisen. In den Spalten 2, 3 und 4 sind die Strichlisten gegenüber Spalte 1 um den Trend zu höheren Werten verschoben. Dagegen sind die *Schätzwerte* $\hat{\sigma}$ für die Streuung der Grundgesamtheit (Prozeßstreuung) für die Spalten 1 bis 4 *exakt gleich groß.*

Die weitere Auswertung der Trendprozese nach den übrigen Schätzwerten und nach der Gesamtstreuung ist in den Bildern 14.19 bis 14.21 enthalten.

Ein schwacher Trend, Bild 14.19, wirkt sich auf den Schätzwert $\hat{\sigma}_1$ sehr stark und auf die Gesamtstreuung stark aus. Die Schätzwerte $\hat{\sigma}_2$ bis $\hat{\sigma}_5$ werden durch den Trend kaum vergrößert. Anders ist dies bei einem starken oder sehr starken Trend, Bilder

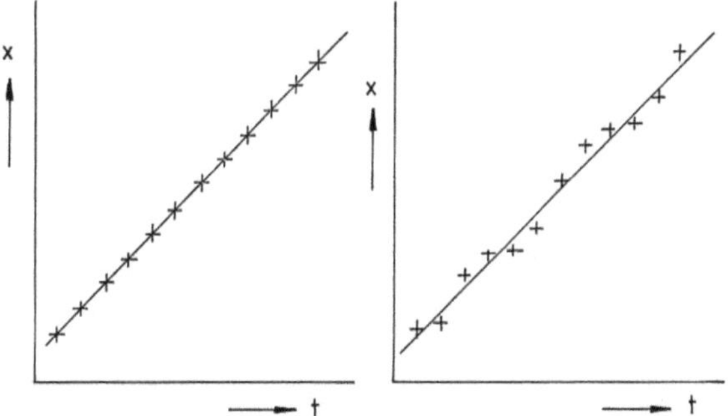

Bild 14.16. Schematische Darstellung eines linearen Trends bei einem idealen Prozeß ohne Streuung (links) und bei einem realen Prozeß mit Streuung (rechts)

Trend null			Trend schwach		Trend stark		Trend sehr stark	
			$\Delta\mu = 0{,}256/\text{Stück}$		$\Delta\mu = 0{,}56/\text{Stück}$		$\Delta\mu = 16/\text{Stück}$	
1	2	3	4	5	6	7	8	9
i	x_i	D_i	x_i	D_i	x_i	D_i	x_i	D_i
1	6		6,5		7		8	
2	11	5	12	5,5	13	6	15	7
3	5	−6	6,5	−5,5	8	−5	11	−4
4	8	3	10	3,5	12	4	16	5
5	5	−3	7,5	−2,5	10	−2	15	−1
6	8	3	11	3,5	14	4	20	5
7	7	−1	10,5	−0,5	14	0	21	1
8	6	−1	10	−0,5	14	0	22	1
9	1	−5	5,5	−4,5	10	−4	19	−3
10	8	7	13	7,5	18	8	28	9
11	8	0	13,5	0,5	19	1	30	2
12	6	−2	12	−1,5	18	−1	30	0
13	6	0	12,5	0,5	19	1	32	2
14	6	0	13	0,5	20	1	34	2
15	6	0	13,5	0,5	21	1	36	2
16	8	2	16	2,5	24	3	40	4
17	6	−2	14,5	−1,5	23	−1	40	0
18	9	3	18	3,5	27	4	45	5
19	5	−4	14,5	−3,5	24	−3	43	−2
20	7	2	17	2,5	27	3	47	4
21	3	−4	13,5	−3,5	24	−3	45	−2
22	9	6	20	6,5	31	7	53	8
23	4	−5	15,5	−4,5	27	−4	50	−3
24	5	1	17	1,5	29	2	53	3
25	5	0	17,5	0,5	30	1	55	2
26	5	0	18	0,5	31	1	57	2
27	6	1	19,5	1,5	33	2	60	3
28	6	0	20	0,5	34	1	62	2
29	4	−2	18,5	−1,5	33	−1	62	0
30	6	2	21	2,5	36	3	66	4
31	6	0	21,5	0,5	37	1	68	2
32	7	1	23	1,5	39	2	71	3
33	6	−1	22,5	−0,5	39	0	72	1
34	4	−2	21	−1,5	38	−1	72	0
35	8	4	25,5	4,5	43	5	78	6
36	5	−3	23	−2,5	41	−2	77	−1
37	3	−2	21,5	−1,5	40	−1	77	0
38	2	−1	21	−0,5	40	0	78	1
39	6	4	25,5	4,5	45	5	84	6
40	7	1	27	1,5	47	2	87	3
41	10	3	30,5	3,5	51	4	92	5
42	8	−2	29	−1,5	50	−1	92	0
43	7	−1	28,5	−0,5	50	0	93	1
44	4	−3	26	−2,5	48	−2	92	−1
45	8	4	30,5	4,5	53	5	98	6
46	5	−3	28	−2,5	51	−2	97	−1
47	6	1	29,5	1,5	53	2	100	3
48	3	−3	27	−2,5	51	−2	99	−1
49	6	3	30,5	3,5	55	4	104	5
50	7	1	32	1,5	57	2	107	3

Bild 14.17. Simulation von Prozessen mit linearem Trend; die Bezeichnungen schwacher, starker und sehr starker Trend sind relative Angaben

14.20 und 14.21. Alle Schätzwerte $\hat{\sigma}$ werden größer; nur der Schätzwert $\hat{\sigma}_5$ wird durch die Steilheit des Trends nicht beeinflußt.

Oft verlaufen *Trendprozesse nicht linear.* Vielmehr ist in der Praxis nach einem Werkzeugwechsel der Trend zunächst sehr steil verlaufend bis die extreme Schärfe des Werkzeugs weg ist; danach verläuft der Trend flacher und später, wenn das Werkzeug fast stumpf ist, verläuft der Trend wieder steiler.

D_j	1 Trend null n_j	2 Trend schwach n_j	3 Trend stark n_j	4 Trend sehr stark n_j	D_j	5 Mischverteilung aus den Spalten 1 und 3 n_j
−6	/ 1				−6	/ 1
−5	// 2	/ 1	/ 1		−5	/// 3
−4	// 2	// 2	// 2	/ 1	−4	//// 4
−3	///// 5	// 2	// 2	// 2	−3	/////// 7
−2	////// 6	///// 5	///// 5	// 2	−2	/////////// 11
−1	///// 5	////// 6	////// 6	///// 5	−1	/////////// 11
0	//////// 8	///// 5	///// 5	////// 6	0	///////////// 13
1	////// 6	//////// 8	//////// 8	///// 5	1	////////////// 14
2	/// 3	////// 6	////// 6	//////// 8	2	///////// 9
3	///// 5	/// 3	/// 3	////// 6	3	//////// 8
4	/// 3	///// 5	///// 5	/// 3	4	//////// 8
5	/ 1	/// 3	/// 3	///// 5	5	//// 4
6	/ 1	/ 1	/ 1	/// 3	6	// 2
7	/ 1	/ 1	/ 1	/ 1	7	// 2
8		/ 1	/ 1	/ 1	8	/ 1
9				/ 1	9	

$\Delta\mu = 0$ $\Delta\mu = 0{,}25\ 6/\text{Stück}$ $\Delta\mu = 0{,}5\ 6/\text{Stück}$ $\Delta\mu = 1\ 6/\text{Stück}$

$n = 49$ $n = 49$ $n = 49$ $n = 49$ $n = 98$

$\bar{D} = 0{,}020408$ $\bar{D} = 0{,}520408$ $\bar{D} = 1{,}020408$ $\bar{D} = 2{,}020408$ $\bar{D} = 0{,}520408$

$s_D = 2{,}933214$ $s_D = 2{,}933214$ $s_D = 2{,}933214$ $s_D = 2{,}933214$ $s_D = 2{,}961017$

$\hat{\sigma} = 2{,}074095$ $\hat{\sigma} = 2{,}074095$ $\hat{\sigma} = 2{,}074095$ $\hat{\sigma} = 2{,}074095$ $\hat{\sigma} = s_D/\sqrt{2} = 2{,}093755$

1) mit dieser MV wird der Fall simuliert, daß eine Fertigung bis zum 50. Stück
ungestört und ohne Trend verläuft und danach bis zum 100. Stück einen linearen
Trend mit der Steigung $\Delta\mu = 0{,}5\ 6/\text{Stück}$ aufweist

Bild 14.18. Auswertung von linearen Trendprozessen und eines nichtlinearen Trends nach der Differenzenmethode

Dieser Vorgang wird in extremer Weise dadurch simuliert, daß ein Prozeß zunächst ohne Trend und danach während der zweiten Hälfte der Zeit mit einem starken Trend verläuft. Für die *Differenzen* ergibt sich die *Mischverteilung* in Spalte 5 des Bilds 14.18. Es handelt sich um eine MV aus zwei gleich großen Verteilungen mit der gleichen Standardabweichnung und einem geringen Mittelwertunterschied. Bei derartigen Mischverteilungen ändert sich an der Streuung gegenüber der der Komponenten fast nichts. Daher wird mit $\hat{\sigma}_5 = 2{,}093\,755$ die Prozeßstreuung sehr genau geschätzt; die Schätzwerte $\hat{\sigma}_2$ bis $\hat{\sigma}_4$ liegen auch recht gut, Bild 14.22.

Bei allen bisherigen Beispielen kam es darauf an, die *Auswirkungen* von *Störungen oder Trends* zu zeigen; deshalb wurde auf die Annahme von Grenzwerten verzichtet. Die Auswirkungen von Grenzwerten werden in Kap. 15 besprochen.

Zusammenfassung

Die Differenzmethode ist zur Abschätzung der Prozeßstreuung hervorragend geeignet, da sie *äußerst robust* ist *gegenüber Störungen und Trends*. Sie ist die *einzig mögliche Methode*, wenn der *Prozeß einen sehr steilen Trend* hat oder wenn *häufig eingegriffen* wird in den Prozeß und daher beispielsweise Fünferstichproben ohne Eingriff äußerst selten

	1	2	3	4	5	6	7	8	9	10
	6,5	11	13,5	16	13,5	18	21,5	23	30,5	28
	12	10,5	12	14,5	20	19,5	23	21,5	29	29,5
	6,5	10	12,5	18	15,5	20	22,5	21	28,5	27
	10	5,5	13	14,5	17	18,5	21	25,5	26	30,5
	7,5	13	13,5	17	17,5	21	25,5	27	30,5	32
$\bar{x}$	8,5	10,0	12,9	16	16,7	19,4	22,7	23,6	28,9	29,4
R	5,5	7,5	1,5	3,5	6,5	3,0	4,0	6,0	4,5	5,0
s	2,423840	2,761340	0,651920	1,541104	2,413504	1,193734	1,753568	2,583602	1,850676	1,981161

Summen:

$$\sum \bar{x} = 188,1$$

$$\sum R = 47$$

$$\sum s = 19,154449$$

$$\sum s^2 = 40,650003$$

Kennwerte:

$$\bar{\bar{x}} = 18,81$$

$$s_x = 7,256869$$

$$s_{\bar{x}} = 7,330067$$

Schätzwerte:

$$\hat{\sigma}_1 = \sqrt{5}\, s_{\bar{x}} = 16,390529$$

$$\hat{\sigma}_2 = \sqrt{\bar{s^2}} = 2,016185$$

$$\hat{\sigma}_3 = \bar{R}/d_n = 2,020636$$

$$\hat{\sigma}_4 = \bar{s}/a_n = 2,037707$$

$$\hat{\sigma}_5 = s_D/\sqrt{2} = 2,074095$$

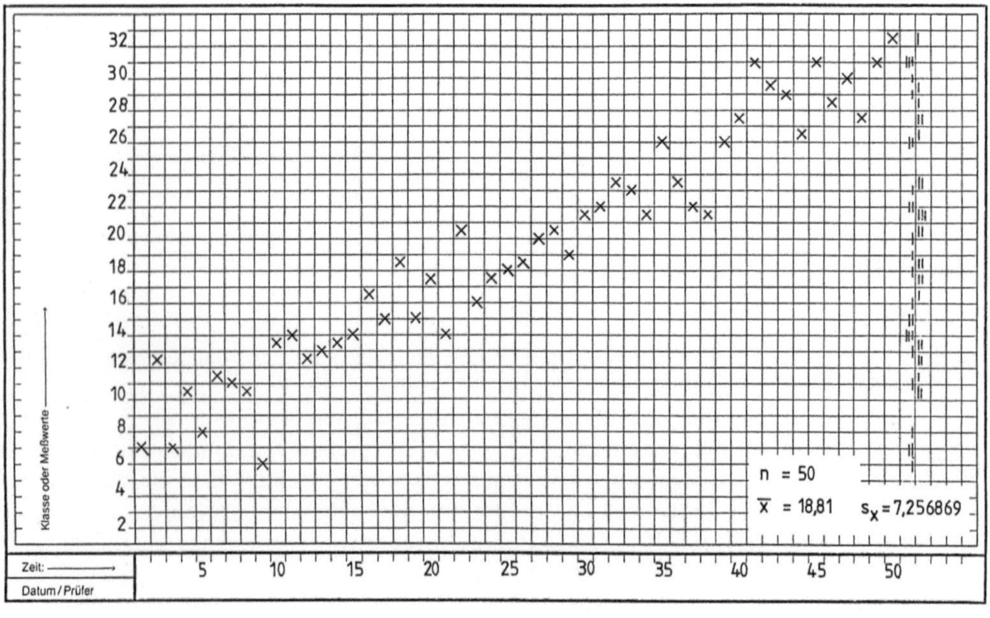

Bild 14.19. Auswertung und Darstellung eines Prozesses mit linearem, schwachen Trend von $\Delta\mu = 0,25\,\sigma$/Stück

sind. Außerdem wird durch die Differenzenmethode die *mittlere Steilheit des Trends bekannt*; der Mittelwert der Differenzen $\bar{D}$ ist ein Schätzwert für die mittlere Steilheit $\Delta\mu$ des Trends. Eine weitere Schätzmethode, die auch nur angenähert so einfach ist, gibt es nicht. Die Kenntnis der Steilheit des Trends ist wichtig für die Auswahl der Qualitätsregelkarte und für die Beurteilung ihrer Wirksamkeit, Kap. 15.

1	2	3	4	5	6	7	8	9	10
7	14	19	24	24	31	37	41	51	51
13	14	18	23	31	33	39	40	50	53
8	14	19	27	27	34	39	40	50	51
12	10	20	24	29	33	38	45	48	55
10	18	21	27	30	36	43	47	53	57

	1	2	3	4	5	6	7	8	9	10
$\bar{x}$	10,0	14,0	19,4	25,0	28,2	33,4	39,2	42,6	50,4	53,4
R	6	8	3	4	7	5	6	6	5	6
s	2,549510	2,828427	1,140175	1,870829	2,774887	1,816590	2,280351	3,209361	1,816590	2,607681

Summen:

$$\sum \bar{x} = 315,6$$

$$\sum R = 56$$

$$\sum s = 22,894401$$

$$\sum s^2 = 55,899996$$

Kennwerte:

$$\bar{\bar{x}} = 31,56$$

$$s_x = 14,412523$$

$$s_{\bar{x}} = 14,873332$$

Schätzwerte:

$$\hat{\sigma}_1 = \sqrt{5} \cdot s_{\bar{x}} = 33,257781$$

$$\hat{\sigma}_2 = \sqrt{\bar{s^2}} = 2,364318$$

$$\hat{\sigma}_3 = \bar{R}/d_n = 2,407566$$

$$\hat{\sigma}_4 = \bar{s}/a_n = 2,435575$$

$$\hat{\sigma}_5 = s_D/\sqrt{2} = 2,074095$$

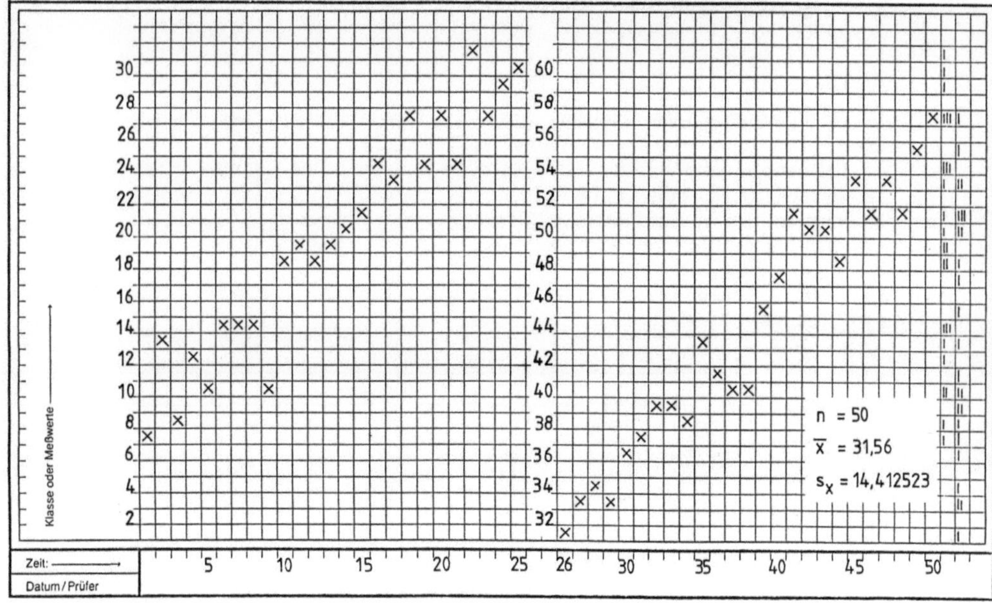

Bild 14.20. Auswertung und Darstellung eines Prozesses mit linearem, starken Trend von $\Delta\mu = 0,5\,\sigma/\text{Stück}$

Aufgabe 14.1

Gegeben: Abschnitt 14.1

Gesucht: Nachvollzug der Berechnung der Kennwerte und der Schätzwerte in den Bildern 14.8 bis 14.22 mit Hilfe eines Taschenrechners mit $\bar{x}/s$-Automatik

14.2 Prozeßfähigkeit

In diesem Abschnitt sollen die bereits im Abschnitt 13.4 enthaltenen Angaben über die Prozeßfähigkeit wiederholt und ergänzt werden.

Der Begriff *Prozeßfähigkeit* ist in den DIN-Normen oder in Entwürfen dazu bisher *nicht genormt*. In einer ISO-Norm über Begriffe der Qualitätssicherung [41], sind jedoch verschiedene Begriffe definiert. Drei davon seien hier in der englischen und in der französischen Originalfassung zitiert:

3.2.3 process capability: A measure of inherent process variability.

NOTES

1   Standard techniques for determining process capability have not achieved consensus at the present time. Some examples are the standard deviation or range (or multiples thereof) or a component for acceptable assignable causes plus a component for chance causes.
2   When using the term "process capability", it is essential to state which measure is being used.

3.2.6 process capability index (PCI): The value of the tolerance specified divided by the process capability.

NOTES

1   When using the therm "process capability", it is essential to state which measure is being used.
2   This ratio is often used to classify a process into one of the following categories:
a)   low relative capability: PCI < 6
b)   medium relative capability: $6 \leqq \text{PCI} \leqq 8$
c)   high relative capability: PCI > 8

3.2.7 process capability fraction (PCF): The value of the process capability divided by the tolerance specified.

1	2	3	4	5	6	7	8	9	10
8	20	30	40	45	57	68	77	92	97
15	21	30	40	53	60	71	77	92	100
11	22	32	45	50	62	72	78	93	99
16	19	34	43	53	62	72	84	92	104
15	28	36	47	55	66	78	87	98	107
$\bar{x}$ 13,0	22,0	32,4	43,0	51,2	61,4	72,2	80,6	93,4	101,4
R 8	9	6	7	10	9	10	10	6	10
s 3,391165	3,535534	2,607681	3,082207	3,898718	3,286335	3,633180	4,615192	2,607681	4,037326

Summen:

$$\sum \bar{x} = 570,6$$
$$\sum R = 85$$
$$\sum s = 34,689519$$
$$\sum s^2 = 123,864550$$

Kennwerte:

$$\bar{\bar{x}} = 57,06$$
$$s_x = 28,923834$$
$$s_{\bar{x}} = 29,998970$$

Schätzwerte:

$$\hat{\sigma}_1 = \sqrt{5}\, s_{\bar{x}} = 67,077974$$
$$\hat{\sigma}_2 = \sqrt{s^2} = 3,519440$$
$$\hat{\sigma}_3 = \bar{R}/d_n = 3,654342$$
$$\hat{\sigma}_4 = \bar{s}/a_n = 3,690374$$
$$\hat{\sigma}_5 = s_D/\sqrt{2} = 2,074095$$

a

Bild 14.21 a. Auswertung eines Prozesses mit linearem, sehr starken Trend von $\Delta\mu = 1\sigma/\text{Stück}$

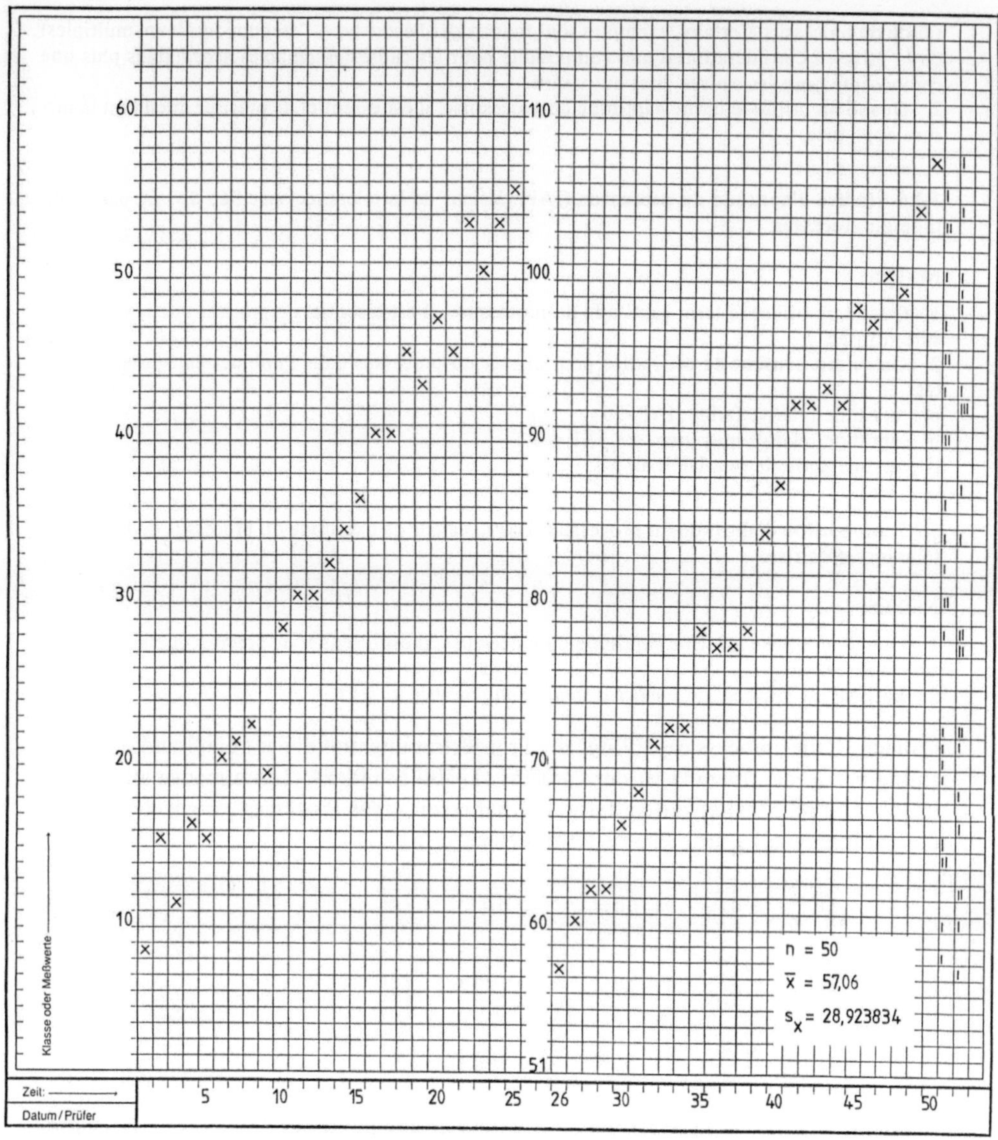

Bild 14.21 b. Darstellung eines Prozesses mit linearem, sehr starken Trend von $\Delta\mu = 1\sigma$/Stück

NOTES

1   When using the therm "process capability", it is essential to state which measure is being used.

2   PCF is the reciprocal of the *process capability index* (3.2.6).

3.2.3 aptitude du processus: Mesure de la variabilité inhérente au processus.

NOTES

1   On ne s'est pas encore accordé sur des techniques normalisées permettant de déterminer l'ap-

titude du processus. Certains exemples sont fournis par l'écart-type, l'étendue (ou leurs multiples) ou la prise en considération d'une composante pour les causes assignables acceptables plus une composante pour les causes dues au hasard.

2   Quand on utilise le terme «aptitude du processus», il est essentiel de préciser quelle est la mesure appliquée.

3.2.6 indice d'aptitude du processus (IAP): Valeur de la tolérance spécifiée divisée par l'aptitude du processus.

NOTES

1   Quand on utilise le term «aptitude du processus», il est essentiel de préciser quelle est la mesure utilisée.

2   On se sert souvent de cet indice pour classer un processus dans l'une des catégories siuvantes:

a)   aptitude relative faible: IAP < 6

b)   aptitude relative moyenne: $6 \leqq \text{IAP} \leqq 8$

c)   grande aptitude relative: IAP > 8

3.2.7 proportion d'aptitude du processus (PAP): Valeur de l'aptitude du processus divisée par la tolérance spécifiée.

NOTES

1   Quand on utilise le terme «aptitude du processus», il est essentiel de préciser quelle est la mesure utilisée.

2   La PAP est l'inverse de l'*indice d'aptitude du processus* (3.2.6).

Danach ist die „process capability" die Prozeßstreuung und die auf die Standardabweichung bezogene Toleranz ist der „process capability index". Zusammengefaßt gibt es folgenden drei Möglichkeiten dafür, die Fähigkeit eines Prozesses, vorgegebene Toleranzforderungen zu erfüllen, zu formulieren:

$$1) \quad \frac{T}{\hat{\sigma}} \geqq 6 \qquad \text{oder} \quad T \geqq 6\,\hat{\sigma},$$

$$2) \quad c_\text{p} \; = \frac{T}{6\,\hat{\sigma}} \geqq 1 \quad \text{oder} \quad c_\text{p} \geqq 100\,\%,$$

$$3) \quad \frac{6\,\hat{\sigma}}{T} = \frac{1}{c_\text{p}} \leqq 1 \quad \text{oder} \quad \frac{1}{c_\text{p}} \leqq 100\,\%.$$

In Anlehnung an die ISO werden für die Beurteilung der festgestellten (relativen) Prozeßfähigkeit die in Bild 14.23 gemachten Angaben vorgeschlagen.

Anmerkung 1.   In der Literatur und in werksinternen Normen wird gelegentlich zusätzlich die Fertigungslage zur Angabe der Prozeßfähigkeit einbezogen, beispielsweise durch den Index

$$c_\text{PK} = \frac{G_0 - \bar{x}}{3\,\hat{\sigma}} \geqq 1.$$

Und wenn $c_\text{PK} < 1$ ist, dann sei die Prozeßfähigkeit nicht gegeben. Falls die Prozeßfähigkeit, beurteilt nach c_P, gegeben, gut oder sehr gut ist und dennoch ist $c_\text{PK} < 1$, dann ist nicht der Prozeß „unfähig" sondern der Maschinenführer ist nicht in der Lage, den

1	2	....	9	10	11	12	....	19	20
6	8		10	5	7	14		51	51
11	7		8	6	13	14		50	53
5	6		7	3	8	14		50	51
8	1		4	6	12	10		48	55
5	8		8	7	10	18		53	57
$\bar{x}$ 7,0	6,0		7,4	5,4	10,0	14,0		50,4	53,4
R 6	7		6	4	6	8		5	6
s 2,549510	2,915476		2,190890	1,516575	2,549510	2,828427		1,816590	2,607681

Summen:

$$\sum \bar{x} = 60,6 + 315,6$$
$$= 376,2$$

$$\sum s = 18,379679 + 22,894401$$
$$= 41,274080$$

$$\sum s^2 = 37,900001 + 55,899996$$
$$= 93,799997$$

$$\sum R = 46 + 56 = 102$$

Kennwerte:

$$\overline{\overline{x}} = 18,81$$

$$s_x = \sqrt{\frac{1}{99}(49 \cdot 1,96^2 + 49 \cdot 14,41^2)}$$
$$= 10,233210$$

$$s_{\bar{x}} = 16,622176$$

Schätzwerte:

$$\hat{\sigma}_1 = \sqrt{5}\, s_{\bar{x}} = 37,168316$$

$$\hat{\sigma}_2 = \sqrt{\overline{s^2}} = 2,165616$$

$$\hat{\sigma}_3 = \bar{R}/d_n = 2,192605$$

$$\hat{\sigma}_4 = \bar{s}/a_n = 2,195430$$

$$\hat{\sigma}_5 = s_D/\sqrt{2} = 2,093755$$

Bild 14.22. Auswertung eines Prozesses, der bis zum 50. Werkstück ohne Trend verläuft und danach bis zum 100. Werkstück mit einem linearen Trend mit der Steigung $\Delta\mu = 0,5\sigma$/Stück. Die Darstellung dieses Prozesses ergibt sich aus der Aneinanderreihung der Bilder 14.8 und 14.20

(relative) Prozeßfähigkeit	Beurteilung
$c_p = \frac{T}{6 \cdot \hat{\sigma}} < 1$ oder $T < 6 \cdot \hat{\sigma}$	Prozeßfähigkeit nicht gegeben
$c_p = \frac{T}{6 \cdot \hat{\sigma}} \approx 1$ oder $T \approx 6 \cdot \hat{\sigma}$	Prozeßfähigkeit gegeben, sofern ein geringer Fehleranteil in den zu fertigenden Losen akzeptiert wird
$c_p = \frac{T}{6 \cdot \hat{\sigma}} \geqq 1,3\overline{3}$ oder $T \geqq 8 \cdot \hat{\sigma}$	gute Prozeßfähigkeit
$c_p = \frac{T}{6 \cdot \hat{\sigma}} \geqq 1,6\overline{6}$ oder $T \geqq 10 \cdot \hat{\sigma}$	sehr gute Prozeßfähigkeit

Hinweis: für c_p sind auch Prozentangaben üblich, beispielsweise: $c_p = 140\,\%$

$\hat{\sigma}$ = Schätzwert für die (momentane) Standardabweichung; Schätzmethoden dafür sind in Bild 14/1 angegeben

Bild 14.23. Die (relative) Prozeßfähigkeit und deren Beurteilung; diese Beurteilung setzt voraus, daß die Prozeßsteuerung optimal ist

Prozeß auf Mitte zu korrigieren; und falls die Maschinensteuerung automatisch erfolgt, funktioniert die Automatik nicht oder sie ist falsch programmiert. Bei einer wirksamen Prozeßsteuerung sollte $c_{PK} < 1$ über einen längeren Zeitraum überhaupt nicht vorkommen; mehr darüber in Kap. 15.

Wenn die Prozeßlage jederzeit korrigiert werden kann, dürfte die Beurteilung eines Prozesses mittels des c_{PK}-Werts in der Regel überflüssig sein.

Allerdings kann der c_{PK}-Wert — anstelle des c_P-Werts — in den Fällen nützlich sein, in denen nur ein Grenzwert vorgegeben ist; dies ist jedoch bei Maßen in der Regel nicht der Fall, von Form- und Lageabweichungen abgesehen.

Anmerkung 2.   Neben dem Begriff „Prozeßfähigkeit" gibt es noch den der *Maschinenfähigkeit.* Beide Begriffe werden oft zu stark voneinander getrennt oder durcheinandergebracht. Beide (nicht genormten) Begriffe beinhalten angenähert dasselbe.

Die Untersuchung der Maschinenfähigkeit einer Drehmaschine erfolgt beispielsweise nach [41] unter genau festgelegten Randbedingungen wie
— Werkstoff (C 45 nach DIN 17200),
— Werkstückdurchmesser (z. B. 25 bis 40 mm),
— Einspannlänge (z. B. 35 mm),
— Meßlänge (z. B. 16 mm),
— Schnittgeschwindigkeit ($v = 100^{+20}_{-20}$ m/min),
— Schnittiefe ($a = 0{,}5$ mm),
— Vorschub ($s = 0{,}1$ mm $^{-1}$)
und verschiedenen weiteren Bedingungen. Die Ermittlung der Maschinenfähigkeit hat bevorzugt zum Ziel, gleiche oder gleichartige Maschinen (von verschiedenen Herstellern) untereinander zu vergleichen.

Qualitativ ist dann in der Regel die Aussage berechtigt, daß die Maschine mit der besseren Maschinenfähigkeit im speziellen Anwendungsfall auch die bessere Prozeßfähigkeit aufweisen wird. Dies muß aber nicht immer zutreffen.

Die Untersuchung der Prozeßfähigkeit soll die Frage beantworten, ob der Prozeß in der Lage ist, ganz bestimmte Werkstücke aus einem bestimmten Werkstoff und mit bestimmten Abmessungen und vor allem mit bestimmten Toleranzen künftig fehlerfrei zu fertigen. Falls die Prozeßfähigkeit gegeben ist oder nicht, ist es durchaus möglich, daß dieselbe Maschine hinsichtlich ihrer Prozeßfähigkeit in bezug auf andere Werkstücke mit anderen Abmessungen und entsprechend anderen Toleranzen genau gegenteilig zu beurteilen ist.

Schließlich kommt es noch vor, daß bei demselben Werkstück mit zwei relevanten Maßen bei
Maß 1 die Prozeßfähigkeit gegeben ist und bei
Maß 2 die Prozeßfähigkeit nicht gegeben ist.

In dem Fall — wie überhaupt in allen Fällen, in denen die Prozeßfähigkeit nicht gegeben ist — ist zu untersuchen, ob dafür eine ursächliche Erklärung gefunden werden kann, mit dem Ziel, die Streuung zu vermindern und damit die Prozeßfähigkeit zu verbessern. Die Einflußgrößen auf die momentane Standardabweichung σ sind die bereits erwähnten „5 M", nämlich
— Material,
— Maschine,
— Methode,

— Meßvorgang und
— Mensch.

Im Einzelfall ist zu untersuchen, ob eines oder mehrere dieser „5 M" in diesem Sinne beeinflußt werden kann. Als erstes ist zu klären, ob der Meßvorgang in Ordnung ist oder hinsichtlich Richtigkeit und Präzision verbessert werden kann. Auch besteht oft die Möglichkeit das Material zu verbessern beispielsweise in der Kunststoffverarbeitung durch eine Vorbehandlung des Granulats.

Eine sehr *starke Einflußgröße* ist die *Methode*. Dazu gehören die folgenden Komponenten, die stichwortartig erläutert werden:

— *Einspannmethode und Einspannkraft.* Beispielsweise Dreibackenfutter, starke Verspannung des (hohlen) Werkstücks mit starken Abweichungen von der Kreisform als Folge; diese „innere Streuung" geht in die Gesamtstreuung ein. Abhilfe: anderes Futter, geringere Spannkraft beim letzten Span, dadurch Verringerung der inneren Streuung.
— *Schnittbedingungen.* Durch deren Änderung (v, a, s) ändern sich die Schnittkräfte, dadurch geringere elastische Deformation von Werkstück und Werkzeug; ferner ändern sich die Schwingungsfrequenzen, die möglicherweise Resonanzen am Werkstück oder am Werkzeug verursacht haben.
— *Werkzeug.* Werkstoff kann gewechselt werden, Drehmeißel kann versteift werden.
— *Kühlschmierung.* Falls diese zu gering ist oder zu ungleichmäßig ergeben sich große Temperaturunterschiede innerhalb und zwischen den Werkstücken, was in die Streuung erheblich eingeht, insbesondere bei großen Abmessungen.

Bei der Zerspanung eines Stahlringes beispielsweise mit einem Durchmesser von 200 mm haben Temperaturdifferenzen von 10 K folgende Duchmesseränderung zur Folge:

$$\Delta D = D_\mathrm{o}\, \alpha_\mathrm{th}\, \Delta\vartheta$$
$$= 0{,}2 \cdot 12 \cdot 10^{-6} \cdot 10\, \frac{\mathrm{m\,K}}{\mathrm{K}}$$
$$= 24 \cdot 10^{-6}\,\mathrm{m}$$
$$= 24\,\mathrm{\mu m}.$$

Falls für den Ring IT 7 vorgegeben ist, beträgt die Toleranz $T = 46\,\mathrm{\mu m}$ nach DIN 7151; somit ist die Durchmesseränderung infolge der thermischen Ausdehnung mehr als die Hälfte der Toleranz.

Falls es durch die angedeuteten Maßnahmen oder durch weitere Maßnahmen nicht möglich ist, die Prozeßfähigkeit zu verbessern, bleiben nur noch folgende Entscheidungsmöglichkeiten:
— Maschine wechseln oder nach einer sorgfältigen Toleranzanalyse gemäß Kap. 8 bis 11
— Toleranz erweitern und dadurch die Prozeßfähigkeit herbeiführen oder
— einen mehr oder weniger großen Fehleranteil künftig entweder
    — akzeptieren oder
    — zumindest teilweise heraussortieren.

Letzteres ist bei einer Meßsteuerung problemlos, kann aber bei sehr teuren Werkstükken die Wirtschaftlichkeit erheblich senken, sofern die Teile nicht nachgearbeitet werden können.

15 Prozeßsteuerung (Prozeßlenkung)

15.1 Allgemeine Gesichtspunkte

Am Ende des Kap. 13 war bereits darauf hingewiesen worden, daß beim Vorliegen eines Trends mit einer Steilheit von $\Delta\mu \geq 0,1$ σ/Stück eine Prozeßsteuerung nur dann erfolgreich durchgeführt werden kann, wenn eine kontinuierlich geführte QRK zum Einsatz kommt. Dies ist unproblematisch, wenn dazu mikroprozessorgesteuerte Meßmaschinen zum Einsatz kommen, die die Meßwerte mehrerer Meßstellen speichern und statistisch verarbeiten und die Ergebnisse jederzeit in tabellarischer Form für mehrere Meßstellen oder als QRK für eine bestimmte, angewählte Meßstelle oder durch grafische Anzeige über einen vollgrafischen Monitor ausgeben können, Bild 15.1.

Diese komfortablen Kombinationen von Meßautomaten und Computern können aber auch nur dann mit Erfolg genutzt werden, wenn sie zweckentsprechend programmiert sind. Voraussetzung dafür sind fundierte Kenntnisse der Qualitätsregelkartentechnik und der Besonderheiten, die beim Vorliegen von Trendprozessen zu beachten sind.

Beim derzeitigen Entwicklungsstand werden diese Luxus-QRK zwar geführt; die Prozeßsteuerung durch Korrektur der Einstellungslage erfolgt weitgehend noch manuell. Vereinzelt kommen schon automatische Steuerungen zum Einsatz, deren Wirksamkeit aber auch von einer zweckentsprechenden Programmierung abhängt. Da wegen der Streuung der Prozesse die mittlere Abweichung der Fertigungsverteilungen vom Sollwert nie genau bekannt wird, ist die Frage nach dem optimalen Korrekturbetrag ein besonderes Problem.

Ein weiterer, wichtiger Gesichtspunkt ist die Tatsache, daß die Steilheit des Trends häufig nicht erkannt werden kann und daher unterschätzt wird. Dazu sei auf das Bild 15.61 hingewiesen, in dem ein simulierter, gelenkter Trendprozeß mit der Steigung $\Delta\mu = 0,1$ /Stück dargestellt ist. Erst nach Angabe der Eingriffe wird der Trend „sichtbar", Bild 15.62.

Ein weiterer allgemeiner Gesichtspunkt, der oft verkannt wird, ist die Tatsache, daß durch eine Prozeßsteuerung die (momentane) Prozeßstreuung überhaupt nicht verringert werden kann. Mit jedem Eingriff in den Prozeß wird eine Neueinstellung des Mittelwerts der Verteilung der Einzelwerte vorgenommen. Durch eine gute Prozeßsteuerung kann die Gesamtstreuung des gefertigten Loses s_x zwar verringert werden; diese ist jedoch stets größer als die Prozeßstreuung σ; dies ist der Grund dafür, daß die (relative) Prozeßfähigkeit $c_P \geq 1,3\overline{3}$ $(T \geq 8\,\sigma)$ sein sollte. Durch eine schlechte Prozeßsteuerung kann die Gesamtstreuung des gefertigten Loses wesentlich größer werden, als dies bei einer guten Steuerung unvermeidbar der Fall ist. Die Beurteilung eines Prozesses durch dessen Prozeßfähigkeit setzt voraus, daß die Prozeßsteuerung optimal ist.

Die Datenausgabe des QDS 803 erfolgt über einen groß dimensionierten vollgraphischen Monitor. Sie ist praxisgerecht gestaffelt und beschränkt sich auf diejenigen Informationen, die zur Steuerung und Optimierung des Fertigungs-prozesses tatsächlich benötigt werden.

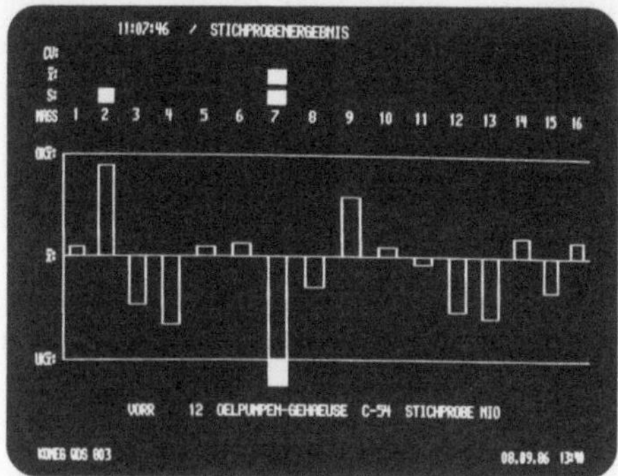

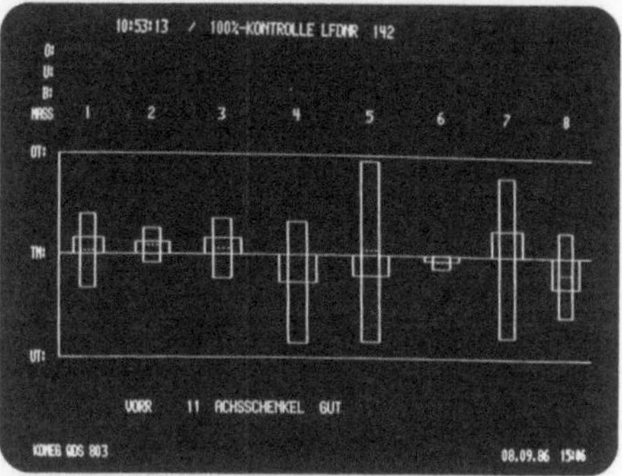

Graphische Ergebnisanzeige

Die graphische Ergebnisanzeige vermittelt einen raschen Überblick über die Gesamtheit aller Merkmale. Zum leichteren Verständnis sind die Maßsäulen als Plus- oder Minusabweichung ausgehend von der Mitte des Toleranzbereiches dargestellt.

Überschreitungen der individuell eingegebenen Kontrollgrenzen werden durch Inversdarstellung des betreffenden Säulenabschnittes kenntlich gemacht.

Je nach der gewählten Betriebsart zeigen die Säulen entweder die Einzelwerte eines Teiles oder die Mittelwerte einer Stichprobe an. Bei der Stichprobenkontrolle werden die Toleranzgrenzen durch die Kontrollgrenzen ersetzt.

Alphanumerische Ergebnisanzeige

Das angezeigte Ergebnis ist das gleiche wie bei der Säulendarstellung darüber.

In übersichtlicher tabellarischer Form werden alle für die Urteilsbildung wesentlichen Soll-, Grenz- und Istwerte mitgeteilt. Bei Überschreitung der Kontroll- oder Toleranzgrenzen wird das Maß und die Richtung des Fehlers besonders ausgewiesen.

Eine vereinfachte Säulendarstellung neben den Zahlenreihen erleichtert auch hier den Überblick.

Durch Tastendruck kann jeweils von der einen Darstellungsart auf die andere umgeschaltet werden.

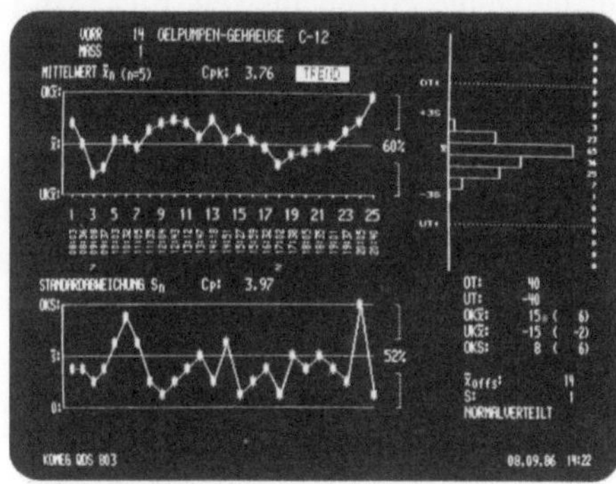

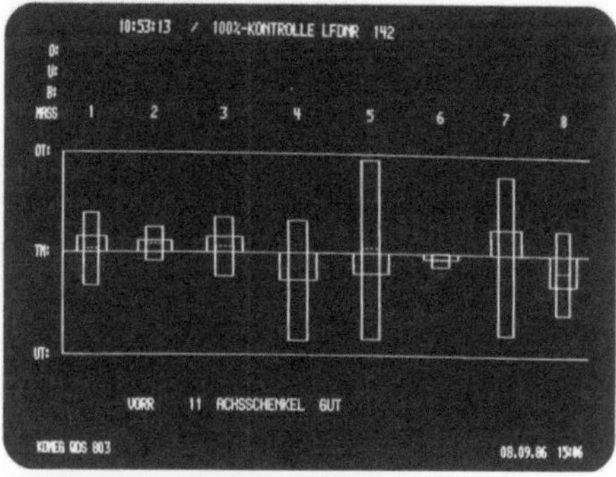

Qualitätsregelkarte

Die Qualitätsregelkarte veranschaulicht in einem geschlossenen Bild den Prozeßverlauf (mit Uhrzeitangabe) sowie den aktuellen Prozeß- und Qualitätsstand:

- Trendverlauf nach $\bar{x}_n$ innerhalb der Kontrollgrenzen.
- Verlauf der Standardabweichung zur Kontrollgrenze.
- Histogramm mit vorwählbarer Klassenzahl bis 16.
- Eingegebene und (in Klammern dahinter) neuberechnete Kontrollgrenzen.
- Letzter $\bar{x}$-Wert ($\bar{x}$ offset) in μ Abweichung von der Mitte des Kontrollbereiches.
- Letzte Standardabweichung.
- Prozeßfähigkeitsindexe CpK und Cp sowie Hinweise auf das Prozeßverhalten: TREND, RUN oder MIDDLE THIRD.
- Merker für Prozeßeingriffe(unterhalb der Uhrzeitangabe)·

Kombinierte Ergebnisanzeige nach rollierender Berechnung

An jeder Maßsäule sind drei Informationen ablesbar:

1. Die Maßabweichung des letzten Teiles (breite Säule).
2. Die Spanne der aktuellen Arbeitsunsicherheit $\bar{x}_n \pm f \cdot s_n$ (schmale Säule) f vorwählbar: 1, 2 oder 3.
3. Die Lage des Mittelwertes $\bar{x}_n$ in der schmalen Säule.

Verläßt die Arbeitsunsicherheit die Bandbreite der Toleranz, dann wird eine Warnung mit Richtungsanzeige ausgegeben: Überschreitung nach oben, Überschreitung nach unten oder beidseitige Überschreitung durch unzulässige Streuung.

Bild 15.1. Datenausgabe eines Qualitätsdaten-Systems der Fa. KOMEG mit den Erläuterungen des Herstellers im Originaltext. Verschiedene Begriffe darin werden im Text abweichend verwendet

Die nachfolgenden Erörterungen über die Prozeßsteuerung (Prozeßlenkung wäre normgerecht, ist aber in der Betriebspraxis wenig eingeführt) erfolgen unter der Voraussetzung, daß die Maßtoleranzen zu arithmetisch berechneten Maßketten gehören, weil dies der betriebspraktische Regelfall ist. Bei statistisch tolerierten Maßen müßten die Eingriffsgrenzen möglichst dicht am Mittenmaß angeordnet werden, um zu erreichen, daß die Fertigungsverteilung auf Mitte gesteuert wird. Dies ist ein Nachteil der statistischen Toleranzrechnung, der geradezu unbedeutend ist im Vergleich zu der Tatsache, daß durch die statistische Erweiterung der Einzeltoleranzen die Prozeßfähigkeit überhaupt erst herbeigeführt werden konnte.

15.2 Prozeßsteuerung mittels Mittelwert-QRK

Falls kein Trend vorhanden ist oder ein vorhandener Trend sehr klein ist, kann die anzulegende QRK für Mittelwerte mit Hilfe des Nomogramms in Bild 13.6 ermittelt werden. In Bild 15.2 sind die Operationscharakteristiken für $\bar{x}$-Karten für $n = 5$ und verschiedene Abgrenzungsfaktoren von $k_A = 1{,}0$ bis $3{,}0$ dargestellt.

Als Faustregel kann gesagt werden, daß über einen kurzen Zeitraum durchschnittlich mit jenem Fehleranteil zu rechnen ist, dem eine Annahmewahrscheinlichkeit von $P_a = 50\,\%$ zugeordnet ist. Für $k_A = 2{,}0$ beträgt dieser Fehleranteil $p_{50} = 2{,}275\,\%$, bezogen auf das ganze gefertigte Los ist dann der mittlere Fehleranteil des Loses geringer. Ein Abgrenzungsfaktor von $k_A \gtrsim 2$ ist bei einem Stichprobenumfang von $n = 5$ ein zweckmäßiger Wert.

Dies deckt sich auch mit der Beurteilung durch die Prozeßfähigkeit, Bild 15.3. Ist die Prozeßfähigkeit mit $c_P = 1{,}0$ an der unteren Grenze, dann ist die Annahmewahr-

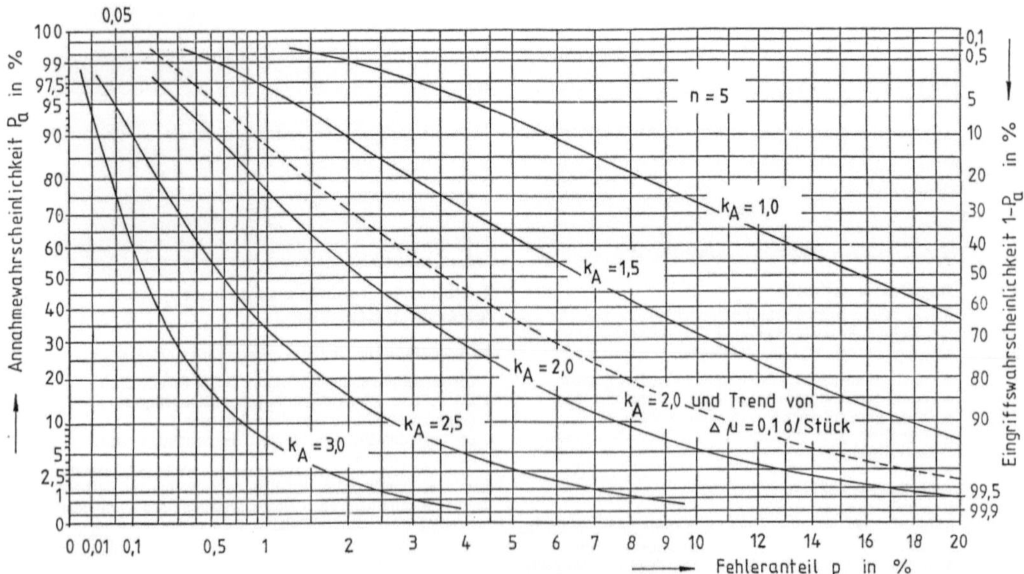

Bild 15.2. Operationscharakteristiken für Mittelwert-Qualitätsregelkarten für $n = 5$ und verschiedene Abgrenzungsfaktoren k_A. Die ausgezogenen Kurven gelten für den Fall, daß kein Trend vorliegt oder nur ein Trend mit sehr geringer Steigung

scheinlichkeit $P_a = 97{,}446\,4\,\%$, sofern der Prozeß genau auf Toleranzmitte eingestellt ist. Mit zunehmender Prozeßfähigkeit wird der Spielraum für Fehleinstellungen und Trends immer größer, Bild 15.3.

Es gibt Firmen, die durch werksinterne Normen ihre Mitarbeiter anweisen, unabhängig von der jeweiligen Prozeßfähigkeit die Eingriffsgrenzen für die Mittelwert-QRK stets als 99%-Grenzen oder — entsprechend amerikanischer Gepflogenheit — als $6\,\sigma_{\bar{x}}$-Grenzen festzulegen („klassische" Qualitätsregelkarte nach Shewart). Auch marktgängige Meßcomputer sind so programmiert. In Bild 15.4 sind die daraus resultierenden Auswirkungen dargestellt. Wenn die Prozeßfähigkeit mit $c_P = 1{,}0$ an der unteren Grenze liegt, ist diese Vorgehensweise gerechtfertigt und notwendig; bei guter ($c_P = 1{,}3\overline{3}$) oder bei sehr guter ($c_P = 1{,}6\overline{6}$) Prozeßfähigkeit wird dadurch erreicht, daß unabhängig von der Größe des Toleranzfelds stets auf bestmögliche Qualität gefertigt wird mit dem Ergebnis, daß „die Einzelwerte so wenig wie möglich vom Mittenmaß abweichen" (DIN 1 782).

Diese konsequente Zielsetzung hat aber zur Folge, daß kein „Spielraum" für Fehleinstellungen und Trends vorhanden ist. Insbesondere bei Trendprozessen haben enge Eingriffsgrenzen häufige Eingriffe zur Folge, was bei Vorhandensein einer automatischen Prozeßsteuerung nicht stört. Erfolgt jedoch die Prozeßsteuerung manuell, dann sollte in jedem solchen Fall geprüft werden, ob es nicht wirtschaftlicher ist, die Eingriffsgrenzen in Richtung zu den Grenzwerten ein wenig zu verschieben, um dadurch einen größeren Spielraum für Fehleinstellungen und Trends zu erreichen, ohne befürchten zu müssen, daß Fehler in nennenswertem Umfang auftreten. Möglicher Vorschlag für die Beispiele in Bild 15.4: bei $c_P = 1{,}3\overline{3}$ mit k_A auf $k_A \approx 2{,}2$ heruntergehen und bei $c_P = 1{,}6\overline{6}$ auf $k_A \approx 2{,}8$. Die Operationscharakteristiken für diese geänderten

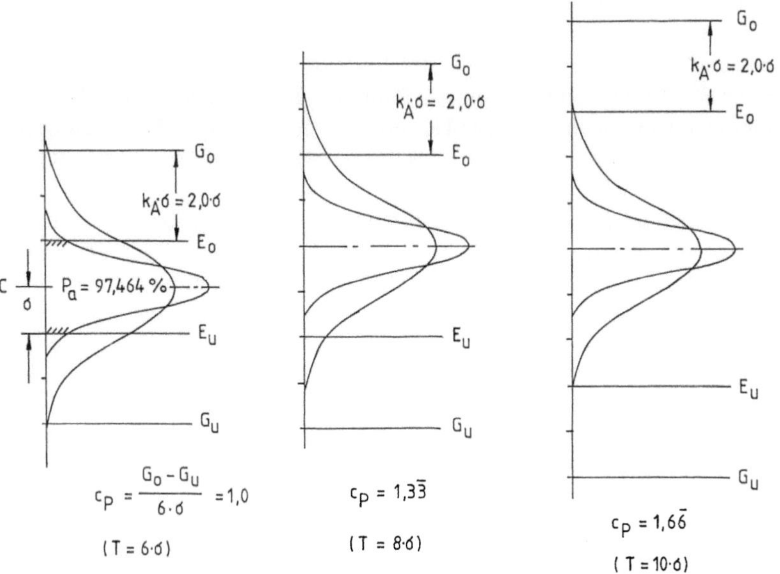

Bild 15.3. Darstellung von $\bar{x}$-QRK für $n = 5$ mit auf Sollmaß (Mittenmaß) eingestellten Verteilungen und verschiedene Prozeßfähigkeiten; die Abgrenzungsfaktoren sind in allen Fällen mit $k_A = 2{,}0$ gleich groß

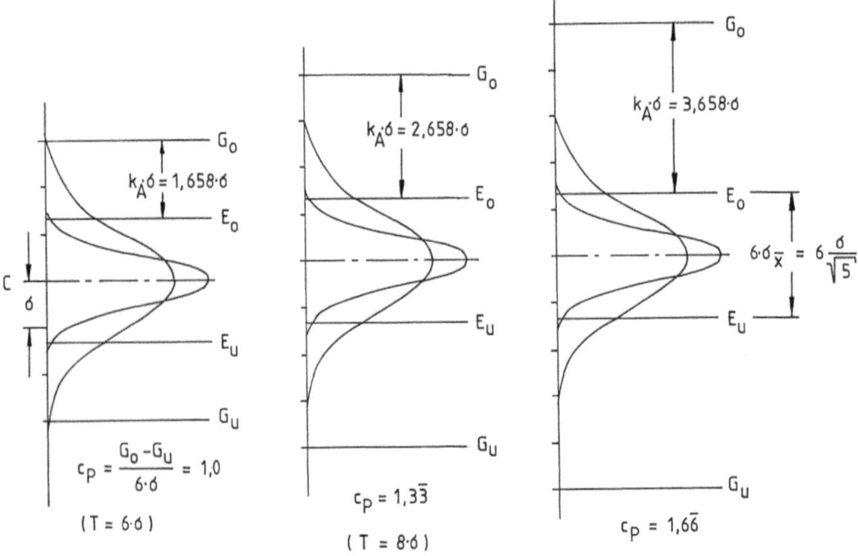

Bild 15.4. Darstellung von $\bar{x}$-QRK für $n = 5$ mit auf Sollmaß (Mittenmaß) eingestellten Verteilungen und verschiedene Prozeßfähigkeiten; in allen drei Fällen sind die Eingriffsgrenzen die Grenzen des $6\sigma_x$-Bereichs $P_a = 99{,}73\,\%$

k_A-Werte können mit Hilfe des Nomogramms in Bild 13.6 oder durch Interpolation in Bild 15.2 ermittelt werden. Alle *bisherigen Aussagen* bezogen sich auf $\bar{x}$-QRK für den Fall, daß — wenn überhaupt — nur ein *schwacher Trend* vorliegt.

Im Falle des *Vorliegens eines Trends* mit $\Delta\mu \geqq 0{,}1\ \sigma/\text{Stück}$ ist zu berücksichtigen, daß die Verteilung der Mittelwerte hinter der Verteilung der Einzelwerte hinterherhinkt, bei einem Stichprobenumfang von $n = 5$ um den Betrag $2\Delta\mu$. In Bild 15.5 sind die Operationscharakteristiken für $\bar{x}$-QRK mit $n = 5$ und dem Abgrenzungsfaktor $k_A = 2{,}0$ und verschiedene Steigungen des Trends von $\Delta\mu = 0$ bis $0{,}5\ \sigma/\text{Stück}$ berechnet.

Diese Berechnung sei für die Zeile 7 (Bild 15.5) in Verbindung mit der linken Skizze näher erläutert. Wenn infolge des Trends die Mitte der Verteilung der Einzelwerte mit dem letzten der $n = 5$ hintereinander Stück für Stück entnommenen Einzelwerte genau auf der oberen Eingriffsgrenze liegt, dann ist der Abstand zum oberen Grenzwert in σ-Einheiten $u_x = 2{,}0$. Folglich ist nach u-Tabelle (Tabelle A1) die Fehlerwahrscheinlichkeit $p = 2{,}275\,\%$. Wäre der Trend nicht vorhanden (plötzliche Verschiebung der Prozeßlage in diese Position), dann läge die Verteilung der Mittelwerte an derselben Stelle wie die der Einzelwerte und die Wahrscheinlichkeit für den Eingriff wäre $1 - P_a = 50\,\%$, Bild 15.2 mit der Operationscharakteristik für einen Prozeß ohne Trend und $k_A = 2{,}0$.

Bei einem Trend mit $\Delta\mu = 0{,}5\ \sigma/\text{Stück}$ liegt jedoch die Verteilung der Mittelwerte um $2\Delta\mu = 1\ \sigma$ niedriger mit der Folge, daß der Anteil der Mittelwerte oberhalb der oberen Eingriffsgrenze nur $1{,}268\,\%$ beträgt, die Eingriffswahrscheinlichkeit ist nur $1 - P_a = 1{,}268\,\%$. Unter Berücksichtigung der Tatsache, daß die Mittelwerte infolge des Trends etwas stärker streuen als mit $\sigma_{\bar{x}} = \sigma/\sqrt{n}$ wird $1 - P_a = 3{,}123\,\%$.

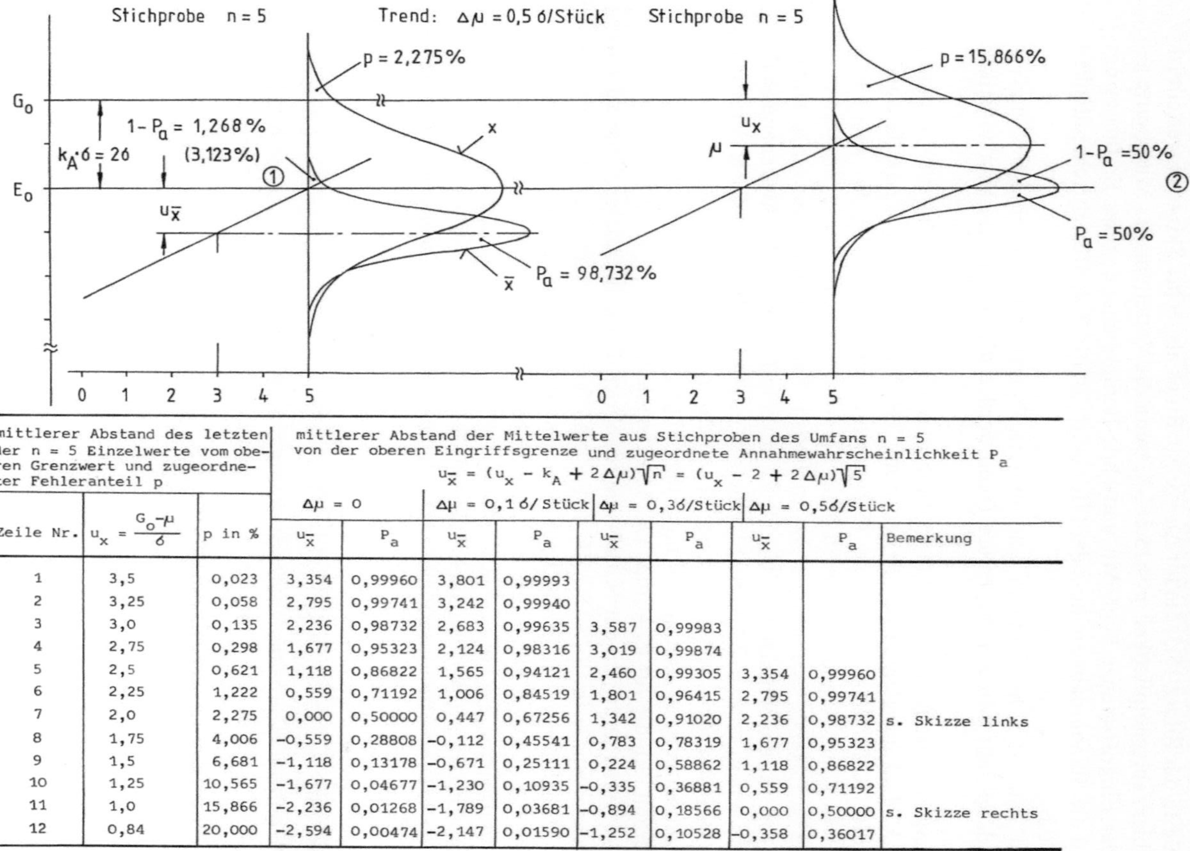

| mittlerer Abstand des letzten der n = 5 Einzelwerte vom oberen Grenzwert und zugeordneter Fehleranteil p | | | mittlerer Abstand der Mittelwerte aus Stichproben des Umfans n = 5 von der oberen Eingriffsgrenze und zugeordnete Annahmewahrscheinlichkeit P_a $u_{\bar{x}} = (u_x - k_A + 2\Delta\mu)\sqrt{n} = (u_x - 2 + 2\Delta\mu)\sqrt{5}$ | | | | | | |
| | | | $\Delta\mu$ = 0 | | $\Delta\mu$ = 0,1 ó/Stück | | $\Delta\mu$ = 0,3ó/Stück | | $\Delta\mu$ = 0,5ó/Stück | |
Zeile Nr.	$u_x = \dfrac{G_0-\mu}{ó}$	p in %	$u_{\bar{x}}$	P_a	$u_{\bar{x}}$	P_a	$u_{\bar{x}}$	P_a	$u_{\bar{x}}$	P_a	Bemerkung
1	3,5	0,023	3,354	0,99960	3,801	0,99993					
2	3,25	0,058	2,795	0,99741	3,242	0,99940					
3	3,0	0,135	2,236	0,98732	2,683	0,99635	3,587	0,99983			
4	2,75	0,298	1,677	0,95323	2,124	0,98316	3,019	0,99874			
5	2,5	0,621	1,118	0,86822	1,565	0,94121	2,460	0,99305	3,354	0,99960	
6	2,25	1,222	0,559	0,71192	1,006	0,84519	1,801	0,96415	2,795	0,99741	
7	2,0	2,275	0,000	0,50000	0,447	0,67256	1,342	0,91020	2,236	0,98732	s. Skizze links
8	1,75	4,006	−0,559	0,28808	−0,112	0,45541	0,783	0,78319	1,677	0,95323	
9	1,5	6,681	−1,118	0,13178	−0,671	0,25111	0,224	0,58862	1,118	0,86822	
10	1,25	10,565	−1,677	0,04677	−1,230	0,10935	−0,335	0,36881	0,559	0,71192	
11	1,0	15,866	−2,236	0,01268	−1,789	0,03681	−0,894	0,18566	0,000	0,50000	s. Skizze rechts
12	0,84	20,000	−2,594	0,00474	−2,147	0,01590	−1,252	0,10528	−0,358	0,36017	

Bild 15.5. Berechnung der Operationscharakteristiken für die Prozeßsteuerung aus Mittelwerten des Umfangs $n = 5$ für den Abgrenzungsfaktor $k_A = 2,0$ und für verschiedene Steigungen $\Delta\mu$ des Trends mit bildlicher Erläuterung für zwei Fälle mit $\Delta\mu = 0,5\sigma$/Stück.

① $1 - P_a = 3,123\,\%$ ergibt sich unter Berücksichtigung der Tatsache, daß bei einem Trend von $0,5\sigma$/Stück die Streuung der Mittelwerte wie die der Einzelwerte um ca. 20 % größer ist, vgl. Bild 14.20 $\hat{\sigma}_2$, $\hat{\sigma}_3$ und $\hat{\sigma}_4$

② $1 - P_a = 50\,\%$ gilt auch für die infolge des Trends vergrößerte Streuung

In Zeile 11 des Bildes 15.5, die für $\Delta\mu = 0,5\ \sigma/$Stück als rechte Skizze dargestellt ist, ist die Fehlerwahrscheinlichkeit $p = 15,866\,\%$, wenn die Verteilung der Mittelwerte genau auf der Eingriffsgrenze liegt. Mit und ohne Berücksichtigung des Einflusses des Trends auf die Standardabweichung der Mittelwerte ist die Eingriffswahrscheinlichkeit $1 - P_a = 50\,\%$.

Die in Bild 15.5 berechneten und weitere Operationscharakteristiken sind in Bild 15.6 dargestellt. Mit zunehmenden Trend werden die Operationscharakteristiken flacher.

Ein Vergleich der Bilder 15.6 und 15.2 führt zu der Erkenntnis, daß die OC's ohne Trend für k_A deckungsgleich sind mit denen mit Trend und $k_{A_T} = k_A + 2\,\Delta\mu$. Beispielsweise ist die OC für $k_A = 1,0$ in Bild 15.2 gleichlaufend wie die OC für $k_A = 2,0$ in Bild 15.6 und einem Trend mit der Steilheit $\Delta\mu = 0,5\ \sigma/$Stück.

Daraus ist folgende Schlußfolgerung zu ziehen: Bei Vorhandensein eines Trends bleibt die OC für die Mittelwert-QRK mit k_A unverändert, wenn der Abgrenzungsfaktor um $2\,\Delta\mu$ auf $k_{A_T} = k_A + 2\,\Delta\mu$ erhöht wird, sofern für die Mittelwert-QRK der Stichprobenumfang von $n = 5$ vorgesehen ist. Bei einem in der Praxis nicht selten gewählten Stichprobenumfang von $n = 3$ muß der Abgrenzungsfaktor auf $k_{A_T} = k_A + \Delta\mu$ erhöht werden, um die für k_A gültige OC beizubehalten.

Um das Hinterherdriften der Mittelwerte bei einem Trend in anderer Weise zu veranschaulichen, wurde im Bild 15.7 die schon mehrfach verwendete Zufallsstichprobe aus einer Modell-NV in 10 Fünferstichproben unterteilt, in die jeweils ein Trend mit der Steigung $\Delta\mu = 0,5\ \sigma/$Stück hineinsimuliert wurde. Die Mittelwerte μ_i in Spalte 3 steigen jeweils von $\mu_0 = 6$ auf $\mu_1 = 7$, $\mu_2 = 8$, $\mu_3 = 9$, $\mu_4 = 10$ und $\mu_5 = 11$ an. Die darum streuenden Einzelwerte wurden auch Stück für Stück um jeweils $0,5\ \sigma = 0,5 \cdot 2 = 1$ erhöht, Spalte 4. Die Mittelwerte $\bar{x}$ der Fünferstichproben in Spalte 6 ergeben einen Ge-

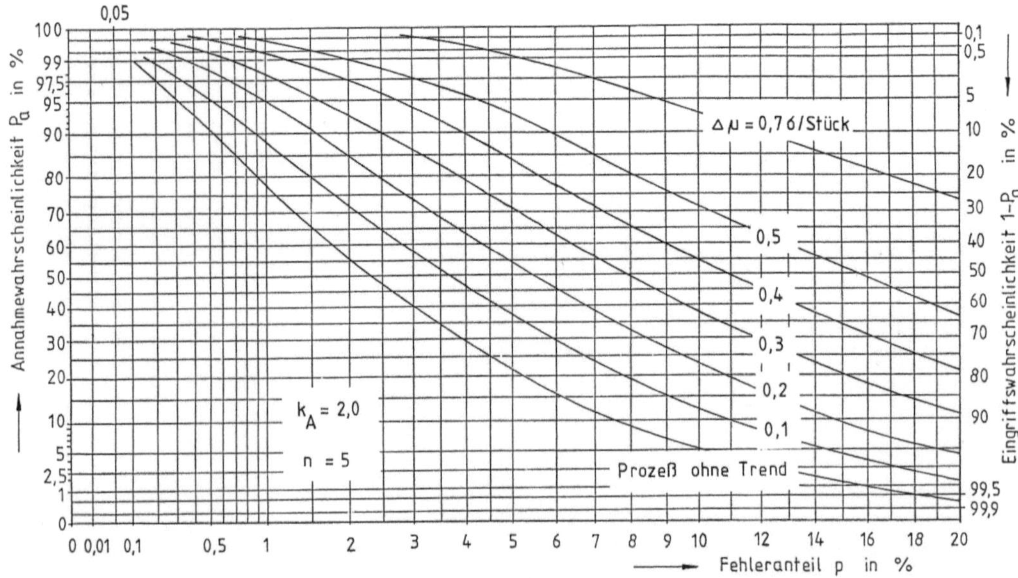

Bild 15.6. Operationscharakteristiken für die Prozeßsteuerung aus Mittelwerten des Umfangs $n = 5$ für den Abgrenzungsfaktor $k_A = 2,0$ und für verschiedene Steigungen $\Delta\mu$ des Trends

1	2	3	4	5	6	7
i	x_i	μ_i	x_i	D_i	$\bar{x}$	s_x / s_x^2
1	6	7	7			
2	11	8	13	6		
3	5	9	8	−5	10,0	2,549510
4	8	10	12	4		6,5
5	5	11	10	−2		
6	8	7	9			
7	7	8	9	0		
8	6	9	9	0	9,0	2,828427
9	1	10	5	−4		8,0
10	8	11	13	8		
11	8	7	9			
12	6	8	8	−1		
13	6	9	9	1	9,4	1,140175
14	6	10	10	1		1,3
15	6	11	11	1		
16	8	7	9			
17	6	8	8	−1		
18	9	9	12	4	10,0	1,870829
19	5	10	9	−3		3,5
20	7	11	12	3		
21	3	7	4			
22	9	8	11	7		
23	4	9	7	−4	8,2	2,774887
24	5	10	9	2		7,7
25	5	11	10	1		
26	5	7	6			
27	6	8	8	2		
28	6	9	9	1	8,4	1,816590
29	4	10	8	−1		3,3
30	6	11	11	3		
31	6	7	7			
32	7	8	9	2		
33	6	9	9	0	9,2	2,280351
34	4	10	8	−1		5,2
35	8	11	13	5		
36	5	7	6			
37	3	8	5	−1		
38	2	9	5	0	7,6	3,209361
39	6	10	10	5		10,3
40	7	11	12	2		
41	10	7	11			
42	8	8	10	−1		
43	7	9	10	0	10,4	1,816590
44	4	10	8	−2		3,3
45	8	11	13	5		
46	5	7	6			
47	6	8	8	2		
48	3	9	6	−2	8,4	2,607681
49	6	10	10	4		6,8
50	7	11	12	2		

aus einer Grundgesamtheit mit

$\mu = 6$ und $\sigma = 2,01$

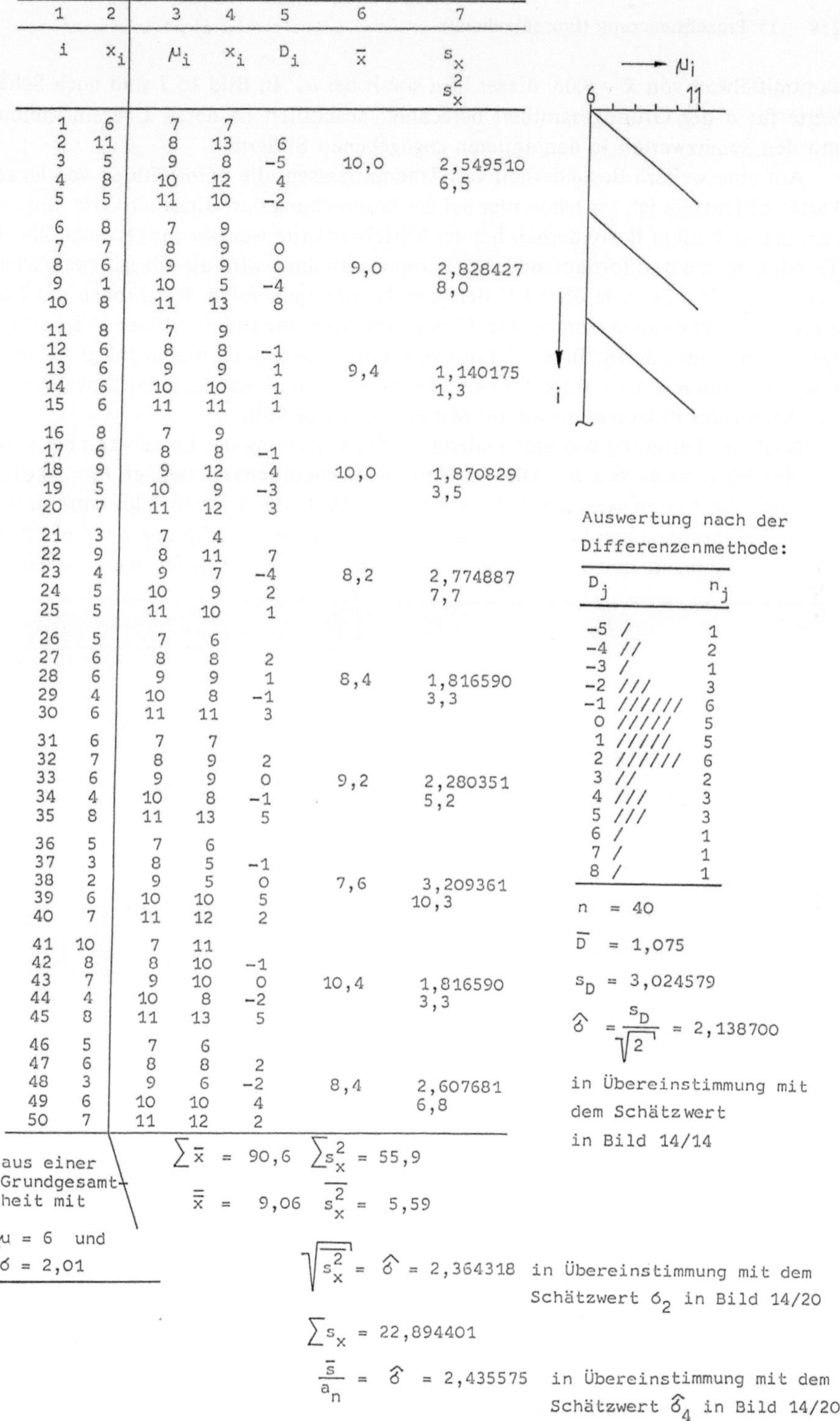

Auswertung nach der Differenzenmethode:

D_j		n_j
−5	/	1
−4	//	2
−3	/	1
−2	///	3
−1	///////	6
0	/////	5
1	/////	5
2	///////	6
3	//	2
4	///	3
5	///	3
6	/	1
7	/	1
8	/	1

$n = 40$

$\bar{D} = 1,075$

$s_D = 3,024579$

$\hat{\sigma} = \dfrac{s_D}{\sqrt{2}} = 2,138700$

in Übereinstimmung mit dem Schätzwert in Bild 14/14

$$\sum \bar{x} = 90,6 \qquad \sum s_x^2 = 55,9$$

$$\bar{\bar{x}} = 9,06 \qquad \overline{s_x^2} = 5,59$$

$$\sqrt{\overline{s_x^2}} = \hat{\sigma} = 2,364318 \quad \text{in Übereinstimmung mit dem Schätzwert } \sigma_2 \text{ in Bild 14/20}$$

$$\sum s_x = 22,894401$$

$$\frac{\bar{s}}{a_n} = \hat{\sigma} = 2,435575 \quad \text{in Übereinstimmung mit dem Schätzwert } \hat{\sigma}_4 \text{ in Bild 14/20}$$

Bild 15.7. Simulation von Trendprozessen mit Stichproben des Umfangs $n = 5$ bei einem Trend von $\Delta\mu = 0,5\sigma$/Stück; der Trend beginnt jeweils bei C (Centrum) und läuft dann über jeweils fünf Teile

samtmittelwert von $\bar{x} = 9{,}06$; dieser liegt somit bei μ_3. In Bild 15.7 sind noch Schätzwerte für σ der Grundgesamtheit berechnet; beachtlich ist deren Übereinstimmung mit den Schätzwerten in den anderen angegebenen Bildern.

Auf eine weitere Besonderheit von Trendprozessen, die beim Führen von Urwertkarten bedeutsam ist, sei schon hier bei der Besprechung der Mittelwertkarte hingewiesen, obgleich diese Besonderheit bei der Mittelwertkarte weniger ins Gewicht fällt. Bei Trendprozessen und fortlaufender Stichprobenentnahme wird die Eingriffswahrscheinlichkeit umso größer, je öfter bei den jeweils vorhergehenden Stichproben das Fertigungslos angenommen worden war. Dies sei erläutert anhand der Bilder 15.8 und 15.9. Darin wird eine $\bar{x}$-QRK für $n = 5$ mit $6\,\sigma_{\bar{x}}$-Grenzen berechnet und angelegt. Es sei ein linearer Trend mit $\Delta\mu = 0{,}1\ \sigma/\text{Stück}$ vorhanden und die Verteilung der Einzelwerte sei bei Anlauf des Prozesses genau auf Mittenmaß eingestellt.

Nach der Fertigung von fünf Teilen liegt die Verteilung der Einzelwerte bei μ_5 und die der Mittelwerte bei μ_3. Die Annahmewahrscheinlichkeit beträgt $P_\text{a} = 99{,}010\,\%$. Falls der obere Grenzwert um $T/2\ \sigma = 3$ von der Mitte des Toleranzfelds entfernt liegt, ist die Fehlerwahrscheinlichkeit für das 5. Teil der ersten Stichprobe $p = 0{,}621\,\%$, bei großen Toleranzen entsprechend geringer. Falls nicht eingegriffen wird — und die

Stichprobe Nr.	$z = \dfrac{\mu_3 - C}{\sigma}$	$u_{\bar{x}} = (1{,}342 - z)\sqrt{5}$	P_a	$\prod P_\text{a}$	$\dfrac{T}{2\sigma} = 3$ $k_\text{A} = 1{,}658$ $u_\text{x} = \dfrac{G_\text{o} - \mu_5}{\sigma}$	p in %	$\dfrac{T}{2\sigma} = 3{,}5$ $k_\text{A} = 2{,}158$ u_x	p in %	$\dfrac{T}{2\sigma} = 4{,}0$ $k_\text{A} = 2{,}658$ u_x	p in %
1	0,3	2,330	0,99010	0,99010	2,5	0,621	3	0,135	3,5	0,023
2	0,8	1,212	0,88724	0,87846	2,0	2,275	2,5	0,621	3,0	0,135
3	1,3	0,094	0,53745	0,47213	1,5	6,681	2,0	2,275	2,5	0,621
4	1,8	-1,024	0,15292	0,07220	1,0	15,866	1,5	6,681	2,0	2,275
5	2,3	-2,142	0,01610	0,00116	0,5	30,854	1,0	15,866	1,5	6,681
6	2,8	-3,260	0,00056	0,00000	0,0	50,000	0,5	30,853	1,0	15,866

Erläuterungen:

μ_3 ist die Mittenlage der Verteilungen für x beim jeweils dritten Wert der Stichproben des Umfangs n = 5

μ_5 ist die Mittenlage der Verteilungen für x beim jeweils letzten Wert der Stichproben des Umfangs n = 5

$u_{\bar{x}} = \dfrac{(E_\text{o} - \mu_3)}{\sigma} \cdot \sqrt{5}$, andere Schreibweise für $u_{\bar{x}}$

$k_\text{A} = \dfrac{G_\text{o} - C}{\sigma} - 1{,}342$ ist der Abgrenzungsfaktor für die $\bar{x}$ – Karte

u_x ist der mittlere Abstand des letzten der n = 5 Werte der jeweiligen Stichprobe zum oberen Grenzwert G_o in σ-Einheiten

$\dfrac{T}{2\sigma} = \dfrac{G_\text{o} - C}{\sigma}$ ist der Abstand vom Mittenmaß zum oberen Grenzwert in σ-Einheiten

$\dfrac{T}{2\sigma} = 4{,}5$ $k_\text{A} = 3{,}158$ u_x	p in %	$\dfrac{T}{2\sigma} = 5{,}0$ $k_\text{A} = 3{,}658$ u_x	p in %
4,0	0,003	4,5	0,001
3,5	0,023	4,0	0,003
3,0	0,135	3,5	0,023
2,5	0,621	3,0	0,135
2,0	2,275	2,5	0,621
1,5	6,681	2,0	2,275

Bild 15.8. Simulation eines Prozesses mit linearem Trend mit der Steigung $\Delta\mu = 0{,}1\sigma/\text{Stück}$; der Prozeß wird mit einer $\bar{x}$-QRK mit $n = 5$ gesteuert, deren Eingriffsgrenzen 99,73 %-Grenzen sind. Berechnet werden die Operationscharakteristiken für verschieden breite Toleranzfelder. Diese Simulation ist in Bild 15.9 dargestellt.

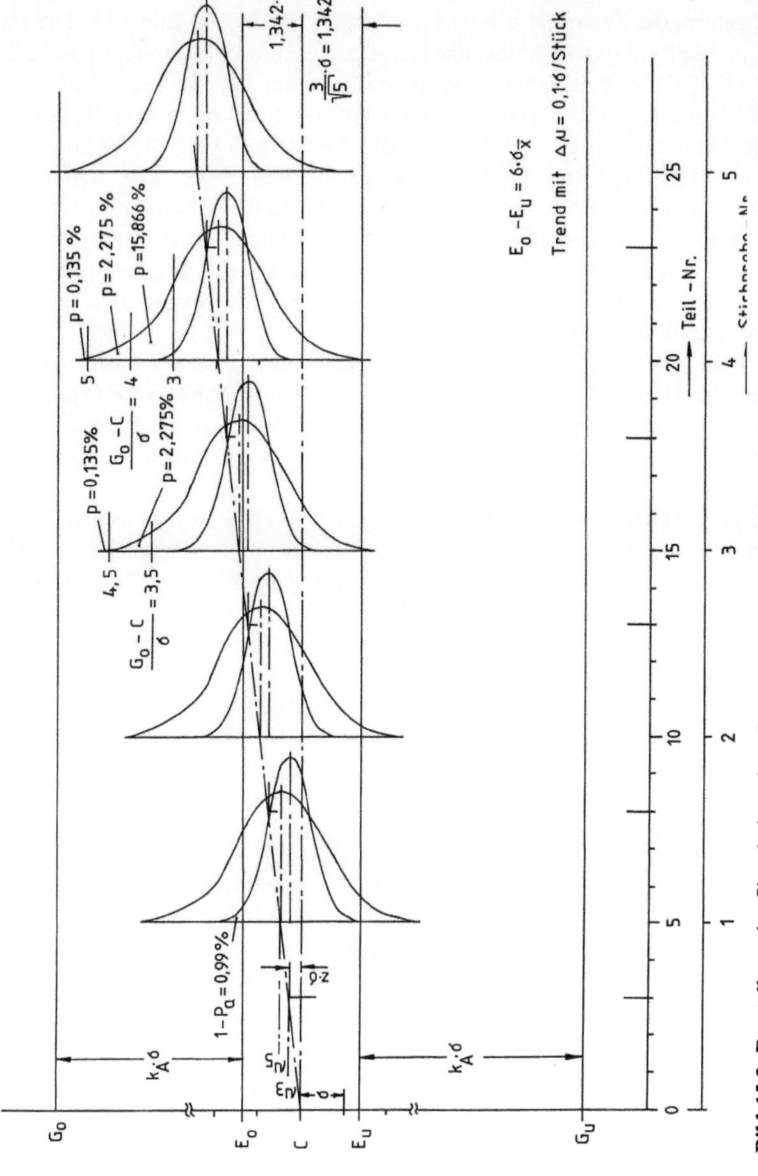

Bild 15.9. Darstellung der Simulation eines Prozesses mit linearem Trend; der Prozeß wird von einer $\overline{x}$-QRK mit $n = 5$ gesteuert, deren Eingriffsgrenzen 99,73 %-Grenzen sind ($6\sigma_{\overline{x}}$-Grenzen).

Wahrscheinlichkeit dafür ist groß — läuft der Prozeß mit dem Trend weiter. Nach weiteren fünf gefertigten Teilen ist $\mu_5 = C + 1\,\sigma$ und $P_a = 0{,}887\,24$, Bild 15.8. Die Fehlerwahrscheinlichkeit für das 10. Stück, das letzte der zweiten Stichprobe, ist $p = 2{,}275\,\%$, sofern $T = 6\,\sigma$. Die Wahrscheinlichkeit dafür, daß der Prozeß weiterläuft ist $P_a = 0{,}887\,24$; die Gesamtwahrscheinlichkeit dafür, daß es ohne Eingriff zur dritten Stichprobe kommt ist $\prod P_a = 0{,}990\,10 \cdot 0{,}887\,24 = 0{,}878\,46 = 87{,}846\,\%$. Die Gesamtwahrscheinlichkeit, daß der Prozeß nach der dritten Stichprobe weiterläuft ist $P_a = 47{,}213\,\%$. Wäre der Prozeß ohne Trend ruckartig in die Mittelwertposition für die dritte Stichprobe gesprungen oder wären die ersten beiden Stichproben nicht entnommen worden, wäre $P_a = 53{,}745\,\%$. Der Unterschied ist zwar gering; er ist aber größer, wenn der Trend eine geringere Steigung hat. Auch bei der Urwert-QRK ist die Wirkung der Produktbildung ausgeprägter.

Die in Bild 15.8 berechneten OC's mit Berücksichtigung des Nachhinkens der Mittelwerte und für $\prod P_a$ sind in Bild 15.10 dargestellt, oben in Abhängigkeit vom Abstand der Einzelwertteilung in σ-Einheiten; μ_5 ist die mittlere Lage für den jeweils letzten Wert der Fünferstichproben. Diese OC ist in diesem Beispiel völlig unabhängig von der Toleranz.

Im unteren Teil des Bildes 15.10 sind die OC's als $P_a = f(p)$ beziehungsweise $1 - P_a = f(p)$ für unterschiedlich große Toleranzfelder eingezeichnet. Die im Zusammenhang mit Bild 15.4 gemachten Aussagen werden hier bestätigt. Bei guter bis sehr guter Prozeßfähigkeit sind — je nach Einzelfall — Eingriffsgrenzen als 99,73 %-Grenzen nicht unbedingt erforderlich; es könnte ein kleiner Wert für den Abgrenzungsfaktor k_A gewählt werden.

Als weiteres Beispiel werde ein Trendprozeß simuliert, der mit einer $\bar{x}$-QRK gesteuert wird. Es sei angenommen, die Prozeßanalyse habe die Prozeßfähigkeit $c_P = 1{,}3\overline{3}$ oder $T = 8\,\sigma$ ergeben. Weiter werde die Zufallsstichprobe aus der Modell-NV mit den Parametern $\mu = 6$ und $\sigma = 2{,}01$ herangezogen, Bild 15.11 Spalte 2. Dann liegen die Grenzwerte bei $G_o = \mu + 4\,\sigma = 6 + 4 \cdot 2 = 14$ und $G_u = 6 - 8 = -2$, Bild 15.12. Weiterhin sei unterstellt, daß die Prozeßanalyse einen Trend mit der Steigung $\Delta\mu = 0{,}1\,\sigma/\text{Stück}$ ergeben habe. Dieser Trend werde in die Zufallsstichprobe eingegeben, zunächst ohne Prozeßsteuerung, Spalte 3 in Bild 15.11.

Für die $\bar{x}$-QRK wird $k_A = 2{,}0$ frei gewählt; unter Berücksichtigung des Trends ergibt sich $k_{A_T} = k_A + 2\Delta\mu = 2 + 2 \cdot 0{,}1 = 2{,}2$. Für diese QRK gilt die OC für $k_A = 2$ in Bild 15.2. Damit liegen die Eingriffsgrenzen bei $E_o = G_o - k_{A_T}\sigma = 14 - 2{,}2 \cdot 2 = 9{,}6$ und $E_u = G_u + k_{A_T}\sigma = -2 + 4{,}4 = 2{,}4$, Bild 15.12.

Damit liegen die Eingriffsgrenzen um den Betrag $E_o - E_u = 7{,}2$ voneinander entfernt. Für die Streuung der Mittelwerte ist ohne Berücksichtigung des Trends zu erwarten:

$$\sigma_{\bar{x}} = \frac{\sigma_x}{\sqrt{n}} = 2/\sqrt{5} = 0{,}894\,4,$$

das bedeutet, daß die Mittelwerte

$$\frac{E_o - E_u}{\sigma_{\bar{x}}} = \frac{7{,}2}{0{,}894\,4} = 8{,}05$$

mal in den Eingriffsbereich hineinpassen; dieser Spielraum wird für groß genug erachtet.

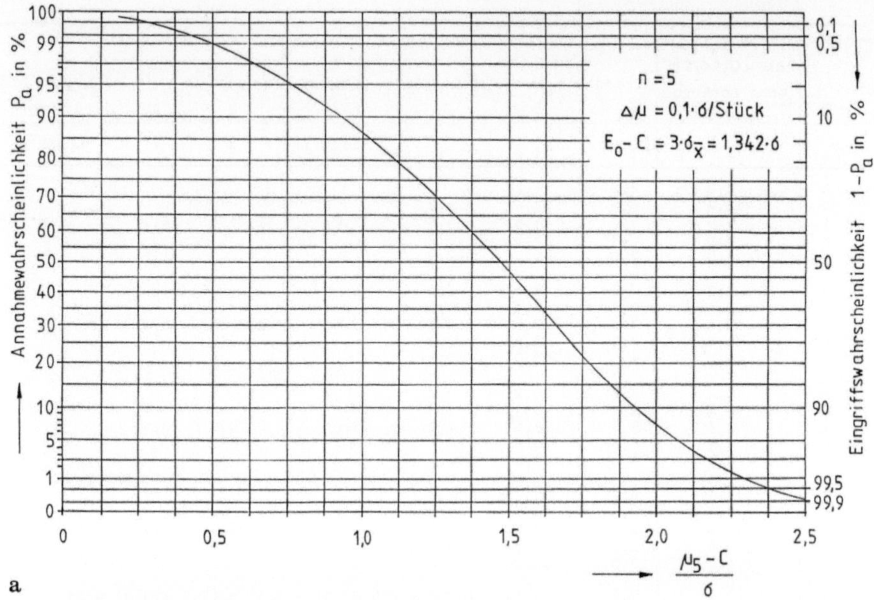

a

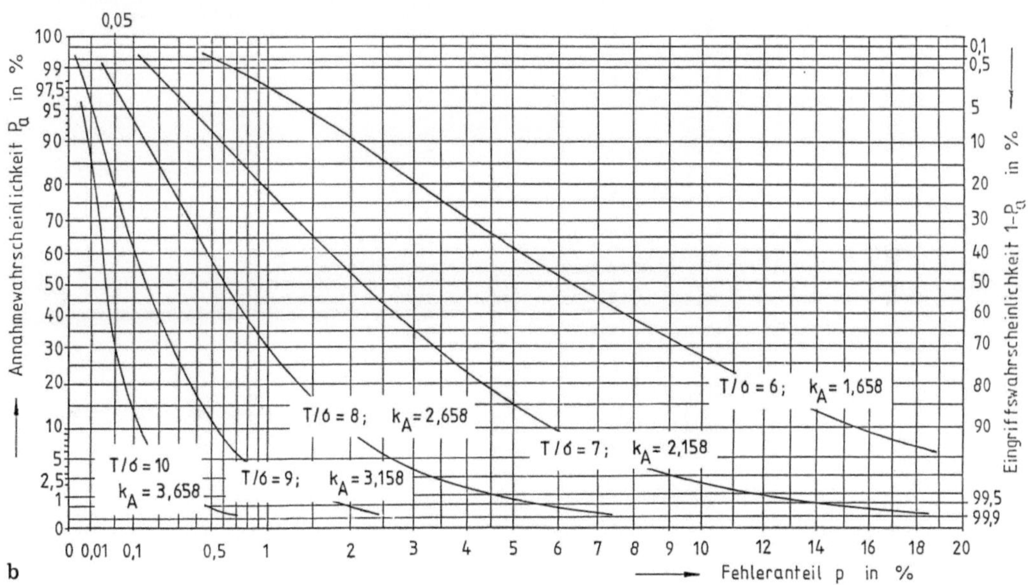

b

Bild 15.10. Operationscharakteristiken für einen Prozeß mit linearem Trend; der Prozeß wird mit einer x̄-QRK mit $n = 5$ gesteuert. **a** P_a in Abhängigkeit vom Abstand der Einzelwertverteilungen nach dem letzten der $n = 5$ Teile **b** P_a in Abhängigkeit vom Fehleranteil für unterschiedlich breite Toleranzfelder

ohne Trend		Trend mit $\Delta\mu = 0,1\delta$/St. ohne Lenkung	Trend mit $\Delta\mu = 0,1\delta$/Stück und Lenkung (Steuerung) durch $\bar{x}$-QRK						
1	2	3	4	5	6	7	8	9	10
i	x_i	x_i	μ_i	x_i	D_i	$\bar{x}$ / Eingriff $\oplus$	s	s^2	Korrektur
1	6	6,2	6,2	6,2					
2	11	11,4	6,4	11,4	5,2				
3	5	5,6	6,6	5,6	−5,8	7,6	2,4698	6,1	
4	8	8,8	6,8	8,8	3,2				
5	5	6,0	7,0	6,0	−2,8				
6	8	9,2	7,2	9,2	3,2				
7	7	8,4	7,4	8,4	−0,8				
8	6	7,6	7,6	7,6	−0,8	7,6	2,8284	8,0	
9	1	2,8	7,8	2,8	−4,8				
10	8	10,0	8,0	10,0	7,2				
11	8	10,2	8,2	10,2	0,2				
12	6	8,4	8,4	8,4	−1,8				
13	6	8,6	8,6	8,6	0,2	9,0	0,7071	0,5	
14	6	8,8	8,8	8,8	0,2				
15	6	9,0	9,0	9,0	0,2				
16	8	11,2	9,2	11,2	2,2				
17	6	9,4	9,4	9,4	−1,8				
18	9	12,6	9,6	12,6	3,2	10,6	1,5166	2,3	um 4,6 auf 5,4
19	5	8,8	9,8	8,8	−3,8				
20	7	11,0	10,0	11,0	2,2				
		$D_{21} = -3,8$				$\oplus$			
21	3	7,2	5,6	2,6	(−3,8	= 2,6 − (11 − 4,6) = (2,6 + 4,6) − 11)			
22	9	13,4	5,8	8,8	6,2				
23	4	8,6	6,0	4,0	−4,8	5,2	2,3022	5,3	
24	5	9,8	6,2	5,2	1,2				
25	5	10,0	6,4	5,4	0,2				
26	5	10,2	6,6	5,6	0,2				
27	6	11,4	6,8	6,8	1,2				
28	6	11,6	7,0	7,0	0,2	6,4	0,9487	0,9	
29	4	9,8	7,2	5,2	−1,8				
30	6	12,0	7,4	7,4	2,2				
31	6	12,2	7,6	7,6	0,2				
32	7	13,4	7,8	8,8	1,2				
33	6	12,6	8,0	8,0	−0,8	8,2	1,5492	2,4	
34	4	10,8	8,2	6,2	−1,8				
35	8	15,0	8,4	10,4	4,2				
36	5	12,2	8,6	7,6	−2,8				
37	3	10,4	8,8	5,8	−1,8				
38	2	9,6	9,0	5,0	−0,8	7,6	2,2583	5,1	
39	6	13,8	9,2	9,2	4,2				
40	7	15,0	9,4	10,4	1,2				
41	10	18,2	9,6	13,6	3,2				
42	8	16,4	9,8	11,8	−1,8				
43	7	15,6	10,0	11,0	−0,8	11,4	2,0248	4,1	um 5,4 auf 5,0
44	4	12,8	10,2	8,2	−2,8				
45	8	17,0	10,4	12,4	4,2				
		$D_{46} = -2,8$				$\oplus$			
46	5	14,2	5,2	4,2	(−2,8	= 4,2 − (12,4 − 5,4) = (4,2 + 5,4) − 12,4)			
47	6	15,4	5,4	5,4	1,2				
48	3	12,6	5,6	2,6	−2,8	5,0	1,6733	2,8	
49	6	15,8	5,8	5,8	3,2				
50	7	17,0	6,0	7,0	1,2				

Auswertung nach der Differenzenmethode:

$n = 47;\quad \bar{D} = 0,370213 = 0,180590\ \hat{\delta}$/St; $s_D = 2,899169$

$\hat{\delta} = \dfrac{s_D}{\sqrt{2}} = 2,050022$

Auswertung mit den Differenzen D_{21} und D_{46}:

$n = 49;\quad \bar{D} = 0,220408 = 0,106267\ \hat{\delta}$/St; $s_D = 2,933214$

$\hat{\delta} = \dfrac{s_D}{\sqrt{2}} = 2,074095$ in Übereinstimmung mit den Schätzwerten in Bild 14/18

$\sum s = 18,2784 \qquad 37,5 = \sum s^2$

$\hat{\delta}_4 = \dfrac{\bar{s}}{a_n} = 1,944511$

$\hat{\delta}_2 = \sqrt{\overline{s^2}} = 1,934692$

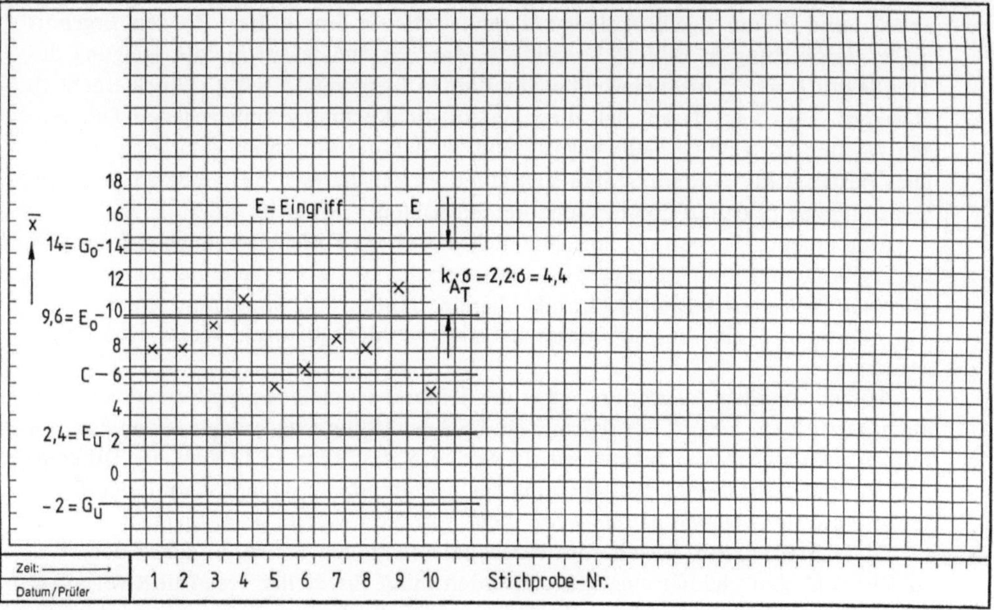

Bild 15.12. $\bar{x}$-QRK mit $n = 5$ und gesteuertem Trendprozeß

Es sei angenommen, daß der Prozeß bei Anlauf genau auf Mittenmaß $C = 6$ eingestellt ist und dann mit linearem Trend zu größeren Werten läuft, Spalte 4 in Bild 15.11, bis ein Mittelwert der Fünferstichproben die obere Eingriffsgrenze überschreitet. Dies ist mit der 4. Stichprobe der Fall. Es wird eingegriffen und um $\bar{x} - C$ $= 10,6 - 6 = 4,6$ korrigiert. Da der Prozeß mit dem letzten Einzelwert der 4. Stichprobe nach $\mu_{20} = 10,0$ (Spalte 4) gelaufen war, wird durch die Korrektur der Prozeß auf 5,4 eingestellt und beginnt von dort wieder nach oben zu driften, $\mu_{21} = 5,6$. Nach der 9. Stichprobe wird erneut eingegriffen und um $\bar{x} - C = 11,4 - 6 = 5,4$ auf $10,4 - 5,4 = 5,0$ korrigiert; folglich ist $\mu_{46} = 5,2$.

Die Einzelwerte des simulierten und gesteuerten Trendprozesses in Spalte 5 des Bilds 15.11 liegen alle innerhalb der Grenzwerte. Am dichtesten liegt $x_{41} = 13,6$ beim oberen Grenzwert.

Die weitere Auswertung in Bild 15.11 dient nur der Übung und zur Kontrolle, ob die Simulation fehlerfrei ist. Zunächst können die 10 Stichproben über $\sum s$ und $\sum s^2$ zu den Schätzwerten $\hat{\sigma}_2$ und $\hat{\sigma}_4$ ausgewertet werden; diese stimmen mit dem Parameter der Grundgesamtheit hervorragend überein.

Die Auswertung nach der Differenzenmethode werde zunächst ohne die Differen-

---

◁

Bild 15.11. Simulation eines Trendprozesses und dessen Steuerung mit einer $\bar{x}$-QRK mit $n = 5$
Auswertung der Einzelwerte der Spalte 5: $n\quad = 50$

$$\bar{x} = 7,86$$
$$s_x = 2,654\,300$$
$$6 \cdot s_x = 15,93$$
$$\frac{G_0 - \bar{x}}{s_x} = \frac{14 - 7,86}{2,654} = 2,313$$

zen D_{21} und D_{46} durchgeführt, da vor diesen jeweils ein Eingriff liegt. An dem Ergebnis dieser Auswertung in Bild 15.11 fällt auf, daß der Schätzwert für die Steigung des Trends mit $\bar{D} = 0{,}18$ σ/Stück von der simulierten Steigung $\Delta\mu = 0{,}1$ σ/Stück erheblich abweicht. Dies liegt daran, daß die nicht in die Rechnung einbezogenen Differenzen D_{21} und D_{46} zufällig beide negativ sind, so daß der Mittelwert $\bar{D}$ zu groß ausfällt. Dies bestätigt die Forderung, daß sorgfältige Prozeßanalysen mit größeren Stichprobenumfängen ($n \geqq 200$) durchgeführt werden sollten.

Eine erneute Auswertung einschließlich der ersten Differenzen nach den Eingriffen ergibt $\bar{D} = 0{,}220\,408$. Dieser Wert stimmt ab der zweiten Stelle hinter dem Komma mit allen $\bar{D}$-Werten in Bild 14.18 exakt überein; damit ist die Simulation fehlerfrei.

Anmerkung. Beim Entwurf dieses Beispiels wurden auf diese Weise zwei Fehler gefunden.

Aus der zweiten Auswertung nach der Differenzenmethode wird erkennbar, daß auch *nach* einem *Eingriff* die *Differenz* in die Auswertung eingebracht werden darf, sofern der *Korrekturbetrag bekannt* ist. In Spalte 6 des Bilds 15.11 sind die Differenzen D_{21} und D_{46} unter Berücksichtigung des Korrekturbetrags identisch mit den Differenzen, die sich ergeben hätten, wenn nicht korrigiert worden wäre, Spalte 3.

Diese *Erkenntnis ist wichtig* für Prozeßanalysen in den Fällen, in denen der *Trend steil* ist und somit häufig eingegriffen werden muß. Ein steiler Trend liegt vor allem immer dann vor, wenn an einem Werkstück ein *großes Werkstoffvolumen zerspant* wird. Bei derartigen Prozessen kommt hinzu, daß neben häufigen Eingriffen auch häufige Werkzeugwechsel erforderlich sind.

Zur Beurteilung der Güte der Prozeßsteuerung ist es erforderlich, einen Kennwert zu definieren, der mit der Prozeßfähigkeit verglichen werden kann. Es ist naheliegend dafür das Verhältnis von Gesamtstreuung zu (momentaner) Prozeßstreuung zu bilden und als (relative) Prozeßstreuung zu bezeichnen. Wenn diese (relative) Prozeßstreuung kleiner oder gleich der (relativen) Prozeßfähigkeit ist, dann ist die Prozeßsteuerung als gut zu bezeichnen, sofern gleichzeitig der Gesamtmittelwert des Prozesses nicht oder nur unerheblich vom Sollwert (vom Mittenmaß) abweicht.

Zusammenfassung

(relative) Prozeßstreuung   (relative) Prozeßfähigkeit

$$s_{\mathrm{P}} = \frac{s_{\mathrm{x}}}{\hat{\sigma}} \qquad \leqq \frac{T}{6\,\hat{\sigma}} = c_{\mathrm{P}}$$

Prozeßsteuerung gut

(relative) Prozeßstreuung   (relative) Prozeßfähigkeit

$$s_{\mathrm{P}} = \frac{s_{\mathrm{x}}}{\hat{\sigma}} \qquad > \frac{T}{6\,\hat{\sigma}} = c_{\mathrm{P}}$$

Prozeßsteuerung schlecht

Für das Beispiel eines Prozesses in Bild 15.11 sind die Einzelwerte x_{i} in Spalte 5 nach den statistischen Kennwerten $\bar{x}$ und s_{x} ausgewertet. Die (relative) Prozeßstreuung ist mit

$$s_{\mathrm{P}} = \frac{s_{\mathrm{x}}}{\hat{\sigma}} = \frac{2{,}654}{2{,}010} = 1{,}320 < 1{,}3\bar{3}$$

als gut zu beurteilen. Der Abstand des Gesamtmittelwerts zum oberen Grenzwert ist

$$\frac{G_o - \bar{x}}{s_x} = \frac{14 - 7,86}{2,654} = 2,313;$$

damit ist der Fehleranteil oberhalb des oberen Grenzwertes $\hat{p} = 1,036\,\%$.

Anmerkung: Auch zur Beurteilung der (relativen) Prozeßstreuung ist — wie zur Beurteilung der Prozeßfähigkeit — ein größerer Stichprobenumfang ($n \gtrsim 200$) erforderlich als wie zur Vereinfachung des letzten Beispiels verwendet.

Zur Erläuterung des Einflusses eines Trends auf die OC von $\bar{x}$-QRK war in verschiedenen Beispielen dieses Abschnitts ein Trend von $\Delta\mu = 0,5\ \sigma$/Stück unterstellt

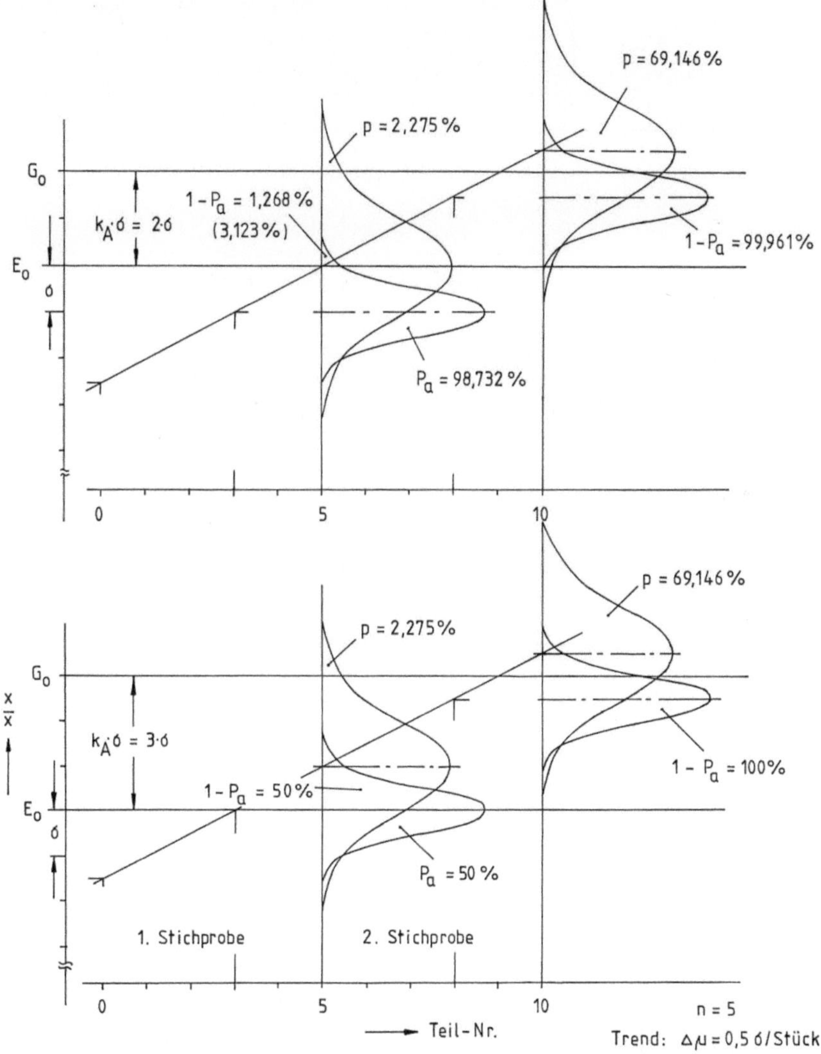

Bild 15.13. Obere Hälfte einer $\bar{x}$-QRK für $n = 5$ mit einem Prozeß mit einer Trendsteigung von $\Delta\mu = 0,5\sigma$/Stück und zwei verschiedenen k_A-Werten

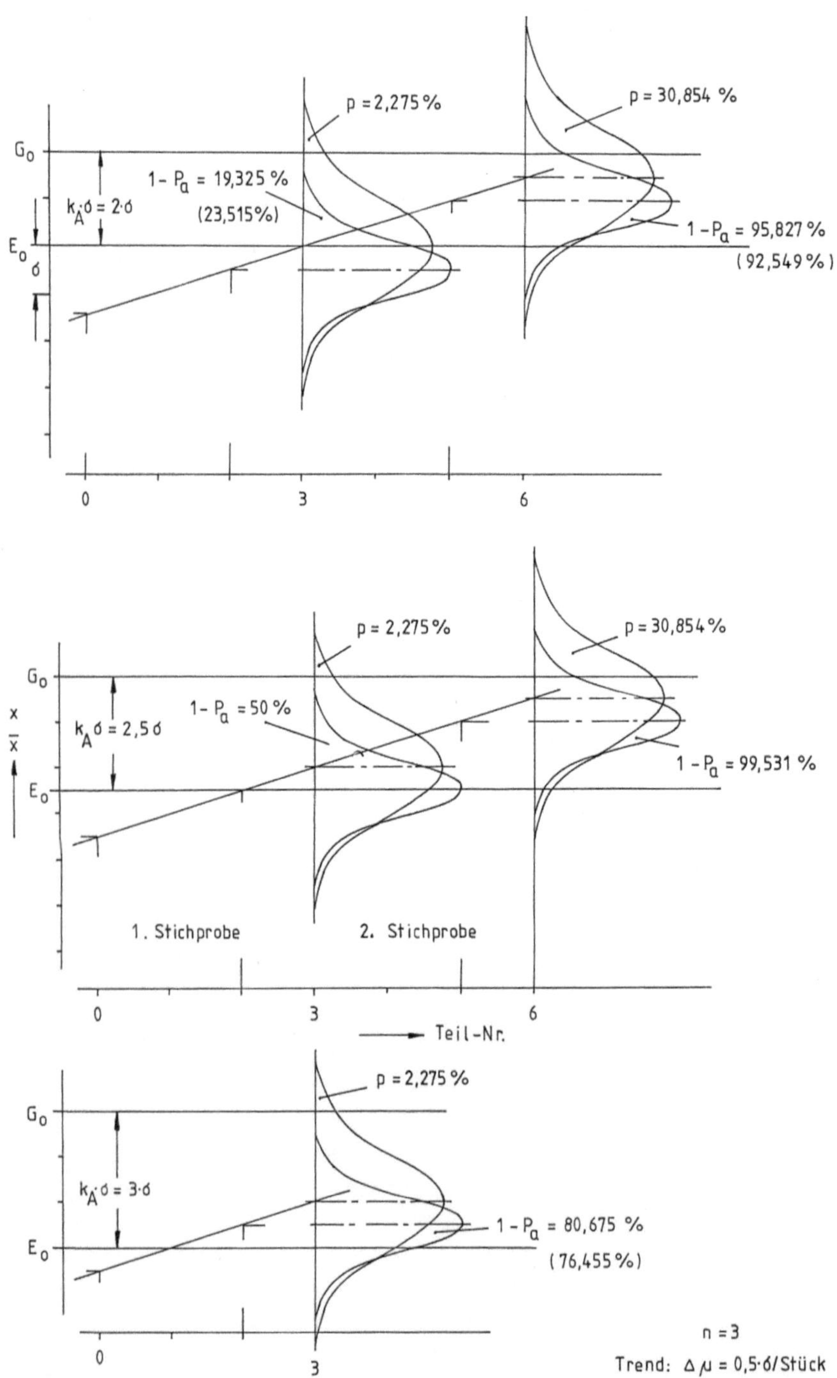

Bild 15.14. Obere Hälfte einer $\bar{x}$-QRK für $n = 3$ mit einem Prozeß mit einer Trendsteigung von $\Delta\mu = 0,5\sigma$/Stück und drei verschiedenen k_A-Werten

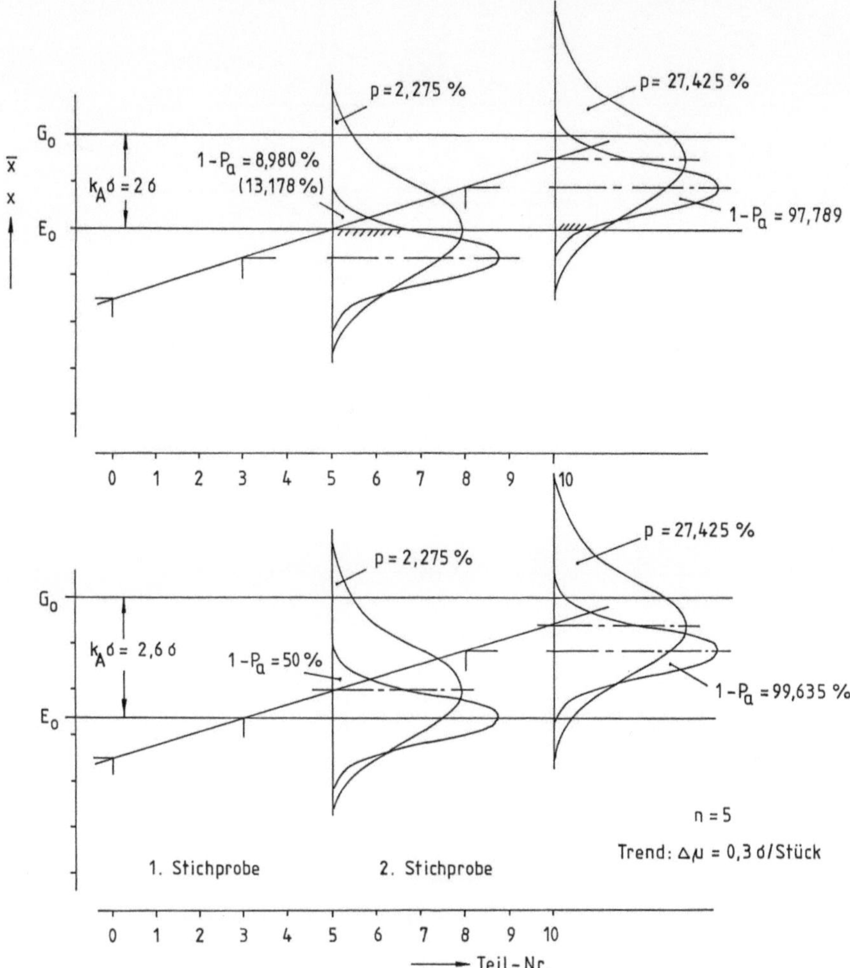

Bild 15.15. Obere Hälfte einer $\bar{x}$-QRK für $n = 5$ mit einem Prozeß mit einer Trendsteigung von $\Delta\mu = 0,3\sigma$/Stück und zwei verschiedenen k_A-Werten

worden mit der Folge, daß die OC beibehalten wird, wenn der Abgrenzungsfaktor um $2\Delta\mu$ erhöht wird, sofern der Stichprobenumfang $n = 5$ beträgt. Diese Aussage muß für den Fall eines starken Trends insofern eingeschränkt werden, als daß nicht berücksichtigt wurde, daß bei $n = 5$ der Mittelwert $\bar{x}$ jeweils stets nach fünf gefertigten Teilen gebildet wird und somit nur nach jeweils $n = 5$ Teilen der Test $\bar{x} \le E_o$ oder $\bar{x} \ge E_u$ durchgeführt wird und zur Entscheidung Eingriff oder Nichteingriff führt.

Im Bild 15.13 ist im oberen Teil der Abgrenzungsfaktor $k_A = 2,0$ und es wird angenommen, daß bei einer ersten Stichprobe nach dem 5. Teil die Einzelwertverteilung genau auf der Eingriffsgrenze liegt, so daß die Fehlerwahrscheinlichkeit für das 5. Teil $p = 2,275\,\%$ beträgt. Die Annahmewahrscheinlichkeit beträgt $P_a = 98,732\,\%$ und dies ist die Wahrscheinlichkeit dafür, daß der Prozeß mit dem Trend ohne Eingriff weiterläuft bis zum nächsten Mittelwert, d. h. über fünf weitere Teile. Damit ist eine hohe

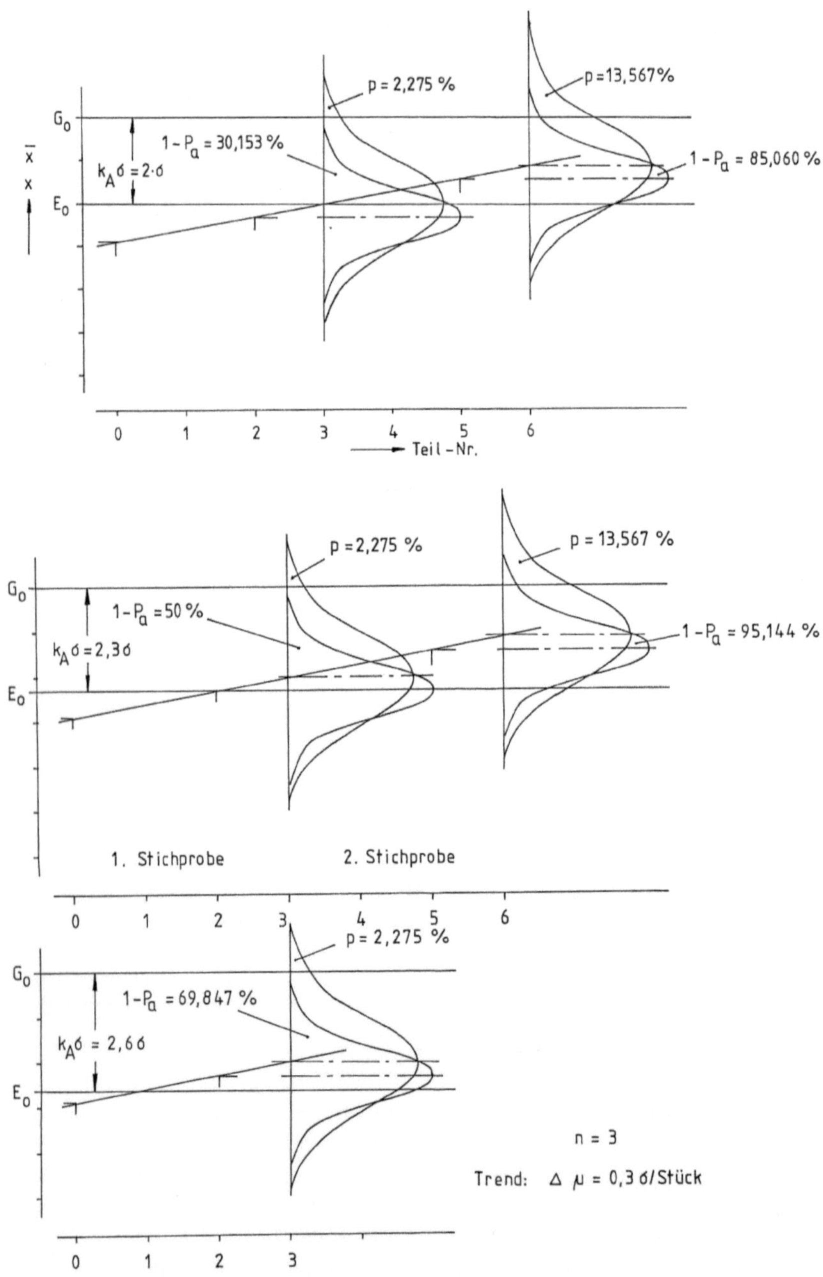

Bild 15.16. Obere Hälfte einer $\bar{x}$-QRK für $n = 3$ mit einem Prozeß mit einer Trendsteigung von $\Delta\mu = 0,3\sigma$/Stück und drei verschiedenen k_A-Werten

Fehlerwahrscheinlichkeit für die nächsten fünf Teile vorprogrammiert, für das letzte Teil der 2. Stichprobe beträgt sie $p = 69{,}146\,\%$. Die Tatsache, daß nach der zweiten Stichprobe mit sehr hoher Wahrscheinlichkeit eingegriffen wird, kann dies nicht rückgängig machen.

Im unteren Teil des Bilds 15.13 ist für k_A der Trend berücksichtigt ($+2\,\Delta\mu$) mit der Folge, daß bei $p = 2{,}275\,\%$ die Eingriffswahrscheinlichkeit $1 - P_a = 50\,\%$ beträgt. Das bedeutet, daß der Prozeß jedes zweite Mal weiterläuft mit der Folge, daß das 5. Teil der 2. Stichprobe mit der Wahrscheinlichkeit von $p = 69{,}146\,\%$ fehlerhaft ist und — was noch schlimmer ist — erheblich über G_o liegen kann. Bei einem starken Trend ist die QRK für Mittelwerte und $n = 5$ viel zu träge.

In Bild 15.14 ist dies untersucht für $n = 3$; die Fehlerwahrscheinlichkeit für das letzte Teil der zweiten Stichprobe ist mit $p = 30{,}854\,\%$ viel zu hoch.

Bliebe noch die in der unteren Skizze des Bilds 15.14 angedeutete Möglichkeit, den Abgrenzungsfaktor weiter auf beispielsweise $k_A = 3{,}0$ zu erhöhen. Dies setzt voraus, daß das Toleranzfeld mindestens $T = 2\,k_A\,\sigma + 6\,\sigma_{\bar{x}} = 6\,\sigma + \dfrac{6}{\sqrt{3}}\,\sigma = 9{,}46\,\sigma$ groß

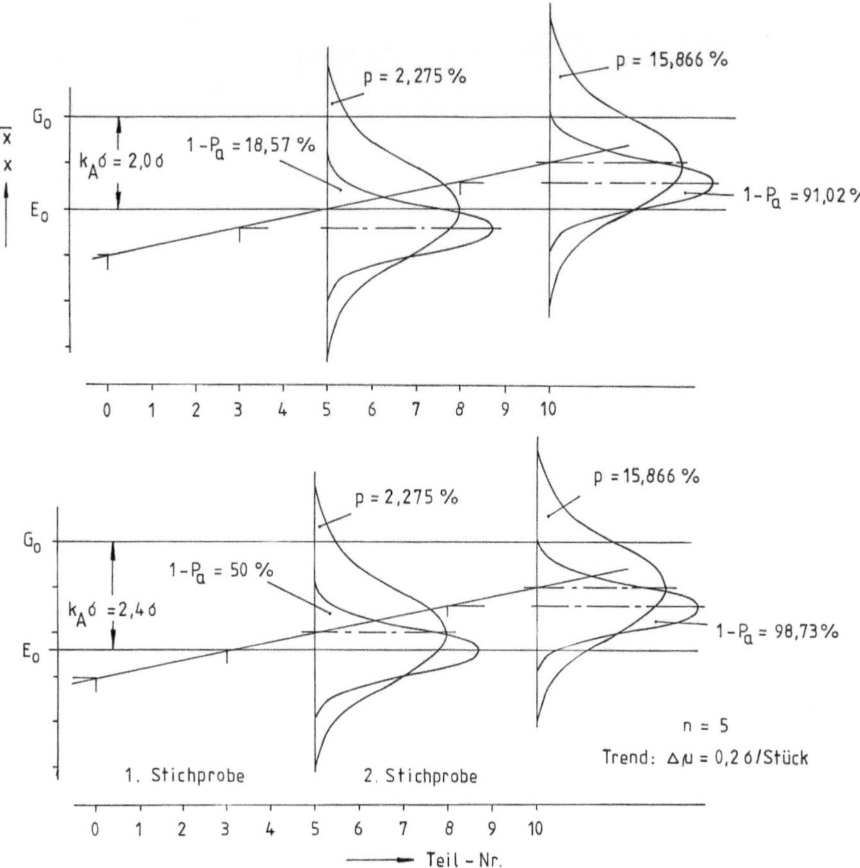

Bild 15.17. Obere Hälfte einer $\bar{x}$-QRK für $n = 5$ mit einem Prozeß mit einer Trendsteigung von $\Delta\mu = 0{,}2\sigma$/Stück für zwei verschiedene k_A-Werte

sein muß, was einer Prozeßfähigkeit von $c_P = 1,58$ entspricht. Aber auch dann wäre die Wahrscheinlichkeit, daß der Trend nach der ersten Stichprobe ohne Eingriff weiterläuft $P_a \approx 20\%$.

Schlußfolgerung: Bei einem starken Trend von $\Delta\mu = 0,5\ \sigma/$Stück kann die $\bar{x}$-QRK ihren vorgesehenen Zweck nicht erfüllen. Hier stellt sich die Frage, bis zu welcher Trendsteigung die $\bar{x}$-QRK angewendet werden darf.

Um dies zu untersuchen, wurde in Bild 15.15 ein Trend mit der Steigung $\Delta\mu = 0,3\ \sigma/$Stück angenommen für $n = 5$ bei sonst gleichen Randbedingungen wie in Bild 15.13. Wenn nach der ersten Stichprobe der Trend weiterläuft — oben mit $P_a \approx 91\%$ und unten mit $P_a = 50\%$ — dann ist die Fehlerwahrscheinlichkeit für das letzte Teil der zweiten Stichprobe $p = 27,425\%$; das ist viel zu hoch.

In Bild 15.16 ist das gleiche noch einmal durchgerechnet und dargestellt für den Stichprobenumfang $n = 3$. Wenn nach der ersten Stichprobe der Trend ohne Eingriff weiterläuft, ist die Fehlerwahrscheinlichkeit für das letzte Teil der 2. Stichprobe mit $p = 13,567\%$ auch zu hoch; etwas gemindert wird die Problematik, wenn k_A vergrößert

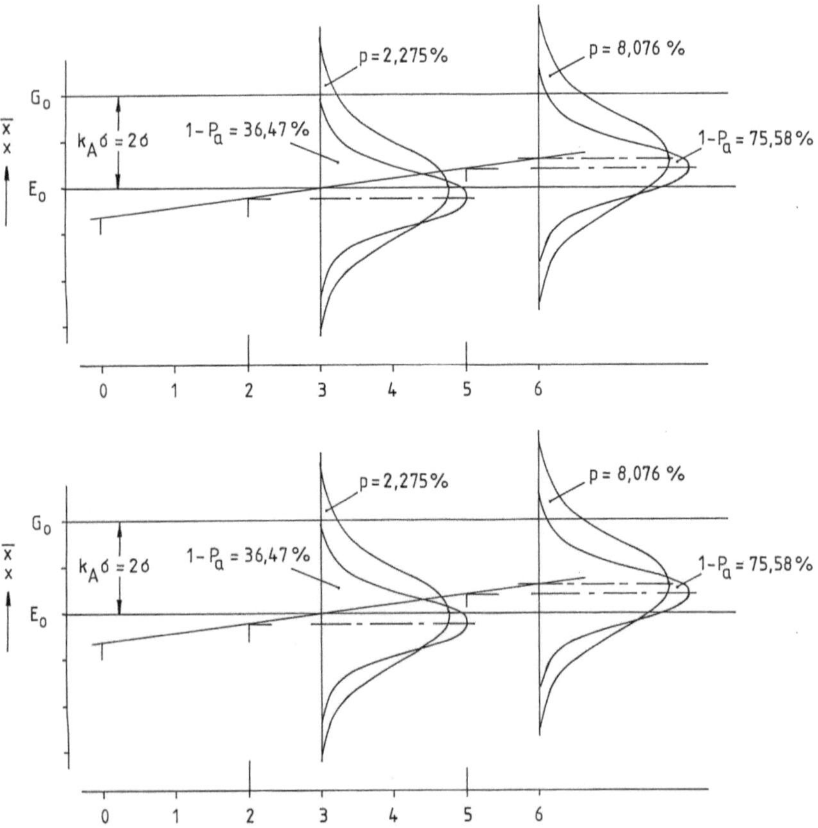

Bild 15.18. Obere Hälfte einer $\bar{x}$-QRK für $n = 5$ mit einem Prozeß mit einer Trendsteigung von $\Delta\mu = 0,2\sigma/$Stück für zwei verschiedene k_A-Werte

wird auf $k_A + 2\Delta\mu$, unterste Skizze in Bild 15.16, weil dann die Wahrscheinlichkeit für das Weiterlaufen des Trends ohne Eingriff nur noch $P_a \approx 30\%$ beträgt.

In den Bildern 15.17 und 15.18 wurde der Fall untersucht, daß die Steilheit des Trends $\Delta\mu = 0,2$ σ/Stück beträgt.

Ist der momentane Fehleranteil $p = 2,275\%$, dann läuft der Trend bei $k_A = 2,0$ mit einer Wahrscheinlichkeit von $P_a \approx 80\%$ weiter mit der Folge, daß für die nächsten Teile die Fehlerwahrscheinlichkeit immer größer wird; für das 5. Teil der nächstfolgenden Stichprobe ist diese $p = 15,866\%$, Bild 15.17.

Bei $n = 3$ ist unter ähnlichen Bedingungen die Fehlerwahrscheinlichkeit für das letzte Teil der zweiten Stichprobe $p = 8,076\%$, Bild 15.18.

Unproblematisch wird die $\bar{x}$-QRK, wenn der Trend nur $\Delta\mu = 0,1$ σ/Stück beträgt, Bild 15.19. Im Falle $n = 5$ ist $k_A = 2,4$ und für das Beispiel mit $n = 3$ ist $k_A = 2,2$ angenommen worden.

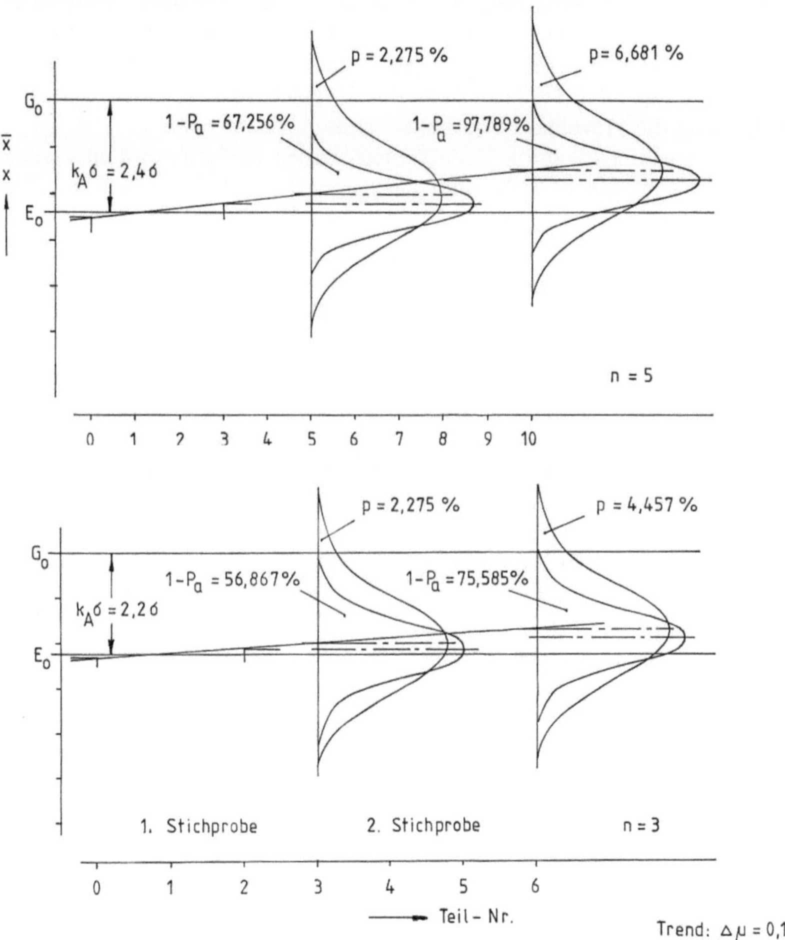

Bild 15.19. Obere Hälften von $\bar{x}$-QRK für $n = 3$ und $n = 5$ mit Prozessen mit einer Trendsteigung von $\Delta\mu = 0,1\sigma$/Stück

Zusammenfassend ist bei Vorliegen von Trendprozessen folgende Beurteilung der $\bar{x}$-QRK zu empfehlen:

Trend in in G/Stück	Beurteilung
$\leq 0,1$	$\bar{x}$-QRK unproblematisch und anwendbar;
0,1 bis 0,3	$\bar{x}$-QRK problematisch, insbesondere bei $n = 5$; mit $n = 3$ nur anwendbar bei sehr guter Prozeßfähigkeit;
$\geq 0,3$	$\bar{x}$-QRK nicht anwendbar; in jedem Falle nur x-QRK mit $n = 1$ zu empfehlen, Abschn. 15.3.

15.3 Prozeßsteuerung mittels Urwert-QRK

Für die Wiederholung und Vertiefung der in Kap. 13 besprochenen Urwertkarte werde — wie bei der Mittelwertkarte — zunächst der Fall angenommen, daß ein Prozeß keinen oder einen vernachlässigbar geringen Trend aufweise. Dann treten Fehler hauptsächlich dadurch auf, daß die Prozeßlage falsch eingestellt wird oder durch eine überzufällige Ursache die Prozeßlage verschoben wird.

Die Operationscharakteristiken für Urwertkarten können grafisch ermittelt werden mit dem Nomogramm in Bild 13.7; für die rechnerische Ermittlung ist in Bild 15.20 ein Beispiel gegeben.

In den Bildern 15.21 bis 15.24 sind die Operationscharakteristiken für Urwert-QRK mit Abgrenzungsfaktoren $k_E = 0,5$ bis 2,0 und verschiedene Stichprobenumfänge n dargestellt. Die Kennlinien für $n > 1$ gelten gleichermaßen für das Führen einer Urwertkarte mit dem Stichprobenumfang n wie auch für das n-malige, kontinuierliche Führen einer Urwertkarte mit $n = 1$.

Ausgehend von der Faustregel, wonach über einen kurzen Zeitraum durchschnittlich mit jenem Fehleranteil zu rechnen ist, dem eine Annahmewahrscheinlichkeit von 50 % zugeordnet ist, ist — angenommen $n = 5$ — ein Abgrenzungsfaktor von $k_E \approx 1,0$ bis 1,5 durchaus angemessen.

Der Einfluß der (relativen) Prozeßfähigkeit ist — der Einfachheit halber für $n = 1$ — in Bild 15.25 dargestellt für den gewählten Abgrenzungsfaktor $k_E = 1,5$. Aus dem Bild geht hervor, daß Urwertkarten mit $n = 1$ — und erst recht mit $n > 1$ — nur angewendet werden können, wenn $c_P \geq 1,3\overline{3}$ ist. Bei $c_P > 1,6\overline{6}$ ist die Wahl eines größeren k_E-Werts zu erwägen, um die Steuerung auf Mittenmaß zu verbessern.

$\dfrac{G_o - \mu}{\sigma}$	p in %	$\dfrac{E_o - \mu}{\sigma}$	$n = 1$ P_{a_1}	$n = 5$ $P_{a_5} = P_{a_1}^5$	$n = 9$ $P_{a_9} = P_{a_1}^9$
4	0,003	3	0,99865	0,99327	0,98791
3,5	0,023	2,5	0,99379	0,96933	0,94548
3	0,135	2	0,97725	0,89131	0,81293
2,5	0,621	1,5	0,93319	0,70770	0,53670
2	2,275	1	0,84134	0,42156	0,21122
1,5	6,681	0,5	0,69146	0,15806	0,03613
1	15,866	0	0,50000	0,03125	0,00195

Bild 15.20. Berechnung der Operationscharakteristiken von Urwert-QRK mit $k_E = 1,0$ und für verschiedene n

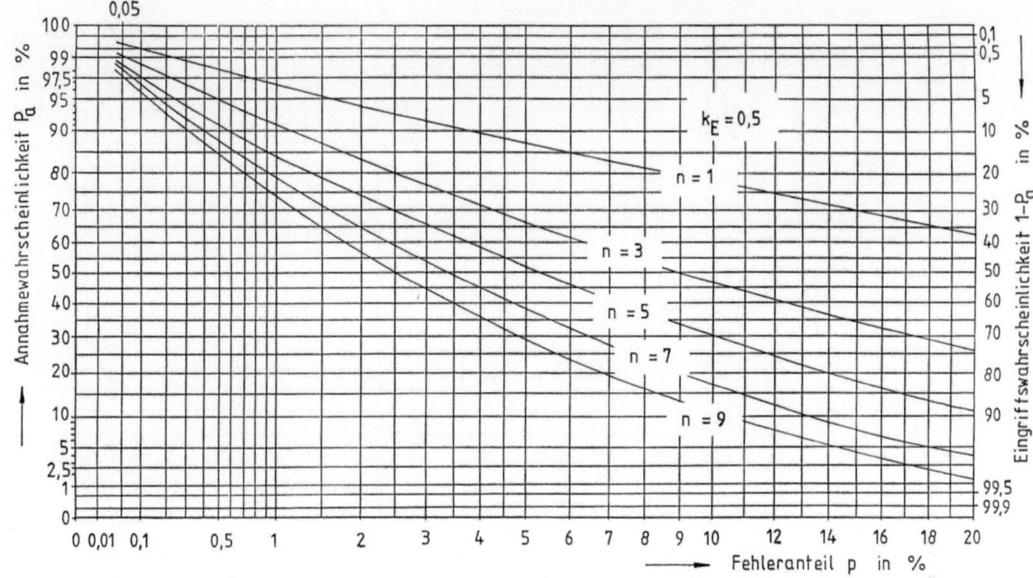

Bild 15.21. Operationscharakteristiken von Urwert-QRK mit $k_E = 0,5$ und für verschiedene n

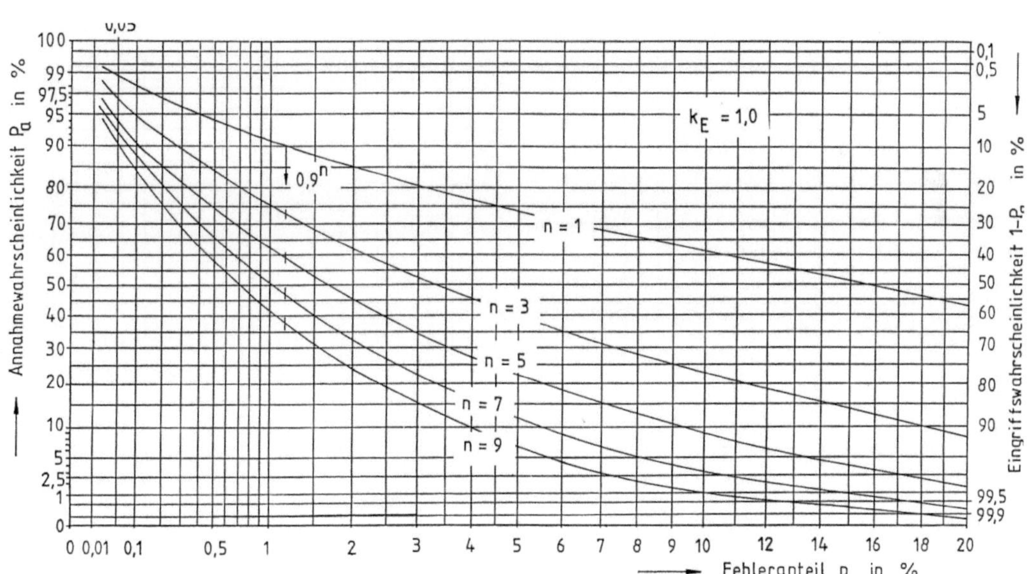

Bild 15.22. Operationscharakteristiken von Urwert-QRK mit $k_E = 1,0$ und für verschiedene n

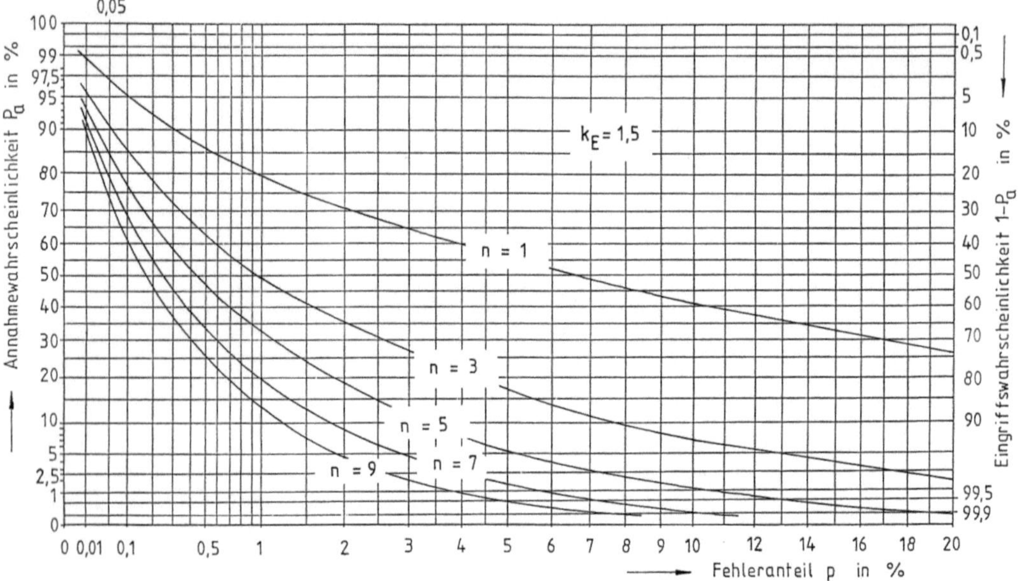

Bild 15.23. Operationscharakteristiken von Urwert-QRK mit $k_E = 1,5$ und für verschiedene n

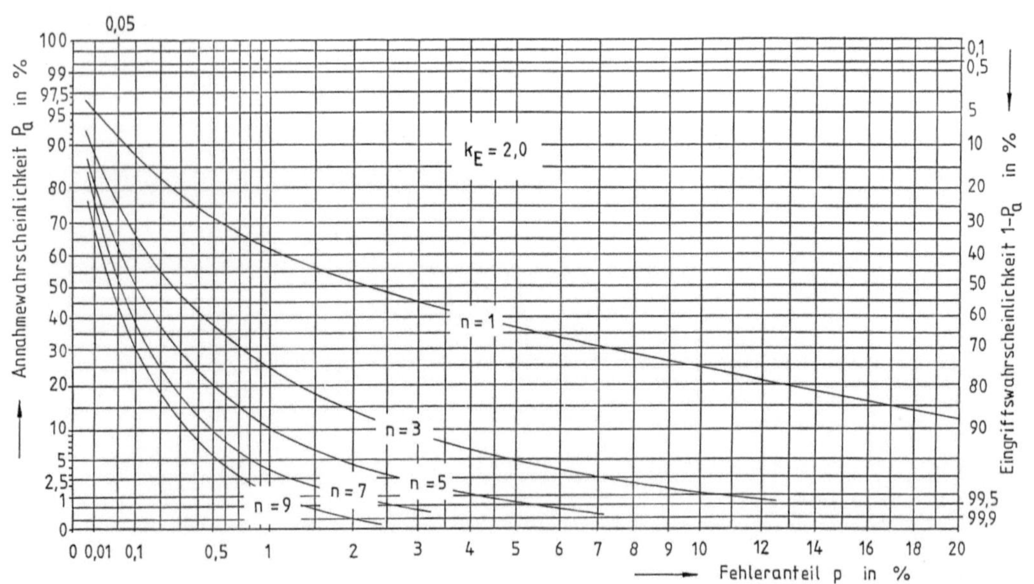

Bild 15.24. Operationscharakteristiken von Urwert-QRK mit $k_E = 2,0$ und für verschiedene n

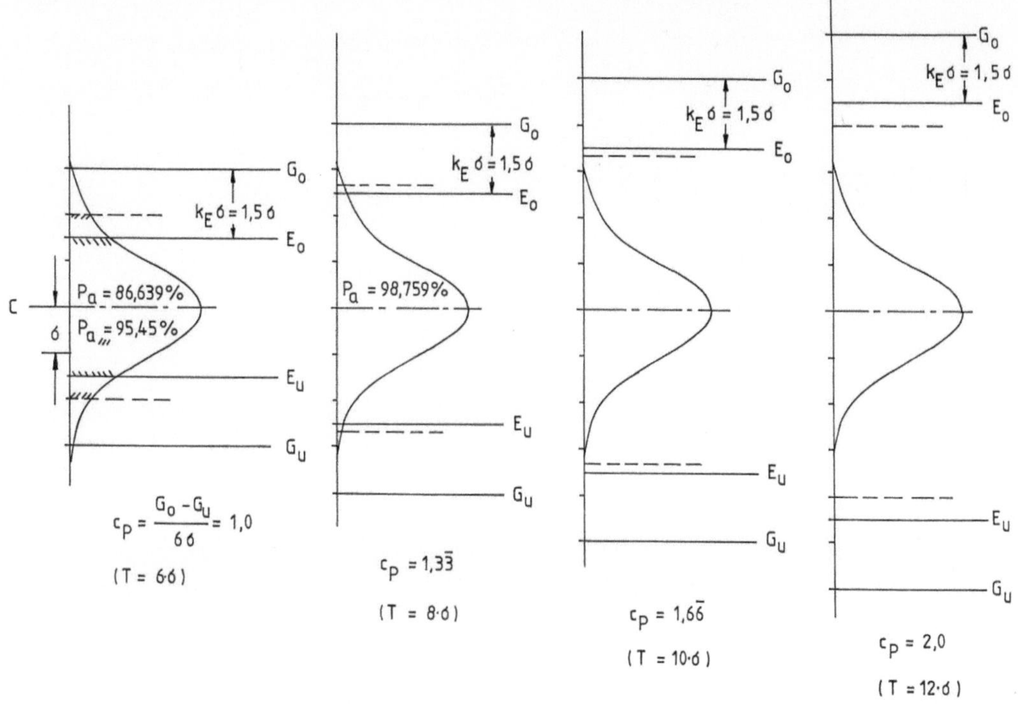

Bild 15.25. Darstellung von Urwert-QRK mit $n = 1$ und mit $k_E = 1,5$ für verschiedene c_P-Werte

Die schematische Anwendung der Regel, daß unabhängig von der Prozeßfähigkeit als Annahmebereich der Bereich $E_o - E_u = 6\,\sigma$ (oder 99%-Bereich) festzulegen sei, ist in Bild 15.26 dargestellt.

Für $c_P = 1,0$ ist eine Prozeßsteuerung unmöglich; es muß mit (in Prozent) zweistelligen Fehleranteilen gerechnet werden. Diese Aussage gilt ausschließlich für den hier besprochenen Fall, daß kein Trend vorhanden ist und die QRK periodisch geführt wird. Bei sehr guter bis ausgezeichneter Prozeßfähigkeit ergeben sich dagegen — bei Anwendung der $6\,\sigma$-Regel — k_E-Werte, die als zu groß eingeschätzt werden könnten.

Ein Vergleich zwischen Mittelwert-QRK und Urwert-QRK erfolgt in den Bildern 15.27 bis 15.30. Um eine Vergleichsbasis zu haben, wurde festgelegt, daß bei beiden Karten die Annahmewahrscheinlichkeit $P_a = 99,73\%$ betrage, wenn die Einzelwerte mit ihrem Mittelwert μ beim Mittenmaß C liegen. Ferner wurde für beide Karten mit $p_{50} = 2,275\%$ ein gemeinsamer Punkt der OC festgelegt. Die Berechnung der Operationscharakteristiken erfolgt in Bild 15.28 und deren grafische Darstellung enthält Bild 15.29. Abgesehen von dem geringfügig höheren Trennvermögen der $\bar{x}$-QRK verlaufen beide OC's angenähert gleich.

Als Ergebnis des Vergleichs zwischen der $\bar{x}$-QRK und der x-QRK ergibt sich die qualitative Aussage, daß bei der Urwertkarte der Abgrenzungsfaktor k_E kleiner ist als der vergleichbare k_A-Wert bei der Mittelwertkarte; dafür benötigt sie für den Annah-

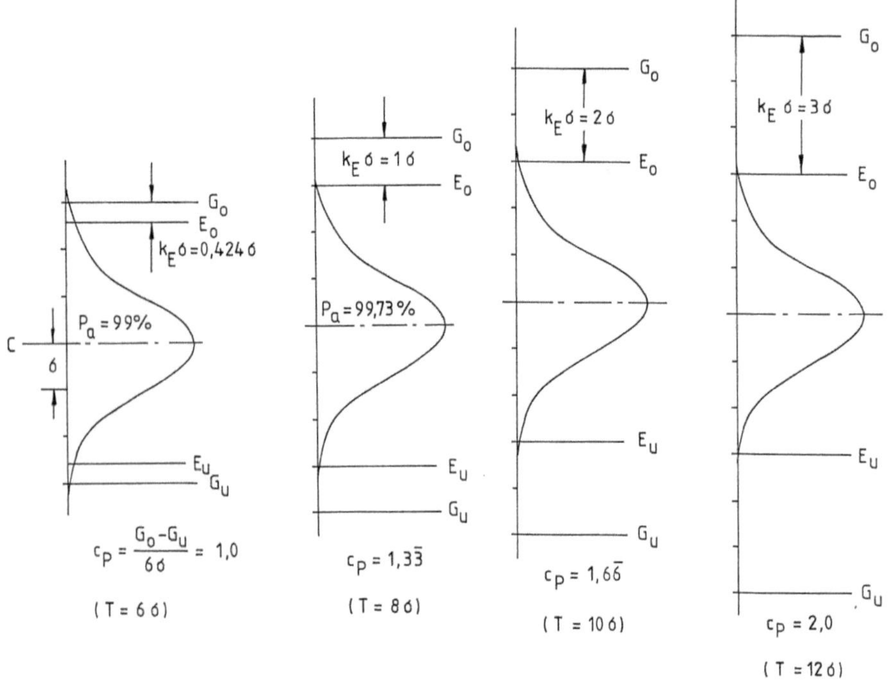

Bild 15.26. Darstellung von Urwert-QRK mit $n = 1$ und mit $P_a = 99,73\,\%$ (99 %) bei Verteilungslage auf Mittenmaß für verschiedene c_P-Werte

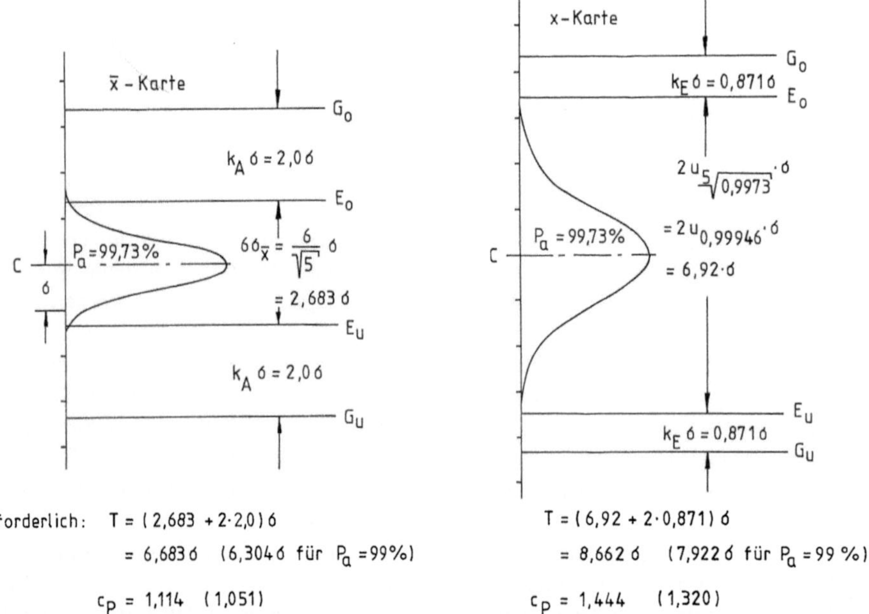

Bild 15.27. Vergleich einer $\bar{x}$-QRK mit einer x-QRK auf der Basis: $P_a = 99,73\,\%$, wenn Prozeßverteilung genau aus C eingestellt ist; beide OC's gehen durch $p_{50} = 2,275\,\%$; $n = 5$

Zeile Nr.	$\dfrac{G_o - \mu}{\sigma}$	p in %	$\bar{x}$-Karte mit $k_A = 2,0$			x-Karte mit $k_E = 0,871$		
			$\dfrac{E_o - \mu}{\sigma} = u_x$	$u_{\bar{x}} = u_x \cdot \sqrt{5}$	P_a	$\dfrac{E_o - \mu}{\sigma}$	P	$P_a = P^5$
1	4	0,003	2	4,472	1,0000	3,129	0,99913	0,99566
2	3,5	0,023	1,5	3,354	0,99960	2,629	0,99572	0,97878
3	3	0,135	1	2,236	0,98732	2,129	0,98337	0,91957
4	2,5	0,621	0,5	1,118	0,86822	1,629	0,94834	0,76704
5	2	2,275	0	0	0,50000	1,129	0,87055	0,50000
6	1,5	6,681	−0,5	−1,118	0,13178	0,629	0,73533	0,21499
7	1	15,866	−1	−2,236	0,01268	0,129	0,55132	0,05093
8	0,842	20,000	−1,158	−2,589	0,00481	−0,029	0,48843	0,02780

Bild 15.28. Berechnung der Operationscharakteristiken für die $\bar{x}$-Karte mit $k_A = 2,0$ und für die x-Karte mit $k_E = 0,871$; Stichprobenumfang $n = 5$; beide OC gehen durch den Punkt $p_{50} = 2,275\,\%$

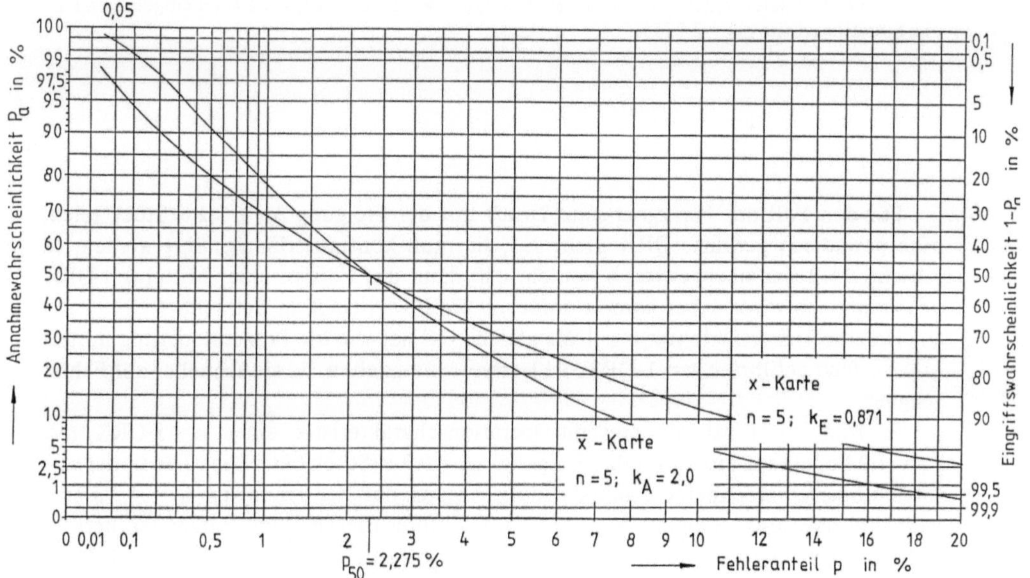

Bild 15.29. Darstellung der Operationscharakteristiken für die $\bar{x}$-QRK mit $k_A = 2,0$ und für die x-QRK mit $k_E = 0,871$; Stichprobenumfang $n = 5$; diese OC's sind unabhängig von der Größe des Toleranzfelds

mebereich $E_o - E_u$ wesentlich mehr Raum als die $\bar{x}$-QRK. Die Urwertkarte verlangt einen größeren c_P-Wert.

Zum besseren Verständnis der Funktion beider vergleichbaren Karten ist in Bild 15.30 das Bild 15.27 noch einmal wiedergegeben mit der zusätzlichen Darstellung der Situationen $p_{50} = 2,275\,\%$.

Die *bisherige Erläuterung* der Prozeßsteuerung mittels *Urwert-QRK* bezog sich auf den Fall, daß *kein Trend* vorliegt.

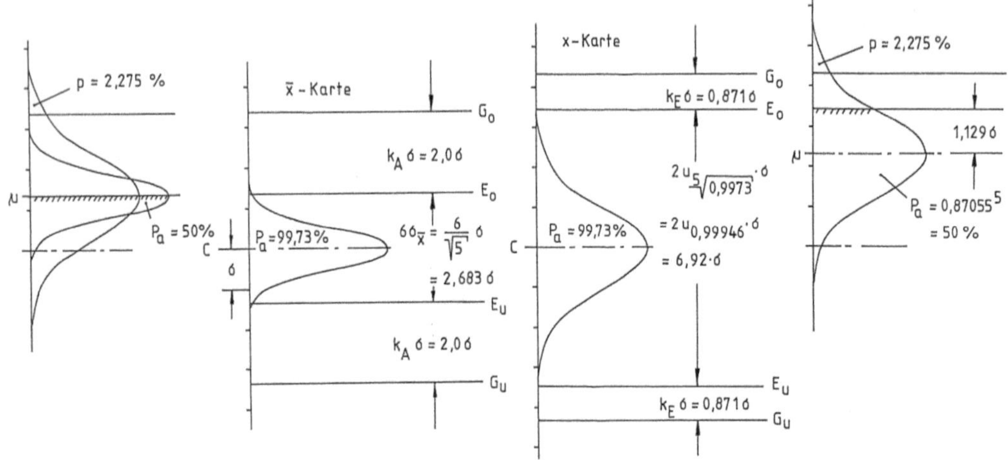

Bild 15.30. Vergleich einer $\bar{x}$-QRK mit einer x-QRK wie Bild 15.27; zusätzlich eingetragen sind die Situationen für $p_{50} = 2{,}275\,\%$

Für den Fall des *Vorliegens eines Trends* mit der Steigung $\Delta\mu \geq 0{,}1$ σ/Stück reicht eine periodisch geführte QRK nicht aus, sie muß kontinuierlich geführt werden. In Abschn. 15.2 war nachgewiesen worden, daß dann das Führen einer Mittelwert-QRK problematisch wird; daher kommt dafür *nur die Urwert-QRK* in Betracht.

Da eine Urwertkarte mit $n > 1$ die gleiche OC hat wie die Prozeßsteuerung mittels einer n-fach geführten $n = 1$-QRK, ist letztere vorzuziehen, da sie schneller auf Fehler reagiert.

In Bild 15.31 ist die Gesamt-Operationscharakteristik einer $n = 1$-QRK mit $k_E = 1{,}0$ bei einem Trend mit der Steigung $\Delta\mu = 0{,}3$ σ/Stück berechnet. Die in der vorletzten Spalte berechneten Produkte setzen voraus, daß der Trend von $G_o - 4{,}3$ σ ausgeht und daß seine Steigung konstant ist. Die unter diesen Voraussetzungen berechnete OC und weitere sind in Bild 15.33 dargestellt; die Bilder 15.32 und 15.34 enthalten Operationscharakteristiken für andere Steigungen $\Delta\mu$.

Ein Vergleich der Bilder 15.32 bis 15.34 untereinander läßt erkennen, daß die OC's steiler werden, wenn der Trend eine geringere Steigung aufweist. Dies wird deutlicher erkennbar aus den Bildern 15.35 bis 15.38, aus denen auch herausgelesen werden kann, daß bei einem Trend mit der Steigung $\Delta\mu = 0{,}1$ σ/Stück der Abgrenzungsfaktor $k_E = 1{,}0$ brauchbar ist ($p_{50} = 1{,}6\,\%$) während bei einem Trend mit der Steigung $\Delta\mu = 0{,}5$ σ/Stück ein Abgrenzungsfaktor $k_E \geq 1{,}5$ erforderlich wird.

Gegen die bisherige Berechnung und Darstellung kann der Einwand erhoben werden, daß auch bei Trendprozessen Fehleinstellungen möglich sind oder überzufällige Einflüsse die Einstellage sprunghaft verändern können mit der Folge, daß dann die in den Bildern 15.32 bis 15.38 dargestellten Operationscharakteristiken nicht zutreffen. Dieser Einwand ist richtig, aber nicht gravierend.

Zeile Nr.	$\dfrac{G_o - \mu}{\sigma}$	p in %	$\dfrac{E_o - \mu}{\sigma}$	P_a	$\prod P_a$	$\prod P_a$ ab Zeile 8
1	4	0,003	3,0	0,99865	0,99865	
2	3,7	0,011	2,7	0,99653	0,99518	
3	3,4	0,034	2,4	0,99180	0,98702	
4	3,1	0,097	2,1	0,98214	0,96940	
5	2,8	0,256	1,8	0,96407	0,93456	
6	2,5	0,621	1,5	0,93319	0,87213	
7	2,2	1,390	1,2	0,88493	0,77177	
8	1,9	2,872	0,9	0,81594	0,62972	0,81594
9	1,6	5,480	0,6	0,72575	0,45702	0,69217
10	1,3	9,680	0,3	0,61791	0,28240	0,36591
11	1,0	15,866	0,0	0,50000	0,14119	0,18295
12	0,7	24,196	-0,3	0,38209	0,05395	0,06990

Bild 15.31. Berechnung der Annahmekennlinie einer mit $n = 1$ kontinuierlich geführten QRK bei einem Prozeß mit einer konstanten Trendsteigung von $\Delta\mu = 0{,}3\sigma$/Stück und Abgrenzungsfaktor $k_E = 1{,}0$

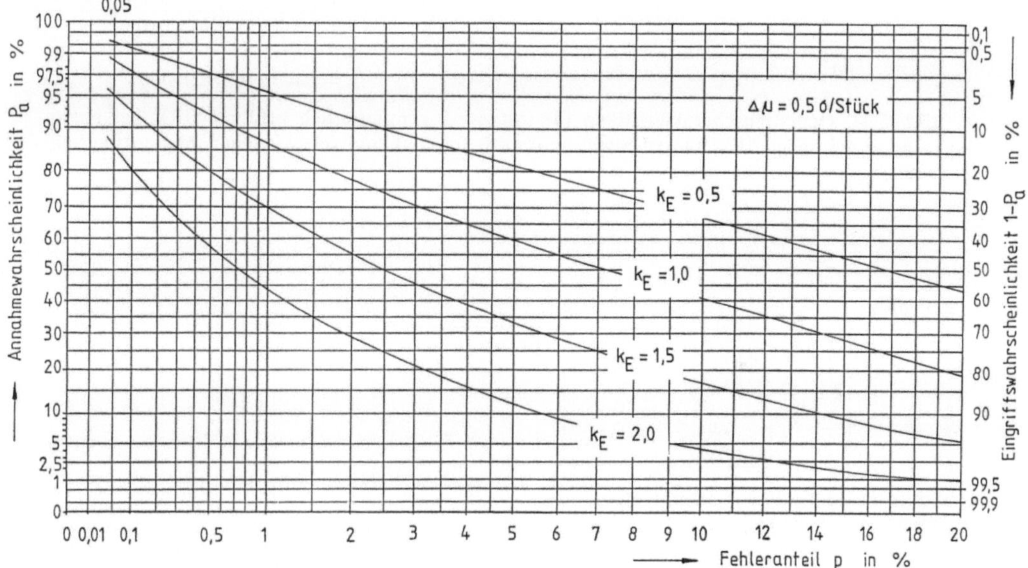

Bild 15.32. Operationscharakteristiken für mit $n = 1$ kontinuierlich geführte QRK bei einem Trendprozeß mit der konstanten Steigung $\Delta\mu = 0{,}5\sigma$/Stück und verschiedenen Abgrenzungsfaktoren k_E

Um dies zu beweisen ist in Bild 15.31, letzte Spalte, zusätzlich die Annahme getroffen worden, daß der Trend von $G_o - 2{,}2\,\sigma$ ausgeht mit der Folge, daß für das erste gefertigte Teil die Fehlerwahrscheinlichkeit $p = 2{,}872\,\%$ ist. Mit den weiteren gefertigten Teilen konvergiert $\prod P_a$ sehr schnell gegen Null.

Zum besseren Verständnis ist in Bild 15.39 eine andere Art der Darstellung gewählt, bei der die Berechnung durch eine bildliche Darstellung des Trends ergänzt wird. Wenn der Prozeß zu Beginn des linearen Trends auf $C = G_o - 5\,\sigma$ eingestellt ist und der Trend die (konstante) Steigung von $\Delta\mu = 0{,}25\,\sigma$/Stück hat, dann ist die Feh-

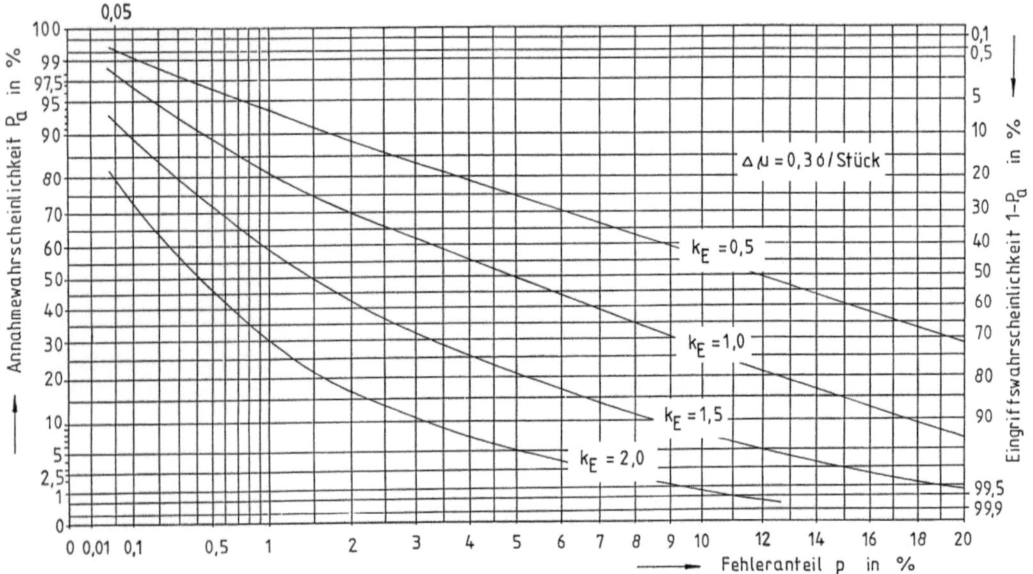

Bild 15.33. Operationscharakteristiken für mit $n = 1$ kontinuierlich geführte QRK bei einem Trendprozeß mit der konstanten Steigung $\Delta\mu = 0{,}3\sigma/\text{Stück}$ und verschiedenen Abgrenzungsfaktoren k_E

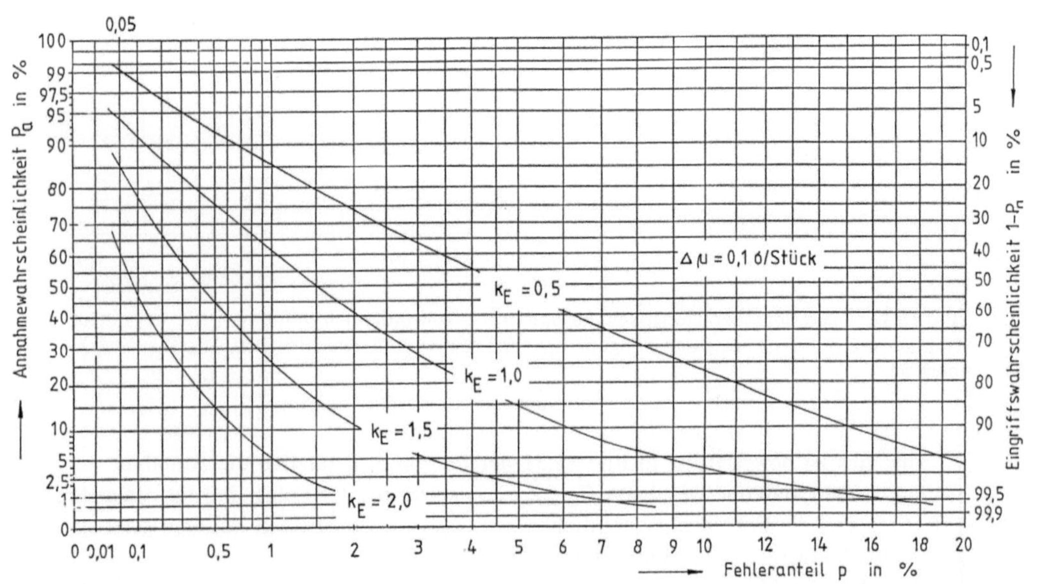

Bild 15.34. Operationscharakteristiken für mit $n = 1$ kontinuierlich geführte QRK bei einem Trendprozeß mit der konstanten Steigung $\Delta\mu = 0{,}1\sigma/\text{Stück}$ und verschiedenen Abgrenzungsfaktoren k_E

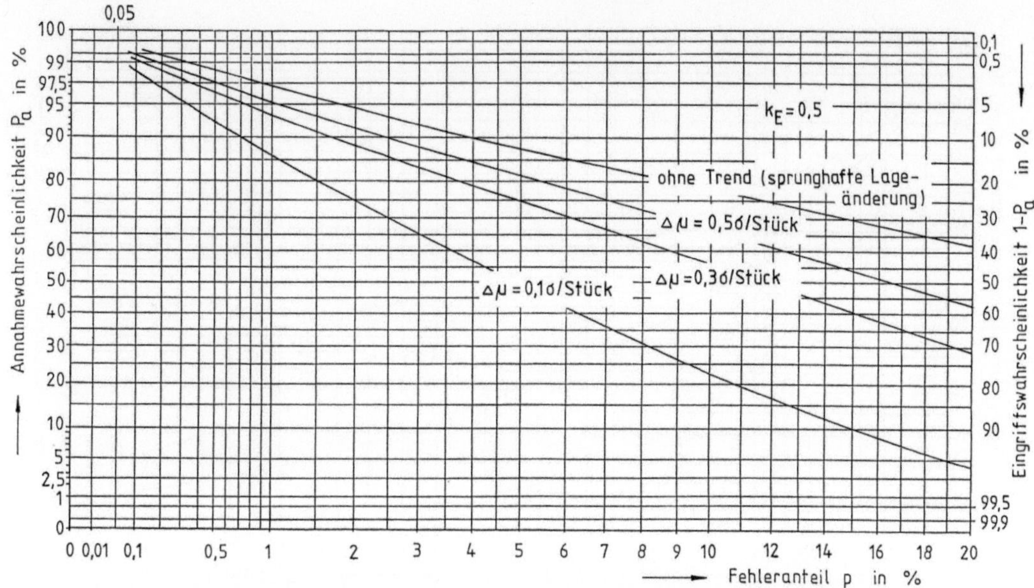

Bild 15.35. Operationscharakteristiken für mit $n = 1$ kontinuierlich geführte QRK mit dem Abgrenzungsfaktor $k_E = 0,5$ bei verschiedenen Trendsteigungen $\Delta\mu$

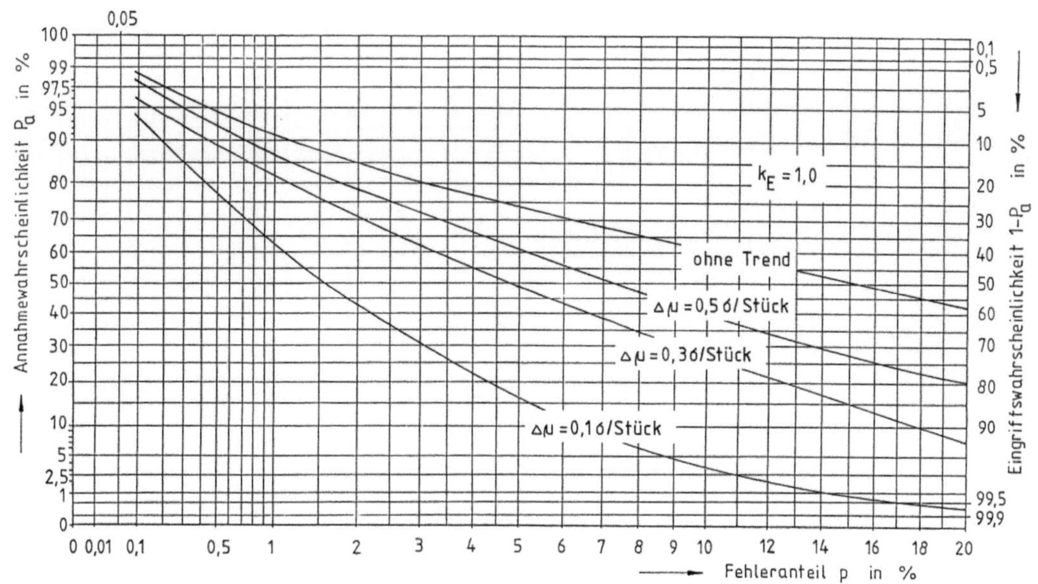

Bild 15.36. Operationscharakteristiken für mit $n = 1$ kontinuierlich geführte QRK mit dem Abgrenzungsfaktor $k_E = 1,0$ bei verschiedenen Trendsteigungen $\Delta\mu$

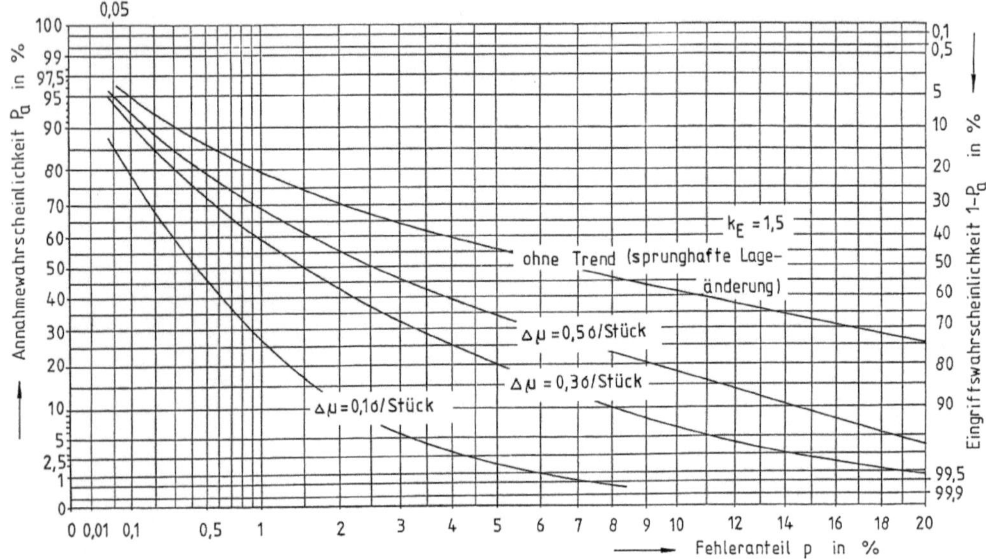

Bild 15.37. Operationscharakteristiken für mit $n = 1$ kontinuierlich geführte QRK mit dem Abgrenzungsfaktor $k_E = 1,5$ bei verschiedenen Trendsteigungen $\Delta\mu$

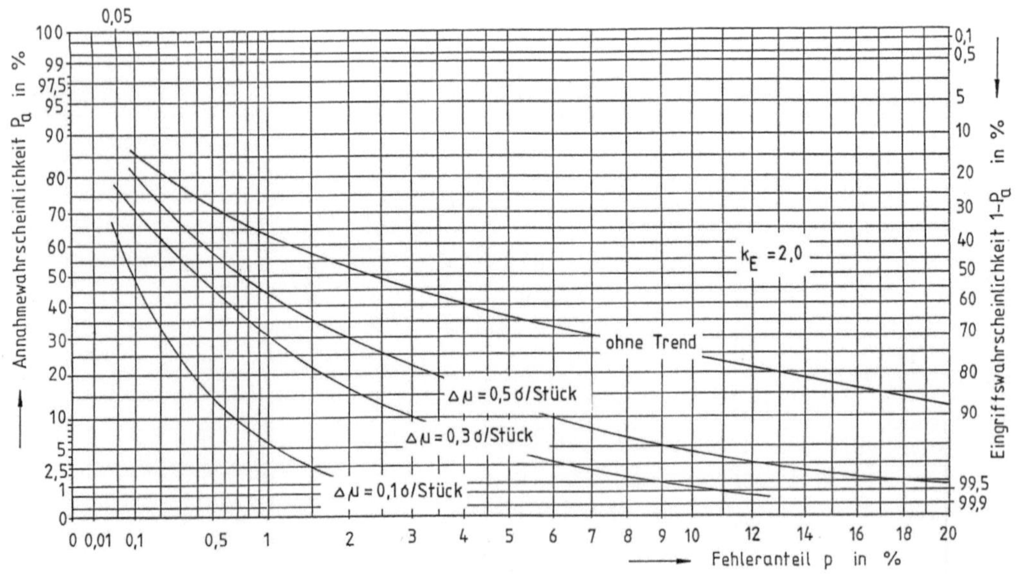

Bild 15.38. Operationscharakteristiken für mit $n = 1$ kontinuierlich geführte QRK mit dem Abgrenzungsfaktor $k_E = 2,0$ bei verschiedenen Trendsteigungen $\Delta\mu$

lerwahrscheinlichkeit für das 16. gefertigte Teil $p = 15{,}866\%$. Die Wahrscheinlichkeit, daß der Prozeß danach ohne Korrektur weiterläuft, ist jedoch nur $\prod P_a = 1{,}275\%$.

Driftet dagegen der Prozeß von $G_0 - 3\,\sigma$ los (Fehleinstellung) ist die Wahrscheinlichkeit dafür, daß nach insgesamt acht nacheinander gefertigten Teilen nicht eingegriffen wird $\prod P_a = 1{,}491\%$. Entsprechendes gilt für einen Trend mit $\Delta\mu = 0{,}5\ \sigma/\text{Stück}$, Bild 15.39.

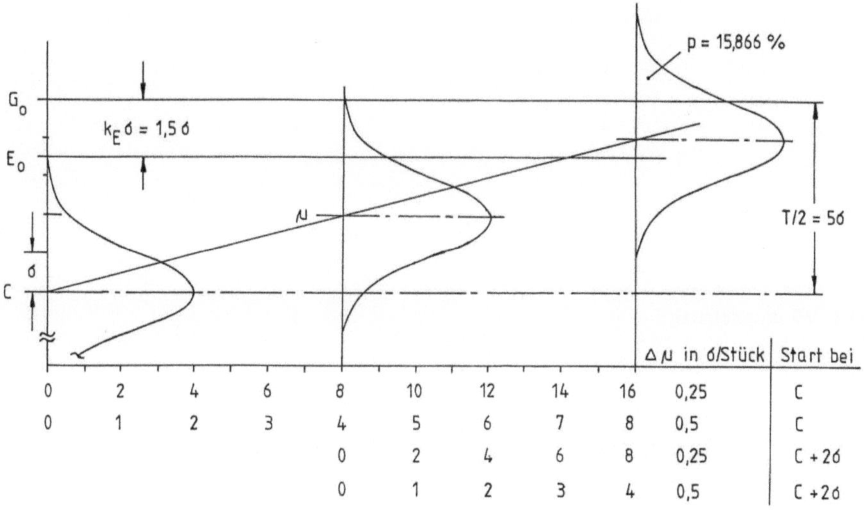

Δμ in δ/Stück	Start bei
0 2 4 6 8 10 12 14 16 — 0,25	C
0 1 2 3 4 5 6 7 8 — 0,5	C
0 2 4 6 8 — 0,25	C + 2δ
0 1 2 3 4 — 0,5	C + 2δ

Größe	Bemerkung	Teil i 1	2	3	4	5	6
Abstand $u = \dfrac{G_0-\mu}{\delta}$		4,75	4,5	4,25	4,0	3,75	3,5
Fehleranteil p in %							0,023
Abstand $u = \dfrac{E_0-\mu}{\delta}$		3,25	3,0	2,75	2,5	2,25	2,0
Annahmewahrscheinlichkeit P_a		0,99942	0,99865	0,99702	0,99397	0,98778	0,97725
Produkt $\prod P_a$	$\Delta\mu = 0{,}25\ \delta/\text{Stück}$ von C ausgehend	0,99942	0,99807	0,99510	0,98892	0,97683	0,95461
Produkt $\prod P_a$	$\Delta\mu = 0{,}25\ \delta/\text{Stück}$ von C+2δ ausgehend						
Produkt $\prod P_a$	$\Delta\mu = 0{,}5\ \delta/\text{Stück}$ von C ausgehend		0,99865		0,99242		0,96987
Produkt $\prod P_a$	$\Delta\mu = 0{,}5\ \delta/\text{Stück}$ von C+2δ ausgehend						

Bild 15.39. Berechnung der Annahmeprodukte bei linearen Trends mit bildlicher Darstellung der Trends. Die Prozeßsteuerung erfolgt mittels kontinuierlich geführter $n = 1$-QRK mit dem Abgrenzungsfaktor $k_\mathrm{E} = 1{,}5$

7	8	9	10	11	12	13	14	15	16
3,25	3,0	2,75	2,5	2,25	2,0	1,75	1,5	1,25	1,0
0,058	0,135	0,298	0,621	1.222	2,275	4,006	6,681	10,565	15,866
1,75	1,5	1,25	1,0	0,75	0,5	0,25	0,0	−0,25	−0,5
0,95994	0,93319	0,89435	0,84134	0,77337	0,69146	0,59871	0,5	0,40129	0,30854
0,91637	0,85514	0,76480	0,64346	0,49763	0,34409	0,20601	0,10301	0,04133	0,01275
		0,89435	0,75245	0,58192	0,40238	0,24091	0,12045	0,04834	0,01491
	0,90507		0,76147		0,52653		0,26326		0,08123
			0,84134		0,58175		0,29087		0,08974

Bild 15.39. Fortsetzung

15.4 Prozeßkorrektur

Bei der Prozeßsteuerung mittels periodisch oder kontinuierlich geführter Qualitätsregelkarten für die Prozeßlage muß bei jedem Überschreiten der Eingriffsgrenzen die Einstellung des Prozesses korrigiert werden. Ideal wäre die Korrektur um den Betrag der Abweichung des momentanen Mittelwerts der Verteilung gegenüber dem Mittenmaß $|\mu_i - C|$; der momentane Mittelwert μ_i wird jedoch nie genau bekannt.

Ist kein Trend vorhanden oder die Steigung des Trends gering, dann sind — im Falle der *Mittelwertkarte* — die $\bar{x}$-Werte die besten Schätzwerte für den momentanen Mittelwert μ; daher können die $|\bar{x} - C|$-Werte als Korrekturbeträge verwendet werden. Es ist jedoch zu bedenken, daß die Mittelwerte, die zum Eingriff führen, überwiegend aus der außen liegenden Hälfte der Verteilung der Mittelwerte stammen. In Bild 15.40 ist der Fall dargestellt, daß 50 % der Mittelwerte oberhalb der oberen Eingriffsgrenze liegen. Der simulierte, normalverteilte Prozeß ist um

$$\frac{3}{\sqrt{5}}\, \sigma = 2{,}68 \approx 2{,}7$$

nach oben verschoben. Von den 10 Mittelwerten liegen fünf oberhalb E_o. Der Gesamtmittelwert der Mittelwerte, die zum Eingriff führen, ist $\bar{x} = 9{,}5$. Damit ist das Verhältnis von Mittenabweichung zu Mittelwertabweichung

$$\frac{\mu_i - C}{\bar{x} - C} = \frac{2{,}7}{3{,}5} = 0{,}77.$$

Daher ist die optimale Korrektur bei der $n = 5 - \bar{x}$-QRK der Betrag $K \approx 0{,}75\,|\bar{x} - C|$.

ohne Mittenabweichung		mit Mittenabweichung		Mittelwert $\bar{x}$	
i	x_i	μ_i	x_i	mit	ohne Eingriff
1	6	8,7	8,7		
2	11	8,7	13,7		
3	5	8,7	7,7	9,7	
4	8	8,7	10,7		
5	5	8,7	7,7		
6	8	8,7	10,7		
7	7	8,7	9,7		
8	6	8,7	8,7		8,7
9	1	8,7	3,7		
10	8	8,7	10,7		
11	8	8,7	10,7		
12	6	8,7	8,7		
13	6	8,7	8,7	9,1	
14	6	8,7	8,7		
15	6	8,7	8,7		
16	8	8,7	10,7		
17	6	8,7	8,7		
18	9	8,7	11,7	9,7	
19	5	8,7	7,7		
20	7	8,7	9,7		
21	3	8,7	5,7		
22	9	8,7	11,7		
23	4	8,7	6,7	7,9	
24	5	8,7	7,7		
25	5	8,7	7,7		
26	5	8,7	7,7		
27	6	8,7	8,7		
28	6	8,7	8,7	8,1	
29	4	8,7	6,7		
30	6	8,7	8,7		
31	6	8,7	8,7		
32	7	8,7	9,7		
33	6	8,7	8,7	8,9	
34	4	8,7	6,7		
35	8	8,7	10,7		
36	5	8,7	7,7		
37	3	8,7	5,7		
38	2	8,7	4,7	7,3	
39	6	8,7	8,7		
40	7	8,7	9,7		
41	10	8,7	12,7		
42	8	8,7	10,7		
43	7	8,7	9,7	10,1	
44	4	8,7	6,7		
45	8	8,7	10,7		
46	5	8,7	7,7		
47	6	8,7	8,7		
48	3	8,7	5,7	8,1	
49	6	8,7	8,7		
50	7	8,7	9,7		

$$\bar{\bar{x}} = 9,5 \qquad \frac{\mu_i - C}{\bar{\bar{x}} - C} = \frac{2,7}{3,5} = 0,7714$$

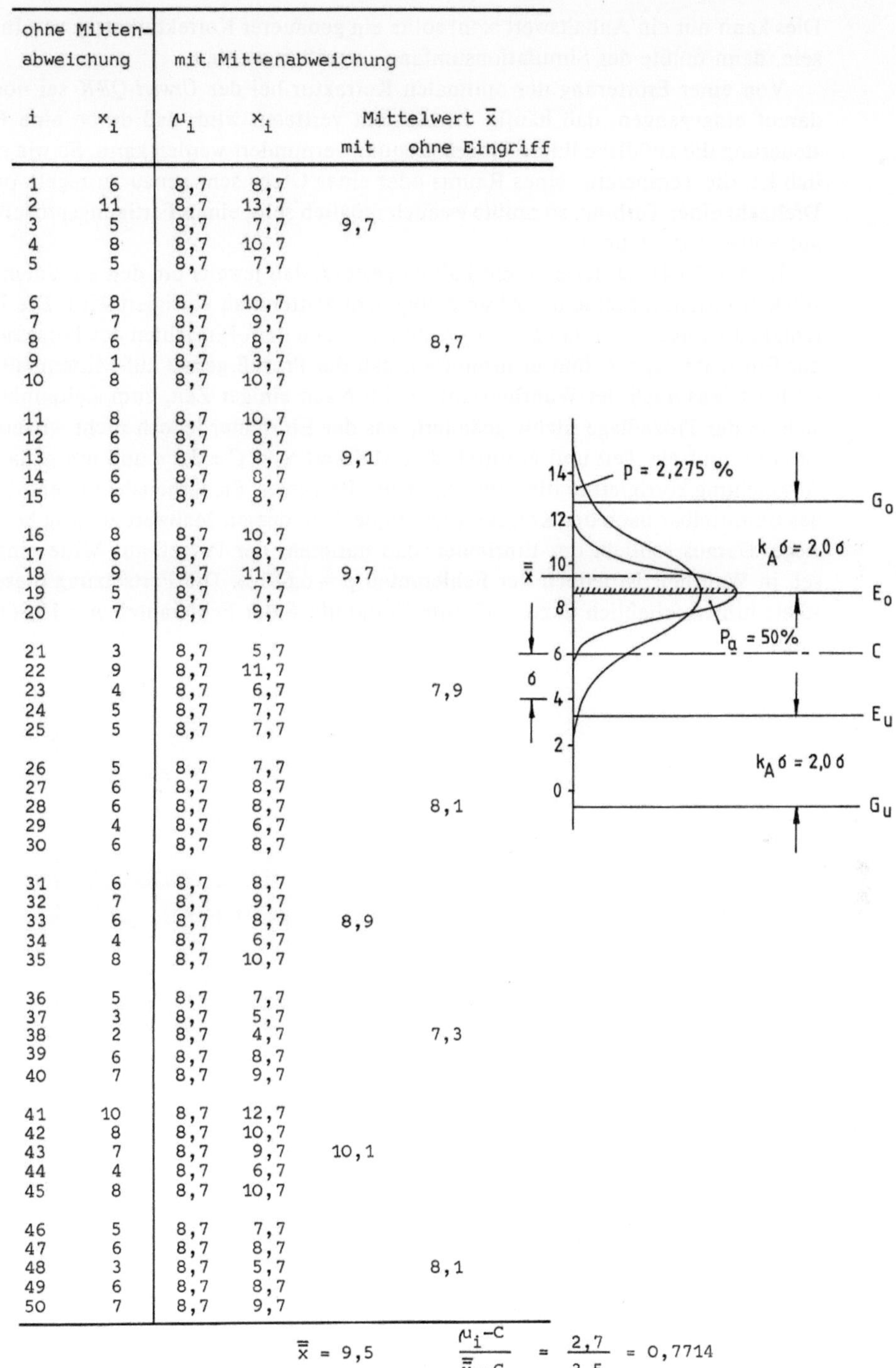

Bild 15.40. Simulation eines normalverteilten Prozesses, der mit seinem Mittelwert auf der oberen Eingriffsgrenze der $n = 5$-$\bar{x}$-QRK liegt

Dies kann nur ein Anhaltswert sein; sollte ein genauerer Korrekturbetrag von Interesse sein, dann müßte der Simulationsumfang vergrößert werden.

Von einer Erörterung der optimalen Korrektur bei der *Urwert-QRK* sei nochmals darauf eingegangen, daß häufig die Ansicht vertreten wird, daß durch eine Prozeßsteuerung die zufallsbedingte Prozeßstreuung vermindert werden kann. So wie es möglich ist, die Temperatur eines Raums oder eines Ofens sehr genau zu regeln oder die Drehzahl einer Turbine, so müßte es auch möglich sein, einen Fertigungsprozeß genau auf Sollwert zu steuern.

In Bild 15.41 ist der extreme Fall dargestellt, daß jeweils um den an einem Werkstück ermittelten Betrag der Abweichung vom Mittenmaß korrigiert wird. Die Prozeßfähigkeit ist mit $c_P = 1,3\overline{3}$ ($T = 8\,\sigma$) recht gut. Nach dem Einrichten des Prozesses mißt der Einrichter $x_1 = C$ und er nimmt an, daß der Prozeß genau auf Mittenmaß eingestellt ist, was auch der Wahrheit entspricht. Nach einiger Zeit, zum Zeitpunkt 2, hat sich an der Prozeßlage nichts geändert, was der Einrichter jedoch nicht wissen kann. Er entnimmt ein Teil und ermittelt den Maßwert $x_2 = C + 2,5\,\sigma$ und um genau diese Abweichung korrigiert er die Einstellung des Prozesses. Sicherheitshalber entnimmt er das unmittelbar nach der Korrektur gefertigte Teil, dessen Maßwert zufällig bei $x_3 = C$ liege. Daraus schließt der Einrichter, daß nunmehr der Prozeß auf Mitte eingestellt sei, in Wahrheit ist jedoch der Fehleranteil $p = 6,681\,\%$. Die Fortsetzung dieses Beispiels führt schließlich dazu, daß zum Zeitpunkt 6 der Fehleranteil $p = 15,866\,\%$ beträgt.

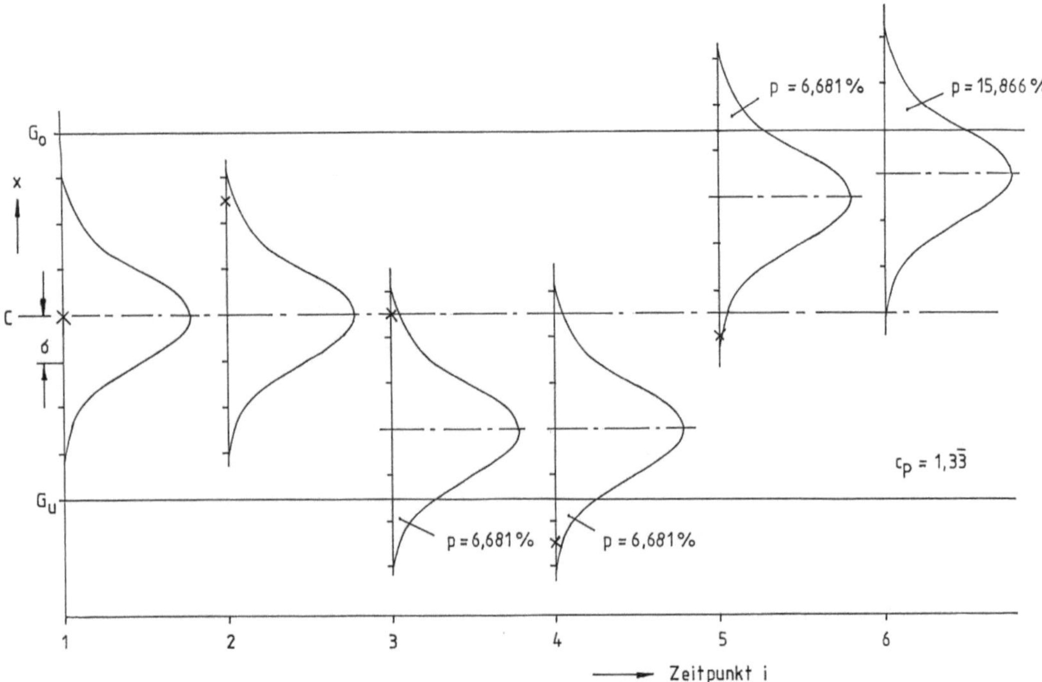

Bild 15.41. Manuelle Prozeßsteuerung durch Korrektur der aktuellen Abweichung um $K_i = -(x_i - C)$

| ohne Korrektur | | mit voller Korrektur jeder Abweichung | | | | |
| | | | | Eingriff | Abweichung | Korrektur |
i	x_i	μ_i	x_i	E	$x_i - C$	$-(x_i - C)$
1	6	6	6			
2	11	6	11	x	5	−5
3	5	1	0	x	−6	6
4	8	7	9	x	3	−3
5	5	4	3	x	−3	3
6	8	7	9	x	3	−3
7	7	4	5	x	−1	1
8	6	5	5	x	−1	1
9	1	6	1	x	−5	5
10	8	11	13	x	7	−7
11	8	4	6			
12	6	4	4	x	−2	2
13	6	6	6			
14	6	6	6			
15	6	6	6			
16	8	6	8	x	2	−2
17	6	4	4	x	−2	2
18	9	6	9	x	3	−3
19	5	3	2	x	−4	4
20	7	7	8	x	2	−2
21	3	5	2	x	−4	4
22	9	9	12	x	6	−6
23	4	3	1	x	−5	5
24	5	8	7	x	1	−1
25	5	7	6			
26	5	7	6			
27	6	7	7	x	1	−1
28	6	6	6			
29	4	6	4	x	−2	2
30	6	8	8	x	2	−2
31	6	6	6			
32	7	6	7	x	1	−1
33	6	5	5	x	−1	1
34	4	6	4	x	−2	2
35	8	8	10	x	4	−4
36	5	4	3	x	−3	3
37	3	7	4	x	−2	2
38	2	9	5	x	−1	1
39	6	10	10	x	4	−4
40	7	6	7	x	1	−1
41	10	5	9	x	3	−3
42	8	2	4	x	−2	2
43	7	4	5	x	−1	1
44	4	5	3	x	−3	3
45	8	8	10	x	4	−4
46	5	4	3	x	−3	3
47	6	7	7	x	1	−1
48	3	6	3	x	−3	3
49	6	9	9	x	3	−3
50	7	6	7	x	1	−1
51		5				

$$\sum K = -1 = \mu_{51} - \mu_1$$

Auswertung
der Korrekturbeträge:

−7	/
−6	/
−5	/
−4	///
−3	++++
−2	///
−1	++++ /
0	++++ ////
1	++++
2	++++ /
3	++++
4	//
5	//
6	/

$$n = 50$$
$$\bar{K} = -0{,}02$$
$$\sum K = -1$$

Auswertung der gesteuerten x_i

$$n = 50$$
$$\bar{x} = 6{,}0$$
$$s_x = 2{,}899683$$

Bild 15.42. Simulation eines Prozesses, bei dem jede Abweichung vom Sollwert zu 100 % korrigiert wird; die 50 x_i-Werte ohne Korrektur sind eine Zufallsstichprobe aus einer Modell-NV mit den Parametern $\mu = 6$ und $\sigma \approx 2$

Ein weiteres, drastisches Beispiel mit Zahlenwerten ist in Bild 15.42 enthalten. Die jedesmalige Korrektur jeder Abweichung vom Sollwert $C = 6$ führt dazu, daß die Gesamtstreuung des Prozesses gegenüber der Reststreuung um ca. 50 % in unnötiger Weise vergrößert wird.

Es sei angenommen, daß hieraus die Lehre gezogen wird, daß der Prozeß „einen gewissen Spielraum" benötigt; dennoch soll der Prozeß „in enge Grenzen" gehalten werden, Bilder 15.43 und 15.44. Die Eingriffsgrenzen werden auf $E_u = 3{,}5$ und $E_o = 8{,}5$ festgelegt. Jede Abweichung, die außerhalb dieses Bereichs liegt, wird voll korrigiert. Dennoch — oder gerade deswegen — liegt die Gesamtstreuung wieder um ca. 50 % über der Reststreuung. Hier stellt sich die Frage, ob dies auf die engen Grenzen oder auf eine falsche Korrektur zurückzuführen ist. Um letzteres zu klären, wurden in Bild 15.43 die Beträge der Mittenabweichungen und die Beträge der Abweichungen aller Einzelwerte, die zum Eingriff führten, gebildet und gemittelt. Das Verhältnis ist

$$\frac{\text{Mittelwertabweichung}}{\text{Einzelwertabweichung}} \approx 0{,}5.$$

Daraus wird geschlossen, daß der Gesamtprozeß auch bei engen Grenzen verbessert werden kann, indem jeweils nur um die Hälfte der jeweiligen Einzelwertabweichung korrigiert wird, Bilder 15.45 und 15.46. Tatsächlich wird trotz der engen Grenzen erreicht, daß die Streuung mit $s_x = 2{,}287\,329$ wesentlich kleiner ist als in den Bildern 15.43 und 15.44. Dennoch sind „enge Grenzen" nicht unbedingt zu empfehlen. Zweckmäßiger sind angemessen weite Grenzen, die nicht zu unnötigen Eingriffen führen und dennoch ausreichend vor Fehlern schützen, Bild 15.46. Keiner der 50 Einzelwerte führt zu einem Eingriff; die Gesamtstreuung ist daher nicht größer als die Reststreuung.

In Bild 15.45 wurden zusätzlich die Differenzen der gesteuerten x_i-Werte gebildet und ausgewertet; dies ist eine wirksame Methode, die Richtigkeit der Simulation des Prozesses zu kontrollieren.

Schließlich werde noch die Frage geprüft, welches der optimale Korrekturbetrag sei, wenn die Eingriffsgrenzen der Urwert-QRK angemessen weit auseinanderliegen. In Bild 15.47 ist dazu eine Urwertkarte skizziert, bei der die Eingriffsgrenzen bei $E_u = 0{,}5$ und $E_o = 11{,}5$ liegen; die Modell-NV paßt in den Annahmebereich hinein, wenn deren Mittelwert mit C übereinstimmt. Weiterhin sind verschiedene Abweichungen von der Mittenlage simuliert und die Mittelwerte der Abweichungsbeträge der Einzelwerte oberhalb E_o berechnet. In der Lage $\mu = C + 3$ beispielsweise ist dies $\bar{A} = \frac{1}{5}(3 \cdot 6 + 7 + 8) = 6{,}6$. Da die Verteilung um den Betrag 3 über C liegt, wäre die optimale Korrektur in dieser Situation $K = 0{,}45\bar{A}$; dann würde aus dieser Situation durchschnittlich auf C korrigiert. Da die wahre Prozeßlage nie bekannt wird, ist $K = -0{,}5\,A$ eine brauchbare Näherung. Die kurzen, zusätzlichen Mittellinien in Bild 15.47 deuten an, wohin durch die Näherungskorrektur gesteuert wird. Bei kleinen Abweichungen wird „übersteuert", bei großen Abweichungen wird untersteuert.

Alle bisherigen Erörterungen zu Prozeßkorrektur bezogen sich auf den Fall, daß kein Trend vorhanden ist oder dessen Steigung sehr gering ist. Dann ist – unabhängig von der Lage der Eingriffsgrenzen – als Korrekturbetrag $K = -0{,}5\,A$ zu empfehlen.

	ohne Korrektur		mit Korrektur				
					Abweichung	Korrektur
1	2	3		4	5	6	7
i	x_i	μ_i	$|\mu_i - C|$	x_i	$|x_i - C|$	Eingriff	$x_i - C$	$-(x_i - C)$
1	6	6		6				
2	11	6	0	11	5	x	5	−5
3	5	1	5	0	6	x	−6	6
4	8	7	1	9	3	x	3	−3
5	5	4	2	3	3	x	−3	3
6	8	7	1	9	3	x	3	−3
7	7	4		5				
8	6	4		4				
9	1	4	2	−1	7	x	−7	7
10	8	11	5	13	7	x	7	−7
11	8	4		6				
12	6	4		4				
13	6	4		4				
14	6	4		4				
15	6	4		4				
16	8	4		6				
17	6	4		4				
18	9	4		7				
19	5	4	2	3	3	x	−3	3
20	7	7		8				
21	3	7		4				
22	9	7	1	10	4	x	4	−4
23	4	3	3	1	5	x	−5	5
24	5	8		7				
25	5	8		7				
26	5	8		7				
27	6	8		8				
28	6	8		8				
29	4	8		6				
30	6	8		8				
31	6	8		8				
32	7	8	2	9	3	x	3	−3
33	6	5		5				
34	4	5	1	3	3	x	−3	3
35	8	8	2	10	4	x	4	−4
36	5	4	2	3	3	x	−3	3
37	3	7		4				
38	2	7	1	3	3	x	−3	3
39	6	10	4	10	4	x	4	−4
40	7	6		7				
41	10	6	0	10	4	x	4	−4
42	8	2		4				
43	7	2	4	3	3	x	−3	3
44	4	5	1	3	3	x	−3	3
45	8	8	2	10	4	x	4	−4
46	5	4	2	3	3	x	−3	3
47	6	7		7				
48	3	7		4				
49	6	7		7				
50	7	7		8				

Stichprobe
$n = 50$

$\bar{x} = 6{,}06$

$s_x = 1{,}963026$

$\overline{|\mu_i - C|} = 2{,}0476$

$\overline{|x_i - C|} = 3{,}9524$

$$\dfrac{\overline{|\mu_i - C|}}{\overline{|x_i - C|}} = 0{,}5181 \approx 0{,}5$$

Bild 15.43. Simulation eines Prozesses, der mit einer $n = 1$-QRK kontinuierlich in „enge Grenzen" gesteuert wird. Beim Eingriff wird um die volle Abweichung des Einzelwerts korrigiert. Eingriffsgrenzen $E_n = 3{,}5$; $E_0 = 8{,}5$

Auswertung der "gesteuerten"
x_i- Werte:

x_j		n_j	$\sum n_j$	G_j in %
-1	/	1	1	1
0	/	1	2	3
1	/	1	3	5
2		0	3	5
3	++++ ///	8	11	21
4	++++ ++++	10	21	41
5	//	2	23	45
6	////	4	27	53
7	++++ //	7	34	67
8	++++ /	6	40	79
9	///	3	43	85
10	++++	5	48	95
11	/	1	49	97
12		0	49	97
13	/	1	50	99

$n = 50$

$\bar{x} = 5{,}92$

$s_x = 2{,}981850$

(relative) Prozeßstreuung

$$\frac{s_x}{\hat{\sigma}} = \frac{2{,}981850}{1{,}963026} = 1{,}519007$$

<u>Anmerkung:</u> für $\hat{\sigma}$ wurde hier die Standardabweichung des nicht gesteuerten Prozesses gewählt

Bild 15.43. Fortsetzung

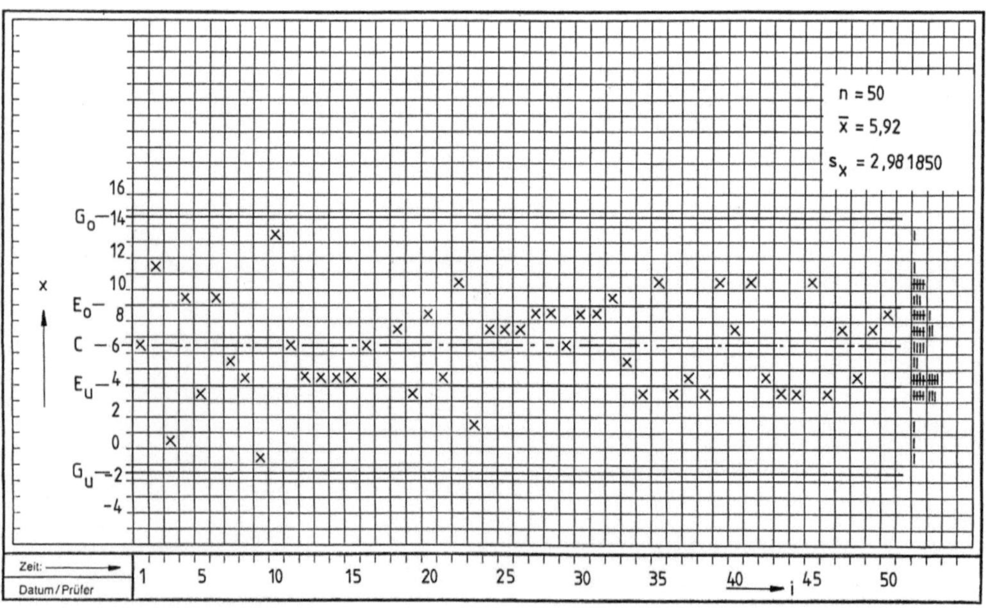

Bild 15.44. Darstellung einer $n = 1$-QRK mit „engen Grenzen" und dem in Bild 15.43 simulierten Prozeß

| ohne Korrektur | | mit Korrektur | | | Abweichung | Korrekturbetrag | Differenz |
| | | | | | | $K_i = -A_i/2$ | |
i	x_i	μ_i	x_i	Eingriff	$A_i = x_i - C$	(gerundet)	$D_i = x_i - x_{i-1}$
1	6	6	5				
2	11	6	11	x	5	$-2,5$	5
3	5	3,5	2,5	x	$-3,5$	1,8	$-6 = 2,5 - (11 - 2,5)$
4	8	5,3	7,3				$3 = 7,3 - (2,5 + 1,8)$
5	5	5,3	4,3				-3
6	8	5,3	7,3				3
7	7	5,3	6,3				-1
8	6	5,3	5,3				-1
9	1	5,3	0,3	x	$-5,7$	2,8	-5
10	8	8,1	10,1	x	4,1	$-2,0$	7
11	8	6,1	8,1				0
12	6	6,1	6,1				-2
13	6	6,1	6,1				0
14	6	6,1	6,1				0
15	6	6,1	6,1				0
16	8	6,1	8,1				2
17	6	6,1	6,1				-2
18	9	6,1	9,1	x	3,1	$-1,6$	3
19	5	4,5	3,5				-4
20	7	4,5	5,5				2
21	3	4,5	1,5	x	$-4,5$	2,2	-4
22	9	6,7	9,7	x	3,7	$-1,9$	6
23	4	4,8	2,8	x	$-3,2$	1,6	-5
24	5	6,4	5,4				1
25	5	6,4	5,4				0
26	5	6,4	5,4				0
27	6	6,4	6,4				1
28	6	6,4	6,4				0
29	4	6,4	4,4				-2
30	6	6,4	6,4				2
31	6	6,4	6,4				0
32	7	6,4	7,4				1
33	6	6,4	6,4				-1
34	4	6,4	4,4				-2
35	8	6,4	8,4				4
36	5	6,4	5,4				-3
37	3	6,4	3,4	x	$-2,6$	1,3	-2
38	2	7,7	3,7				-1
39	6	7,7	7,7				4
40	7	7,7	8,7	x	2,7	$-1,4$	1
41	10	6,3	10,3	x	4,3	$-2,2$	3
42	8	4,1	6,1				-2
43	7	4,1	5,1				-1
44	4	4,1	2,1	x	$-3,9$	2,0	-3
45	8	6,1	8,1				4
46	5	6,1	5,1				-3
47	6	6,1	6,1				1
48	3	6,1	3,1	x	$-2,9$	1,4	-3
49	6	7,5	7,5				3
50	7	7,5	8,5				1

Auswertung der Differenzen:

x_j		n_j
-6	/	1
-5	//	2
-4	//	2
-3	/////	5
-2	//////	6
-1	/////	5
0	////////	8
1	//////	6
2	///	3
3	/////	5
4	///	3
5	/	1
6	/	1
7	/	1

$n = 49$

$\bar{D} = 0,020408$

$s_D = 2,933214$

$$\hat{\sigma} = \frac{s_D}{\sqrt{2}} = 2,074095$$

in Übereinstimmung mit Bild 14/18

Auswertung der gesteuerten x_i-Werte:

$$\sum K_i = 1,5 = \mu_{50} - \mu_0 = 7,5 - 6,0$$

$n = 50$

$\bar{x} = 6,058$

$s_x = 2,287329$

$$\text{(relative) Prozeßstreuung } \frac{s_x}{\hat{\sigma}} = \frac{2,287329}{2,074095} = 1,102808$$

Bild 15.45. Simulation eines Prozesses, der mit einer $n = 1$-QRK mit „engen Grenzen" gesteuert wird; beim Eingriff wird um den Korrekturbetrag $K_i = -0,5 A_i$ korrigiert

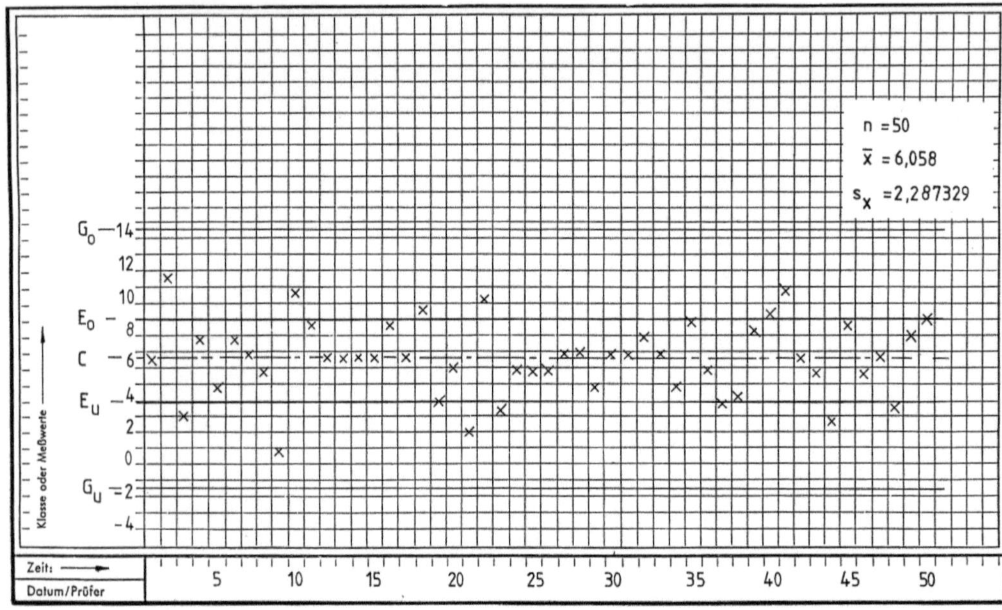

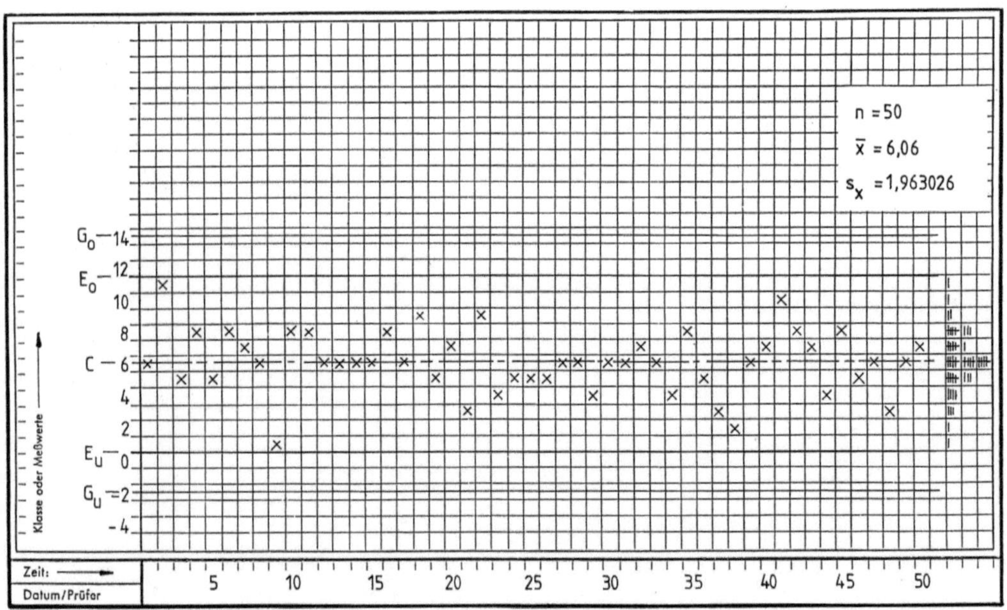

Bild 15.46. Darstellung einer $n = 1$-QRK mit engen Grenzen und dem in Bild 15.45 simulierten Prozeß ($K = -0,5\,A$) **(a)** und weiten Grenzen, so daß in den auf Mitte eingestellten und ohne Störung verlaufenden Prozeß bei $n = 50$ Werten nicht eingegriffen wird **(b)**

mittlere Lage der Verteilung der Einzelwerte	$\mu = C+1$	$\mu = C+2$	$\mu = C+3$	$\mu = C+4$	$\mu = C+5$	$\mu = C+6$
Mittelwert der Abweichungen der x-Werte oberhalb E_o	$\overline{A} = 6$	$\overline{A} = 6,5$	$\overline{A} = 6,6$	$\overline{A} = 6,72$	$\overline{A} = 6,95$	$\overline{A} = 7,3$
optimaler Korrekturbetrag	$K = -0,17\overline{A}$	$K = -0,31\overline{A}$	$K = -0,45\overline{A}$	$K = -0,59\overline{A}$	$K = -0,72\overline{A}$	$K = -0,82\overline{A}$

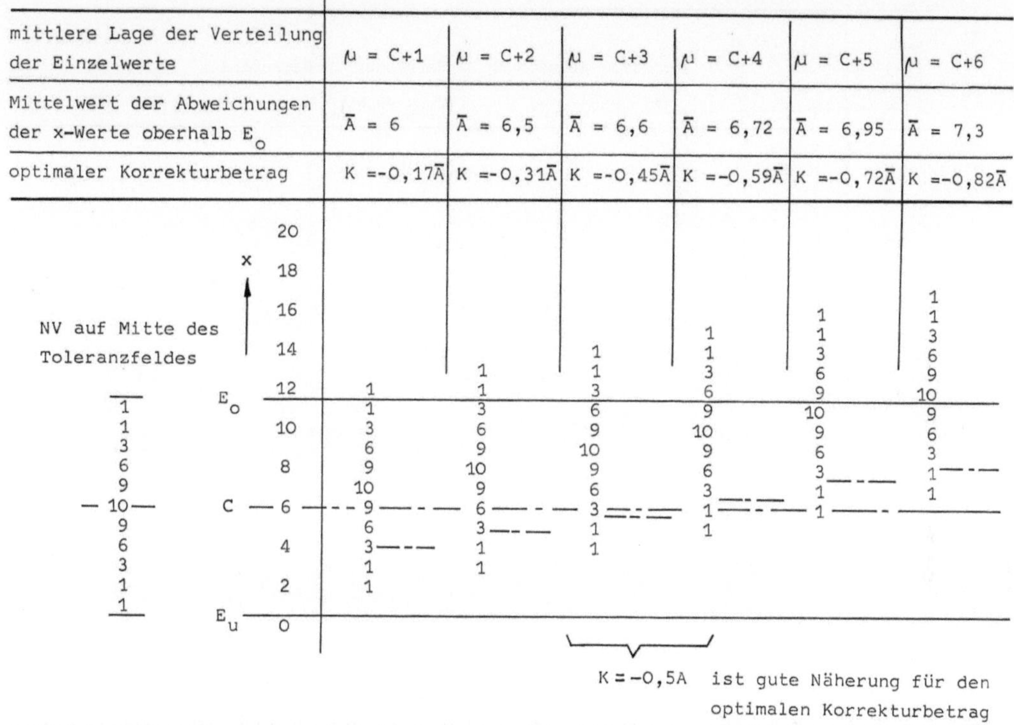

Bild 15.47. Empirische Ermittlung des optimalen Korrekturbetrags bei unterschiedlichen Abweichungen der Verteilung der Einzelwerte gegenüber der Mitte des Toleranzfelds C; die Grenzwerte sind nicht eingezeichnet

Während bei einem Prozeß ohne Trend und einer $n = 1 - $ QRK zweckmäßigerweise um die Hälfte des letzten Abweichungsbetrags korrigiert werden sollte, $K_i = -0,5\,A_i$, kann bei einem Trendprozeß ein größerer Korrekturbetrag notwendig sein. In Bild 15.48 ist ein Prozeß mit einer Trendsteigung von $\Delta\mu = 0,5\ \sigma/$Stück simuliert. Bei jedem Eingriff wird um den halben Betrag der letzten Abweichung korrigiert. Der Prozeß „klettert" nach oben und bleibt in der oberen Toleranzhälfte „hängen". Der Mittelwert ist mit $\bar{x} = 9,692$ viel zu hoch, Bild 15.49. Die (relative) Prozeßstreuung ist mit $s_\mathrm{P} = 1,216\,7$ unter der (relativen) Prozeßfähigkeit.

Eine Kontrolle der Richtigkeit der Simulation erfolgt einmal mittels der Differenzenmethode, zum anderen über die Summe der Korrekturwerte, Bild 15.48. Diese Kontrolle erfolgt auch in verschiedenen nachfolgenden Beispielen, ohne daß darauf noch einmal ausdrücklich hingewiesen wird.

In Bild 15.50 ist erneut ein Prozeß mit einer Trendsteigung von $\Delta\mu = 0,5\ \sigma/$Stück simuliert, jedoch wird bei jedem Eingriff um den jeweils ganzen Betrag der letzten Abweichung korrigiert. Der Gesamtmittelwert liegt mit $\bar{x} = 7,72$ etwas über dem Mittenmaß, auch die (relative) Prozeßstreuung ist mit $s_\mathrm{P} = 1,464\,5$ etwas zu hoch. Insgesamt ist jedoch bei dieser Steuerung ein auf Mitte liegendes, fehlerarmes Fertigungslos zu erwarten, Bild 15.51.

ohne Trend		mit Trend		Eingriff	Abweichung	Korrektur	Differenz
i	x_i	μ_i	x_i	E	A_i	$K_i = -0,5\,A_i$	$D_i = x_i - x_{i-1}$
1	6	7	7				6
2	11	8	13	x	7	-3,5 auf 4,5	-5 = 4,5 - (13 - 3,5)
3	5	5,5	4,5				4
4	8	6,5	8,5				-2
5	5	7,5	6,5				4
6	8	8,5	10,5				4
7	7	9,5	10,5				0
8	6	10,5	10,5				0
9	1	11,5	6,5				-4
10	8	12,5	14,5	x	8,5	-4,2 auf 8,3	8
11	8	9,3	11,3				1 = 10,3 - (14,5 - 4,2)
12	6	10,3	10,3				-1
13	6	11,3	11,3				1
14	6	12,3	12,3	x	6,3	-3,2 auf 9,1	1
15	6	10,1	10,1				1 = 10,1 - (12,3 - 3,2)
16	8	11,1	13,1	x	7,1	-3,6 auf 7,5	3
17	6	8,5	8,5				-1
18	9	9,5	12,5	x	6,5	-3,2 auf 6,3	4
19	5	7,3	6,3				-3
20	7	8,3	9,3				3
21	3	9,3	6,3				-3
22	9	10,3	13,3	x	7,3	-3,6 auf 6,7	7
23	4	7,7	5,7				-4
24	5	8,7	7,7				2
25	5	9,7	8,7				1
26	5	10,7	9,7				1
27	6	11,7	11,7	x	5,7	-2,8 auf 8,9	2
28	6	9,9	9,9				1
29	4	10,9	8,9				-1
30	6	11,9	11,9	x	5,9	-3,0 auf 8,9	3
31	6	9,9	9,9	x			1
32	7	10,9	11,9	x	5,9	-3,0 auf 7,9	2
33	6	8,9	8,9				0
34	4	9,9	7,9				-1
35	8	10,9	12,9	x	6,9	-3,4 auf 7,5	5
36	5	8,5	7,5				-2
37	3	9,5	6,5				-1
38	2	10,5	6,5				0
39	6	11,5	11,5				5
40	7	12,5	13,5	x	7,5	-3,8 auf 8,7	2
41	10	9,7	13,7	x	7,7	-3,8 auf 5,9	4
42	8	6,9	8,9				-1
43	7	7,9	8,9				0
44	4	8,9	6,9				-2
45	8	9,9	11,9	x	5,9	-3,0 auf 6,9	5
46	5	7,9	6,9				-2
47	6	8,9	8,9				2
48	3	9,9	6,9				-2
49	6	10,9	10,9				4
50	7	11,9	12,9	x	6,9	-3,4 auf 8,5	2

$$\sum K_i = -47,5$$

Auswertung der gesteuerten x_i:

$n = 50$

$\bar{x} = 9,692$

$s_x = 2,523590$

(relative) Prozeßstreuung $\quad s_P = \dfrac{s_x}{\hat{\sigma}} = 1,2167$

$$\mu_{50,neu} - \mu_0 = 8,5 - 6,0 = 2,5$$
$$= 50\,\Delta\mu + \sum K_i = 50 - 47,5 = 2,5$$

Auswertung der Differenzen:

D_j		n_j
-5	/	1
-4	//	2
-3	//	2
-2	/////	5
-1	//////	6
0	/////	5
1	////////	8
2	//////	6
3	///	3
4	/////	5
5	///	3
6	/	1
7	/	1
8	/	1

$n = 49$

$\bar{D} = 1,020408$

$s_D = 2,933214$

$\hat{\sigma} = \dfrac{s_D}{\sqrt{2}} = 2,074095$

in Übereinstimmung mit Bild 14/18, Spalte 3

Bild 15.48. Simulation eines Prozesses mit einer Trendsteigung von $\Delta\mu = 0,5\,\sigma/$Stück. Der Prozeß wird mit einer $n = 1$-QRK kontinuierlich gesteuert. Toleranz $T = 8\sigma$; Prozeßfähigkeit $c_P = 1,3\overline{3}$; Abgrenzungsfaktor $k_E = 1,25$

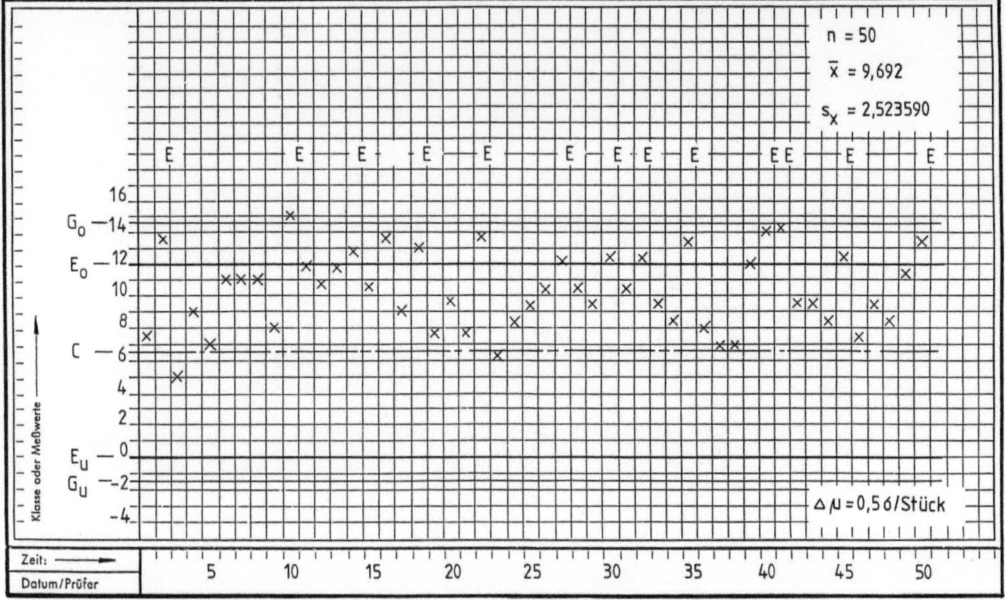

Bild 15.49. Darstellung des in Bild 15.48 simulierten Prozesses

In Bild 15.52 ist ebenfalls ein Prozeß mit einer Trendsteigung von $\Delta\mu = 0,5$ σ/Stück simuliert, jedoch ist hier die Prozeßfähigkeit $c_P = 1,6\overline{6}$ oder $T = 10$ σ. Da mit den gleichen Abgrenzungsfaktoren $k_E = 1,25$ wie in Bild 15.50 gesteuert wird, ist der Mittelwert mit $\bar{x} = 9,14$ viel zu hoch und die Streuung ist mit $s_x = 3,58$ auch größer. Damit ist die (relative) Prozeßstreuung $s_x/\hat{\sigma} = 1,73$ geringfügig größer als c_P. Dies wäre akzeptabel, wenn der Mittelwert $\bar{x}$ dichter beim Mittenmaß läge, Bild 15.53.

Um dies zu erreichen, bieten sich zwei Möglichkeiten an, die je für sich oder gleichzeitig Anwendung finden können. Einmal könnte die Eingriffsgrenze, zu der der Trend hindriftet, zur Mitte verschoben werden; zum anderen könnte durch die Wahl eines größeren Korrekturbetrags eine bessere Zentrierung des Gesamtmittelwerts auf das Mittenmaß erzielt werden.

In Bild 15.54 wird ein Prozeß mit der Trendsteigung $\Delta\mu = 0,5$ σ/Stück simuliert und mittels einer $n = 1 - $ QRK kontinuierlich gesteuert, bei der die Eingriffsgrenzen asymmetrisch angelegt sind. Die obere Eingriffsgrenze E_o wurde gegenüber dem letzten Beispiel zur Mitte verschoben, damit der Prozeß beim Hinaufdriften früher gestoppt wird. Ferner wird bei jedem Eingriff um $K_i = -(A_i + 2)$ korrigiert, d.h. es wird bewußt „übersteuert". Damit es an der unteren Eingriffsgrenze, von der der Prozeß ohnehin wegdriftet, nicht (oft) zu unnötigen Eingriffen kommt, wurde $k_{E,u}$ etwas verringert. Der in Bild 15.54 simulierte Prozeß ist in Bild 15.55 dargestellt.

Das Ergebnis dieser Maßnahmen ist fast optimal. Der Mittelwert liegt mit $\bar{x} = 6,18$ dicht beim Mittenmaß und die (relative) Prozeßstreuung ist mit $s_P = 1,73$ nicht größer geworden, aber sie liegt immer noch oberhalb der Prozeßfähigkeit $c_P = 1,6\overline{6}$. Dies läßt sich ändern durch eine Zurücknahme der Übersteuerung. In Bild 15.56 ist dies gesche-

| ohne Trend | | mit Trend | | Eingriff | Abweichung | Korrektur | Differenz |
i	x_i	μ_i	x_i	E	$A_i = x_i - C$	$K_i = -A_i$	$D_i = x_i - x_{i-1}$
1	6	7	7				
2	11	8	13	x	7	−7 auf 1	6
3	5	2	1				−5 = 1 − (13 − 7)
4	8	3	5				4
5	5	4	3				−2
6	8	5	7				4
7	7	6	7				0
8	6	7	7				0
9	1	8	3				−4
10	8	9	11				8
11	8	10	12	x	6	−6 auf 4	1
12	6	5	5				−1 = 5 − (12 − 6)
13	6	6	6				1
14	6	7	7				1
15	6	8	8				1
16	8	9	11				3
17	6	10	10				−1
18	9	11	14	x	8	−8 auf 3	4
19	5	4	3				−3
20	7	5	6				3
21	3	6	3				−3
22	9	7	10				7
23	4	8	6				−4
24	5	9	8				2
25	5	10	9				1
26	5	11	10				1
27	6	12	12	x	6	−6 auf 6	2
28	6	7	7				1
29	4	8	6				−1
30	6	9	9				3
31	6	10	10				1
32	7	11	12	x	6	−6 auf 5	2
33	6	6	6				0
34	4	7	5				−1
35	8	8	10				5
36	5	9	8				−2
37	3	10	7				−1
38	2	11	7				0
39	6	12	12	x	6	−6 auf 6	5
40	7	7	8				2
41	10	8	12	x	6	−6 auf 2	4
42	8	3	5				−1
43	7	4	5				0
44	4	5	3				−2
45	8	6	8				5
46	5	7	6				−2
47	6	8	8				2
48	3	9	6				−2
49	6	10	10				4
50	7	11	12	x	6	−6 auf 5	2

Auswertung der Differenzen:

D_j		n_j
−5	/	1
−4	//	2
−3	//	2
−2	/////	5
−1	//////	6
0	/////	5
1	////////	8
2	//////	6
3	///	3
4	/////	5
5	///	3
6	/	1
7	/	1
8	/	1

$n = 49$

$\overline{D} = 1{,}020408$

$s_D = 2{,}933214$

$\hat{\sigma} = \dfrac{s_D}{\sqrt{2}} = 2{,}074095$

in Übereinstimmung mit Bild 14/18, Spalte 3

Auswertung der gesteuerten x_i:

$n = 50$

$\overline{x} = 7{,}72$

$s_x = 3{,}037453$

(relative) Prozeßstreuung $s_p = 1{,}4645$

$$\sum K_i = -51$$

$$\mu_{50,\ neu} - \mu_0 = 5 - 6 = -1$$
$$= 50\Delta\mu + \sum K_i = 50 - 51 = -1$$

Bild 15.50. Simulation eines Prozesses mit der Trendsteigung $\Delta\mu = 0{,}5\sigma/$Stück. Der Prozeß wird mit einer $n = 1$-QRK kontinuierlich gesteuert. Toleranz $T = 8\sigma$; Prozeßfähigkeit $c_P = 1{,}3\overline{3}$; Abgrenzungsfaktor $k_E = 1{,}25$

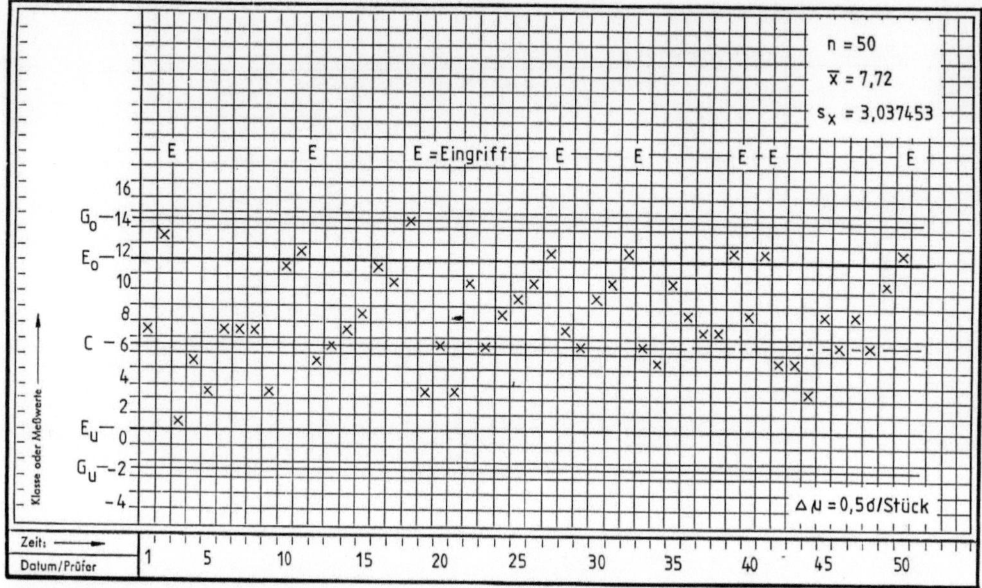

Bild 15.51. Darstellung des in Bild 15.50 simulierten Prozesses

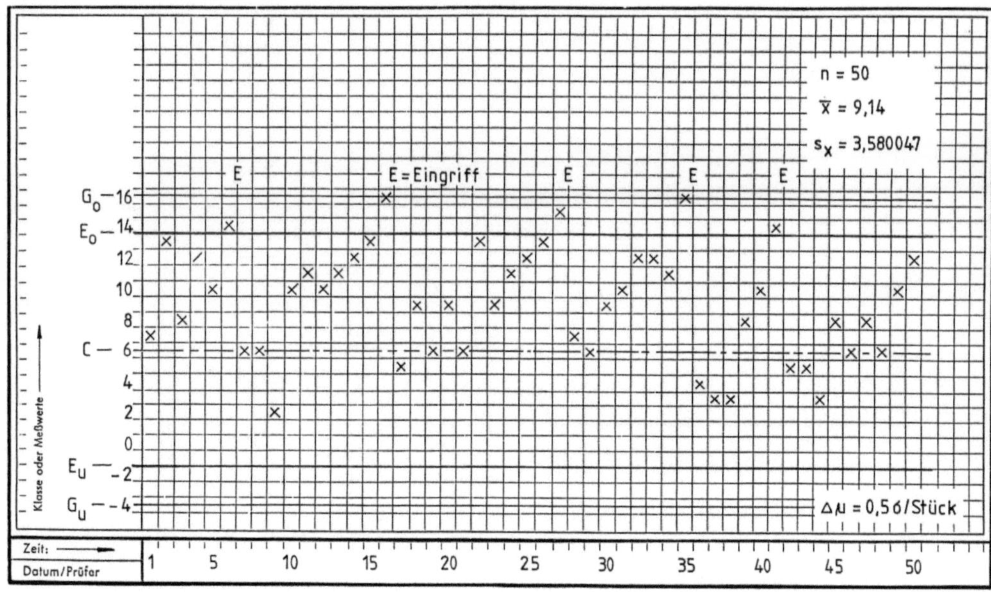

Bild 15.53. Darstellung des in Bild 15.52 simulierten Prozesses

ohne Trend		mit Trend		Eingriff	Abweichung	Korrektur
i	x_i	μ_i	x_i	E	$A_i = x_i - C$	$K_i = -A_i$
1	6	7	7			
2	11	8	13			
3	5	9	8			
4	8	10	12			
5	5	11	10			
6	8	12	14	x	8	-8 auf 4
7	7	5	6			
8	6	6	6			
9	1	7	2			
10	8	8	10			
11	8	9	11			
12	6	10	10			
13	6	11	11			
14	6	12	12			
15	6	13	13			
16	8	14	16	x	10	-10 auf 4
17	6	5	5			
18	9	6	9			
19	5	7	6			
20	7	8	9			
21	3	9	6			
22	9	10	13			
23	4	11	9			
24	5	12	11			
25	5	13	12			
26	5	14	13			
27	6	15	15	x	9	-9 auf 6
28	6	7	7			
29	4	8	6			
30	6	9	9			
31	6	10	10			
32	7	11	12			
33	6	12	12			
34	4	13	11			
35	8	14	16	x	10	-10 auf 4
36	5	5	4			
37	3	6	3			
38	2	7	3			
39	6	8	8			
40	7	9	10			
41	10	10	14	x	8	-8 auf 2
42	8	3	5			
43	7	4	5			
44	4	5	3			
45	8	6	8			
46	5	7	6			
47	6	8	8			
48	3	9	6			
49	6	10	10			
50	7	11	12			

$$\sum K_i = -45$$

$$\mu_{50} - \mu_0 = 11 - 6 = 5$$

$$= 50\,\Delta\mu + \sum K_i = 50 - 45 = 5$$

Auswertung der gesteuerten x_i:

$n = 50$

$\bar{x} = 9{,}14$

$s_x = 3{,}580047$

(relative) Prozeßstreuung $s_p = 1{,}7261$

Bild 15.52. Simulation eines Prozesses mit der Trendsteigung $\Delta\mu = 0{,}5\sigma$/Stück. Der Prozeß wird mit einer $n = 1$-QRK kontinuierlich gesteuert. Toleranz $T = 10\sigma$; Prozeßfähigkeit $c_P = 1{,}6\bar{6}$; Abgrenzungsfaktor $k_E = 1{,}25$ auf beiden Seiten

| ohne Trend | | mit Trend | | | | |
| | | | | Eingriff | Abweichung | Korrektur |
i	x_i	μ_i	x_i	E	$A_i = x_i - C$	$K_i = -(A_i + 2)$
1	6	7	7			
2	11	8	13	x	7	−9 auf −1
3	5	0	−1			
4	8	1	3			
5	5	2	1			
6	8	3	5			
7	7	4	5			
8	6	5	5			
9	1	6	1			
10	8	7	9			
11	8	8	10			
12	6	9	9			
13	6	10	10			
14	6	11	11	x	5	−7 auf 4
15	6	5	5			
16	8	6	8			
17	6	7	7			
18	9	8	11	x	7	−7 auf 1
19	5	2	1			
20	7	3	4			
21	3	4	1			
22	9	5	8			
23	4	6	4			
24	5	7	6			
25	5	8	7			
26	5	9	8			
27	6	10	10			
28	6	11	11	x	5	−7 auf 4
29	4	5	3			
30	6	6	6			
31	6	7	7			
32	7	8	9			
33	6	9	9			
34	4	10	8			
35	8	11	13	x	7	−9 auf 2
36	5	3	2			
37	3	4	1			
38	2	5	1			
39	6	6	6			
40	7	7	8			
41	10	8	12	x	6	−8 auf 0
42	8	1	3			
43	7	2	3			
44	4	3	1			
45	8	4	6			
46	5	5	4			
47	6	6	6			
48	3	7	4			
49	6	8	8			
50	7	9	10			

$$\sum K_i = -47$$

$$\mu_{50} - \mu_0 = 9 - 6 = 3$$

$$= 50\,\Delta\mu + \sum K_i = 50 - 47 = 3$$

Auswertung der gesteuerten x_i:

$$n = 50$$

$$\bar{x} = 6{,}18$$

$$s_x = 3{,}589611$$

(relative) Prozeßstreuung $s_p = 1{,}7307$

Bild 15.54. Simulation eines Prozesses mit der Trendsteigung $\Delta\mu = 0{,}5\sigma$/Stück. Der Prozeß wird mit einer $n = 1$-QRK kontinuierlich gesteuert. Toleranz $T = 10\sigma$; Prozeßfähigkeit $c_P = 1{,}6\overline{6}$; Abgrenzungsfaktor oben $k_{E,o} = 2{,}75$; Abgrenzungsfaktor unten $k_{E,u} = 0{,}75$

ohne Trend		mit Trend		Eingriff	Abweichung	Korrektur	Differenz
i	x_i	μ_i	x_i	E	A_i	$K_i = -A_i$	$D_i = x_i - x_{i-1}$
1	6	7	7				
2	11	8	13	x	7	−7 auf 1	6
3	5	2	1				−5 = 1 − (13 − 7)
4	8	3	5				4
5	5	4	3				−2
6	8	5	7				4
7	7	6	7				0
8	6	7	7				0
9	1	8	3				−4
10	8	9	11	x	5	−5 auf 4	8
11	8	5	7				1 = 7 −(11 − 5)
12	6	6	6				−1
13	6	7	7				1
14	6	8	8				1
15	6	9	9				1
16	8	10	12	x	6	−6 auf 4	3
17	6	5	5				−1 = 5 − (12 − 6)
18	9	6	9				4
19	5	7	6				−3
20	7	8	9				3
21	3	9	6				−3
22	9	10	13	x	7	−7 auf 3	7
23	4	4	2				−4
24	5	5	4				2
25	5	6	5				1
26	5	7	6				1
27	6	8	8				2
28	6	9	9				1
29	4	10	8				−1
30	6	11	11	x	5	−5 auf 6	3
31	6	7	7				1
32	7	8	9				2
33	6	9	9				0
34	4	10	8				−1
35	8	11	13	x	7	−7 auf 4	5
36	5	5	4				−2
37	3	6	3				−1
38	2	7	3				0
39	6	8	8				5
40	7	9	10				2
41	10	10	14	x	8	−8 auf 2	4
42	8	3	5				−1
43	7	4	5				0
44	4	5	3				−2
45	8	6	8				5
46	5	7	6				−2
47	6	8	8				2
48	3	9	6				−2
49	6	10	10				4
50	7	11	12	x	6	−6 auf 5	2

Auswertung der Differenzen:

D_j		n_j
−5	/	1
−4	//	2
−3	//	2
−2	/////	5
−1	//////	6
0	/////	5
1	////////	8
2	//////	6
3	///	3
4	/////	5
5	///	3
6	/	1
7	/	1
8	/	1

$n = 49$

$\overline{D} = 1{,}020408$

$s_D = 2{,}933214$

$\hat{\sigma} = \dfrac{s_D}{\sqrt{2}} = 2{,}074095$

in Übereinstimmung mit Bild 14/18, Spalte 3

$\sum K_i = -51$

Auswertung der gesteuerten x_i:

$n = 50$

$\overline{x} = 7{,}300$

$s_x = 3{,}092123$

$\mu_{50,\text{neu}} - \mu_o = 5 - 6 = -1$

$\qquad = 50\,\Delta\mu + \sum K_i = 50 - 51 = -1$

(relative) Prozeßstreuung $s_P = \dfrac{s_x}{\hat{\sigma}} = 1{,}490830$

Bild 15.56. Simulation eines Prozesses mit den gleichen Randbedingungen wie bei der Simulation in Bild 15.54; lediglich der Korrekturbetrag ist jeweils geringer, so daß zweimal mehr eingegriffen wird

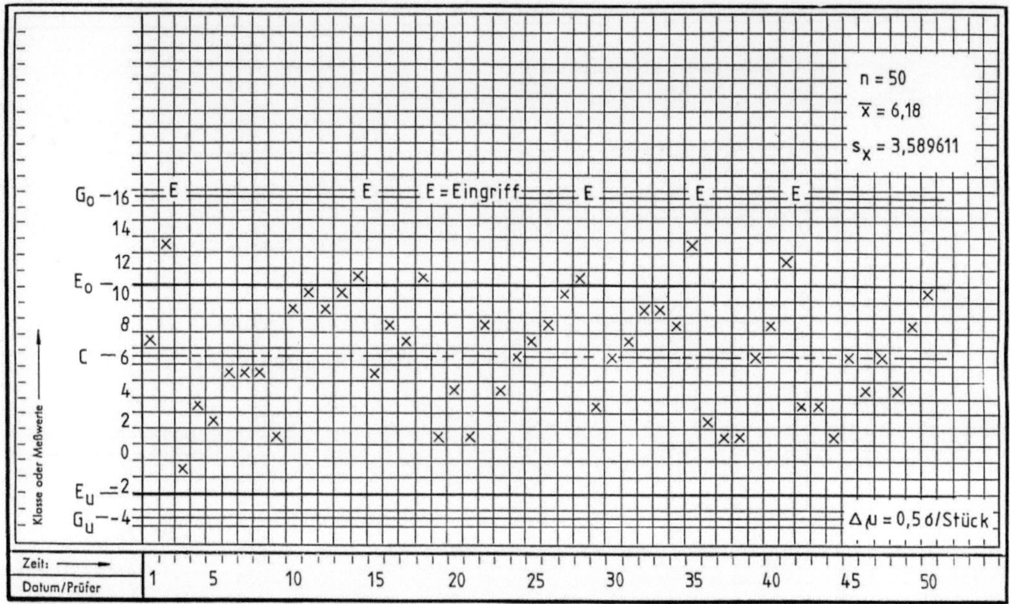

Bild 15.55. Darstellung des in Bild 15.54 simulierten Prozesses

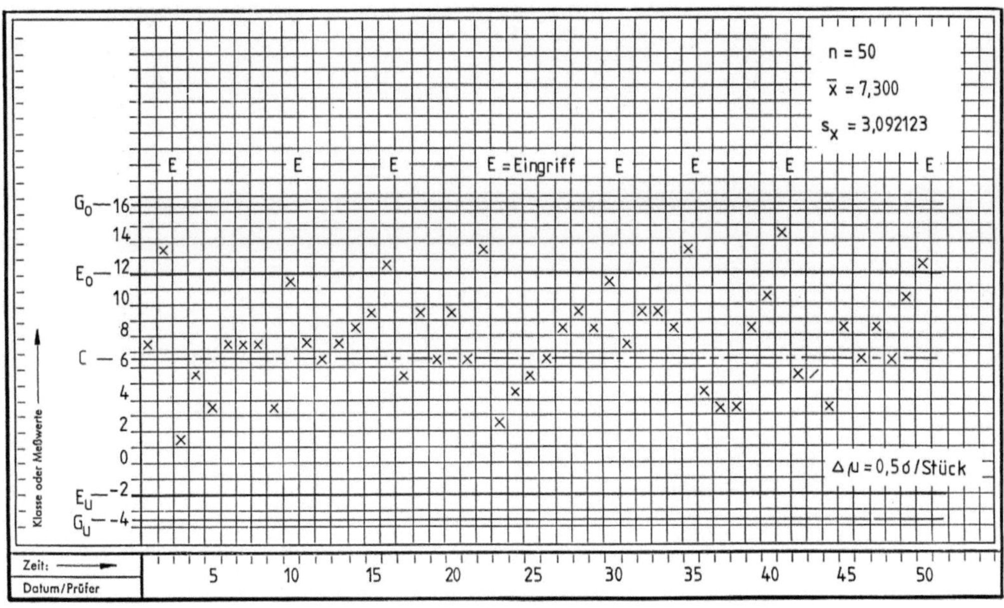

Bild 15.57. Darstellung des in Bild 15.56 simulierten Prozesses

ohne Trend		mit Trend und mit Korrektur		Eingriff	Abweichung	Korrekturbetrag	Differenz
i	x_i	μ_i	x_i	E	$A_i = x_i - C$	$K_i = -(A_i + 2)$	$D_i = x_i - x_{i-1}$
1	6	6,5	6,5				
2	11	7	12	x	6	−8 auf −1	5,5
3	5	−0,5	−1,5				−5,5
4	8	0	2				3,5
5	5	0,5	−0,5				−2,5
6	8	1	3				3,5
7	7	1,5	2,5				−0,5
8	6	2	2				−0,5
9	1	2,5	−2,5				−4,5
10	8	3	5				7,5
11	8	3,5	5,5				0,5
12	6	4	4				−1,5
13	6	4,5	4,5				0,5
14	6	5	5				0,5
15	6	5,5	5,5				0,5
16	8	6	8				2,5
17	6	6,5	6,5				−1,5
18	9	7	10				3,5
19	5	7,5	6,5				−3,5
20	7	8	9				2,5
21	3	8,5	5,5				−3,5
22	9	9	12	x	6	−8 auf 1	6,5
23	4	1,5	−0,5				−4,5
24	5	2	1				1,5
25	5	2,5	1,5				0,5
26	5	3	2				0,5
27	6	3,5	3,5				1,5
28	6	4	4				0,5
29	4	4,5	2,5				−1,5
30	6	5	5				2,5
31	6	5,5	5,5				0,5
32	7	6	7				1,5
33	6	6,5	6,5				−0,5
34	4	7	5				−1,5
35	8	7,5	9,5				4,5
36	5	8	7				−2,5
37	3	8,5	5,5				−1,5
38	2	9	5				−0,5
39	6	9,5	9,5				4,5
40	7	10	11	x	5	−7 auf 3	1,5
41	10	3,5	7,5				3,5
42	8	4	6				−1,5
43	7	4,5	5,5				−0,5
44	4	5	3				−2,5
45	8	5,5	7,5				4,5
46	5	6	5				−2,5
47	6	6,5	6,5				1,5
48	3	7	4				−2,5
49	6	7,5	7,5				3,5
50	7	8	9				1,5

Auswertung der Differenzen

D_j		n_j
−5,5	/	1
−4,5	//	2
−3,5	//	2
−2,5	/////	5
−1,5	//////	6
−0,5	/////	5
0,5	////////	8
1,5	//////	6
2,5	///	3
3,5	/////	5
4,5	///	3
5,5	/	1
6,5	/	1
7,5	/	1

$n = 49$

$\overline{D} = 0{,}520408$

$s_D = 2{,}933214$

$$\hat{\sigma} = \frac{s_D}{\sqrt{2}} = 2{,}074095$$

in Übereinstimmung Bild 14/18

Auswertung der gesteuerten x_i- Werte:

$n = 50$

$\overline{x} = 5{,}25$

$s_x = 3{,}251766$

(relative) Prozeßstreuung $s_P = \dfrac{s_x}{\hat{\sigma}} = 1{,}567800$

Bild 15.58. Simulation eines Prozesses mit der Trendsteigung $\Delta\mu = 0{,}25\,\sigma/\text{Stück}$. Der Prozeß wird mit einer $n = 1$-QRK kontinuierlich gesteuert. Toleranz $T = 10\sigma$; Prozeßfähigkeit $c_P = 1{,}6\overline{6}$; Abgrenzungsfaktor oben $k_{E,o} = 2{,}75$; Abgrenzungsfaktor unten $k_{E,u} = 0{,}75$

hen, indem nicht um $K_i = -(A_i + 2)$ sondern jeweils nur um $K_i = -A_i$ korrigiert wird. Dadurch hat der Trend weniger Spielraum, die Gesamtstreuung des Prozesses sinkt und die (relative) Prozeßstreuung rutscht mit $s_P = 1,49$ unter den Wert für die Prozeßfähigkeit. Somit ist die Prozeßsteuerung optimiert. Der Prozeß ist im Bild 15.57 dargestellt.

Zur Ergänzung sind weitere Prozesse simuliert worden. In den Bildern 15.58 und 15.59 ist die Trendsteigung $\Delta\mu = 0,25$ σ/Stück. Die Eingriffsgrenzen sind wieder asymmetrisch angeordnet. Der Gesamtmittelwert ist mit $\bar{x} = 5,25$ etwas zu niedrig. Hier wäre zu überlegen, ob nicht besser mit $K_i = -(A_i + 1)$ korrigiert werden sollte.

In den Bildern 15.60 bis 15.62 ist ein Prozeß mit der Trendsteigung $\Delta\mu = 0,1$ σ/Stück simuliert. Hierbei ist eine Korrektur um $K_i = -A_i$ völlig ausreichend. Die Darstellung des Prozesses ohne Grenzen in Bild 15.61 soll zeigen, wie schwer es ist, einen Trend nach Größe und Richtung eindeutig zu erkennen. Dies wird erst aus Bild 15.62 durch die Angabe der Eingriffe deutlich sichtbar.

Bei den bisherigen Beispielen für die Steuerung und die Korrektur von Trendprozessen wurde unterstellt, daß die Prozeßfähigkeit mit $c_P = 1,3\overline{3}$ gut oder mit $c_P = 1,6\overline{6}$ sehr gut gegeben ist.

Abschließend sei der Frage nachgegangen, welche Steuerung und Korrektur vorgenommen werden muß, wenn die Prozeßfähigkeit an der unteren Grenze, d. h. bei $c_P \gtrsim 1$ liegt.

Es sei unterstellt, daß die Toleranz $T = 7$ σ betrage, dann ist die (relative) Prozeßfähigkeit $c_P = 1,1\overline{6}$. Weiterhin sei angenommen, daß der Prozeß eine Trendsteigung von $\Delta\mu = 0,25$ σ/Stück aufweise.

Nach mehrfachem Probieren und Iterieren wurde die in Bild 15.63 angegebene Simulation als Lösung gefunden. Wegen der engen Eingriffsgrenzen — $E_o - E_u = 3,75$ σ — wird jeweils um den halben Betrag der letzten Abweichung korrigiert.

Das Ergebnis ist verblüffend. Die Gesamtstreuung $s_x = 2,2642$ liegt trotz des Trends um weniger als 10% über der Reststreuung; die (relative) Prozeßstreuung beträgt $s_P = s_x/\hat{\sigma} = 1,09$. Allerdings muß durchschnittlich jedes fünftemal eingegriffen werden, was nur durch eine automatische Prozeßsteuerung (Meßsteuerung) zu bewältigen ist, aber es geht.

Aus der Darstellung des gesteuerten Prozesses in Bild 15.64 ist ersichtlich: selbst wenn die Grenzwerte bei $G_u = 0$ und bei $G_o = 12$ lägen — dies würde bedeuten $T = 6$ σ — wäre eine fehlerarme Fertigung möglich. Der Abstand zum oberen Grenzwert in s_x-Einheiten betrüge dann

$$u_x = \frac{G_o - \bar{x}}{s_x} = \frac{12 - 7,256}{2,2642} = 2,095;$$

somit wäre ein Fehleranteil von $p \approx 2\%$ oberhalb G_o zu erwarten.

Ein c_P-Wert von $c_P \gtrsim 1,0$ ist tatsächlich — auch bei einer Trendsteigung von $\Delta\mu = 0,25$ σ/Stück — die untere Grenze der Prozeßfähigkeit, vorausgesetzt, die Prozeßsteuerung und die Prozeßkorrektur sind optimiert.

Zusammenfassend ist zu sagen, daß je nach Größe der Prozeßfähigkeit und nach Steilheit des Trends durch zweckentsprechende Festlegung der Eingriffsgrenzen und der Korrekturbeträge die Prozeßsteuerung optimiert werden kann. Für den Fall des Vorhandenseins einer automatischen Prozeßsteuerung, bei der häufige Einstellkorrekturen nicht stören, ist bei Trendprozessen zu empfehlen, mit „engen" Eingriffsgrenzen

mit Trend und mit Korrektur

				Eingriff	Abweichung	Korrekturbetrag	Differenz
i	x_i	μ_i	x_i	E	$A_i = x_i - C$	$K_i = -\Lambda_i$	$D_i = x_i - x_{i-1}$
1	6	6,2	6,2				
2	11	6,4	11,4	x	5,4	−5,4 auf 1	5,2
3	5	1,2	0,2				−5,8
4	8	1,4	3,4				3,2
5	5	1,6	0,6				−2,8
6	8	1,8	3,8				3,2
7	7	2	3				−0,8
8	6	2,2	2,2				−0,8
9	1	2,4	−2,6	x	−8,6	8,6 auf 11	−4,8
10	8	11,2	13,2	x	7,2	−7,2 auf 4	7,2
11	8	4,2	6,2				0,2
12	6	4,4	4,4				−1,8
13	6	4,6	4,6				0,2
14	6	4,8	4,8				0,2
15	6	5	5				0,2
16	8	5,2	7,2				2,2
17	6	5,4	5,4				−1,8
18	9	5,6	8,6				3,2
19	5	5,8	4,8				−3,8
20	7	6	7				2,2
21	3	6,2	3,2				−3,8
22	9	6,4	9,4				6,2
23	4	6,6	4,6				−4,8
24	5	6,8	5,8				1,2
25	5	7	6				0,2
26	5	7,2	6,2				0,2
27	6	7,4	7,4				1,2
28	6	7,6	7,6				0,2
29	4	7,8	5,8				−1,8
30	6	8	8				2,2
31	6	8,2	8,2				0,2
32	7	8,4	9,4				1,2
33	6	8,6	8,6				−0,8
34	4	8,8	6,8				−0,8
35	8	9	11	x	5	−5 auf 4,0	4,2
36	5	4,2	3,2				−2,8
37	3	4,4	1,4				−1,8
38	2	4,6	0,6				−0,8
39	6	4,8	4,8				4,2
40	7	5	6				1,2
41	10	5,2	9,2				3,2
42	8	5,4	7,4				−1,8
43	7	5,6	6,6				−0,8
44	4	5,8	3,8				−2,8
45	8	6	8				4,2
46	5	6,2	5,2				−2,8
47	6	6,4	6,4				1,2
48	3	6,6	3,6				−2,8
49	6	6,8	6,8				3,2
50	7	7	8				1,2

Auswertung der gesteuerten x_i-Werte:

$n = 50$

$\bar{x} = 5,78$

$s_x = 2,995575$

(relative) Prozeßstreuung: $s_P = \dfrac{s_x}{\hat{\sigma}} = 1,444281$

Auswertung der Differenzen:

$n = 49$

$\bar{D} = 0,220408$

$s_D = 2,933214$

$\hat{\sigma} = \dfrac{s_D}{\sqrt{2}} = 2,074095$ in Übereinstimmung mit Bild 14/18

Bild 15.60. Simulation eines Prozesses mit der Trendsteigung $\Delta\mu = 0,1\sigma/$Stück. Der Prozeß wird mit einer $n = 1$-QRK kontinuierlich gesteuert. Toleranz $T = 10\sigma$; Prozeßfähigkeit $c_P = 1,6\overline{6}$; Abgrenzungsfaktor oben $k_{E,o} = 2,75$; Abgrenzungsfaktor unten $k_{E,u} = 0,75$

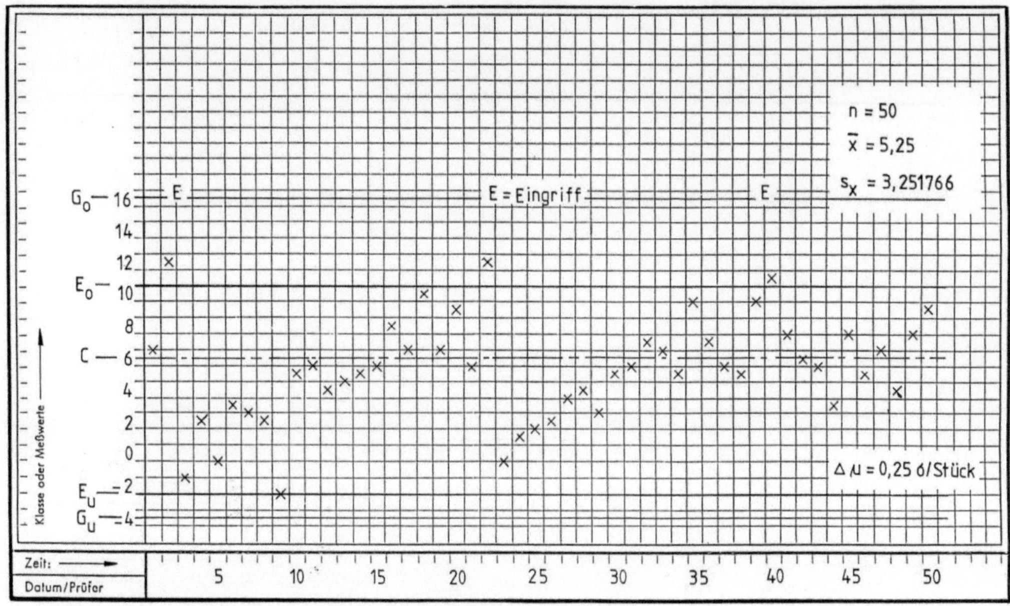

Bild 15.59. Darstellung des in Bild 15.58 simulierten Prozesses

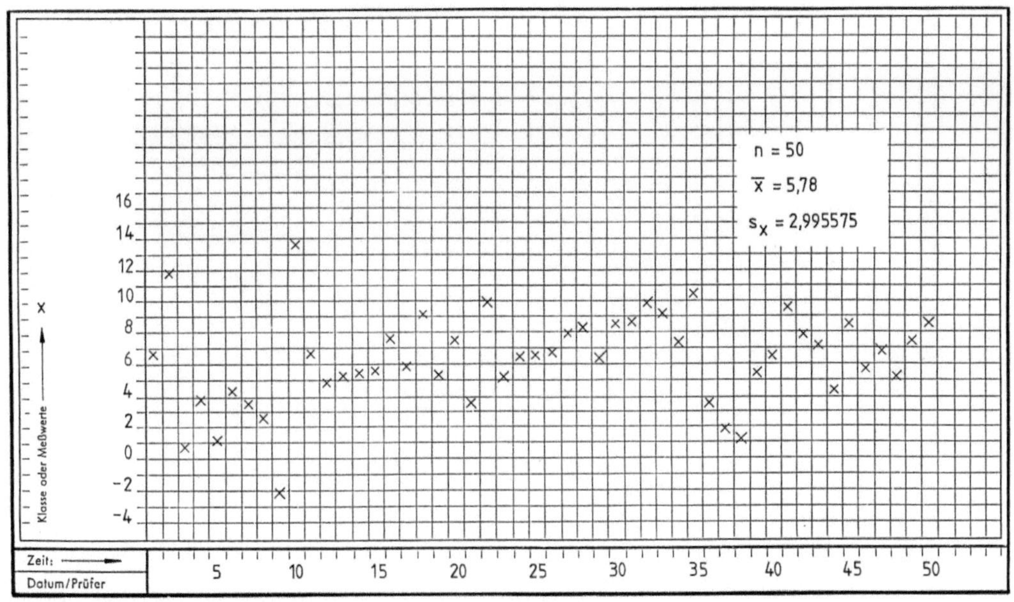

Bild 15.61. Darstellung des in Bild 15.60 simulierten Prozesses ohne Angabe der Grenzwerte und der Eingriffsgrenzen

ohne Trend		mit Trend		Eingriff	Abweichung	Korrektur	Differenz
i	x_i	μ_i	x_i	E	A_i	$K_i = -0,5\,A_i$	$D_i = x_i - x_{i-1}$
1	6	6,5	6,5				5,5
2	11	7	12	x	6	-3 auf 4	-5,5 = 3,5 - (12 - 3)
3	5	4,5	3,5				3,5
4	8	5	7				-2,5
5	5	5,5	4,5				3,5
6	8	6	8				-0,5
7	7	6,5	7,5				-0,5
8	6	7	7				-4,5
9	1	7,5	2,5				7,5
10	8	8	10	x	4	-2 auf 6	0,5 = 8,5 - (10 - 2)
11	8	6,5	8,5				-1,5
12	6	7	7				0,5
13	6	7,5	7,5				0,5
14	6	8	8				0,5
15	6	8,5	8,5				2,5
16	8	9	11	x	5	-2,5 auf 6,5	-1,5 = 7 - (11 - 2,5)
17	6	7	7				3,5
18	9	7,5	10,5	x	4,5	-2,2 auf 5,3	-3,5
19	5	5,8	4,8				2,5
20	7	6,3	7,3				-3,5
21	3	6,8	3,8				6,5
22	9	7,3	10,3	x	4,3	-2,2 auf 5,1	-4,5
23	4	5,6	3,6				1,5
24	5	6,1	5,1				0,5
25	5	6,6	5,6				0,5
26	5	7,1	6,1				1,5
27	6	7,6	7,6				0,5
28	6	8,1	8,1				-1,5
29	4	8,6	6,6				2,5
30	6	9,1	9,1	x	3,1	-1,6 auf 7,5	0,5
31	6	8	8				1,5
32	7	8,5	9,5	x		-1,8 auf 6,7	-0,5
33	6	7,2	7,2				-1,5
34	4	7,7	5,7				4,5
35	8	8,2	10,2	x	4,3	-2,0 auf 6,2	-2,5
36	5	6,7	5,7				-1,5
37	3	7,2	4,2				-0,5
38	2	7,7	3,7				4,5
39	6	8,2	8,2				1,5
40	7	8,7	9,7	x	3,7	-1,8 auf 6,9	3,5
41	10	7,4	11,4	x	5,4	-2,7 auf 4,7	-1,5
42	8	5,2	7,2				-0,5
43	7	5,7	6,7				-2,5
44	4	6,2	4,2				4,5
45	8	6,7	8,7				-2,5
46	5	7,2	6,2				1,5
47	6	7,7	7,7				-2,5
48	3	8,2	5,2				3,5
49	6	8,7	8,7				1,5
50	7	9,2	10,2	x	4,2	-2,1 auf 7,1	

Auswertung der Differenzen:

D_j	n_j
-5,5 /	1
-4,5 //	2
-3,5 //	2
-2,5 /////	5
-1,5 //////	6
-0,5 /////	5
0,5 ////////	8
1,5 //////	6
2,5 ///	3
3,5 /////	5
4,5 ///	3
5,5 /	1
6,5 /	1
7,5 /	1

$n = 49$

$\overline{D} = 0,520408$

$s_D = 2,933214$

$\hat{\sigma} = 2,074095$

in Übereinstimmung mit Bild 14/18, Spalte 2

$$\sum K_i = -23,9$$

Auswertung der gesteuerten x_i:

$n = 50$

$\overline{x} = 7,256$

$s_x = 2,264199$

(relative) Prozeßstreuung $s_P = \dfrac{s_x}{\hat{\sigma}} = 1,091656$

$$\mu_{50,\text{neu}} - \mu_o = 7,1 - 6 = 1,1$$
$$= 50\,\Delta\mu + \sum K_i = 50 \cdot 0,5 - 23,9 = 1,1$$

Bild 15.63. Simulation eines Prozesses mit der Trendsteigung $\Delta\mu = 0,25\,\sigma$/Stück. Der Prozeß wird mit einer $n = 1$-QRK kontinuierlich gesteuert. Toleranz $T = 7\sigma$; Prozeßfähigkeit $c_P = 1,1\overline{6}$; Abgrenzungsfaktor oben $k_{E,o} = 2$; Abgrenzungsfaktor unten $k_{E,u} = 1,25$

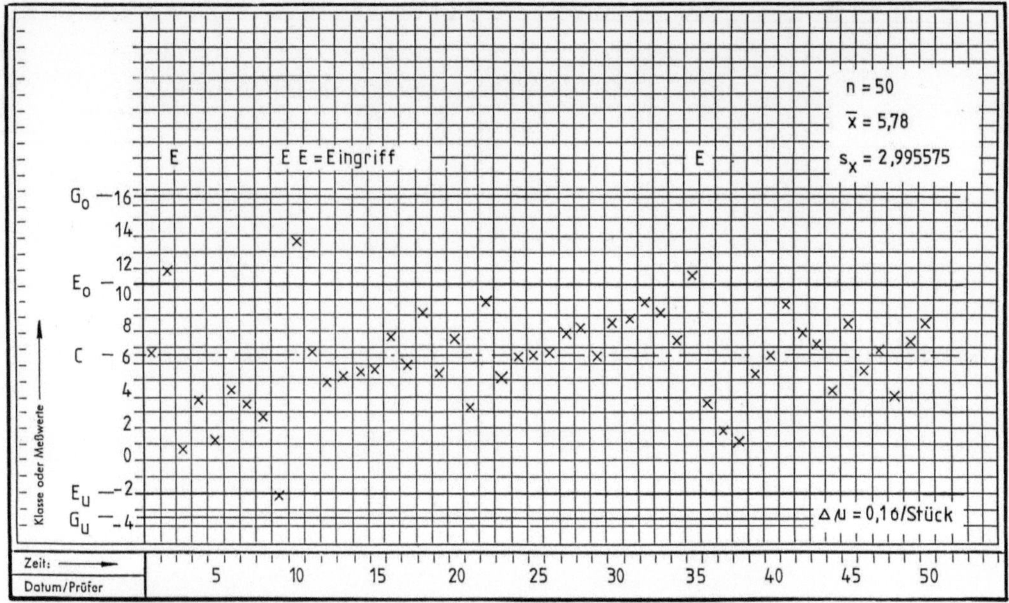

Bild 15.62. Darstellung des in Bild 15.60 simulierten Prozesses mit Angabe der Grenzwerte und der Eingriffsgrenzen

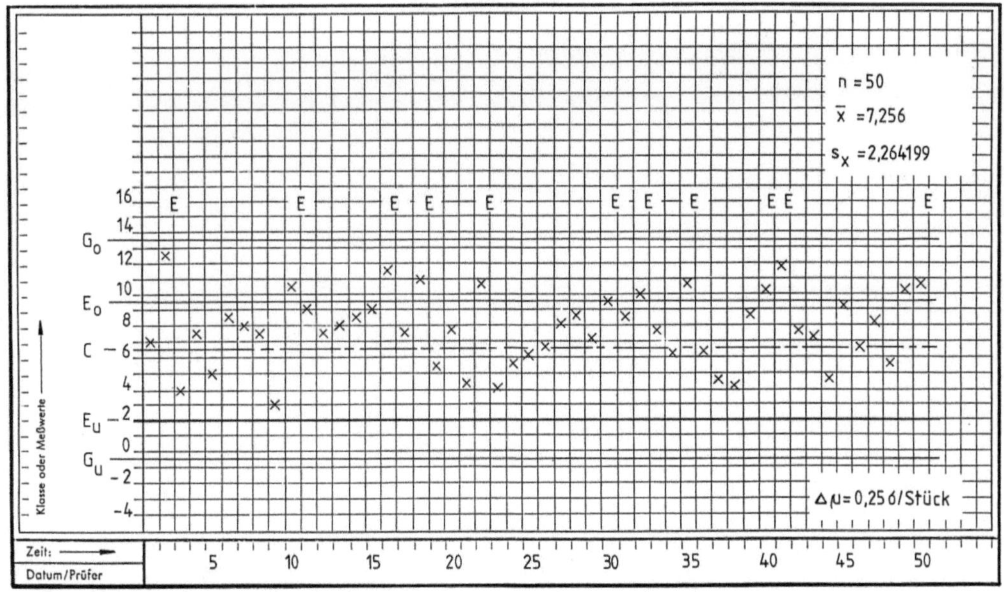

Bild 15.64. Darstellung des in Bild 15.63 simulierten Prozesses

| ohne Trend | | mit Trend | | | | | |
i	x_i	μ_i	x_i	Eingriff E	Abweichung A_i	Korrektur $K_i = -2,5$	Differenz $D_i = x_i - x_{i-1}$
1	6	6,5	6,5				
2	11	7	12	x	6	-2,5 auf 4,5	5,5
3	5	5	4				-5,5 = 4-(12-2,5)
4	8	5,5	7,5				3,5
5	5	6	5				-2,5
6	8	6,5	8,5				3,5
7	7	7	8				-0,5
8	6	7,5	7,5				-0,5
9	1	8	3				-4,5
10	8	8,5	10,5	x	4,5	-2,5 auf 6	7,5
11	8	6,5	8,5				0,5 = 8,5-(10,5-2,5)
12	6	7	7				-1,5
13	6	7,5	7,5				0,5
14	6	8	8				0,5
15	6	8,5	8,5				0,5
16	8	9	11	x	5	-2,5 auf 6,5	2,5
17	6	7	7				-1,5 = 7-(11-2,5)
18	9	7,5	10,5	x	4,5	-2,5 auf 5	3,5
19	5	5,5	4,5				-3,5 = 4,5-(10,5-2,5)
20	7	6	7				2,5
21	3	6,5	3,5				-3,5
22	9	7	10	x	4	-2,5 auf 4,5	6,5
23	4	5	3				-4,5 = 3-(10-2,5) :
24	5	5,5	4,5				1,5
25	5	6	5				0,5
26	5	6,5	5,5				0,5
27	6	7	7				1,5
28	6	7,5	7,5				0,5
29	4	8	6				-1,5
30	6	8,5	8,5				2,5
31	6	9	9				0,5
32	7	9,5	10,5	x	4,5	-2,5 auf 7	1,5
33	6	7,5	7,5				-0,5
34	4	8	6				-1,5
35	8	8,5	10,5	x	4,5	-2,5 auf 6	4,5
36	5	6,5	5,5				-2,5
37	3	7	4				-1,5
38	2	7,5	3,5				-0,5
39	6	8	8				4,5
40	7	8,5	9,5	x	3,5	-2,5 auf 6	1,5
41	10	6,5	10,5	x	4,5	-2,5 auf 4	3,5
42	8	4,5	6,5				-1,5
43	7	5	6				-0,5
44	4	5,5	3,5				-2,5
45	8	6	8				4,5
46	5	6,5	5,5				-2,5
47	6	7	7				1,5
48	3	7,5	4,5				-2,5
49	6	8	8				3,5
50	7	8,5	9,5	x	4,5	-2,5 auf 6	1,5

Anmerkungen zur Spalte Differenz (Zeilen 23–30): nach den nachfolgenden Eingriffen entsprechend

Auswertung der Differenzen:

D_j		n_j
-5,5	/	1
-4,5	//	2
-3,5	//	2
-2,5	/////	5
-1,5	||||||	6
-0,5	/////	5
0,5	////////	8
1,5	||||||	6
2,5	///	3
3,5	/////	5
4,5	///	3
5,5	/	1
6,5	/	1
7,5	/	1

$$n = 49$$

$$\overline{D} = 0,520408$$

$$s_D = 2,933214$$

$$\hat{\sigma} = s_D / \sqrt{2} = 2,074095$$

in Übereinstimmung mit Bild 14/18 Spalte 2

Auswertung der gesteuerten x_i

$$n = 50$$

$$\overline{x} = 7,11$$

$$s_x = 2,330564$$

(relative) Prozeßstreuung:

$$s_p = \frac{s_x}{\hat{\sigma}} = \frac{2,330564}{2,074095} = 1,123654$$

$$\sum K_i = 10 \cdot (-2,5)$$
$$= -25$$

Kontrolle:

$$\mu_{50,neu} - \mu_o = 6 - 6 = 0$$
$$= 50\Delta\mu + \sum K_i$$
$$= 25 - 25 = 0$$

Bild 15.65. Simulation eines Prozesses mit der Trendsteigung $\Delta\mu = 0,25\sigma/$Stück. Der Prozeß wird mit einer $n = 1$-QRK kontinuierlich gesteuert. Toleranz $T = 7\sigma$; Prozeßfähigkeit $c_P = 1,1\overline{6}$; Grenzwerte: $G_o = 13$; $G_u = -1$; Eingriffsgrenzen: $E_o = 9$; $E_u = 1,5$

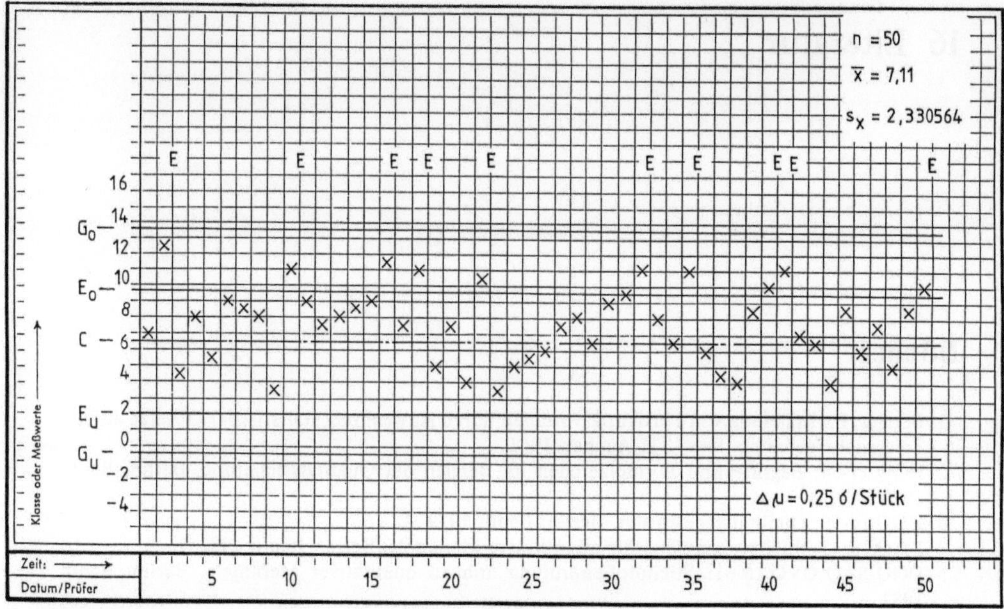

Bild 15.66. Darstellung des in Bild 15.65 simulierten Prozesses

zu operieren, zumindest auf der Prozeßseite, zu der der Trend führt. Das letzte Beispiel, Bilder 15.63 und 15.64 zeigt, daß auch bei einem starken Trend ($\Delta\mu = 0,25\ \sigma$/Stück) die Fertigung so gesteuert werden kann, daß dann die Gesamtstreuung nur ca. 10 % über der (momentanen) Reststreuung liegt.

Häufig wird vorgeschlagen, im Falle jeden Eingriffs die Einstellage um einen konstanten Korrekturbetrag zu korrigieren, unabhängig von der Größe der „aktuellen" Abweichung. Dieser Fall wird in Bild 15.65 simuliert mit Darstellung in Bild 15.66. Das Beispiel zeigt, daß dies durchaus und mit Erfolg angewendet werden kann. Die Gesamtstreuung ist mit $s_x = 2,33$ relativ gering und die relative Prozeßstreuung ist mit $s_P = 1,124$ nur ca. 12 % größer als die Reststreuung.

16 Literatur

Bücher

1 Böttger, F.: Erzielung von Fertigungsvorteilen durch Anwendung statistischer Gesetze auf die Toleranzberechnung. Diss. TH Aachen 1961
2 DGQ 11-04: Begriffe und Formelzeichen im Bereich der Qualitätssicherung. Berlin: Beuth 1979
3 DGQ 16-30: Qualitätsregelkarten. Berlin: Beuth 1979
4 DGQ 16-43: Stichprobenpläne für quantitative Merkmale. Berlin: Beuth 1982
5 DGQ-SAQ-ÖVQ 16-01: Stichprobenprüfung anhand qualitativer Merkmale. Berlin: Beuth 1982
6 Goubeaud, F.: Berechnung von Toleranzketten über Datenfernverarbeitung. Kernforschungszentrum Karlsruhe, KfK — CAD 88, April 1979
7 Graf, U.; Henning, H.-J.; Stange, K.: Formeln und Tabellen der mathematischen Statistik. Berlin: Springer 1966
8 Kreyszig, E.: Statistische Methoden und ihre Anwendungen. Göttingen: Vandenhoeck & Ruprecht 1968
9 Sachs, L.: Statistische Methoden. 5. Aufl. Berlin: Springer 1982
10 Smirnow, N.W.; Dunin-Barkowski, I.W.: Mathematische Statistik in der Technik. Berlin: VEB Deutscher Verlag der Wissenschaften 1969

Zeitschriftenaufsätze

11 Deixler, A.: Vorschlag zur Reform der bestehenden Toleranzauffassung statistischer Methoden. Qualitätskontrolle 7 (1962) 45-49
12 Geiger,W.: Einige Gesichtspunkte zur statistischen Tolerierung. Schweiz. Maschinenmarkt 19 (1975), CH 9403 Goldach
13 Geiger, W.: „Grenzwerte" oder die fatale „± Toleranz". DIN-Mitt. 55 (1976) 596-599
14 Göldner, R.: Zur Auswertung kleiner Stichproben im Wahrscheinlichkeitsnetz, QZ 16 (1971) 156-160
15 Goubeaud, F.: Toleranzkopplung in Theorie und Praxis. Eine Möglichkeit zur Senkung der Fertigungskosten. Feinwerktechnik 63 (1959) 133-142
16 Henning, H.J.; Wartmann, R.: Stichproben kleinen Umfangs im Wahrscheinlichkeitsnetz. Mitteilungsbl. math. Statistik 9 (1957) 168-181
17 Schlötel, E.: Toleranzfestlegung unter Berücksichtigung statistischer Gesichtspunkte. Qualitätskontrolle 13 (1968) 111-119
18 Stuhlmann, W.; Schmidt, P.-W.: Statistische Tolerierung als Problem der Fertigung und der Prüfung. Werkstattechnik 55 (1965) 585-589
19 Trumphold, H.; Beck, Ch.: Optimale Toleranzfestlegung unter Berücksichtigung der Maßkettentheorie und der statistischen Eigenschaften des Fertigungsprozesses. Fertigungstech. Betr. 21 (1971) 242-246

20 Wilrich, P.-Th.: Nomogramme zur Ermittlung von Stichprobenplänen für messende Prüfung
bei einer einseitig vorgeschriebenen Toleranzgrenze. QZ 15 (1970) 61-65 und 181-187
21 Wilrich, P.-Th.: Qualitätsregelkarten bei vorgegebenen Grenzwerten. QZ 24 (1979) 260-271
22 Zollikofer, O.: Industrie Organisation 20 (1951) 1-8

DIN-Normen und andere Richtlinien

Diese werden ohne Ausgabedatum angegeben, da Normen oft geändert werden; *maßgebend* ist
die jeweils *neueste Ausgabe* einer Norm.

23 DIN 406 T. 1: Maßeintragung in Zeichnungen; Arten
24 DIN 406 T. 2: Maßeintragung in Zeichnungen; Regeln
25 DIN 1319 T. 3: Grundbegriffe der Meßtechnik; Begriffe für die Meßunsicherheit und für die
Beurteilung von Meßgeräten und Meßeinrichtungen
26 DIN 1683 T. 1: Grundrohgußteile aus Stahlguß; Allgemeintoleranzen, Bearbeitungszugaben
27 DIN 6930 T. 2: Stanzteile aus Stahl; Allgemeintoleranzen
28 DIN 7150: ISO-Toleranzen und ISO-Passungen für Längenmaße von 1 bis 500 mm; Einführung
29 DIN 7151: ISO-Grundtoleranzen für Längenmaße von 1 bis 500 mm Nennmaß
30 DIN 7152: Bildung von Toleranzfeldern aus den ISO-Grundabmaßen für Nennmaße von 1
bis 500 mm
31 DIN 7154 T. 1: ISO-Passungen für Einheitsbohrung; Toleranzfelder, Abmaße in μm
32 DIN 7154 T. 2: ISO-Passungen für Einheitswelle; Toleranzfelder, Abmaße in μm
33 DIN 7157: Passungsauswahl; Toleranzfelder, Abmaße, Paßtoleranzen
34 DIN 7168 T. 1: Allgemeintoleranzen; Längen- und Winkelmaße
35 DIN 7172 T. 1: ISO-Toleranzen und ISO-Abmaße für Längenmaße über 500 bis 3 150 mm;
Grundtoleranzen
36 DIN 7182 T. 1: Maße, Abmaße, Toleranzen und Passungen; Grundbegriffe
37 DIN 7186 T. 1: Statistische Tolerierung; Begriffe, Anwendungsrichtlinien und Zeichnungsangaben
38 DIN 7186 T. 2: Statistische Tolerierung; Grundlagen für Rechenverfahren
39 DIN 53804: Statistische Auswertungen (4 Teile)
40 DIN 55302: Statistische Auswertungsverfahren (2 Teile)
41 DIN 55303: Statistische Auswertung von Daten (2 Teile)
42 DIN 55350: Begriffe der Qualitätssicherung und Statistik (12 Teile)
43 DIN ISO 1101: Technische Zeichnungen; Maß-, Form- und Lagetolerierung, Form-, Richtungs-, Orts- und Lauftoleranzen, Allgemeines, Definitionen, Symbole, Zeichnungseintragungen
44 ISO/R 286: ISO-System für Toleranzen und Passungen; Teil 1: Grundlagen, Toleranzen und
Abmaße
45 ISO/DIS 3534/2: Statistics—Vocabulary and symbols—Part 2: Statistical quality control
46 VDI/DGQ 3441: Statistische Prüfung der Arbeits- und Positionsgenauigkeit von Werkzeugmaschinen, Grundlagen

17 Anhang

Tabellen

Tabelle A 1. Standardisierte
Normalverteilung, Variable
$$u = \frac{x - \mu}{\sigma}$$

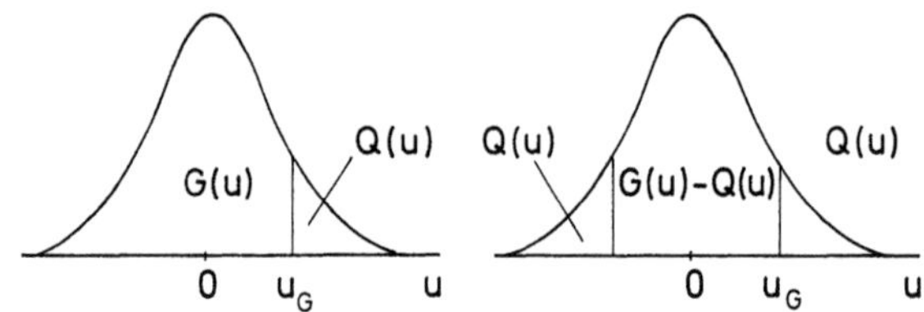

u	$G(u)$	$Q(u)$	$G(u)-Q(u)$	$g(u)$	u	$G(u)$	$Q(u)$	$G(u)-Q(u)$	$g(u)$
0,00	0,500 00	0,500 00	0,000 00	0,398 94	0,31	0,621 72	0,378 28	0,243 44	0,380 23
0,01	0,503 99	0,496 01	0,007 98	0,398 92	0,31	0,621 72	0,378 28	0,243 44	0,380 23
0,02	0,507 98	0,492 02	0,015 96	0,398 86	0,32	0,625 52	0,374 48	0,251 03	0,379 03
0,03	0,511 97	0,488 03	0,023 93	0,398 76	0,33	0,629 30	0,370 70	0,258 60	0,377 80
0,04	0,515 95	0,484 05	0,031 91	0,398 62	0,34	0,633 07	0,366 93	0,266 14	0,376 54
0,05	0,519 94	0,480 06	0,039 88	0,398 44	0,35	0,636 83	0,363 17	0,273 66	0,375 24
0,06	0,523 92	0,476 08	0,047 84	0,398 22	0,36	0,640 58	0,359 42	0,281 15	0,373 91
0,07	0,527 90	0,472 10	0,055 81	0,397 97	0,37	0,644 31	0,355 69	0,288 62	0,372 55
0,08	0,531 88	0,468 12	0,063 76	0,397 67	0,38	0,648 03	0,351 97	0,296 05	0,371 15
0,09	0,535 86	0,464 14	0,071 71	0,397 33	0,39	0,651 73	0,348 27	0,303 46	0,369 73
0,10	0,539 83	0,460 17	0,079 66	0,396 95	0,40	0,655 42	0,344 58	0,310 84	0,368 27
0,11	0,543 80	0,456 20	0,087 59	0,396 54	0,41	0,659 10	0,340 90	0,318 19	0,366 78
0,12	0,547 76	0,452 24	0,095 52	0,396 08	0,42	0,662 76	0,337 24	0,325 51	0,365 26
0,13	0,551 72	0,448 28	0,103 43	0,395 59	0,43	0,666 40	0,333 60	0,332 80	0,363 71
0,14	0,555 67	0,444 33	0,111 34	0,395 05	0,44	0,670 03	0,329 97	0,340 06	0,362 13
0,15	0,559 62	0,440 38	0,119 24	0,394 48	0,45	0,673 64	0,326 36	0,347 29	0,360 53
0,16	0,563 56	0,436 44	0,127 12	0,393 87	0,46	0,677 24	0,322 76	0,354 48	0,358 89
0,17	0,567 49	0,432 51	0,134 99	0,393 22	0,47	0,680 82	0,319 18	0,361 65	0,357 23
0,18	0,571 42	0,428 58	0,142 85	0,392 53	0,48	0,684 39	0,315 61	0,368 77	0,355 53
0,19	0,575 35	0,424 65	0,150 69	0,391 81	0,49	0,687 93	0,312 07	0,375 87	0,353 81
0,20	0,579 26	0,420 74	0,158 52	0,391 04	0,50	0,691 46	0,308 54	0,382 93	0,352 07
0,21	0,583 17	0,416 83	0,166 33	0,390 24	0,51	0,694 97	0,305 03	0,389 95	0,350 29
0,22	0,587 06	0,412 94	0,174 13	0,389 40	0,52	0,698 47	0,301 53	0,396 94	0,348 49
0,23	0,590 95	0,409 05	0,181 91	0,388 53	0,53	0,701 94	0,298 06	0,403 89	0,346 67
0,24	0,594 83	0,405 17	0,189 67	0,387 62	0,54	0,705 40	0,294 60	0,410 80	0,344 82
0,25	0,598 71	0,401 29	0,197 41	0,386 67	0,55	0,708 84	0,291 16	0,417 68	0,342 94
0,26	0,602 57	0,397 43	0,205 14	0,385 68	0,56	0,712 26	0,287 74	0,424 52	0,341 05
0,27	0,606 42	0,393 58	0,212 84	0,384 66	0,57	0,715 66	0,284 34	0,431 32	0,339 12
0,28	0,610 26	0,389 74	0,220 52	0,383 61	0,58	0,719 04	0,280 96	0,438 09	0,337 18
0,29	0,614 09	0,385 91	0,228 18	0,382 51	0,59	0,722 40	0,277 60	0,444 81	0,335 21
0,30	0,617 91	0,382 09	0,235 82	0,381 39	0,60	0,725 75	0,274 25	0,451 49	0,333 22

Tabelle A 1. (Fortsetzung)

u	$G(u)$	$Q(u)$	$G(u)-Q(u)$	$g(u)$	u	$G(u)$	$Q(u)$	$G(u)-Q(u)$	$g(u)$
0,61	0,729 07	0,270 93	0,458 14	0,331 21	1,06	0,855 43	0,144 57	0,710 86	0,227 47
0,62	0,732 37	0,267 63	0,464 74	0,329 18	1,07	0,857 69	0,142 31	0,715 38	0,225 06
0,63	0,735 65	0,264 35	0,471 31	0,327 13	1,08	0,859 93	0,140 07	0,719 86	0,222 65
0,64	0,738 91	0,261 09	0,477 83	0,325 06	1,09	0,862 14	0,137 86	0,724 29	0,220 25
0,65	0,742 15	0,257 85	0,484 31	0,322 97	1,10	0,864 33	0,135 67	0,728 67	0,217 85
0,66	0,745 37	0,254 63	0,490 75	0,320 86	1,11	0,866 50	0,133 50	0,733 00	0,215 46
0,67	0,748 57	0,251 43	0,497 14	0,318 74	1,12	0,868 64	0,131 36	0,737 29	0,213 07
0,68	0,751 75	0,248 25	0,503 50	0,316 59	1,13	0,870 76	0,129 24	0,741 52	0,210 69
0,69	0,754 90	0,245 10	0,509 81	0,314 43	1,14	0,872 86	0,127 14	0,745 71	0,208 31
0,70	0,758 04	0,241 96	0,516 07	0,312 25	1,15	0,874 93	0,125 07	0,749 86	0,205 94
0,71	0,761 15	0,238 85	0,522 30	0,310 06	1,16	0,876 98	0,123 02	0,753 95	0,203 57
0,72	0,764 24	0,235 76	0,528 48	0,307 85	1,17	0,879 00	0,121 00	0,758 00	0,201 21
0,73	0,767 30	0,232 70	0,534 61	0,305 63	1,18	0,881 00	0,119 00	0,762 00	0,198 86
0,74	0,770 35	0,229 65	0,540 70	0,303 39	1,19	0,882 98	0,117 02	0,765 95	0,196 52
0,75	0,773 37	0,226 63	0,546 75	0,301 14	1,20	0,884 93	0,115 07	0,769 86	0,194 19
0,76	0,776 37	0,223 63	0,552 75	0,298 87	1,21	0,866 86	0,113 14	0,773 72	0,191 86
0,77	0,779 35	0,220 65	0,558 70	0,296 59	1,22	0,888 77	0,111 23	0,777 54	0,189 54
0,78	0,782 30	0,217 70	0,564 61	0,294 31	1,23	0,890 65	0,109 35	0,781 30	0,187 24
0,79	0,785 24	0,214 76	0,570 47	0,292 00	1,24	0,892 51	0,107 49	0,785 02	0,184 94
0,80	0,788 14	0,211 85	0,576 29	0,289 69	1,25	0,894 35	0,105 65	0,788 70	0,182 65
0,81	0,791 03	0,208 97	0,582 06	0,287 37	1,26	0,896 17	0,103 83	0,792 33	0,180 37
0,82	0,793 89	0,206 11	0,587 78	0,285 04	1,27	0,897 96	0,102 04	0,795 92	0,178 10
0,83	0,796 73	0,203 27	0,593 46	0,282 69	1,28	0,899 73	0,100 27	0,799 45	0,175 85
0,84	0,799 55	0,200 45	0,599 09	0,280 34	1,29	0,901 47	0,098 53	0,802 95	0,173 60
0,85	0,802 34	0,197 66	0,604 68	0,277 98	1,30	0,903 20	0,096 80	0,806 40	0,171 37
0,86	0,805 11	0,194 89	0,610 21	0,275 62	1,31	0,904 90	0,095 10	0,809 80	0,169 15
0,87	0,807 85	0,192 15	0,615 70	0,273 24	1,32	0,906 58	0,093 42	0,813 17	0,166 94
0,88	0,810 57	0,189 43	0,621 14	0,270 86	1,33	0,908 24	0,091 76	0,816 48	0,164 74
0,89	0,813 27	0,186 73	0,626 53	0,268 48	1,34	0,909 88	0,090 12	0,819 75	0,162 56
0,90	0,815 94	0,184 06	0,631 88	0,266 09	1,35	0,911 49	0,088 51	0,822 98	0,160 38
0,91	0,818 59	0,181 41	0,637 18	0,263 69	1,36	0,913 09	0,086 92	0,826 17	0,158 22
0,92	0,821 21	0,178 79	0,642 43	0,261 29	1,37	0,914 66	0,085 34	0,829 31	0,156 08
0,93	0,823 81	0,176 19	0,647 63	0,258 88	1,38	0,916 21	0,083 79	0,832 41	0,153 95
0,94	0,826 39	0,173 61	0,652 78	0,256 47	1,39	0,917 74	0,082 26	0,835 47	0,151 83
0,95	0,828 94	0,171 06	0,657 89	0,254 06	1,40	0,919 24	0,080 76	0,838 49	0,149 73
0,96	0,831 47	0,168 53	0,662 94	0,251 64	1,41	0,920 73	0,079 27	0,841 46	0,147 64
0,97	0,833 98	0,166 02	0,667 95	0,249 23	1,42	0,922 20	0,077 80	0,844 39	0,145 56
0,98	0,836 46	0,163 54	0,672 91	0,246 81	1,43	0,923 64	0,076 36	0,847 28	0,143 50
0,99	0,838 91	0,161 09	0,677 83	0,244 39	1,44	0,925 07	0,074 93	0,850 13	0,141 46
1,00	0,841 34	0,158 66	0,682 69	0,241 97	1,45	0,926 47	0,073 53	0,852 94	0,139 43
1,01	0,843 75	0,156 25	0,687 50	0,239 55	1,46	0,927 86	0,072 15	0,855 71	0,137 42
1,02	0,846 14	0,153 86	0,692 27	0,237 13	1,47	0,929 22	0,070 78	0,858 44	0,135 42
1,03	0,848 50	0,151 51	0,696 99	0,234 71	1,48	0,930 56	0,069 44	0,861 13	0,133 44
1,04	0,850 83	0,149 17	0,701 66	0,232 30	1,49	0,931 89	0,068 11	0,863 78	0,131 47
1,05	0,853 14	0,146 86	0,706 28	0,229 88	1,50	0,933 19	0,066 81	0,866 39	0,129 52

Tabelle A 1. (Fortsetzung)

u	$G(u)$	$Q(u)$	$G(u)-Q(u)$	$g(u)$	u	$G(u)$	$Q(u)$	$G(u)-Q(u)$	$g(u)$
1,51	0,934 48	0,065 52	0,868 96	0,127 58	1,96	0,975 00	0,025 00	0,950 00	0,058 44
1,52	0,935 74	0,064 26	0,871 49	0,125 66	1,97	0,975 58	0,024 42	0,951 16	0,057 30
1,53	0,936 99	0,063 01	0,873 98	0,123 76	1,98	0,976 15	0,023 85	0,952 30	0,056 18
1,54	0,938 22	0,061 78	0,876 44	0,121 88	1,99	0,976 70	0,023 30	0,953 41	0,055 08
1,55	0,939 43	0,060 57	0,878 86	0,120 01	2,00	0,977 25	0,022 75	0,954 50	0,053 99
1,56	0,940 62	0,059 38	0,881 24	0,118 16	2,01	0,977 78	0,022 22	0,955 57	0,052 92
1,57	0,941 79	0,058 21	0,883 58	0,116 32	2,02	0,978 31	0,021 69	0,956 62	0,051 86
1,58	0,942 95	0,057 05	0,885 89	0,114 50	2,03	0,978 82	0,021 18	0,957 64	0,050 82
1,59	0,944 08	0,055 92	0,888 17	0,112 70	2,04	0,979 32	0,020 68	0,958 65	0,049 80
1,60	0,945 20	0,054 80	0,890 40	0,110 92	2,05	0,979 82	0,020 18	0,959 64	0,048 79
1,61	0,946 30	0,053 70	0,892 60	0,109 15	2,06	0,980 30	0,019 70	0,960 60	0,047 80
1,62	0,947 38	0,052 62	0,894 77	0,107 41	2,07	0,980 77	0,019 23	0,961 55	0,046 82
1,63	0,948 45	0,051 55	0,896 90	0,105 67	2,08	0,981 24	0,018 76	0,962 47	0,044 86
1,64	0,949 50	0,050 50	0,898 99	0,103 96	2,09	0,981 69	0,018 31	0,963 38	0,044 91
1,65	0,950 53	0,049 47	0,901 06	0,102 26	2,10	0,982 14	0,017 86	0,964 27	0,043 98
1,66	0,951 54	0,048 46	0,903 09	0,100 59	2,11	0,982 57	0,017 43	0,965 14	0,043 07
1,67	0,952 54	0,047 46	0,905 08	0,098 92	2,12	0,983 00	0,017 00	0,965 99	0,042 17
1,68	0,953 52	0,046 48	0,907 04	0,097 28	2,13	0,983 41	0,016 59	0,966 83	0,041 28
1,69	0,954 49	0,045 51	0,908 97	0,095 66	2,14	0,983 82	0,016 18	0,967 65	0,040 41
1,70	0,955 43	0,044 57	0,910 87	0,094 05	2,15	0,984 22	0,015 78	0,968 44	0,039 55
1,71	0,956 37	0,043 63	0,912 73	0,092 46	2,16	0,984 61	0,015 39	0,969 23	0,038 71
1,72	0,957 28	0,042 72	0,914 57	0,090 89	2,17	0,985 00	0,015 00	0,969 99	0,037 88
1,73	0,958 18	0,041 82	0,916 37	0,089 33	2,18	0,985 37	0,014 63	0,970 74	0,037 06
1,74	0,959 07	0,040 93	0,918 14	0,087 80	2,19	0,985 74	0,014 26	0,971 48	0,036 26
1,75	0,959 94	0,040 06	0,919 88	0,086 28	2,20	0,986 10	0,013 90	0,972 19	0,035 47
1,76	0,960 80	0,039 20	0,921 59	0,084 78	2,21	0,986 45	0,013 55	0,972 89	0,034 70
1,77	0,961 64	0,038 36	0,923 27	0,083 29	2,22	0,986 79	0,013 21	0,973 58	0,033 94
1,78	0,962 46	0,037 54	0,924 92	0,081 83	2,23	0,987 13	0,012 87	0,974 25	0,033 19
1,79	0,963 27	0,036 73	0,926 55	0,080 38	2,24	0,987 45	0,012 55	0,974 91	0,032 46
1,80	0,964 07	0,035 93	0,928 14	0,078 95	2,25	0,987 78	0,012 22	0,975 55	0,031 74
1,81	0,964 85	0,035 15	0,929 70	0,077 54	2,26	0,988 09	0,011 91	0,976 18	0,031 03
1,82	0,965 62	0,034 38	0,931 24	0,076 14	2,27	0,988 40	0,011 60	0,976 79	0,030 34
1,83	0,966 38	0,033 63	0,932 75	0,074 77	2,28	0,988 70	0,011 30	0,977 39	0,029 65
1,84	0,967 12	0,032 88	0,934 23	0,073 41	2,29	0,988 99	0,011 01	0,977 98	0,028 98
1,85	0,967 84	0,032 16	0,935 69	0,072 06	2,30	0,989 28	0,010 72	0,978 55	0,028 33
1,86	0,968 56	0,031 44	0,937 11	0,070 74	2,31	0,989 56	0,010 44	0,979 11	0,027 68
1,87	0,969 26	0,030 74	0,938 52	0,069 43	2,32	0,989 83	0,010 17	0,979 66	0,027 05
1,88	0,969 95	0,030 05	0,939 89	0,068 14	2,33	0,990 10	0,009 90	0,980 19	0,026 43
1,89	0,970 62	0,029 38	0,941 24	0,066 87	2,34	0,990 36	0,009 64	0,980 72	0,025 82
1,90	0,971 28	0,028 72	0,942 57	0,065 62	2,35	0,990 61	0,009 39	0,981 23	0,025 22
1,91	0,971 93	0,028 07	0,943 87	0,064 38	2,36	0,990 86	0,009 14	0,981 73	0,024 63
1,92	0,972 57	0,027 43	0,945 14	0,963 16	2,37	0,991 11	0,008 89	0,982 21	0,024 06
1,93	0,973 20	0,026 80	0,946 39	0,061 95	2,38	0,991 34	0,008 66	0,982 69	0,023 49
1,94	0,973 81	0,026 19	0,947 62	0,060 77	2,39	0,991 58	0,008 42	0,983 15	0,022 94
1,95	0,974 41	0,025 59	0,948 82	0,059 59	2,40	0,991 80	0,008 20	0,983 61	0,022 39

Tabelle A 1. (Fortsetzung)

u	$G(u)$	$Q(u)$	$G(u)-Q(u)$	$g(u)$	u	$G(u)$	$Q(u)$	$G(u)-Q(u)$	$g(u)$
2,41	0,992 02	0,007 98	0,984 05	0,021 86	2,86	0,997 88	0,002 12	0,995 76	0,006 68
2,42	0,992 24	0,007 76	0,984 48	0,021 34	2,87	0,997 95	0,002 05	0,995 90	0,006 49
2,43	0,992 45	0,007 55	0,984 90	0,020 83	2,88	0,998 01	0,001 99	0,996 02	0,006 31
2,44	0,992 66	0,007 34	0,985 31	0,020 33	2,89	0,998 07	0,001 93	0,996 15	0,006 13
2,45	0,992 86	0,007 14	0,985 71	0,019 84	2,90	0,998 13	0,001 87	0,996 27	0,005 95
2,46	0,993 05	0,006 95	0,986 11	0,019 36	2,91	0,998 19	0,001 81	0,996 39	0,005 78
2,47	0,993 24	0,006 76	0,986 49	0,018 89	2,92	0,998 25	0,001 75	0,996 50	0,005 62
2,48	0,993 43	0,006 57	0,986 86	0,018 42	2,93	0,998 31	0,001 69	0,996 61	0,005 45
2,49	0,993 61	0,006 39	0,987 23	0,017 97	2,94	0,998 36	0,001 64	0,996 72	0,005 30
2,50	0,993 79	0,006 21	0,987 59	0,017 53	2,95	0,998 41	0,001 59	0,996 82	0,005 14
2,51	0,993 96	0,006 04	0,987 93	0,017 09	2,96	0,998 46	0,001 54	0,996 92	0,004 99
2,52	0,994 13	0,005 87	0,988 26	0,016 67	2,97	0,998 51	0,001 49	0,997 02	0,004 85
2,53	0,994 30	0,005 70	0,988 59	0,016 25	2,98	0,998 56	0,001 44	0,997 12	0,004 71
2,54	0,994 46	0,005 54	0,988 91	0,015 85	2,99	0,998 61	0,001 39	0,997 21	0,004 57
2,55	0,994 61	0,005 39	0,989 23	0,015 45	3,00	0,998 65	0,001 35	0,997 30	0,004 43
2,56	0,994 77	0,005 23	0,989 53	0,015 06	3,01	0,998 69	0,001 31	0,997 39	0,004 30
2,57	0,994 92	0,005 08	0,989 83	0,014 68	3,02	0,998 74	0,001 26	0,997 47	0,004 17
2,58	0,995 06	0,004 94	0,990 12	0,014 30	3,03	0,998 78	0,001 22	0,997 55	0,004 05
2,59	0,995 20	0,004 80	0,990 40	0,013 94	3,04	0,998 82	0,001 18	0,997 63	0,003 93
2,60	0,995 34	0,004 66	0,990 68	0,013 58	3,05	0,998 86	0,001 14	0,997 71	0,003 81
2,61	0,995 47	0,004 53	0,990 95	0,013 23	3,06	0,998 89	0,001 11	0,997 79	0,003 70
2,62	0,995 60	0,004 40	0,991 21	0,012 89	3,07	0,998 93	0,001 07	0,997 86	0,003 58
2,63	0,995 73	0,004 27	0,991 46	0,012 56	3,08	0,998 97	0,001 04	0,997 93	0,003 48
2,64	0,995 85	0,004 15	0,991 71	0,012 23	3,09	0,999 00	0,001 00	0,998 00	0,003 37
2,65	0,995 98	0,004 04	0,991 95	0,011 91	3,10	0,999 03	0,000 97	0,998 06	0,003 27
2,66	0,996 09	0,003 91	0,992 19	0,011 60	3,11	0,999 06	0,000 94	0,998 13	0,003 17
2,67	0,996 21	0,003 79	0,992 41	0,011 30	3,12	0,999 10	0,000 90	0,998 19	0,003 07
2,68	0,996 32	0,003 68	0,992 64	0,011 00	3,13	0,999 13	0,000 87	0,998 25	0,002 98
2,69	0,996 43	0,003 57	0,992 85	0,010 71	3,14	0,999 16	0,000 84	0,998 31	0,002 88
2,70	0,996 53	0,003 47	0,993 07	0,010 42	3,15	0,999 18	0,000 82	0,998 37	0,002 79
2,71	0,996 64	0,003 36	0,993 27	0,010 14	3,16	0,999 21	0,000 79	0,998 42	0,002 71
2,72	0,996 74	0,003 26	0,993 47	0,009 87	3,17	0,999 24	0,000 76	0,998 48	0,002 62
2,73	0,996 83	0,003 17	0,993 67	0,009 61	3,18	0,999 26	0,000 74	0,998 53	0,002 54
2,74	0,996 93	0,003 07	0,993 86	0,009 35	3,19	0,999 29	0,000 71	0,998 58	0,002 46
2,75	0,997 02	0,002 98	0,994 04	0,009 09	3,20	0,999 31	0,000 69	0,998 63	0,002 38
2,76	0,997 11	0,002 89	0,994 22	0,008 85	3,21	0,999 34	0,000 66	0,998 67	0,002 31
2,77	0,997 20	0,002 80	0,994 39	0,008 61	3,22	0,999 36	0,000 64	0,998 72	0,002 24
2,78	0,997 28	0,002 72	0,994 56	0,008 37	3,23	0,999 38	0,000 62	0,998 76	0,002 16
2,79	0,997 36	0,002 64	0,994 73	0,008 14	3,24	0,999 40	0,000 60	0,998 80	0,002 10
2,80	0,997 44	0,002 56	0,994 89	0,007 92	3,25	0,999 42	0,000 58	0,998 85	0,002 03
2,81	0,997 52	0,002 48	0,995 05	0,007 70	3,26	0,999 44	0,000 56	0,998 89	0,001 96
2,82	0,997 60	0,002 40	0,995 20	0,007 48	3,27	0,999 46	0,000 54	0,998 92	0,001 90
2,83	0,997 67	0,002 33	0,995 35	0,007 27	3,28	0,999 48	0,000 52	0,998 96	0,001 84
2,84	0,997 74	0,002 26	0,995 49	0,007 07	3,29	0,999 50	0,000 50	0,999 00	0,001 78
2,85	0,997 81	0,002 19	0,995 63	0,006 87	3,30	0,999 52	0,000 48	0,999 03	0,001 72

Tabelle A 1. (Fortsetzung)

u	$G(u)$	$Q(u)$	$G(u)-Q(u)$	$g(u)$	u	$G(u)$	$Q(u)$	$G(u)-Q(u)$	$g(u)$
3,31	0,999 53	0,000 47	0,999 07	0,001 67	3,66	0,999 87	0,000 13	0,999 75	0,000 49
3,32	0,999 55	0,000 45	0,999 10	0,001 61	3,67	0,999 88	0,000 12	0,999 76	0,000 47
3,33	0,999 57	0,000 43	0,999 13	0,001 56	3,68	0,999 88	0,000 12	0,999 77	0,000 46
3,34	0,999 58	0,000 42	0,999 16	0,001 51	3,69	0,999 89	0,000 11	0,999 78	0,000 44
3,35	0,999 60	0,000 40	0,999 19	0,001 46	3,70	0,999 89	0,000 11	0,999 78	0,000 42
3,36	0,999 61	0,000 39	0,999 22	0,001 41	3,71	0,999 90	0,000 10	0,999 79	0,000 41
3,37	0,999 62	0,000 38	0,999 25	0,001 36	3,72	0,999 90	0,000 10	0,999 80	0,000 39
3,38	0,999 64	0,000 36	0,999 28	0,001 32	3,73	0,999 90	0,000 10	0,999 81	0,000 38
3,39	0,999 65	0,000 35	0,999 30	0,001 27	3,74	0,999 91	0,000 09	0,999 82	0,000 37
3,40	0,999 66	0,000 34	0,999 33	0,001 23	3,75	0,999 91	0,000 09	0,999 82	0,000 35
3,41	0,999 68	0,000 32	0,999 35	0,001 19	3,76	0,999 92	0,000 09	0,999 83	0,000 34
3,42	0,999 69	0,000 31	0,999 37	0,001 15	3,77	0,999 92	0,000 08	0,999 84	0,000 33
3,43	0,999 70	0,000 30	0,999 40	0,001 11	3,78	0,999 92	0,000 08	0,999 84	0,000 31
3,44	0,999 71	0,000 29	0,999 42	0,001 07	3,79	0,999 92	0,000 08	0,999 85	0,000 30
3,45	0,999 72	0,000 28	0,999 44	0,001 04	3,80	0,999 93	0,000 07	0,999 86	0,000 29
3,46	0,999 73	0,000 27	0,999 46	0,001 00	3,81	0,999 93	0,000 07	0,999 86	0,000 28
3,47	0,999 74	0,000 26	0,999 48	0,000 97	3,82	0,999 93	0,000 07	0,999 87	0,000 27
3,48	0,999 75	0,000 25	0,999 50	0,000 94	3,83	0,999 94	0,000 06	0,999 87	0,000 26
3,49	0,999 76	0,000 24	0,999 52	0,000 90	3,84	0,999 94	0,000 06	0,999 88	0,000 25
3,50	0,999 77	0,000 23	0,999 53	0,000 87	3,85	0,999 94	0,000 06	0,999 88	0,000 24
3,51	0,999 78	0,000 22	0,999 55	0,000 84	3,86	0,999 94	0,000 06	0,999 89	0,000 23
3,52	0,999 78	0,000 22	0,999 57	0,000 81	3,87	0,999 95	0,000 05	0,999 89	0,000 22
3,53	0,999 79	0,000 21	0,999 58	0,000 79	3,88	0,999 95	0,000 05	0,999 90	0,000 21
3,54	0,999 80	0,000 20	0,999 60	0,000 76	3,89	0,999 95	0,000 05	0,999 90	0,000 21
3,55	0,999 81	0,000 19	0,999 61	0,000 73	3,90	0,999 95	0,000 05	0,999 90	0,000 20
3,56	0,999 81	0,000 19	0,999 63	0,000 71	3,91	0,999 95	0,000 05	0,999 91	0,000 19
3,57	0,999 82	0,000 18	0,999 64	0,000 68	3,92	0,999 96	0,000 04	0,999 91	0,000 18
3,58	0,999 83	0,000 17	0,999 66	0,000 66	3,93	0,999 96	0,000 04	0,999 92	0,000 18
3,59	0,999 83	0,000 17	0,999 67	0,000 63	3,94	0,999 96	0,000 04	0,999 92	0,000 17
3,60	0,999 84	0,000 16	0,999 68	0,000 61	3,95	0,999 96	0,000 04	0,999 92	0,000 16
3,61	0,999 85	0,000 15	0,999 69	0,000 59	3,96	0,999 96	0,000 04	0,999 93	0,000 16
3,62	0,999 85	0,000 15	0,999 71	0,000 57	3,97	0,999 96	0,000 04	0,999 93	0,000 15
3,63	0,999 86	0,000 14	0,999 72	0,000 55	3,98	0,999 97	0,000 03	0,999 93	0,000 14
3,64	0,999 86	0,000 14	0,999 73	0,000 53	3,99	0,999 97	0,000 03	0,999 93	0,000 14
3,65	0,999 87	0,000 13	0,999 74	0,000 51	4,00	0,999 97	0,000 03	0,999 94	0,000 13

Näherung für $u > 4$:

$$g(u) = \frac{1}{\sqrt{2\pi}}\, e^{-\frac{u^2}{2}}$$

$$Q(u) = \frac{g(u)}{u}\left\{1 - \frac{1}{u^2} + \frac{3}{u^4} - \frac{15}{u^6} + \frac{105}{u^8}\right\}$$

G	Q	u	G	Q	u
0,50	0,50	0	0,995	0,005	2,575 8
0,60	0,40	0,253 3	0,997 5	0,002 5	2,807 0
0,70	0,30	0,524 4	0,999 0	0,001 0	3,090 2
0,80	0,20	0,841 6	0,999 5	0,000 5	3,290 5
0,90	0,10	1,281 6	0,999 9	0,000 1	3,719 0
0,95	0,05	1,644 9	0,999 95	0,000 05	3,890 6
0,975	0,025	1,960 0	0,999 99	0,000 01	4,264 9
0,990	0,010	2,326 3			

Tabelle A 2. Faktoren zum
Abschätzen der Standardabweichung der Grundgesamt-
heit. $\hat{\sigma} = \tilde{s}/a_n$ oder $\hat{\sigma} = \overline{R}/d_n$.

n	a_n	d_n
2	0,789	1,128
3	0,886	1,693
4	0,921	2,059
5	0,940	2,326
6	0,952	2,534
7	0,959	2,704
8	0,965	2,847
9	0,969	2,970
10	0,973	3,078
11	0,975	3,173
12	0,978	3,258
13	0,979	3,336
14	0,981	3,407
15	0,982	3,472
16	0,984	3,532
17	0,985	3,588
18	0,985	3,640
19	0,986	3,689
20	0,987	3,735

Tabelle A 3. Wahrscheinlichkeitssummen zur Eintragung des x-ten Werts einer geordneten Stichprobe vom Umfang n in das Wahrscheinlichkeitsnetz (Wahrscheinlichkeitssummen der entsprechenden Erwartungswerte)

x	$n=$ 2	3	4	5	6	7	8	9	10	11	12	13	x
1	0,286	0,199	0,152	0,122	0,102	0,089	0,078	0,068	0,062	0,056	0,052	0,048	1
2	0,714	0,500	0,383	0,310	0,261	0,244	0,198	0,176	0,159	0,145	0,131	0,123	2
3		0,801	0,617	0,500	0,421	0,363	0,319	0,284	0,255	0,233	0,215	0,198	3
4			0,849	0,690	0,579	0,500	0,440	0,394	0,352	0,323	0,295	0,274	4
5				0,878	0,739	0,637	0,560	0,500	0,452	0,413	0,378	0,348	5
6					0,898	0,776	0,681	0,606	0,548	0,500	0,460	0,425	6
7						0,912	0,802	0,716	0,648	0,587	0,540	0,500	7
8							0,922	0,824	0,745	0,677	0,622	0,575	8
9								0,932	0,841	0,767	0,705	0,652	9
10									0,938	0,855	0,785	0,726	10
11										0,944	0,869	0,802	11
12											0,949	0,877	12
13												0,953	13

Tabelle A 3. (Fortsetzung)

x	$n =$ 14	15	16	17	18	19	20	21	22	23	24	25	x
1	0,045	0,041	0,039	0,037	0,034	0,033	0,031	0,029	0,028	0,027	0,026	0,024	1
2	0,113	0,106	0,100	0,093	0,089	0,084	0,079	0,076	0,072	0,069	0,067	0,064	2
3	0,184	0,171	0,161	0,152	0,142	0,136	0,129	0,123	0,117	0,113	0,107	0,104	3
4	0,255	0,239	0,224	0,209	0,198	0,187	0,179	0,171	0,164	0,156	0,149	0,142	4
5	0,323	0,302	0,284	0,268	0,251	0,239	0,227	0,218	0,206	0,198	0,189	0,181	5
6	0,394	0,367	0,348	0,326	0,309	0,291	0,278	0,264	0,251	0,242	0,233	0,224	6
7	0,464	0,433	0,409	0,382	0,363	0,345	0,326	0,312	0,298	0,284	0,274	0,261	7
8	0,536	0,500	0,468	0,440	0,417	0,397	0,378	0,359	0,341	0,326	0,316	0,302	8
9	0,606	0,567	0,532	0,500	0,472	0,448	0,425	0,405	0,386	0,371	0,356	0,341	9
10	0,677	0,633	0,591	0,560	0,528	0,500	0,476	0,452	0,433	0,413	0,397	0,382	10
11	0,745	0,698	0,652	0,618	0,583	0,552	0,524	0,500	0,476	0,456	0,436	0,421	11
12	0,816	0,761	0,716	0,674	0,637	0,603	0,575	0,548	0,524	0,500	0,480	0,460	12
13	0,887	0,829	0,776	0,732	0,691	0,655	0,622	0,595	0,567	0,544	0,520	0,500	13
14	0,955	0,894	0,839	0,791	0,749	0,709	0,674	0,641	0,614	0,587	0,564	0,540	14
15		0,959	0,900	0,848	0,802	0,761	0,722	0,688	0,659	0,629	0,603	0,579	15
16			0,961	0,907	0,858	0,813	0,773	0,736	0,702	0,674	0,644	0,618	16
17				0,963	0,912	0,864	0,821	0,782	0,749	0,716	0,684	0,659	17
18					0,966	0,916	0,871	0,829	0,794	0,758	0,726	0,698	18
19						0,976	0,921	0,877	0,836	0,802	0,767	0,739	19
20							0,969	0,924	0,883	0,844	0,811	0,776	20
21								0,971	0,928	0,887	0,851	0,819	21
22									0,972	0,931	0,893	0,858	22
23										0,973	0,933	0,896	23
24											0,974	0,936	24
25												0,976	25

Tabelle A 3. (Fortsetzung)

x	26	27	28	29	30	31	32	33	34	35	36	37	x
	$n =$												
1	0,024	0,023	0,022	0,021	0,021	0,020	0,019	0,019	0,018	0,018	0,017	0,017	1
2	0,062	0,059	0,057	0,055	0,053	0,051	0,050	0,048	0,047	0,045	0,044	0,043	2
3	0,099	0,095	0,092	0,089	0,087	0,083	0,081	0,078	0,076	0,074	0,072	0,070	3
4	0,138	0,134	0,127	0,123	0,119	0,115	0,112	0,108	0,105	0,102	0,099	0,097	4
5	0,176	0,169	0,164	0,159	0,152	0,148	0,143	0,139	0,135	0,131	0,127	0,124	5
6	0,215	0,206	0,198	0,192	0,187	0,180	0,174	0,169	0,164	0,159	0,155	0,151	6
7	0,251	0,242	0,233	0,227	0,218	0,212	0,205	0,199	0,193	0,188	0,182	0,177	7
8	0,291	0,281	0,271	0,261	0,251	0,244	0,236	0,229	0,222	0,216	0,210	0,204	8
9	0,330	0,316	0,305	0,295	0,284	0,276	0,267	0,259	0,251	0,244	0,238	0,231	9
10	0,367	0,352	0,341	0,330	0,319	0,308	0,298	0,289	0,281	0,273	0,265	0,258	10
11	0,405	0,390	0,374	0,363	0,352	0,340	0,329	0,319	0,310	0,301	0,293	0,285	11
12	0,444	0,425	0,413	0,397	0,386	0,371	0,360	0,349	0,339	0,330	0,321	0,312	12
13	0,480	0,464	0,448	0,433	0,417	0,404	0,391	0,379	0,368	0,358	0,348	0,339	13
14	0,520	0,500	0,484	0,464	0,452	0,436	0,422	0,410	0,398	0,386	0,376	0,366	14
15	0,556	0,536	0,516	0,500	0,484	0,468	0,453	0,440	0,427	0,415	0,403	0,392	15
16	0,595	0,575	0,552	0,536	0,516	0,500	0,484	0,470	0,456	0,443	0,431	0,419	16
17	0,633	0,610	0,587	0,567	0,548	0,532	0,516	0,500	0,485	0,472	0,459	0,446	17
18	0,670	0,648	0,626	0,603	0,583	0,564	0,547	0,530	0,515	0,500	0,486	0,473	18
19	0,709	0,684	0,659	0,637	0,614	0,596	0,578	0,560	0,544	0,528	0,514	0,500	19
20	0,749	0,719	0,695	0,670	0,648	0,628	0,609	0,590	0,573	0,557	0,541	0,527	20
21	0,785	0,758	0,729	0,705	0,681	0,660	0,640	0,621	0,602	0,585	0,569	0,554	21
22	0,824	0,794	0,767	0,739	0,716	0,692	0,671	0,651	0,632	0,614	0,597	0,581	22
23	0,862	0,831	0,802	0,773	0,749	0,724	0,702	0,681	0,661	0,642	0,624	0,608	23
24	0,902	0,866	0,836	0,808	0,782	0,756	0,733	0,711	0,690	0,670	0,652	0,634	24
25	0,938	0,905	0,873	0,841	0,813	0,788	0,764	0,741	0,719	0,699	0,679	0,661	25
26	0,976	0,941	0,908	0,877	0,848	0,820	0,795	0,771	0,749	0,727	0,707	0,688	26
27		0,977	0,943	0,912	0,881	0,852	0,826	0,801	0,778	0,756	0,735	0,715	27
28			0,978	0,945	0,913	0,885	0,857	0,831	0,807	0,784	0,762	0,742	28
29				0,979	0,947	0,917	0,888	0,861	0,836	0,812	0,790	0,769	29
30					0,979	0,949	0,919	0,892	0,865	0,841	0,818	0,796	30
31						0,980	0,950	0,922	0,895	0,869	0,845	0,823	31
32							0,981	0,952	0,924	0,898	0,873	0,849	32
33								0,981	0,953	0,926	0,901	0,876	33
34									0,982	0,955	0,928	0,903	34
35										0,982	0,956	0,930	35
36											0,983	0,957	36
37												0,983	37

Tabelle A 3. (Fortsetzung)

x	38	39	40	41	42	43	44	45	46	47	48	49	50	x
1	0,016	0,016	0,015	0,015	0,015	0,014	0,014	0,014	0,013	0,013	0,013	0,013	0,012	1
2	0,042	0,041	0,040	0,039	0,038	0,037	0,036	0,035	0,035	0,034	0,033	0,032	0,032	2
3	0,068	0,066	0,065	0,063	0,062	0,060	0,059	0,057	0,056	0,055	0,054	0,053	0,052	3
4	0,094	0,092	0,090	0,087	0,085	0,083	0,081	0,080	0,078	0,076	0,075	0,073	0,072	4
5	0,120	0,117	0,114	0,112	0,109	0,106	0,104	0,102	0,100	0,097	0,095	0,093	0,092	5
6	0,147	0,143	0,139	0,136	0,133	0,130	0,127	0,124	0,121	0,119	0,116	0,114	0,112	6
7	0,173	0,168	0,164	0,160	0,156	0,153	0,149	0,146	0,143	0,140	0,137	0,134	0,131	7
8	0,199	0,194	0,189	0,185	0,180	0,176	0,172	0,168	0,165	0,161	0,158	0,155	0,151	8
9	0,225	0,219	0,214	0,209	0,204	0,199	0,195	0,190	0,186	0,182	0,178	0,175	0,171	9
10	0,251	0,245	0,239	0,233	0,228	0,222	0,217	0,212	0,208	0,204	0,199	0,195	0,191	10
11	0,278	0,271	0,264	0,257	0,251	0,245	0,240	0,235	0,229	0,225	0,220	0,215	0,211	11
12	0,304	0,296	0,289	0,282	0,275	0,269	0,262	0,257	0,251	0,246	0,241	0,236	0,231	12
13	0,330	0,321	0,314	0,306	0,299	0,292	0,285	0,279	0,273	0,267	0,261	0,256	0,251	13
14	0,356	0,347	0,338	0,330	0,322	0,315	0,308	0,301	0,294	0,288	0,282	0,277	0,271	14
15	0,382	0,373	0,363	0,355	0,346	0,338	0,330	0,323	0,316	0,309	0,303	0,297	0,291	15
16	0,408	0,398	0,388	0,379	0,370	0,361	0,353	0,345	0,338	0,331	0,324	0,317	0,311	16
17	0,435	0,424	0,413	0,403	0,393	0,384	0,376	0,367	0,359	0,352	0,345	0,337	0,331	17
18	0,461	0,449	0,438	0,427	0,417	0,407	0,398	0,389	0,381	0,373	0,365	0,358	0,351	18
19	0,487	0,474	0,463	0,451	0,441	0,431	0,421	0,411	0,402	0,394	0,386	0,378	0,371	19
20	0,513	0,500	0,488	0,476	0,464	0,454	0,443	0,434	0,424	0,415	0,407	0,398	0,390	20
21	0,539	0,526	0,512	0,500	0,488	0,477	0,466	0,456	0,446	0,436	0,427	0,419	0,410	21
22	0,565	0,551	0,537	0,524	0,512	0,500	0,489	0,478	0,467	0,458	0,448	0,439	0,430	22
23	0,592	0,576	0,562	0,549	0,536	0,523	0,511	0,500	0,489	0,479	0,469	0,459	0,450	23
24	0,618	0,602	0,587	0,573	0,559	0,546	0,534	0,522	0,511	0,500	0,490	0,480	0,470	24
25	0,644	0,627	0,612	0,597	0,583	0,569	0,557	0,544	0,533	0,521	0,510	0,500	0,490	25
26	0,670	0,653	0,637	0,621	0,607	0,593	0,579	0,566	0,554	0,542	0,531	0,520	0,510	26
27	0,696	0,679	0,662	0,645	0,630	0,616	0,602	0,589	0,576	0,564	0,552	0,541	0,530	27
28	0,722	0,704	0,686	0,670	0,654	0,639	0,624	0,611	0,597	0,585	0,573	0,561	0,550	28
29	0,749	0,729	0,711	0,694	0,678	0,662	0,647	0,633	0,619	0,606	0,593	0,581	0,570	29
30	0,775	0,755	0,736	0,718	0,701	0,685	0,670	0,655	0,641	0,627	0,614	0,602	0,590	30
31	0,801	0,781	0,761	0,743	0,725	0,708	0,692	0,677	0,662	0,648	0,635	0,622	0,610	31
32	0,827	0,806	0,786	0,767	0,749	0,731	0,715	0,699	0,684	0,669	0,655	0,642	0,629	32
33	0,853	0,832	0,811	0,791	0,772	0,755	0,738	0,721	0,706	0,691	0,676	0,663	0,649	33
34	0,880	0,857	0,836	0,815	0,796	0,778	0,760	0,743	0,727	0,712	0,697	0,683	0,669	34
35	0,906	0,883	0,861	0,840	0,820	0,801	0,783	0,765	0,749	0,733	0,718	0,703	0,689	35
36	0,932	0,908	0,886	0,864	0,844	0,824	0,805	0,788	0,771	0,754	0,739	0,723	0,709	36
37	0,958	0,934	0,910	0,888	0,867	0,847	0,828	0,810	0,792	0,775	0,759	0,744	0,729	37
38	0,984	0,959	0,935	0,913	0,891	0,870	0,851	0,832	0,814	0,796	0,780	0,764	0,749	38
39		0,984	0,960	0,937	0,915	0,894	0,873	0,854	0,835	0,818	0,801	0,785	0,769	39
40			0,985	0,961	0,938	0,917	0,896	0,876	0,857	0,839	0,822	0,805	0,789	40
41				0,985	0,962	0,940	0,919	0,898	0,879	0,860	0,842	0,825	0,809	41
42					0,985	0,963	0,941	0,920	0,900	0,881	0,863	0,845	0,829	42
43						0,986	0,964	0,943	0,922	0,903	0,884	0,866	0,849	43
44							0,986	0,966	0,944	0,924	0,905	0,886	0,869	44
45								0,986	0,965	0,945	0,925	0,907	0,888	45
46									0,987	0,966	0,946	0,927	0,908	46
47										0,987	0,967	0,947	0,928	47
48											0,987	0,968	0,948	48
49												0,987	0,968	49
50													0,988	50

Angaben für $n \leqq 5$ berechnet mit Hilfe der in den Biometrika Tables angegebenen Erwartungswerten, Angaben für $6 \leqq n \leqq 30$ nach Henning/Wartman und für $31 \leqq n \leqq 50$ nach Göldner.

Näherung für $n > 50$: $\dfrac{x - 0,5}{n}$

Tabelle A4. Formblatt zur Berechnung von Toleranzen

Fehleranteil p in %	10	5	4,55	2,5	2	1	0,27	0,1	0,01
Gutanteil 1–p in %	90	95	95,45	97,5	98	99	99,73	99,9	99,99
Argument der NV u_{1-p}	1,6449	1,9600	2	2,2414	2,3263	2,5758	3	3,2905	3,8906
Umrechenfaktor r_u	0,9497	1,1316	1,1547	1,2941	1,3431	1,4871	1,7321	1,8998	2,2462
Vorgabe oder Wahl:									

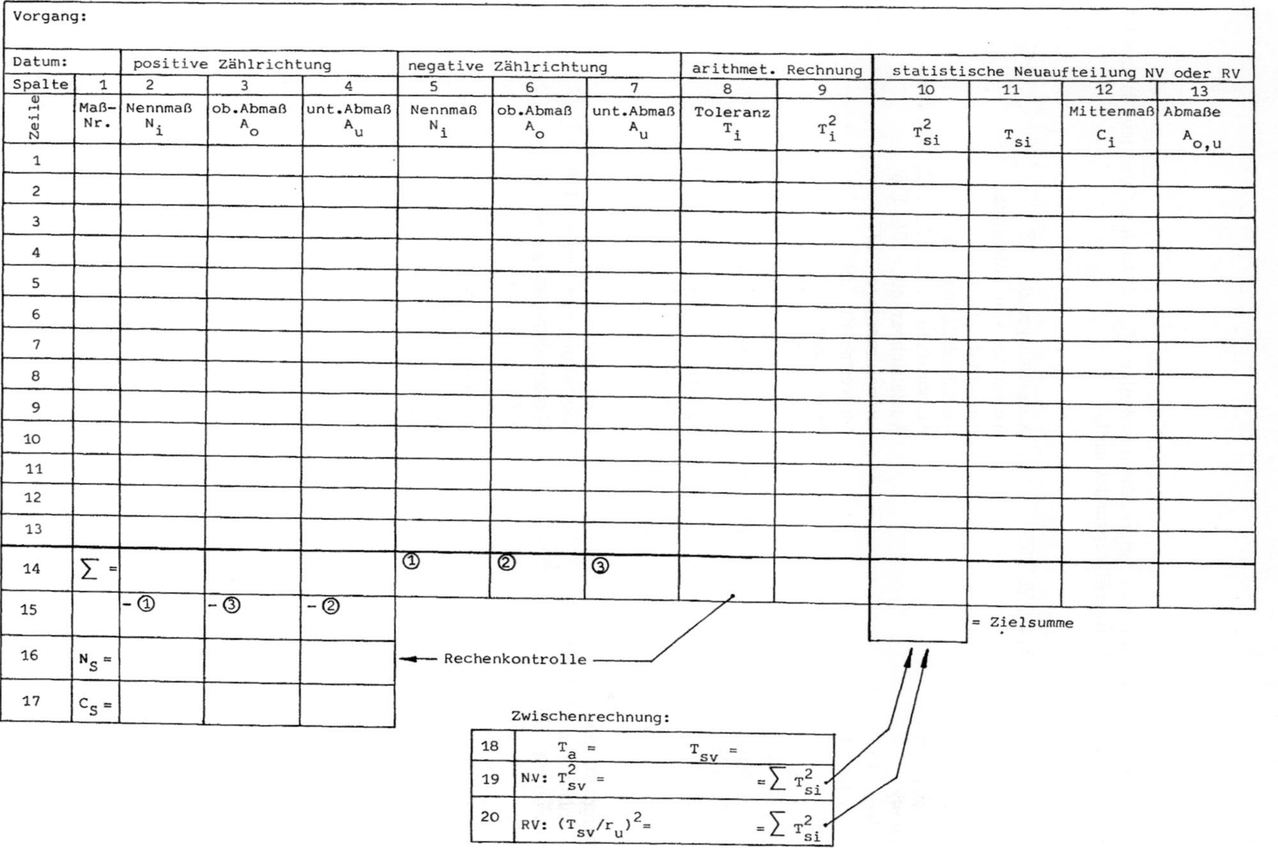

Vorgang:

Datum:

Zeile	Spalte	1	positive Zählrichtung			negative Zählrichtung			arithmet. Rechnung		statistische Neuaufteilung NV oder RV			
			2	3	4	5	6	7	8	9	10	11	12	13
		Maß-Nr.	Nennmaß N_i	ob.Abmaß A_o	unt.Abmaß A_u	Nennmaß N_i	ob.Abmaß A_o	unt.Abmaß A_u	Toleranz T_i	T_i^2	T_{si}^2	T_{si}	Mittenmaß C_i	Abmaße $A_{o,u}$
1														
2														
3														
4														
5														
6														
7														
8														
9														
10														
11														
12														
13														
14	$\sum$ =					①	②	③						
15			–①	–③	–②						= Zielsumme			
16	N_S =													
17	C_S =													

← Rechenkontrolle

Zwischenrechnung:

18	T_a = T_{sv} =	
19	NV: T_{sv}^2 =	= $\sum T_{si}^2$
20	RV: $(T_{sv}/r_u)^2$ =	= $\sum T_{si}^2$

Sachwortverzeichnis

Die den Sachwörtern zugeordneten Seitenzahlen bedeuten oft, daß auch auf den jeweils nachfolgenden Seiten der genannte Begriff verwendet wird.

Abgrenzungsfaktor 211, 214, 252, 272
Abmaß 5, 101
Abmaßrechnung 101
Abnehmer 195
Abschätzung, s. Schätzwert
Abweichung
–, günstige 45
–, von der Kreisform 249
–, ungünstige 64
–, unzulässige 99
–, zulässige 99
Abweichungsfortpflanzungsgesetz 2, 24, 70,
    164, 171, 185
Achszapfen 155
Additionssatz 8, 70
Akzeptieren von Fehlern 95, 99, 106, 112,
    140, 177, 249
Allgemeinmaß 96
Allgemeintoleranz 1, 5, 96
Angsttoleranzen 98
Annahme 179, 185, 195
Annahmefaktor 40, 179
Annahmegrenze 39
Annahmeprüfung 40
Annahmewahrscheinlichkeit 40, 180, 252
Anteil, grenzüberschreitender 95
AQL (acceptable quality level) 100, 105, 178,
    185, 188, 208
Arbeitsgenauigkeit 98
Arithmetische Toleranzrechnung, s. Toleranz-
    rechnung
arithmetischer Mittelwert, s. Mittelwert
Aufstocken von Stichproben 182
Auftragsabwicklung 3
Augensumme bei Würfeln 69, 225
Augenzahl beim Würfel 69
Ausdehnung, thermisch 249
Außenpaßfläche 6, 99
Außenpaßmaß 5, 121
Außenverteilungen 56, 65
Ausführungsqualität 3

Ausgleichsgerade 28
Ausnutzen von Toleranzen 98
Ausschuß 99, 114
Ausschußsitzung 113
Aussortieren 112, 122, 182, 191, 249
Austauschbarkeit 106, 136
Auswahlmontage 177
Auswerteblatt 29
Auswertung
–, grafisch 27
–, von Meßreihen 26, 179
–, rechnerisch 27

Balkenmaß 96
Bauteillos 103
Beherrschter Prozeß 95
Bernoulli, Gesetz von 7
Besetzungszahl 31
Beurteilung von Losen 179
Biegerandspannung 96
Bohrbuchsen 115
Bohren 99
Bohrung 6, 99, 103
Bolzendurchmesser 36
Brauchbarkeit 99
Bügelmeßschraube 26

Centrum 257

Definitionsformel für die Standardabwei-
    chung 27
Differenzenmethode 224
Direkte Funktionsmaße 95
Drehautomat 13
Drehen 99
Drehmeißel 249
Drehteil 36, 215
Dreibackenfutter 249

Dreieckverteilung 18, 20, 22, 69, 92, 120,
    152, 226

Driften der Verteilung, s. Trend
Druckgußgehäuse 150
Durchbiegung einer Welle 96
DV, s. Dreieckverteilung

EDV-Programm 170
Einengung von Toleranzen, s. Toleranzen
Eingangsprüfung 5, 40, 195
Eingriffsgrenze 40, 210
Eingriffswahrscheinlichkeit 212
Einhaltung von Toleranzen, s. Toleranzen
Einrichter 286
Einspannkraft 249
Einspannlänge 248
Einstellmaß 5
Einstellung des Prozesses 221, 223
Einzelmaß 101
Einzelmaßverteilung 103
Einzeltoleranz 6, 103, 107, 129
–, ungleich große 144
Elefanten 12
E-Motor 164
Endprüfung 5
Ersatzteillager 107, 125
Erwartungswerte für Wahrscheinlichkeits-
  summen 317
Erweiterungsfaktor 138
Extremwert 214

Fahrzeugbremse 106
Faktoren zum Abschätzen der Standardabwei-
  chung 317
Falten von Verteilungen 69, 95, 196, 225
Faltoperation 69, 95
Faltprodukt 69, 127, 172, 197, 201
Faltungsmatrix 69
Feder 113
Fehleinstellung 253
Fehler 4, 95, 99, 114
Fehleranteil 39, 120, 123
–, akzeptabler, s. Akzeptieren
–, scheinbarer 189
Fehlerverhütungskosten 5
Fertigungslage, s. auch Prozeßlage 46, 246
Fertigungslenkung, s. Porzeßlenkung
Fertigungslos 26
Fertigungsmöglichkeit 97
Fertigungspräzision 4, 95
Fertigungsprüfung 5, 40
Fertigungssteuerung 208
Festlegung von Toleranzen, s. Toleranzen
Flächen 2
Flankendurchmesser 96
Formblatt zur Berechnung von Toleranzen,
  s. Toleranzrechnung
Fräsen 99

Freimaß 96
Führen einer Qualitätsregelkarte, s. Qualitätsregelkarte
Funktionserfüllung 97, 103, 112
Funktionsmerkmal
–, direkt 95
–, indirekt 95

Gebetstunde 113
Geräuschentwicklung 97
Gesamtstreuung 36, 224, 231
Gesamttoleranz 208
Getriebe 101, 144, 170, 179
Getriebewelle 95
Gewicht 38
Gleichmäßigkeit 97, 177
Gleichverteilung 19, 69, 226
Gleitlager 101, 121
Glieder einer Maßkette, s. Maßketten
Grafische Auswertung von Meßreihen, s. Aus-
  wertung
Grenzabmaß 5
Grenzabweichungen 5
Grenzdurchbiegung 96
Grenzmaß 5, 39
Grenzmaßrechnung 101
Grenzpassung 6, 103
Grenzspiel 105
Grenzüberschreitender Anteil, s. Anteil
Grenzwert 99
Grundgesamtheit 7, 10, 24
Gußgehäusewandstärke 97

Häufigkeit der Stichprobenentnahme 221
Häufigkeitssumme 31
Haushaltsmaschine 106
Höchstmaß 5
Höchstpassung 6, 103, 187
Höchstschließmaß 101
Höchstspiel 155, 168
Hydrauliksystem 106

Idealgewicht 38
Identitätsformel für die Standard-
  abweichung 27
Indirekte Funktionsmaße 95
Innendurchmesser 95
Innenpaßfläche 6, 99
Innenpaßmaß 5, 121
Interaktion zwischen Maßen 95
ISO-Toleranzsystem 1
Istabmaß 6
Istmaß 5, 98
Istpassung 6
Istspiel 103
IT-Toleranzklasse 97

Kennwert, statistischer   26, 29, 33
Klasse   31
Klassengrenze   31, 37
Klassenmitte   31, 37
Klassenweite   31
Klassieren   26, 29, 31, 37
Körpergewicht   38
Kolbendurchmesser   96
Konstruktionsänderung   102
Korrektur, s. Prozeßkorrektur
Kostenindex   99
Kühlschmierung   223, 249
Kunststoffverarbeitung   249

Lagerstelle, s. Lagerzapfen
Lagerzapfen   30, 95, 103, 108, 122, 223
Laufbuchse   73
Laufsitz   117, 120
Lebensdauer   97
Lehrenbau   97
Lieferant   188, 195
Lieferlos   26, 197
–, Beurteilung von   177
Los   182
Losumfang   10
LQ (limiting quality)   100

Mäuse   12
Maschine, als Einflußgröße   249
Maschinenfähigkeit   248
Maschinenführer   221
Maß, toleriertes   1, 5, 39
Maßketten   1, 24, 71, 95, 102, 199
–, Glieder von   6, 100, 130, 139, 182
–, mehrgliederige   1, 97, 109, 112, 129, 199
–, Nachrechnung von   167
Maßplan   101, 155, 186
Maßstabtransformation   12
Maßtabelle   101, 155, 159
Maßtoleranz   6
Material, als Einflußgröße   249
Mensch, als Einflußgröße   249
Merkmal   210
–, diskretisiert   10
–, quantitativ   10
Merkmalsträger   7
Meßgenauigkeit   26
Meßmaschine   250
Meßschieber   26
Meßvorgang, als Einflußgröße   249
Methode, als Einflußgröße   249
Millimeß   26
Mindestmaß   5
Mindestpassung   6, 103, 187
Mindestschließmaß   101
Mindestspiel   155, 168
Mittelwert   10, 27, 33, 39

Mittelwertkarte   214, 252, 284
Mittenabweichung   205
Mittenmaß   5, 103, 168
Mittenschließmaß   102
Mittenspiel   103
Mittenverteilung   55
Montage   2, 112, 187
Münze   7
Multiplikationssatz   8, 70

Nacharbeitungsseite   21, 115, 120
Nennmaß   5, 101, 168
Nennmaßbereich   99
Nennschließmaß   101
Nicht-Merkmalsträger   7
Nichtnormale Wahrscheinlichkeitsverteilung   14, 18, 71, 99
Normalverteilung   11, 19, 25, 41, 71, 120, 153, 178, 182
–, fiktive   188
–, Modell für   16, 33, 74, 122, 171, 188, 191, 227, 256
–, standardisierte   12
–, Tabelle für   312
NV, s. Normalverteilung
NV-Tabelle   13, 312

OC, s. Operationscharakteristik
ODER-Satz   8
Öltemperatur   223
Operationscharakteristik   40, 179, 211, 252, 272

Paarmaßlos   197
Paarung   6
Parameter   12, 26, 29, 41, 153
Paßfläche   6
Paßmaß   6, 97
Paßteil   6
Paßtoleranz   6, 103
Passung   6, 95, 187
Periodizität der Stichprobenentnahme, s. Häufigkeit
Planungsqualität   4
Preisnachlaß   182
Probemontage, s. Montage
Process capability   244
Prozeß   41
–, gestört   229
–, ruckartig verändert   260
–, sprunghaft verändert   41, 55
–, ungestört   229
Prozeßanalyse   2, 211, 223
Prozeßfähigkeit   211, 223; 264
Prozeßkorrektur   223, 263, 284
Prozeßlage   272, 286
Prozeßlenkung   46, 250, 252, 264

Prozeßprüfung 5
Prozeßsteuerung, s. Prozeßlenkung
Prozeßstreuung 223
–, momentane 224, 239, 250, 264, 309
–, relative 264, 293, 303
Prüfablaufplan 4
Prüfanweisung 4
Prüfgröße 179
Prüfkosten 5
Prüfmaß 5, 95
Prüfmerkmal 4, 210
Prüfplan 4, 100
Prüfplanung 4
Prüfspezifikation 4
Prüfung auf Verteilungsform 138, 147
Punktdiagramm 28
Pythagoras der Toleranzen 130, 145

QRK, s. Qualitätsregelkarte
quadratische Toleranzrechnung, s. Toleranz-
    rechnung
Qualität 3, 98
Qualitätsaudit 4
Qualitätsausführung 4
Qualitätskosten 5
Qualitätskreis 3
Qualitätslenkung 4, 95

Qualitätsplanung 4
Qualitätsprüfung 4, 96
Qualitätsregelkarte 182, 208
–, kontinuierlich geführt 222, 278, 284
–, periodisch geführt 222, 278, 284
–, Wirksamkeit einer 242
Qualitätssicherung 4
Qualitätssicherungssystem 4
Qualitätstechnik 5
quantitativ, s. Merkmal o. Stichprobenprüfung

Rechnerische Auswertung von Meßreihen,
    s. Auswertung
Rechnerprogramme 70
Rechteckverteilung 18, 25, 71, 90, 104, 120,
    137, 147, 153, 178, 186, 191
Reduktionsfaktor 138, 153
Reparaturdienst 107
Resonanz am Werkstück 249
Reststreuung 224, 309
Restverteilung 188, 194
Roulette 7
Rundungsgrenze 31
RV, s. Rechteckverteilung

Schätzwert für die Standardabweichung 177,
    211, 224, 242, 317
Schiefe einer Verteilung 91, 196

Schleifen 99
Schließmaß 69, 100, 103
Schließmaßverteilung 103
Schließmaßtoleranz, s. Schließtoleranz
Schließtoleranz 6, 129, 145, 153, 168
Schmierung 97
Schnittbedingungen 249
Schnittgeschwindigkeit 223, 248
Schnittiefe 248
Schnittkraft 249
Schnittwerkzeuge 150
Schraube, Länge einer 96
Schwankungen
–, überzufällige 211, 223
–, zufällige 223
Schwingungsfrequenz 249
Shewart-QRK 253
Sicherheit 103
Simulation
–, einer NV, s. NV-Modell
–, einer Störung 230
–, eines Trends 41, 239, 257, 285
–, von Mittelwertschwankungen 237
s-Methode 179
σ-Methode 179
Smirnow, Getriebe von 102
Sollmaß 1, 5, 97
Sortieren, s. Aussortieren
Sortiergrenze 191
Sortiermontage 177
Sortierprüfung 2, 112, 195
Spannweite 19, 33, 69, 71
–, mittlere 224
Spantiefe 223
Spiel 6, 101, 113, 187
Spielkarten 6
Spielmarkenschachtel 17, 34, 71, 76
Spieltoleranzfeld 103, 115
Stabile Fertigung 41
Standardabweichung 10, 17, 24, 33, 40, 88,
    179
– der Differenzen 224
–, mittlere 224
–, momentane 33, 211
Standardnormalverteilung 13
Statistikprogramm 18, 20, 26
Statistische Toleranzrechnung, s. Toleranz-
    rechnung
Steilheit eines Trends, s. Trend
Stichprobe 26
Stichprobenplan 179
Stichprobenprüfung 100, 179, 182
Stichprobenumfang 40, 179, 211
Störung 224, 230, 239
Strichdiagramm 28
Strichliste 31, 37
Streuung, s. auch Prozeßstreuung
–, innere 249

326   Sachverzeichnis

-, momentane 36
Summenfunktion 69

Taschenrechner 18, 21, 27, 37, 70, 169
Teilkreisdurchmesser 96
Temperaturunterschiede 249
Thermische Ausdehnung 249
Toleranz 6
Toleranzen
-, Auswahl von 1
-, Einengung von 150
-, Einhaltung von 97
-, Erweiterung von 98, 130, 138, 142
-, Festlegung von 97
-, Reduktion von 142
Toleranzfeld 6, 98
Toleranzfeldlage 97
Toleranzfeldmitte 121, 132
Toleranzketten 1, 145
Toleranzklasse 96, 177
Toleranzmodell 171
Toleranzrechnung 2, 101
-, arithmetisch 98, 100, 103, 155
-, Formblatt zur 102, 133, 146, 156, 160, 163, 166, 321
-, quadratisch 129, 155, 202
-, statistisch 103, 129, 171
-, vereinfacht 138
Toleriertes Maß 1, 5
Tolerierung, s. Toleranzrechnung
Transformation von Maßstäben 12
Transformation von Meßreihen 27
Trapezverteilung 18, 20, 41, 80, 120, 152
Trend 36, 41, 210, 221, 229, 257
-, Steilheit eines 221, 223, 250
-, Richtung eines 223
Tschebyscheff, Ungleichung von 65, 71
TV, s. Trapezverteilung

Übergewicht 38
Übermaß 6, 101
Uhr 159
Umklassieren 26, 29, 37
Umrechenfaktor 143, 153
UND-Satz 8
Ungleichung von Tschebyscheff, s. Tschebyscheff
Urwertkarte 211, 214, 272
u-Tabelle 312
u-Verteilung 12, 312

Variablenprüfung 185
Varianz 10, 19, 34, 70, 153, 185
-, mittlere 34, 211, 224
Vereinfachte Toleranzrechnung, s. Toleranzrechnung

Vergleichswert 38
Verkleinerung des Spiels 103
Verschrotten 106, 115, 123
Verteilung 19
-, breite 64
-, diskrete 7, 18, 69, 71
- der Mittelwerte 214
-, momentane 210
-, schmale 41, 208
-, stetige 69, 71
Verteilungsform 185, 187
Verteilungsfunktion 11, 196
Vertrauensbereich 40
V-förmige Verteilung 23, 64, 93
Volumina 2
Vorschub 223, 248

Wahrscheinlichkeit 7
Wahrscheinlichkeitsdichtefunktion 11, 69, 99
Wahrscheinlichkeitsnetz, WN, 14, 46
Wahrscheinlichkeitssumme 46, 317
Wahrscheinlichkeitssummenfunktion 46, 71, 85
Wahrscheinlichkeitsverteilung 11, 69
-, standardisierte 12
-, symmetrische 19
Welle 6, 13, 21, 30, 73, 99, 103, 223
Wellenabsatz 179
Werkstoffeigenschaften 95, 97
Werkstoffvolumen 264
Werkzeugabnutzung 5
Werkzeuge, feste, 150
Werkzeugverschleiß 224
Werkzeugwechsel 211, 223, 239, 264
Wirkrichtung 197, 208
Wirksamkeit von Qualitätsregelkarten, s. Qualitätsregekarte
WN, s. Wahrscheinlichkeitsnetz
Worst case 98, 101, 103, 150, 171
Würfel 7, 9, 69, 225

Zählrichtung 101
Zahnrad, Breite eines 96
Zentraler Grenzwertsatz 24, 70, 171, 185
Zentralwert 33
Zeppelinmaß 5, 95
Zielsumme für die Neuaufteilung von Toleranzen 144, 153
Zufallsstreubereich 15, 24, 47
Zurücklegen
-, Entnahme mit 8
-, Entnahme ohne 9
Zurückweisung 179, 182, 185, 195
Zusammenbau 69
Zusammenstellungszeichnung 101
Zylinderdurchmesser 96
Zylinderform 223